応用数学者のための

代　数　学

彌永昌吉
杉浦光夫　著

岩波書店

はじめに

3年ばかり前，岩波講座‘現代応用数学’というのが出版されたことは，ご記憶の方も多いであろう．‘応用数学’というと，一種の既成概念ができていて，それには代数学——ことに本書に述べられているような‘代数学’——は含まれていないように考えられていたのは，ひと昔前のことであった．今日の応用数学——‘数理科学’といった方がよいかもしれない——の基礎には，今日の代数学の成果の全部ではないまでも，少くともある部分は必須であろう．どれだけの部分が必須であるかについては，いろいろの意見もあろうけれども，線型代数，群とその表現，BOOLE 代数などのことは，知っておくべきではなかろうか．それよりも第一に‘現代代数学的な思考法’を知ることが，現代の応用数学者には大切なのではなかろうか．私たちは，その講座の編集をされた山内恭彦さんや，高橋秀俊さん，森口繁一さんのような，物理学者や工学部の方たちのご意見もうかがった上，このように考えて，‘代数学’の項目を執筆したのである．両著者でまず全体の構成を考え，杉浦が一次原稿を作成し，彌永がそれを整理した．整理の段階では，布川正巳君の実質的な協力を得た．このたび，岩波書店のおすすめにより，誤りを改め，多少の加筆をして，ここにふたたび世に問うこととなったのである．標題に‘応用数学者のための’という語を冠したのは上記の事情による．要するに，今日の代数学の全般にわたるのではないが，上に挙げたような，応用方面でもよく使われている部分について述べ，必ずしも数学者でない方々をも現代代数学的な考え方へと招待することをおもな目的とするものである．この目的のため，本書が役立てば幸いである．

布川正巳君と，出版に際してお世話になった岩波書店の方々とに感謝の意を表する．

1960年4月

著　　者

本書の構成と参考書

1. 目次に見られるように，本書は3章43節(§)からなる．節の番号は全巻通し番号にした．第1章は線型代数で内容はかなりまとまっている．第2章は，群，BOOLE 代数，有限体という三つの，たがいにあまり関連のない代数系を扱っている．第3章は有限群の表現論で，第1章と，第2章の'群'とを足場としている．節の間の論理的関係は，かなり複雑であるが，次の図がそれを示している．

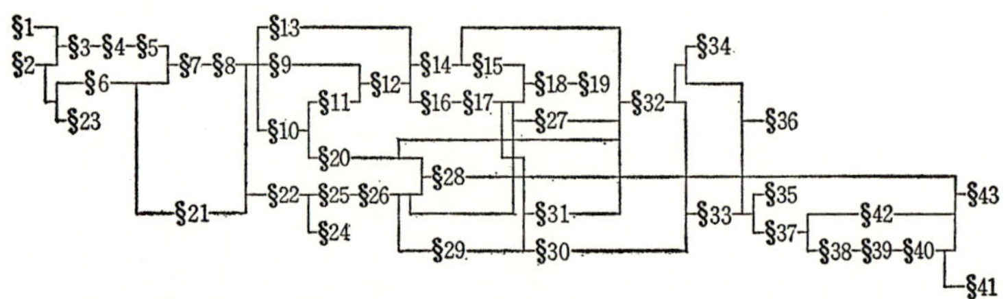

2. 代数学の標準的な参考書としては，今日も

B. L. van der WAERDEN, Algebra I, II, Springer 1955

が挙げられる．(§2参照．銀林浩君による第2版からの邦訳が商工出版社から出ている．)しかし線型代数については，この書の叙述は少し古い．それについては

N. BOURBAKI, Eléments de mathématique, Livre II, Chap. II Algèbre linéaire 1947, Chap. III Algèbre multilinéaire 1948

が詳しい．現代代数学へのもう少し初等的な入門書としては

G. BIRKHOFF-S. MACLANE, Survey of modern algebra, Macmillan 1941

がある．(奥川光太郎，辻吉雄氏による邦訳が白水社から出ている．)

邦語の本としては，次の書物を挙げよう．

秋月康夫・鈴木通夫，高等代数学 I，II (岩波全書)

正田建次郎・浅野啓三，代数学 I (現代数学)，岩波書店

群の表現論については，有限群に関しては，上記 van der WAERDEN の II，秋月・鈴木の II などにも見られる．§42 の内容は，

H. WEYL, Gruppentheorie und Quantenmechanik, Hirzel 1931

H. WEYL, Classical groups, Princeton 1939

に出ているが，記述はわかり易くはない．

B. L. van der WAERDEN, Die gruppentheoretische Methode in der Quantenmechanik, Springer 1932

H. BOERNER, Darstellungen von Gruppen, Springer 1955

の方がわかり易い．BOERNER の本は文献にも詳しい．

目　　次

第1章 線 型 代 数

§1 ベクトルと線型演算

代数学は，トポロジーとともに，今日の数学の大きな基礎部門の一つになっている．この本では，量子力学でも使われる‘群の表現論’などを目標に，‘現代応用数学’の基礎としての代数学を解説する．数学として展開されている代数学のいろいろな部面にひろくゆきわたって述べることはもちろんできないが，群とは何か，その表現とは何か，というようなことは，読み進まれる間に自然になっとくのゆくように書きたいと思っている．読者は物理数学の初歩——解析幾何，微積分，簡単な微分方程式の解法，力学への応用など——に，通じておられるものとして——しかし，それ以上のことは仮定しないで——話を進めることとする．（読者はかなり豊富に挟んだ例も含めて，よく考えながら読んで下さることを希望する.）

まず**ベクトル**のことからはじめるが，力学を学ばれた読者は，‘方向と大きさをもつ量’としてのベクトルをご存じのことであろう．3次元空間のベクトル $\boldsymbol{x}$ は，空間に座標をとれば，三つの成分 x_1, x_2, x_3 で表わされる（図1.1）．座標系は定まったものとして，このことを

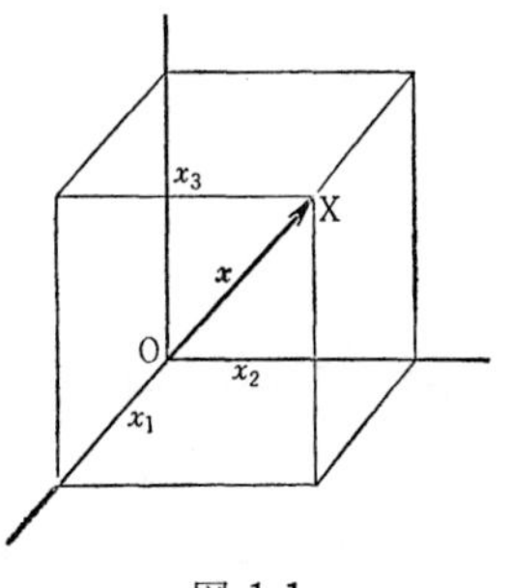

図 1.1

$$\boldsymbol{x}=(x_1, x_2, x_3) \tag{1.1}$$

で表わす．あるいは‘縦ベクトル’として

$$\boldsymbol{x}=\begin{pmatrix} x_1 \\ x_2 \\ x_3 \end{pmatrix} \tag{1.2}$$

と書くこともある．（これに対して(*1.1*)の右辺は‘横ベクトル’とよばれる.）

一つのベクトル $\boldsymbol{x}$ と，一つの数（‘スカラー’）λ が与えられれば，‘$\boldsymbol{x}$ の λ 倍’ $\lambda\boldsymbol{x}$ というベクトルがきまり，二つのベクトル $\boldsymbol{x}, \boldsymbol{y}$ が与えられれば，その‘和’

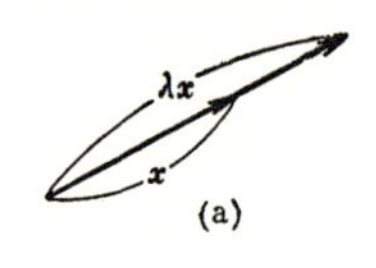

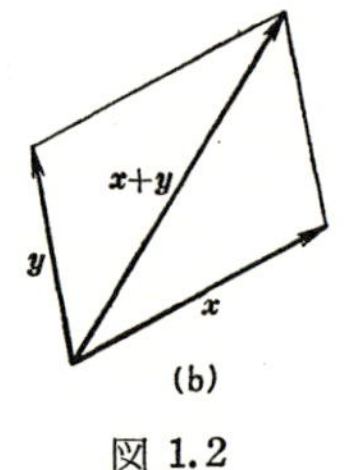

図 1.2

$\boldsymbol{x}+\boldsymbol{y}$ というベクトルがきまる．その作り方も読者はご存じであろう（図1.2）．成分でいえば，$\boldsymbol{x}$ が (*1.1*)，$\boldsymbol{y}$ が

$$\boldsymbol{y}=(y_1, y_2, y_3) \tag{1.3}$$

で与えられたとき

$$\lambda\boldsymbol{x}=(\lambda x_1, \lambda x_2, \lambda x_3) \tag{1.4}$$

$$\boldsymbol{x}+\boldsymbol{y}=(x_1+y_1, x_2+y_2, x_3+y_3) \tag{1.5}$$

となる．したがって

交換律　$\boldsymbol{x}+\boldsymbol{y}=\boldsymbol{y}+\boldsymbol{x}$　(*1.6*)

結合律　$(\boldsymbol{x}+\boldsymbol{y})+\boldsymbol{z}=\boldsymbol{x}+(\boldsymbol{y}+\boldsymbol{z})$　(*1.7*)

というような計算の規則が成り立つ．

代数学では，こういう‘計算——演算，算法ともいう——の規則’を重視する．数学者の立場からは，これはただ‘お体裁にいっておく’のではないのである．たとえば，上の交換律と結合律から，次のようなことの証明ができる．

$$(\boldsymbol{x}+\boldsymbol{y})+\boldsymbol{z}=(\boldsymbol{y}+\boldsymbol{x})+\boldsymbol{z}=\boldsymbol{y}+(\boldsymbol{x}+\boldsymbol{z})=\boldsymbol{y}+(\boldsymbol{z}+\boldsymbol{x})=\cdots$$

つまり，$\boldsymbol{x}, \boldsymbol{y}, \boldsymbol{z}$ の三つのベクトルに $3!=6$ 通りのならべ方があるが，どのようにならべてどのように括弧を入れてもその和は同じになる．四つ以上のベクトルがあるときにも同様のことが成り立つ．$\boldsymbol{x}, \boldsymbol{y}, \boldsymbol{z}$ の上のような和を，括弧を省いて $\boldsymbol{x}+\boldsymbol{y}+\boldsymbol{z}$ と書く．一般に k 個のベクトル $\boldsymbol{x}_1, \cdots, \boldsymbol{x}_k$ があるとき，その和を $\sum_{i=1}^{k}\boldsymbol{x}_i$ で表わす．——要するにベクトルの間の加法は，数の間の加法と同じように‘ふつうに’行われるのである．そういうことのもとになる（すなわち，それによって論理的に証明ができる）基礎，あるいは‘公理’として，交換律，結合律が挙げられるのである．

加法が問題になれば，その逆算法である減法についても考えたい．その‘基礎’として

$$\boldsymbol{o}=(0, 0, 0)$$

という **$\boldsymbol{o}$ ベクトル**，および (*1.1*) に対して

$$-\boldsymbol{x}=(-x_1, -x_2, -x_3)$$

という**逆ベクトル**を考えれば，どんな $\boldsymbol{x}$ に対しても

$$\boldsymbol{o}+\boldsymbol{x}=\boldsymbol{x}+\boldsymbol{o}=\boldsymbol{x}$$
$$\boldsymbol{x}+(-\boldsymbol{x})=(-\boldsymbol{x})+\boldsymbol{x}=\boldsymbol{o}$$

となる．そこで $\boldsymbol{y}+(-\boldsymbol{x})$ を $\boldsymbol{y}-\boldsymbol{x}$ と書くことにすれば

$$(\boldsymbol{y}-\boldsymbol{x})+\boldsymbol{x}=\boldsymbol{y}, \qquad (\boldsymbol{y}+\boldsymbol{x})-\boldsymbol{x}=\boldsymbol{y}$$

となって，$-\boldsymbol{x}$ は $+\boldsymbol{x}$ の逆算であることがわかる．—以上をまとめて：

A　ベクトルの間に加減法がふつうに行われる．

ここで‘ふつうに’というのは意味があいまいであるかもしれないが，それはもう少しあとではっきりさせることとしよう．

Aの基礎となったことの一つは交換律 (*1.6*) であった．(*1.6*) は幾何学的にも証明されるが，上では

$$\begin{aligned}\boldsymbol{x}+\boldsymbol{y}&=(x_1+y_1, x_2+y_2, x_3+y_3)\\&=(y_1+x_1, y_2+x_2, y_3+x_3)=\boldsymbol{y}+\boldsymbol{x}\end{aligned}$$

と考えたのであった．この第2辺と第3辺が等しいのは，数の加法について交換律が成り立つからである．同様に数の加法についての結合律から，ベクトルの結合律 (*1.7*) が導かれる．数の間には，加法の交換律，結合律のほか，乗法の交換律 $ab=ba$，結合律 $(ab)c=a(bc)$，加法と乗法の間の分配律 $a(b+c)=ab+ac$ が成り立つ．またどんな数 a に対しても $1a=a$ となる．これらのことと (*1.4*)，(*1.5*) から，ただちに次のBが得られる．

B　ベクトルのスカラー倍については，次の規則が成り立つ．

$$\lambda(\boldsymbol{x}+\boldsymbol{y})=\lambda\boldsymbol{x}+\lambda\boldsymbol{y} \tag{1.8}$$
$$(\lambda+\mu)\boldsymbol{x}=\lambda\boldsymbol{x}+\mu\boldsymbol{x} \tag{1.9}$$
$$(\lambda\mu)\boldsymbol{x}=\lambda(\mu\boldsymbol{x}) \tag{1.10}$$
$$1\boldsymbol{x}=\boldsymbol{x} \tag{1.11}$$

ここで，λ, μ はスカラーすなわち数である．数とは何か，ということも問題であろうが，力学で考えるベクトルの場合，それはもちろん実数である．実数はいろいろな性質をもっているが，ベクトルの代数で特に用いられるのは，その間に加減乗除の四則算法がふつうに行われることである．これは重要であるから次にCとして掲出する．

C スカラーの間では加減乗除がふつうに行われる．（この‘ふつうに’の意味も，も少しあとではっきりさせる．）

ベクトルの間の加減法およびスカラー倍することを，ベクトルの‘線型演算’という．減法は (-1) 倍して加えることになるから，‘加法およびスカラー倍’といっても内容は変らない．$\boldsymbol{x}_1, \cdots, \boldsymbol{x}_k$ というベクトルに線型演算をくりかえし行えば $\sum_{i=1}^{k} \lambda_i \boldsymbol{x}_i$ というようなベクトルが得られる．この $\sum_{i=1}^{k} \lambda_i \boldsymbol{x}_i$ を $\boldsymbol{x}_1, \cdots, \boldsymbol{x}_k$ の‘1次結合’または‘線型結合’という．

以上，力学で考えられるベクトルの間に線型演算が行われ，A, B, C が成り立つことに注意したが，同様の事態は，数学の他のいろいろな部面でも起るのである．一例として，n 階の線型同次常微分方程式

$$\frac{d^n y}{dx^n} + p_1(x) \frac{d^{n-1} y}{dx^{n-1}} + \cdots + p_n(x) y = 0 \tag{1.12}$$

の解について考えよう．ここで係数 $p_i(x),\ i=1, \cdots, n$ は x の解析函数であるとすれば，この方程式は，n 個の‘独立’な基本解 $y_1{}^0(x), \cdots, y_n{}^0(x)$ をもち，一般解 $y(x)$ はその1次結合 $\sum_{i=1}^{n} c_i y_i{}^0(x)$ として表わされることが‘重ね合わせの原理’として知られている．この場合係数（スカラー）c_i は複素数である．複素数についても，加減乗除がふつうに行われる．すなわち複素数をスカラーと考えても C が成り立つ．また $y_1(x), y_2(x)$ を (1.12) の任意の二つの解とすれば，$y_1(x)+y_2(x), cy_1(x)$（c は複素数）も (1.12) の解となり，この線型演算についてももちろん A, B が成り立つ．

§2 現代代数学の手法について

B. L. van der Waerden の有名な教科書 Moderne Algebra I, II は 1930～31 に初版が出版されたが，その後版を重ね，近着の最新版においては，題名から Moderne の字が除かれて単に Algebra と題せられるようになった．この本も，単に‘代数学’と題せられているが，van der Waerden の Algebra と同じように‘現代代数学’の手法を自由に用いてゆきたい．今日では，‘現代代数学’がすなわち‘代数学’になっているのであるから．――しかしその手法一般について，ここに数言を費しておくのも無用ではあるまい．

その方法の特徴の一つとして，‘集合論の記法を常用すること’が挙げられる．たとえば，実数全体の集合を$\boldsymbol{R}$，複素数全体の集合を$\boldsymbol{C}$と書く．（この記法は，本書全体にわたって用いる．）この記法を用いれば，‘λは実数である’ということは，‘$\lambda\in\boldsymbol{R}$’（または‘$\boldsymbol{R}\ni\lambda$’）であらわされる．また，‘実数は複素数（の1種）である’ことは，‘$\boldsymbol{R}\subset\boldsymbol{C}$’（または‘$\boldsymbol{C}\supset\boldsymbol{R}$’）で表わされる．一般に‘$x\in M$’（または‘$M\ni x$’）は，‘$x$が$M$の**元**（あるいは**要素**）である’こと，換言すれば，‘xが集合Mに属する’ことを表わし，‘$M_1\supset M_2$’（または‘$M_2\subset M_1$’）は，‘集合M_2がM_1の**部分集合**である’こと，すなわち‘M_2の元はすべてM_1の元である’ことを表わす．集合$M_1, M_2, \cdots, M_k$の**和集合**（すなわち$M_1, M_2, \cdots, M_k$のいずれかに属する元全体の集合）は，$M_1\cup M_2\cup\cdots\cup M_k$または$\bigcup_{i=1}^{k}M_i$；$M_1, M_2, \cdots, M_k$の**共通部分**（すなわち$M_1, M_2, \cdots, M_k$のどれにも属する元全体の集合）は，$M_1\cap M_2\cap\cdots\cap M_k$または$\bigcap_{i=1}^{k}M_i$；$M_1$に属して$M_2$に属さない元全体の集合は$M_1-M_2$；**空集合**（すなわち，元を持たない集合）は$\phi$で表わす（例：$M\cup M=M\cap M=M$，$M-M=\phi$）．また性質Aを有する$x$の集合を$\{x;\mathrm{A}\}$で表わす．

第2の特徴は，‘算法と算法の規則との重視’であるが，これについては前項にも触れた．以下にもいたるところにその例が見られよう．

第3の特徴として，‘抽象化，公理化の方法’が挙げられる．これは，消極的に解釈されるおそれもあるから，ここでその積極的な意義を強調しておこう．

数学は元来‘抽象的’な学問である．1, 2, 3, … という自然数もすでに，1人，2羽の鳥，3つのりんご，…などから抽象して得られたものである．抽象されてできた概念であるからこそ，応用も広いのである．

前項で，力学で使われるベクトルについても，同次線型常微分方程式の解についても，A, B, Cが成り立つことを見た．そこで，A, B, Cだけから論理的に導き出される理論を作っておけば，どちらの場合にも——そのほかA, B, Cの成り立つすべての場合に——応用されるであろう．そのとき，考えるイメージとしては，力学で使うベクトルを思い浮かべればよい．それについて直観的に考えられることを，A, B, Cだけから証明するようにすれば，——初等幾何学で，図形を見ながら考えるが証明は公理，定理によるのと同様に——その結果は，微分方程式論にも，──その他のいろいろな部面にも──転用される可能性が生ずる．それにはまず，A, B, C の内容を，意味のはっきりした公理として述べなければならない．──このようなのが，‘抽象化，公理化の方法’の筋書である．

最後に，抽象代数学では，‘文字は必らずしも数を表わすとは限らない’ことに注意しておこう．(‘代数’という日本語の字面にとらわれないように!) 文字は，ベクトル，集合，その他いろいろのものを表わすのである．

§3　代数系としてのベクトル空間

上の筋書に従って，まず§1, A の内容を‘はっきりさせる’ことからはじめよう．

A では，ベクトルの間に‘加減法がふつうに行われる’といってあるが，一般に，‘ある集合 S において加減法がふつうに行われる’とはどういう意味か．それは，次の五つの公理によって‘定義’することとする．

A1　S は空でない集合であって，$S \ni x, y$ に対し，x, y の‘和’$x+y \in S$ が一意的に定まる．(x, y に $x+y$ を対応させる算法を‘加法’という.)

A2　$x+y = y+x$　(交換律)

A3　$(x+y)+z = x+(y+z)$　(結合律)

A4　S の任意の元 x に対し，$x+0 = 0+x = x$ となるような S の1つの元 0 が存在する．これを**零元**という．

A5　$S \ni x$ に対し，$(-x)+x = x+(-x) = 0$ となるような $(-x) \in S$ が存在する．

このことが，常識的に考えられる‘S で加減法がふつうに行われる’ことと同じ意味であることは，§1, A の前に説明したことからほぼ明らかであろう．

一般に，A1〜5 を満足するような集合を**加群**という．この語を使えば，§1, A は，‘ベクトルの集合は加群をなす’といいなおされる．

例 1　加群 S において，$x+y = x+z \Rightarrow y = z$

解　両辺に $(-x)$ を左から加えれば，

$$(-x)+(x+y) = (-x)+(x+z)$$

A3 により

$$((-x)+x)+y = ((-x)+x)+z$$

A5 により，

$$0+y = 0+z$$

A4 により，
$$y = z$$

例 2 加群 S において，
$$x+y = x \Rightarrow y = 0, \quad x+y = 0 \Rightarrow y = -x$$
(従って, A4 の 0 および A5 の $-x$ は一意的に定まる.)

解 例1による.

例 3 $-(-x) = x$. ($-x = y$ とおき, $-y$ の一意性を用いよ.)

加群の概念をもう一歩抽象化して, 次の**可換群**の概念が得られる.

A°1 S は空でない集合とし, $S \ni x, y$ に対し S の元 $x \circ y$ を一意的に対応させる算法 $\circ$ が与えられている.

A°2 $x \circ y = y \circ x$ (交換律)

A°3 $(x \circ y) \circ z = x \circ (y \circ z)$ (結合律)

A°4 S の任意の元 x に対し, $x \circ e = e \circ x = x$ となるような S の1つの元 e が存在する.

A°5 $S \ni x$ に対し, $x' \circ x = x \circ x' = e$ となるような $x' \in S$ が存在する.

A°1～5 を満足するような集合 S は, 算法 $\circ$ に関して可換群をなすといい, A°4 の e を可換群 S の**単位元**, A°5 の x' を x の**逆元**という.

加群は, 加法に関する可換群にほかならない. 加群においては, 単位元は 0, x の逆元は $-x$ と書かれるのである.

たとえば, 実数の間ではもちろん加減法がふつうに行われるから $\boldsymbol{R}$ は加群をなすが, $\boldsymbol{R}$ から 0 だけを除いた集合 $\boldsymbol{R}^* = \boldsymbol{R} - \{0\}$ ($\{0\}$ は 0 だけから成る集合を表わす) においては, 乗除法が‘ふつうに行われる’から $\boldsymbol{R}^*$ は乗法について可換群をなす. その単位元は 1, x の逆元は x の逆数 $x^{-1} = 1/x$ である. $\boldsymbol{R}$ における乗法はしかし $\boldsymbol{R}^*$ の元のみでなく, 0 に対しても定義され, かつ加法と乗法の間には

分配律 $$x(y+z) = xy+xz, \quad (x+y)z = xz+yz \tag{3.1}$$

が成り立つ. ‘ふつうの四則算法’は, これらの規則にもとづいて行われるのである. そこで, ‘ある集合 K で加減乗除がふつうに行われる’ことを, 次の C1～4 によって定義することとする.

C1 K は少くとも 2 つの元を含む集合で, $K \ni x, y$ に対し, それぞれ一意的に

‘和’$x+y$ を対応させる‘加法’と，‘積’xy を対応させる‘乗法’とが定義されている．

C2　K は加群をなす．(その単位元を0で表わす.)

C3　$K-\{0\}=K^*$ は，乗法について可換群をなす．(その単位元を1で表わす.)

C4　分配律 (*3.1*) が成り立つ．

C1～4 を満足する集合は**体**をなすという．$\boldsymbol{R}, \boldsymbol{C}$ は体をなすから，それぞれ**実数体，複素数体**と呼ばれる．§1, C は，‘スカラーの集合は体をなす’といいなおされる．

例 4　体 K において，　$0\cdot x=0$，$(-x)y=x(-y)=-xy$，$(-x)(-y)=xy$.

解　0の定義から $0+y=y$. 分配律から $(0+y)x=0x+yx=yx$. 加群としての K の0の一意性 (例2) から $0x=0$. また，$0=0y=(x+(-x))y=xy+(-x)y$ から，$-xy$ の一意性によって $-xy=(-x)y$. 同様に $-xy=x(-y)$. 例3を用いて $(-x)(-y)=xy$ を得る．

例 5　体 K において，$x\neq 0$，$xy=0 \Rightarrow y=0$.

解　$x\neq 0$ であるから x^{-1} がある．$xy=0$ の両辺に x^{-1} を左から乗ぜよ．

上の，加群，可換群，体はいずれも，次のようにして定義せられた．すなわち，それらは，

(i)　ある集合であって，その集合の元の間に，ある算法が定義されている．

(ii)　それらの算法は，与えられたいくつかの法則を満足する．

一般に，このようにして‘その元の間に，ある法則を満足する算法のできるような集合’として定義されるもののことを，その算法を‘基本算法’とする**代数系**というのである．加群，可換群，体は，みなその特別な場合である．現代代数学は一言で言えば，‘代数系の理論’であるといってよい．

一つの体 K が与えられた場合，‘K の上の**ベクトル空間**’V を次の A, B1～5 を満足する代数系として定義する．

A　V は加群をなす．

B1　$V\ni x$ と $K\ni\lambda$ が与えられたとき，‘x の λ 倍’$\lambda x\in V$ が一意的に定まる．

B2　$V\ni x, y$, $K\ni\lambda$ に対し　$\lambda(x+y)=\lambda x+\lambda y$

B3　$V \ni x, K \ni \lambda, \mu$　に対し　$(\lambda+\mu)x = \lambda x+\mu x$

B4　$V \ni x, K \ni \lambda, \mu$　に対し　$(\lambda\mu)x = \lambda(\mu x)$

B5　$1\cdot x = x$.

注意　ベクトル空間を**線型空間**または**線型多様体**ともいう．また‘Kの上のベクトル空間’を**K加群**ともいう．Kは，その上のベクトル空間の**基礎体**と呼ばれる．

例 6　体Kの上のベクトル空間Vにおいて

$$0x = 0,\ \ (-1)x = -x,\ \ (-\lambda)x = -\lambda x.$$
$$\lambda x = 0,\ \lambda \neq 0 \iff x = 0.$$

解　例4,5と同様にできる．

§1の‘力学で使うベクトル’は，$\boldsymbol{R}$の上のベクトル空間の元であり，線型微分方程式の解は，$\boldsymbol{C}$の上のベクトル空間の元である．（微分方程式の解の集合まで‘ベクトル空間’というのは不適当と考える人があるかも知れないが，§2に述べた立場からは，このように名づけてさしつかえないばかりでなく，かえって便利なのである．）

この書物で扱う‘線型代数’とは，‘体Kの上のベクトル空間’なる代数系の理論にほかならない．したがって，本項の公理A, B, Cがすべての基礎となる．しかしこのような考え方に不慣れな読者は，A, B, Cは，大体§1に示されていたことを公理的に述べなおしたものであることだけを了解していただいて，先へ進まれてもよい．

例 7　体K自身は，Kの上のベクトル空間とみなされる．

解　$x+y\,(x \in K, y \in K)$, $\lambda x\,(\lambda \in K, x \in K)$ をそれぞれ体Kにおいて定義された加法および乗法とすれば，A1〜5, B1〜5の公理がみたされている．

例 8　nを与えられた自然数として，体Kのn個の元から作った横ベクトル$(\xi_1, \xi_2, \cdots, \xi_n)$（これを$K$の上の**$n$次の横ベクトル**という）を$x$で表わすこととする：$x = (\xi_1, \xi_2, \cdots, \xi_n)$．このような$x$全体の集合を

$$^nK = \{x;\ x = (\xi_1, \xi_2, \cdots, \xi_n), \xi_i \in K\}$$

とする．（一般に，$\{x;\ \cdots\}$とは‘…のようなx全体の集合’を表わす記法である．この記法は今後しばしば用いる．）$^nK \ni x = (\xi_1, \xi_2, \cdots, \xi_n)$, $y = (\eta_1, \eta_2, \cdots, \eta_n)$, $\lambda \in K$に対し，$x+y = (\xi_1+\eta_1, \xi_2+\eta_2, \cdots, \xi_n+\eta_n)$, $\lambda x = (\lambda\xi_1, \lambda\xi_2, \cdots, \lambda\xi_n)$ と定義すれば，^nKはKの上のベクトル空間となる．$_1e = (1, 0, \cdots, 0)$, $_2e = (0, 1, 0, \cdots, 0), \cdots,$ $_ne = (0, \cdots, 0, 1)$ とすれば，$x =$

$(\xi_1, \cdots, \xi_n) = \xi_1 \cdot {}_1e + \cdots + \xi_n \cdot {}_ne$. 同様に，'$K$ の上の **n 次の縦ベクトル**'（この意味は明らかであろう）の集合 K^n も，K の上のベクトル空間となる．

例 9 体 K の元から成る無限列全体の集合を

$$^{\infty}K = \{x;\ x = (\xi_1, \xi_2, \cdots),\ \xi_i \in K\}$$

とする．$^{\infty}K \ni x = (\xi_1, \xi_2, \cdots),\ y = (\eta_1, \eta_2, \cdots),\ \lambda \in K$ に対して

$$x = y \Longleftrightarrow \text{すべての } n \text{ に対して } \xi_n = \eta_n.$$

$$x + y = (\xi_1 + \eta_1,\ \ \xi_2 + \eta_2, \cdots),\quad \lambda x = (\lambda\xi_1, \lambda\xi_2, \cdots)$$

と定義すれば，$^{\infty}K$ は K の上のベクトル空間となる．

例 10 $a, b \in \boldsymbol{R}$ とするとき，集合 $\{x;\ a \leqq x \leqq b\}$ を**閉区間**といい，$[a, b]$ で表わす．また，$\{x;\ a < x < b\}$ を**開区間**といい，(a, b) で表わす．開区間·閉区間および次の各集合を総称して**区間**という．

$$(a, b] = \{x;\ a < x \leqq b\},\qquad [a, b) = \{x;\ a \leqq x < b\}$$

$$(-\infty, b] = \{x;\ x \leqq b\},\qquad [a, +\infty) = \{x;\ a \leqq x\}$$

$$(-\infty, b) = \{x;\ x < b\},\qquad (a, +\infty) = \{x;\ a < x\},\ (-\infty, \infty) = \boldsymbol{R}$$

$[a, b]$ で定義された実数値函数全体の集合を，

$$\mathfrak{F}([a, b], \boldsymbol{R}) = \{f;\ x \in [a, b],\ f(x) \in \boldsymbol{R}\}$$

で表わす．（$[a, b]$ が与えられていて誤解のおそれがないときは，これを単に $\mathfrak{F}$ と略記することもある．）$\mathfrak{F} \ni f, g$ に対して

$f = g \Longleftrightarrow$ すべての $x \in [a, b]$ に対し $f(x) = g(x)$

すべての x に対し，$(f+g)(x) = f(x) + g(x)$，$(\lambda f)(x) = \lambda f(x)$ $(\lambda \in \boldsymbol{R})$

と定義すれば，明らかに，$\mathfrak{F}$ は $\boldsymbol{R}$ の上のベクトル空間となる．

$\mathfrak{F}$ の部分集合で，連続な函数すべての集合を $\mathfrak{C}^0([a, b], \boldsymbol{R})$ とすれば，上の和，λ 倍の定義によってこれも $\boldsymbol{R}$ の上のベクトル空間となる．更に $[a, b]$ で n 階連続微分可能な函数全体の集合を $\mathfrak{C}^n([a, b], \boldsymbol{R})$，無限階連続微分可能な函数全体の集合を $\mathfrak{C}^{\infty}([a, b], \boldsymbol{R})$ とすれば，これらも同じ定義によって，$\boldsymbol{R}$ の上のベクトル空間となる．

$\mathfrak{C}^{\infty}$ の部分集合で，$[a, b]$ で解析的である（すなわち $[a, b]$ の各点 x_0 に対して，その近傍における $f(x)$ の値が $x - x_0$ のベキ級数で表わされる）函数全体の集合を $\mathfrak{A}([a, b], \boldsymbol{R})$ と書けば，これも同じ定義によって，$\boldsymbol{R}$ の上のベクトル空間となる．

$[a, b]$ の代りに区間 $\varDelta$ をとって，$\mathfrak{F}(\varDelta, \boldsymbol{R}), \mathfrak{C}^0(\varDelta, \boldsymbol{R}), \mathfrak{C}^n(\varDelta, \boldsymbol{R}), \mathfrak{C}^{\infty}(\varDelta, \boldsymbol{R}), \mathfrak{A}(\varDelta, \boldsymbol{R})$ を考えることができる．その定義は明らかであろう．これらも $\boldsymbol{R}$ 上のベクトル空間と見ることができる．任意の区間 $\varDelta$ に対して明らかに，$\mathfrak{F} \supset \mathfrak{C}^0 \supset \mathfrak{C}^1 \supset \mathfrak{C}^2 \supset \cdots \supset \mathfrak{C}^{\infty} \supset \mathfrak{A}$ である．

さらに，複素平面の領域 D で定義された複素数値函数に対しても，同様に $\mathfrak{F}(D, \boldsymbol{C})$，

$\mathfrak{A}(D, \boldsymbol{C})$ が定義されて $\boldsymbol{C}$ の上のベクトル空間となり,$\mathfrak{F} \supset \mathfrak{A}$ である.

以上に定義したような,函数から成る種々のベクトル空間を総称して**函数空間**という.

§4 部分空間,生成,直和分解

以後,体 K の上のベクトル空間を V で表わし,K の元(スカラーとも呼ぶ)はギリシャ文字 $\alpha, \beta, \cdots$, V の元(ベクトルとも呼ぶ)は $x, y, z, \cdots$(必要があれば添数をつけて)で表わすことと規約する.K の加群の単位元0を V の0と同じ文字で表わすが,前後関係に注意すれば,混乱をおこすおそれはないであろう.

ベクトル空間の基本算法は,加法と'スカラー倍すること'である.これらの両算法を合わせて**線型演算**という.(**1次演算**,**1次算法**などともいう.'線型'と'1次','演算'と'算法'はそれぞれ同義である.)ベクトル空間 V の部分集合 M_1, M_2 について次のような記法を用いる.

$$M_1+M_2=\{x_1+x_2;\ x_1 \in M_1, x_2 \in M_2\} \tag{4.1}$$

$$\lambda M_1=\{\lambda x_1;\ x_1 \in M_1\} \tag{4.2}$$

((4.1) の右辺は,M_1 の元 x_1 と M_2 の元 x_2 との和 x_1+x_2 全体の集合,(4.2) の右辺は,M_1 の元 x_1 の λ 倍 λx_1 全体の集合を表わす.このような記法は今後もしばしば用いる.§3, 例8参照.)

例 1 $V+V=V$, $\lambda \neq 0$ ならば $\lambda V=V$, $0 \cdot V=\{0\}$,
$\{0\}+\{0\}=\{0\}$, $\lambda\{0\}=\{0\}$.

V の部分集合 $W(\neq \phi)$ が二つの条件

(a) $W+W \subset W$.

(b) 任意の $\lambda \in K$ につき $\lambda W \subset W$.

を満足すれば,W は'線型演算について閉じている'という.そのとき,W は §3, A1, B1 を満足するが,V において A2, 3, B2〜5 が満足されているから,その部分集合 W においてもこれらの条件が成り立つ.また,$W \ni x$ とすれば,($W \neq \phi$ であるから,こういう x が存在する.) $0x=0$, $(-1)x=-x$ (§3, 例6.) ゆえに (b) によって $0 \in W$, $x \in W \Rightarrow -x \in W$.すなわち A4, A5 も成り立つから,$W$ はベクトル空間となる.そこで,(a), (b) を満たす $W \subset V$ は V の**部分空間**をなすという.(一般に,ある代数系 S において,$S \supset T$ が上と同様の意味で S

の‘基本算法について閉じている’ならば，T も S と同様の代数系となる．このとき，T は S の**部分系**をなすという．)

例 2 V および $\{0\}$ は，V の部分空間をなす．(例1参照)．また，任意の部分空間を W とすれば，$V \supset W \supset \{0\}$．

例 3 (a) が成り立てば，$W+W=W$ となる．また，(b) が成り立つとき，$\lambda \neq 0$ ならば $\lambda W=W$ となる．(A4, B4, 5, C3 による．)

今後しばらく V を固定し，単に部分空間といえば V の部分空間をさすものとし，部分空間全体の集合を $\mathfrak{V}$ で表わす．

命題*1 $\mathfrak{V} \ni W_1, W_2 \Rightarrow W_1 \cap W_2 \in \mathfrak{V}$.

一般に**， $\{W_\alpha\} \subset \mathfrak{V} \Rightarrow \bigcap_\alpha W_\alpha \in \mathfrak{V}$.

証明 $W_\alpha \in \mathfrak{V}$, $W=\bigcap_\alpha W_\alpha$ とし，W について (a), (b) が成り立つことを示せばよい．

$W \ni x, y$ とすれば，x, y はすべての添数 α に対して $\in W_\alpha$, $W_\alpha \in \mathfrak{V}$ であるから，$x+y \in W_\alpha$, $\lambda x \in W_\alpha$. これがすべての α に対して成り立つから，$x+y \in W$, $\lambda x \in W$.

命題 2 M を V の任意の部分集合とするとき，M を含む‘最小’の部分空間 W が一意的に存在する．すなわち，

(i) $W \in \mathfrak{V}$, (ii) $W \supset M$, (iii) $W_1 \in \mathfrak{V}$, $W_1 \supset M \Rightarrow W_1 \supset W$.

が成り立つような W が一意的に存在する．

証明 M を含む部分空間全体の集合を $\{W_\alpha\}$ とし，$\bigcap_\alpha W_\alpha = W$ とすれば，命題1によって (i) が成り立ち，(ii) は明らかである．また $W_1 \in \mathfrak{V}$, $W_1 \supset M$ とすれば，W_1 は M を含む部分空間であるから1つの W_α と考えられる．ゆえに (iii) が成り立つ．

また，(i′) $W' \in \mathfrak{V}$, (ii′) $W' \supset M$, (iii′) $W_1' \in \mathfrak{V}$, $W_1' \supset M \Rightarrow W_1' \supset W'$ とすれば，(i′), (ii′), (iii) から ((iii) で $W_1 = W'$ と考えて) $W' \supset W$. また (i), (ii),

---

* 以下，定理のうちで多少意味の軽いものを単に‘命題’と呼ぶことにする．定理は，それだけを読んでもわかるように述べるが，‘命題’では，その附近にある記法を説明しないで使うこともある．

** $\{W_\alpha\}$ は添数 α をもつ (有限個または無限個の) W_α の集合である．

(iii′) から $W \supset W'$. ゆえに $W = W'$. (証終)

命題2で定まる W を M で**生成**される部分空間といい, $[M]$ で表わす. $M = M_1 \cup M_2 \cup \cdots \cup M_k$ のとき $[M]$ を $[M_1, M_2, \cdots, M_k]$ とも書く. M が有限個の元 $x_1, x_2, \cdots, x_k$ より成るとき, (すなわち $M = \{x_1, x_2, \cdots, x_k\}$ のとき), $[M]$ を $[x_1, x_2, \cdots, x_k]$ とも書く. また, このとき $x_1, x_2, \cdots, x_k$ を $[x_1, x_2, \cdots, x_k]$ の**生成元**という.

例 4　　$M_1 \supset M_2 \Rightarrow [M_1] \supset [M_2]$; $W \in \mathfrak{V} \Leftrightarrow W = [W]$; $[[M]] = [M]$.

命題 3　　$W_1, W_2 \in \mathfrak{V} \Rightarrow [W_1, W_2] = W_1 + W_2$

証明　$W = [W_1, W_2]$, $W' = W_1 + W_2 = \{x_1 + x_2;\ x_1 \in W_1, x_2 \in W_2\}$ とおき, (i) $W \supset W'$, (ii) $W' \supset W$ を示せばよい.

(i)　$W \in \mathfrak{V}$, $W_1, W_2 \subset W$, $x_1 \in W_1$, $x_2 \in W_2$ であるから, 部分空間に関する条件 (a) から $x_1 + x_2 \in W$. ゆえに $W' \subset W$.

(ii)　$W_2 \ni 0$ であるから, 任意の $x_1 \in W_1$ に対し, $x_1 = x_1 + 0 \in W'$. ゆえに $W_1 \subset W'$. 同様に $W_2 \subset W'$. ゆえに, $W' \in \mathfrak{V}$ を示せば命題2, (iii) によって $W' \supset W$ を得る.

$W' \in \mathfrak{V}$ の証明: $W' \ni x_1 + x_2, x_1' + x_2'$ $(x_i, x_i' \in W_i, i = 1, 2)$ ならば $(x_1 + x_2) + (x_1' + x_2') = (x_1 + x_1') + (x_2 + x_2') \in W'$. また, $\lambda(x_1 + x_2) = \lambda x_1 + \lambda x_2 \in W'$. すなわち W' は (a), (b) を満足する.

系 1　$W_1, W_2, \cdots, W_k \in \mathfrak{V} \Rightarrow [W_1, W_2, \cdots, W_k] = W_1 + W_2 + \cdots + W_k$.

系 2　$[x_1, x_2, \cdots, x_k] = \{\lambda_1 x_1 + \lambda_2 x_2 + \cdots + \lambda_k x_k;\ \lambda_i \in K\}$.

例 5　${}^nK = [{}_1e, {}_2e, \cdots, {}_ne]$ (§3, 例8の記法)

また,

$$e_1 = \begin{pmatrix} 1 \\ 0 \\ 0 \\ \vdots \\ 0 \end{pmatrix},\ e_2 = \begin{pmatrix} 0 \\ 1 \\ 0 \\ \vdots \\ 0 \end{pmatrix}, \ldots, e_n = \begin{pmatrix} 0 \\ 0 \\ \vdots \\ 0 \\ 1 \end{pmatrix} \text{ とすれば,}$$

$$K^n = [e_1, e_2, \cdots, e_n].$$

$W_1, W_2, \cdots, W_k \in \mathfrak{V}$ のとき, $W = [W_1, \cdots, W_k] = W_1 + W_2 + \cdots + W_k (\in \mathfrak{V})$ を $W_1, W_2, \cdots, W_k$ の**和**または**和空間**といい, $W = \sum_{i=1}^{k} W_i$ とも書く. この部分空間の間の'加法'についても明らかに交換律や結合律が成り立つ. $\{0\} \in \mathfrak{V}$ は, この'加法'における単位元をなす.

$W=\sum_{i=1}^{k}W_i$ ならば, W の任意の元 x は $\sum_{i=1}^{k}x_i$ の形に表わされるが，この表わし方は必らずしも一意的でない．もしこの表わし方が一意的ならば, W は $W_1, W_2, \cdots, W_k$ の**直和**となるといい，$W=W_1\oplus W_2\oplus\cdots\oplus W_k$ または $\sum_{i=1}^{k}\oplus W_i$ と書く．このとき, W はこのようにして**直和分解**されたといい, W_i をこの分解における**直和因子**という．$\{0\}=W_0$ とおけば, 明らかに $W=\sum_{i=1}^{k}\oplus W_i \Rightarrow W=\sum_{i=0}^{k}\oplus W_i$. また, $W_1, W_2, \cdots, W_k$ のうちに W_0 に等しいものがあるとし, たとえば $W_1=W_0$ とすれば, $W=\sum_{i=1}^{k}\oplus W_i \Rightarrow W=\sum_{i=2}^{k}\oplus W_i$ となる．このように $\{0\}$ は直和因子としては irrelevant であるから, 今後 $\{0\}$ は，特別に断わらない限り, 直和因子としては考えないこととする．

例 6　　$^{n}K=[{}_1e]\oplus\cdots\oplus[{}_ne],\ \ K^n=[e_1]\oplus\cdots\oplus[e_n]$.

直和分解

$$W=W_1\oplus\cdots\oplus W_k \tag{4.3}$$

の与えられたとき, 任意の $x\in W$ は

$$x=x_1+\cdots+x_k,\quad x_i\in W_i \tag{4.4}$$

と一意的に書かれる．このとき x_i を x の **W_i 成分**という．W のもう一つの元 y の W_i 成分が y_i であるとすれば,

$$y=y_1+\cdots+y_k \tag{4.5}$$

(4.4), (4.5) から

$$x+y=(x_1+y_1)+\cdots+(x_k+y_k) \tag{4.6}$$

$$\lambda x=\lambda x_1+\cdots+\lambda x_k \tag{4.7}$$

となるが，$x_i+y_i\in W_i, \lambda x_i\in W_i$ であるから，(4.6), (4.7) はすなわち $x+y, \lambda x$ の各 W_i 成分への分解を与えている．

直和の概念は，他の代数系についても定義せられ，(代数系の基本算法が乗法の形になっているときは‘直積’と名づけられることもある) 現代代数学一般から見て重要なものであるから, 今一つの見方について述べておこう．

まず一般に, k 個の集合 $M_1, \cdots, M_k$ (k はもちろん自然数) の**直積** $M=M_1\times\cdots\times M_k$ を, 各集合からの元の組 (‘k-tuple’) の集合

$$\{(x_1, \cdots, x_k);\ x_i\in M_i\}$$

として定義する．2つの組 $(x_1, \cdots, x_k)$ と $(x_1', \cdots, x'_k)$ は，$x_1 = x_1', \cdots, x_k = x_k'$ のとき，かつそのときに限って等しいものと定義するのである．

例 7　$M_1, \cdots, M_k$ がみな有限集合で，それぞれ $m_1, \cdots, m_k$ 個の元をもつならば，$M_1 \times \cdots \times M_k$ は $m_1 \cdots m_k$ 個の元より成る．

そこで，k 個のベクトル空間 $V_1, \cdots, V_k$ が与えられた場合，その集合としての直積 V の元の間に，次のように線型算法を定義する．

$$(x_1, \cdots, x_k) + (y_1, \cdots, y_k) = (x_1 + y_1, \cdots, x_k + y_k)$$
$$\lambda(x_1, \cdots, x_k) = (\lambda x_1, \cdots, \lambda x_k)$$

そうすれば V がベクトル空間となることはほとんど明らかであろう（§1参照）．このとき V を $V_1, \cdots, V_k$ の**直和**といって，$V_1 \oplus \cdots \oplus V_k$ と書くのである．

以上で，直和の概念が二様に定義されたが，それらが実質的に同一のものであることをいっておく必要がある．そのためにはまず，——これも現代代数学一般において重要な——同型の概念について述べておかねばならない．

二つのベクトル空間 V と V' があるとし，V から V' の上への1対1の写像 f があったとする（写像について詳しくは後の §6 参照）．すなわち $V \ni x$ に対し，x の f による像 $f(x) \in V'$ が一意的に定まって，(1) $f(x_1) = f(x_2) \Rightarrow x_1 = x_2$（このことを f が**1対1**であるという．）(2) $\{f(x);\ x \in V\} = V'$（このことを f が **V' の上へ**の写像であるという．）が成り立つとするのである．しかもそのとき，

$$f(x+y) = f(x) + f(y)$$
$$f(\lambda x) = \lambda f(x)$$

となっていれば——このとき写像 f は‘線型演算を**保存**する’という——f は V から V' への**同型写像**であるという．このような同型写像の存在するとき V と V' は**同型**であるといい，$V \cong V'$ と記すのである．（一般の代数系においても，S, S' が同種の代数系で，S から S' の上への1対1の，基本算法を保存する写像があるとき，S, S' は同型であるといい，そのような写像を同型写像という．）同型関係は明らかに**同値関係**である．すなわち

反射律　$V \cong V$.

対称律　$V \cong V' \Rightarrow V' \cong V$.

推移律 $V \cong V', V' \cong V'' \Rightarrow V \cong V''$.

が成り立つ．(一般に，この反射，対称，推移の三律を満足する関係を同値関係というのである．) 同型な代数系は‘同じ構造をもつ’ともいわれる．

前へ帰って，上の直和の 2 種の定義が‘実質的に同一’であることを示そう．一応区別するために，第1の定義による $W_1, \cdots, W_k$ の直和を前通り $W = \sum_{i=1}^{k} \oplus W_i$, 第2の定義による $W_1, \cdots, W_k$ の直和を $\dot{W} = \sum_{i=1}^{k} \dot{\oplus} W_i$ で表わすこととし，$W \cong \dot{W}$ を証明しよう．それには，

$$W \ni x = x_1 + \cdots + x_k$$

に対し

$$\dot{W} \ni (x_1, \cdots, x_k)$$

を対応させればよい．すなわち $f(x) = (x_1, \cdots, x_k) \in \dot{W}$ とするのである．この f が W から $\dot{W}$ への同型写像であることは容易に見られるであろう．したがって以後 $\sum \dot{\oplus}$ という記法はもう用いないことにするが，$\sum \dot{\oplus} W_i$ の構造は W_i の構造から定まる．そして，$W = \sum \oplus W_i$ において，W_i は一般に W よりも‘小さな’ベクトル空間である．したがって W が直和分解されれば，W の構造が W より小さな空間の構造から定まることとなる．このことが今後もしばしば利用されて，問題の簡単化のために役立つのである．

V の任意の部分空間 $W_1, \cdots, W_k$ の和空間はいつでも作ることができるが，それは一般には直和にはならない．(例: $V \neq \{0\}$ ならば，$V = V + V \neq V \oplus V$) まず，直和因子としては $\{0\}$ を考えないことにするから，$\mathfrak{V} - \{0\}$ を $\mathfrak{V}^*$ で表わすことにしよう．$\mathfrak{V}^* \ni W_1, \cdots, W_k (k \geqq 2)$ に対し，$W_1 + \cdots + W_k = W_1 \oplus \cdots \oplus W_k$ となるとき，$W_1, \cdots, W_k$ は**独立**であると呼ぶ．(ただ一つの $W_1 \in \mathfrak{V}^*$ はいつでも独立と呼ぶ.) 次に $\mathfrak{V}^*$ の空間の独立性の判定条件を与える一つの定理を証明して，この項を終ろう．定理の証明を円滑に進めるために，まずその一つの特別の場合を次の補題として挙げておく．

補題 1 $\mathfrak{V}^* \ni W_1, W_2,\ W_1 \cap W_2 = \{0\}$ ならば，W_1, W_2 は独立である．

証明 対偶をとって，‘$\mathfrak{V}^* \ni W_1, W_2$ で W_1, W_2 が独立でなければ $W_1 \cap W_2 \neq \{0\}$’を証明する．

W_1, W_2 が独立でなければ, $x_1+x_2=x_1'+x_2'$, $x_i, x_i' \in W_i, i=1,2$, かつ $x_i \neq x_i'$ なる x_i, x_i' がある. 上式を移項すれば $x_1-x_1'=x_2'-x_2$. これは左辺から見れば $\in W_1$, 右辺から見れば $\in W_2$, ゆえに $\in W_1 \cap W_2$. しかもこの元は0ではない.

定理 1 ベクトル空間 V の $\{0\}$ 以外の部分空間 $W_1, \cdots, W_k$ (k は自然数 $\geqq 2$) が独立であるために, 次の条件 (i)〜(iv) はいずれも必要十分である.

(i) $x_1+\cdots+x_k=0,\ x_i \in W_i \Rightarrow x_i=0,\ i=1,\cdots,k$

(ii) $W_1, \cdots, W_{k-1}$ が独立で, $(W_1+\cdots+W_{k-1}) \cap W_k=\{0\}$

(iii) $(W_1+\cdots+W_{i-1}+W_{i+1}+\cdots+W_k) \cap W_i=\{0\},\ i=1,\cdots,k$

(iv) $W_1 \cap W_2=\{0\},\quad (W_1+W_2) \cap W_3=\{0\}, \cdots, (W_1+\cdots+W_{k-1}) \cap W_k =\{0\}$.

証明 $W_1, \cdots, W_k$ が独立であるという条件を (0) とし, (0) $\Rightarrow$ (i) $\Rightarrow$ (ii) $\Rightarrow$ (0), (0) $\Rightarrow$ (iii) $\Rightarrow$ (i), (0) $\Rightarrow$ (iv) $\Rightarrow$ (i) という順序で証明しよう. (0) は詳しくいえば,

$$W=\sum_{i=1}^{k} W_i=\sum_{i=1}^{k} \oplus W_i$$

で, これは $W \ni x$ の (*4.4*) のような分解が一意的であることを意味する. これは, $W_1, \cdots, W_k$ の順序 (ならべ方) に無関係であることにまず注意しておく.

(0) $\Rightarrow$ (i). $W \ni 0$ を $0=0+\cdots+0\,(0 \in W_i)$ と k 個の0に分解すれば, 一つの '0の分解' ((*4.4*) の意味の) が得られるが, (0) によればその他の分解のしかたはない. すなわち (i) が成り立つ.

(i) $\Rightarrow$ (ii) (a) $W_1, \cdots, W_{k-1}$ が独立でないとすれば (i) が成り立たないこと, および (b) $(W_1+\cdots+W_{k-1}) \cap W_k \neq \{0\}$ とすれば (i) が成り立たないことを示せばよい.

(a) $W_1, \cdots, W_{k-1}$ が独立でなければ, $W_1+\cdots+W_{k-1}$ のある元が二様に分解されるから, $x_1+\cdots+x_{k-1}=x_1'+\cdots+x_{k-1}'$, $x_i, x_i' \in W_i, i=1, \cdots, k-1$, かつある i に対しては $x_i \neq x_i'$ となる. そうすれば $(x_1-x_1')+\cdots+(x_{k-1}-x_{k-1}')+0=0$ $x_i-x_i' \in W_i,\ i=1, \cdots, k-1, 0 \in W_k$ となって (i) が成り立たない.

(b)　仮設から, $(W_1+\cdots+W_{k-1})\cap W_k \ni x_k \neq 0$ なる x_k がある. $x_k \in W_k$ かつ $x_k \notin W_1+\cdots+W_{k-1}$ であるから, $x_k = x_1+\cdots+x_{k-1}$, $x_i \in W_i$, $i=1,\cdots,k$ と書かれる. そうすれば, $x_1+\cdots+x_{k-1}-x_k=0$, $-x_k \neq 0$ となるから (i) が成り立たない.

(ii) ⇒ (0)　$W_1+\cdots+W_k \ni x$ とすれば, 補題1により x は $x_k'+x_k$, $x_k' \in W_1+\cdots+W_{k-1}$, $x_k \in W_k$ の形に一意的に分解される. さらに $W_1,\cdots,W_{k-1}$ は独立であるから, x_k' は $x_1+\cdots+x_{k-1}$ の形に一意的に分解される.

(0) ⇒ (iii)　すでに証明された (0) ⇒ (ii) によって, (iii) の $i=k$ の場合を得る. 上に注意したように, (0) では $W_1,\cdots,W_k$ の順序を任意にかえてもよいから, 他の i についても (iii) が得られる.

(iii) ⇒ (i)　もしも $x_1+\cdots+x_k=0$ かつたとえば $x_k \neq 0$ とすれば, $x_1+\cdots+x_{k-1}=-x_k$ は $\in(W_1+\cdots+W_{k-1})\cap W_k$ であるから (iii) に反する.

(0) ⇒ (iv)　すでに証明された (0) ⇒ (ii) によって, 最後の $(W_1+\cdots+W_{k-1})\cap W_k=\{0\}$ が得られ, かつ $W_1,\cdots,W_k$ が独立であるから, その前の $(W_1+\cdots+W_{k-2})\cap W_{k-1}=\{0\}$ も得られ, 以下同様である.

(iv) ⇒ (i)　$x_1+\cdots+x_k=0$ で $x_1,\cdots,x_k$ のうちに 0 でないものがあったとすれば, その最後のものを x_j とする. そうすれば, (iii) ⇒ (i) の証明と同様に $(W_1+\cdots+W_{j-1})\cap W_j=\{0\}$ に反する.

系　$\mathfrak{W}^* \ni W_1,\cdots,W_k$ が独立ならば, $W_{\nu_1},\cdots,W_{\nu_l}$ $(\{\nu_1,\cdots,\nu_l\}\subset\{1,\cdots,k\}, l\leqq k)$ も独立である.

例 8　${}^nK$ で, $[{}_1e],\cdots,[{}_ne]$ は独立である.

§5　1次独立, 1次従属, 次元, 基底

K の上のベクトル空間 V の 0 以外の元の集合 $V-\{0\}$ を V^* で表わす. $V^* \ni x$ ならば明らかに $[x]=\{\lambda x;\ \lambda\in K\}\in\mathfrak{W}^*$. $V^* \ni x_1,\cdots,x_k$ が **1次独立** (あるいは略して**独立**) であるとは, $[x_1],\cdots,[x_k]\in\mathfrak{W}^*$ が独立 (§4) であること, すなわち $[x_1,\cdots,x_k]$ の任意の元 x が $\lambda_1x_1+\cdots+\lambda_kx_k$, $\lambda_i\in K$ の形に一意的に表わされることを意味する. (特にただ一つの $x\in V^*$ はいつでも独立である.)

$\mathfrak{W}^* \ni W$, $V^* \ni x$ に対して明らかに,

$$W \not\ni x \Leftrightarrow W \cap [x] = \{0\}.$$

このことを用いて, 定理1からただちに次の定理を得る.

定理 2　ベクトル空間 V の 0 以外の元 $x_1, \cdots, x_k$ (k は自然数 $\geqq 2$) が1次独立であるために, 次の条件 (i)〜(iv) はいずれも必要十分である.

(i)　$\lambda_1 x_1 + \cdots + \lambda_k x_k = 0,\ \lambda_i \in K \Rightarrow \lambda_i = 0,\ i = 1, \cdots, k$

(ii)　$x_1, \cdots, x_{k-1}$ が1次独立で, $[x_1, \cdots, x_{k-1}] \not\ni x_k$

(iii)　$[x_1, \cdots, x_{i-1}, x_{i+1}, \cdots, x_k] \not\ni x_i,\ i = 1, \cdots, k$

(iv)　$[x_1] \not\ni x_2, [x_1, x_2] \not\ni x_3, \cdots, [x_1, \cdots, x_{k-1}] \not\ni x_k$

系　$V^* \ni x_1, \cdots, x_k$ が独立ならば, $x_{\nu_1}, \cdots, x_{\nu_l}(\{\nu_1, \cdots, \nu_l\} \subset \{1, \cdots, k\}, l \leqq k)$ も独立である.

例 1　${}^nK$ で, ${}_1e, \cdots, {}_ne$ は独立である.

$V \ni x_1, \cdots, x_k$ が1次独立でないとき, $x_1, \cdots, x_k$ は**1次従属**あるいは略して**従属**であるという. 特に $x_1, \cdots, x_k$ のうちのどれか一つでも 0 であれば, $x_1, \cdots, x_k$ は従属である.

例 2　$x_1, \cdots, x_k$ が従属であることは, $\lambda_1, \cdots, \lambda_k$ のうち少くとも一つは 0 でなくて, $\lambda_1 x_1 + \cdots + \lambda_k x_k = 0$ が成り立つことを意味する.

例 3　$x_1, \cdots, x_k (k \geqq 2)$ で $x_i = x_j (i \neq j)$ なるものがあれば, $x_1, \cdots, x_k$ は従属である.

例 4　$x_1, \cdots, x_{k-1}$ が独立で, $x_1, \cdots, x_{k-1}, x_k$ が従属ならば, $x_k \in [x_1, \cdots, x_{k-1}]$.

定理 3　$x_1, \cdots, x_m$ をベクトル空間 V の任意の有限個の元の集合とするとき, $x_1 = \cdots = x_m = 0$ なる場合を除けば, $\{1, \cdots, m\}$ の適当な部分集合 $\{\nu_1, \cdots, \nu_k\}$ $(1 \leqq \nu_1 < \nu_2 < \cdots < \nu_k \leqq m, k \leqq m)$ を見出して, 次の条件が成り立つようにすることができる.

(i)　$x_{\nu_1}, \cdots, x_{\nu_k}$ は1次独立である.

(ii)　$[x_1, \cdots, x_{\nu_2 - 1}] = [x_{\nu_1}]$,

$[x_1, \cdots, x_{\nu_3 - 1}] = [x_{\nu_1}, x_{\nu_2}]$,

………………

$[x_1, \cdots, x_m] = [x_{\nu_1}, x_{\nu_2}, \cdots, x_{\nu_k}]$.

証明　$x_{\nu_1}, \cdots, x_{\nu_k}$ は $x_1, \cdots, x_m$ から次のように選べばよい.

もし $x_1 \in V^*$ (すなわち $x_1 \neq 0$) ならば $\nu_1 = 1$ とする. もし $x_1 = 0$ ならば,

$x_1, x_2, \cdots$ のうちで0でない（すなわち独立な）最初のベクトルを x_{ν_1} とする．そうすれば

$$[x_1, \cdots, x_{\nu_1}] = [x_{\nu_1}].$$

次に，もし x_{ν_1}, x_{ν_1+1} が独立ならば，（すなわち $[x_{\nu_1}] \not\ni x_{\nu_1+1}$ ならば）$\nu_2 = \nu_1+1$ とする．もし x_{ν_1}, x_{ν_1+1} が従属ならば，$x_{\nu_1+1}, x_{\nu_1+2}, \cdots$ のうちで $[x_{\nu_1}]$ に入らない最初のベクトルを x_{ν_2} とする．そうすれば，定理2, (4) によって，x_{ν_1}, x_{ν_2}, は独立で，

$$[x_1, \cdots, x_{\nu_2-1}] = [x_{\nu_1}]$$

$$[x_1, \cdots, x_{\nu_2}] = [x_{\nu_1}, x_{\nu_2}].$$

以下同様にすればよい．

定理 4　$x_1, \cdots, x_k$ をベクトル空間 V の任意の有限個の元の集合とし，$[x_1, \cdots, x_k] \ni y_1, \cdots, y_h (h \geqq 1)$ かつ $y_1, \cdots, y_h$ は独立とすれば，$h \leqq k$ で，$\{1, \cdots, k\}$ の適当な部分集合 $\{\nu_1, \cdots, \nu_h\}$ を，

$$1 \leqq \nu_1 < \nu_2 < \cdots < \nu_h \leqq k,$$

$$\begin{aligned}[x_1, \cdots, x_k] = [x_1, \cdots, x_{\nu_1-1}, y_1, x_{\nu_1+1}, \cdots,& \\ \cdots, x_{\nu_2-1}, y_2, x_{\nu_2+1}, \cdots,& \\ \cdots\cdots\cdots\cdots& \\ \cdots, x_{\nu_h-1}, y_h, x_{\nu_h+1}, \cdots, x_k]&\end{aligned}$$

となるように選ぶことができる．

証明　まず，$[x_1, \cdots, x_k] \ni y_1 \neq 0$ であるから，たしかに $k \geqq 1$ で，かつ $x_1 = \cdots = x_k = 0$ ではあり得ない．また，$y_1 = \lambda_1 x_1 + \cdots + \lambda_k x_k$ において，$\lambda_1, \cdots, \lambda_k$ のうちに0でないものがある．その一つを λ_{ν_1} とすれば，

$$x_{\nu_1} = \frac{1}{\lambda_{\nu_1}} y_1 - \frac{\lambda_1}{\lambda_{\nu_1}} x_1 - \cdots - \frac{\lambda_{\nu_1-1}}{\lambda_{\nu_1}} x_{\nu_1-1} - \frac{\lambda_{\nu_1+1}}{\lambda_{\nu_1}} x_{\nu_1+1} - \cdots - \frac{\lambda_k}{\lambda_{\nu_1}} x_k$$

すなわち，

$$x_{\nu_1} \in [x_1, \cdots, x_{\nu_1-1}, y_1, x_{\nu_1+1}, \cdots, x_k].$$

したがって明らかに

$$[x_1, \cdots, x_k] = [x_1, \cdots, x_{\nu_1-1}, y_1, x_{\nu_1+1}, \cdots, x_k].$$

次に $h \geqq 2$ とし, $[x_1, \cdots, x_{\nu_1-1}, y_1, x_{\nu_1+1}, \cdots, x_k] \ni y_2$ (y_1, y_2 は独立) とすれば,

$$y_2 = \mu_1 x_1 + \cdots + \mu_{\nu_1-1} x_{\nu_1-1} + \mu_{\nu_1} y_1 + \mu_{\nu_1+1}, x_{\nu_1+1} + \cdots + \mu_k x_k$$

ここで $\mu_1, \cdots, \mu_{\nu_1-1}, \mu_{\nu_1+1}, \cdots, \mu_k$ のうちに0でないものがなければならないから, その一つを μ_{ν_2} とする. (μ の個数の計算から $k-1 \geqq 1$ すなわち $k \geqq 2$) そうすれば,

$$x_{\nu_2} = \frac{1}{\mu_{\nu_2}} y_2 - \frac{\mu_1}{\mu_{\nu_2}} x_1 - \cdots - \frac{\mu_{\nu_1}}{\mu_{\nu_2}} y_1 - \cdots - \frac{\mu_k}{\mu_{\nu_2}} x_k$$

すなわち

$$x_{\nu_2} \in [x_1, \cdots, x_{\nu_1-1}, y_1, x_{\nu_1+1}, \cdots, x_{\nu_2-1}, y_2, x_{\nu_2+1}, \cdots, x_k]$$

したがって $[x_1, \cdots, x_k]$ はこの右辺とも等しい.

$k \geqq 3$ のときは, 同様の操作を続ければよい.

系 1　$[x_1, \cdots, x_k]$ に含まれる独立なベクトルの数は k をこえない.

系 2　$V \ni x_1, \cdots, x_k$ が独立† ならば, k は $[x_1, \cdots, x_k]$ に含まれる独立なベクトルの個数の最大数である.

ベクトル空間 V に含まれる独立なベクトルの個数がいくらでも多くとれるとき, (すなわち任意の与えられた自然数 n に対して n 個の独立なベクトルが V の中にあるとき) V は**無限次元**であるという. V が無限次元でなければ, V に含まれる独立なベクトルの数は有界である. したがってその個数には最大数 n がある. このとき V は**有限次元**であるといい, かつその**次元** (dimension) は n であるという. そのことを記号で, $\dim V = n$ と表わす.

$\dim V = n$ ならば, V は n 個の独立な元 $x_1, \cdots, x_n$ を含むが, V の任意の $(n+1)$ 個の元は独立でないから, x を V の任意の元とするとき, $x_1, \cdots, x_n, x$ は従属となる. したがって $x \in [x_1, \cdots, x_n]$ (例 4). ゆえに $V = [x_1, \cdots, x_n]$. すなわち, V は $x_1, \cdots, x_n$ によって生成せられる. この $x_1, \cdots, x_n$ のように独立な V の生成元を V の**基底**という. ——以上をまとめて次の定理を得る.

定理 5　n 次元のベクトル空間は, n 個のベクトルから成る基底をもつ.

---

†　$V \ni x_1, \cdots, x_k$ が '独立' というときは, $x_1, \cdots, x_k$ はいずれも0ではないこと, すなわち $V^* \ni x_1, \cdots, x_k$ を含意するものとする.

例 5 ${}^nK$においては，$\{{}_1e, {}_2e, \cdots, {}_ne\}$が一つの基底となり，$K^n$においては，$\{e_1, e_2, \cdots, e_n\}$が一つの基底となる．これらをそれぞれ${}^nK, K^n$の**自然基底**という．

系 1 n次元のベクトル空間は，n個の1次元空間の直和となる．

証明 $\dim V=n$ ならば，Vはn個の元から成る基底$x_1, \cdots, x_n$をもつから，$V=[x_1, \cdots, x_n]=[x_1]\oplus\cdots\oplus[x_n]$. $[x_i]$は一つの元から成る基底をもつから1次元である．

系 2 体Kの上のn次元ベクトル空間は，${}^nK$と同型である．

証明 $\dim V=n$ のとき，Vの基底を$x_1, \cdots, x_n$とすれば，$V\ni x$は$\lambda_1x_1+\cdots+\lambda_nx_n$の形に一意的に書かれる．このとき$f(x)=(\lambda_1, \cdots, \lambda_n)\in{}^nK$とすれば，$f$は明らかに$V$から${}^nK$への同型写像を与える．

例 6 ${}^nK\cong K^n$, ${}^1K\cong K^1\cong K$ (§3, 例7参照).

系 3 WをVの部分空間, $\dim V=n$, $\dim W=m$ とすれば，$n\geqq m$. このときもし $n=m$ ならば $V=W$.

証明 $\dim V$, $\dim W$はそれぞれV, Wに含まれる独立なベクトルの最大数と考えれば，$V\supset W \Rightarrow n=\dim V\geqq m=\dim W$ は明らかである．

Wの基底を$x_1,\cdots, x_m$とするとき$W=[x_1,\cdots, x_m]$であるが，もし$V\supsetneqq W$ならばVに含まれてWに含まれないベクトルx_{m+1}がある．そのとき$x_1, \cdots, x_m$, x_{m+1}は独立である(定理2, (ii))から$n>m$.

系 4 WがVの部分空間で, $\dim V=n$, $\dim W=m$, $n>m$で, $x_1, \cdots, x_m$がWの一つの基底ならば，これに$n-m$個のベクトル$x_{m+1}, \cdots, x_n$を追加して$x_1, \cdots, x_n$がVの基底となるようにすることができる．(定理5と定理4による.)

系 5 系4で, $W'=[x_{m+1}, \cdots, x_n]$とすれば，$V=W\oplus W'$である．すなわち$V$の任意の部分空間$W$は，$V$の直和因子となる．

証明 $V\ni x=\lambda_1x_1+\cdots+\lambda_mx_m+\lambda_{m+1}x_{m+1}+\cdots+\lambda_nx_n\in W+W'$であるから，$V=W+W'$. また，$W\ni y=\mu_1x_1+\cdots+\mu_mx_m$, $W'\ni y'=\mu_{m+1}x_{m+1}+\cdots+\mu_nx_n$とし，$y+y'=0$ とすれば，$\mu_1=\cdots=\mu_n=0$, ゆえに $y=y'=0$. したがってWとW'は独立である．ゆえに $V=W\oplus W'$. (証終)

Vの一つの部分空間をWとし，$V\ni x, y$に対して$x-y\in W$となるときx, yは

mod W で**合同**であるといい，$x \equiv y \pmod{W}$ と書く．$x \equiv 0$, $y \equiv 0 \pmod{W}$ ならば明らかに $x+y \equiv 0$, $\lambda x \equiv 0 \pmod{W}$ である．

数個のベクトル $x_1, \cdots, x_k$ は，

$$\lambda_1 x_1 + \cdots + \lambda_k x_k \equiv 0 \pmod{W} \Rightarrow \lambda_1 = \cdots = \lambda_k = 0$$

を満足するとき，**mod W で1次独立**であるといわれる．

命題 4　$x_1, x_2, \cdots, x_k$ が mod W で1次独立ならば，

(i)　1次独立である．

(ii)　その任意の部分集合 $\{x_{\nu_1}, \cdots, x_{\nu_l}\}$ も mod W で1次独立である．

(iii)　$x_i \notin W (i = 1, 2, \cdots, k)$

証明　1次独立および，mod W で1次独立の定義から容易に証明することができる．（今後も，容易な証明は省略することがある．読者の演習問題として，考えて頂きたい．）

定理 6　V をベクトル空間，W をその部分空間とし，$\dim V = n$, $\dim W = m$ とすれば，V に，$(n-m)$ 個の，mod W で1次独立なベクトルが存在する．

証明　定理5系4における，$x_{m+1}, \cdots, x_n$ の $(n-m)$ 個が条件に適する．

例 7　WをVの一定の部分空間とするとき，mod W の合同関係は同値関係である．すなわち $x \equiv x$; $x \equiv y \Rightarrow y \equiv x$; $x \equiv y$, $y \equiv z \Rightarrow x \equiv z$（これらの‘合同式’ではみな mod W を略した．）$x \equiv y$ のとき，x の mod W の**合同類**とyの mod W の合同類は同じであるといい，x の mod W の合同類を $(x)_W$ または略して (x) で表わす．$x \equiv x'$, $y \equiv y' \Rightarrow x+y \equiv x'+y'$, $\lambda x \equiv \lambda x'$ となるから $(x+y) = (x)+(y)$, $(\lambda x) = \lambda(x)$ によって合同類の和およびスカラー倍を定義することができる．このように定義すれば合同類は K の上のベクトル空間をなす．それを V の mod W の**商空間**といい，V/W で表わす．特に $\dim V = n$, $\dim W = m$ とすれば $\dim V/W = n-m$.（定理6の証明の $x_{m+1}, \cdots, x_n$ の 合同類 $(x_{m+1}), \cdots, (x_n)$ が V/W の基底となる．）

§6　写像について

§2の続きとして，**写像**または**対応**の概念・記法についてここで一般的な説明を与えておこう．

読者は，次のような‘函数’の定義をご存じであろう．

“xのおのおのの値に対してyの値が定まっているとき，y は xの函数である

といい，$y=f(x)$ と書く.”

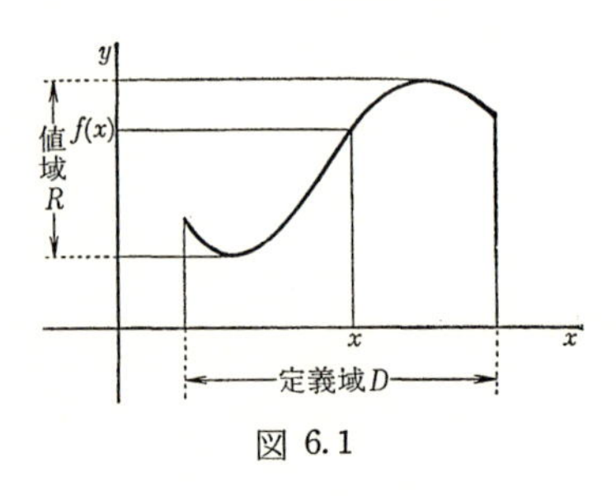

図 6.1

このようにいうとき，x, y はむろん‘数’を表わすものとされ，‘数’といえばふつうは実数を意味する(われわれの記法を用いれば，$x, y \in \boldsymbol{R}$). しかし函数 f によっては，すべての実数について $f(x)$ が定義されているとは限らない.（たとえば $\sqrt{x}$ は──実数の範囲で考える限り──$x \geqq 0$ なる x に対してだけ定義される.）そのようなとき，$f(x)$ の定義されるような x の集合は f の**定義域** (domain) と呼ばれ，定義域が D である函数 f について $R=\{f(x);\ x\in D\}$ を f の**値域** (range) と呼ぶ. なお函数によっては，($f(x)=\pm\sqrt{x}$ のように) x の一つの値に対して $f(x)$ の値が二つ以上定まるもの──**多意函数**──もあるが，今後簡単のために，単に‘函数’というときは，いつも**一意函数**（多意でないもの，すなわち，x の一つの値に対して $f(x)$ の値が一つだけ──‘一意的に’──定まるもの）を意味することとしよう.

ところで，われわれの‘代数学’では，‘文字は必らずしも数を表わさない’ことを§2で注意した. すでに述べたように，‘代数学’の対象はある種の代数的な‘構造’をもった集合，すなわち代数系であるが，まずはじめに，全く一般の集合を考えよう.

M_1, M_2 を二つの集合とし，M_1 のおのおのの元 x に対して M_2 の元 y が定まっているものとする. そのとき，M_1 から M_2 への**写像**または**対応**が与えられているといい，その写像または対応を f というような文字で表わして，$M_1 \ni x$ に対して定まっている（x に‘対応する’ともいう）M_2 の元 y を $f(x)$ で表わすのである.

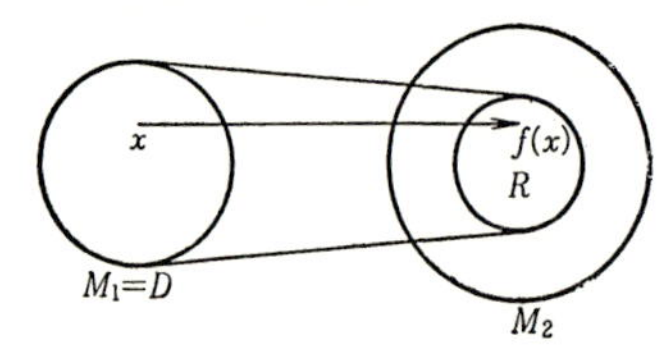

図 6.2

微積分で考えられている函数は，$M_1=\boldsymbol{R}$ から $M_2=\boldsymbol{R}$ への写像に他ならない.（複素函数論では $M_1=M_2=\boldsymbol{C}$ の場合が考えられる.）写像または対応の代りに，一般の集合の場合にも函数という語がそのまま使われることもあるが，われわれは主として写像という語を使うこととしよう．

函数の場合と同じように‘多意写像’も考えられるが，われわれは単に写像といえば‘一意写像’——すなわち，おのおのの $x\in M_2$ に対して $f(x)$ が一意的に定まっているもの——と規約する．また写像についても，定義域 $D\subset M_1$ や値域 $R\subset M_2$ が考えられるが，‘M_1 から M_2 への写像 f’という場合，断わらない限り，われわれは $D=M_1$，すなわち $f(x)$ は M_1 のすべての元 x に対して定義されているものと規約する．しかしいつも $R=M_2$ であると規約はしないこととする．特に $R=M_2$ の場合，f は (M_1 から) **M_2 の上への**写像，または M_2 への**全射**であるといい，f が必らずしも全射でないことを示すためには，f は (M_1 から) **M_2 の中への**写像であるという．

例 1 y_0 を M_2 の一つの元とし，M_1 の任意の元 x に対して $f(x)=y_0$ と定めれば，M_1 から M_2 への一つの写像が得られる．これを，y_0 を値とする**定数写像**という．M_2 が二つ以上の元をもつ限り，これは全射ではない．

例 2 $M_1=M_2=M$ とし，M の各元 x に x 自身を対応させれば，M から M 自身への写像が得られる．これを M における**恒等写像**といい，e_M で表わす．$e_M(x)=x$．恒等写像は全射である．

$M_1\supset M_1'$ のとき $\{f(x);x\in M_1'\}$ は M_2 (詳しくは R) の部分集合であるが，これを $f(M_1')$ と書いて，M_1' の f による**像**という．($f(x)$ を x の像ということもある．ただ一つの元から成る集合とその元自身とは，しばしば区別しないで使われる．) また，$M_2\supset M_2'$ のとき，$\{x;f(x)\in M_2'\}$ は M_1 の部分集合であるが，これを $f^{-1}(M_2')$ と書いて，M_2' の**原像**という．$M_2\ni y$ に対しては，$f^{-1}(\{y\})$ を ($\{y\}$ と y を区別しないで) $f^{-1}(y)$ と書き，y の原像ということもある．$f(x)$ は M_2 の元であるが，$f^{-1}(y)$ は M_1 の元ではなく，M_1 の部分集合である．もし $M_2\neq R$ で，$M_2-R\ni y$ ならば，$f^{-1}(y)=\phi$．$R\ni y$ に対しては $f^{-1}(y)\neq\phi$ であるが，もし R の任意の元 y に対し $f^{-1}(y)$ がいつもただ一つの元より成るならば，f は **1 対 1 の写像**または**単射**であるという．$f^{-1}(y)=\{x\}$ ならば明らかに $f(x)=y$．そこで $f^{-1}(y)=\{x\}$ のとき $f^{-1}(y)=x$ とも書くことにすれば，f が単射のとき，f^{-1} は R から M_1 への全射となる．f が全射であって同時に単射ならば，f は

全単射であるという.

例 3 M_1 が有限個の元から成るとき, M_1 から M_2 への全単射があれば, M_2 も同数の元から成る.

例 4 $M_1 \supset M_1' \supset M_1'' \Rightarrow R = f(M_1) \supset f(M_1') \supset f(M_1'')$.

$M_2 \supset M_2' \supset M_2'' \Rightarrow M_1 = f^{-1}(M_2) \supset f^{-1}(M_2') \supset f^{-1}(M_2'')$.

例 5 $M_2 \supset M_2' \Rightarrow f^{-1}(M_2') = f^{-1}(M_2' \cap R)$.

例 6 $M_1 \supset M_1' \Rightarrow f^{-1}(f(M_1')) \supset M_1'$.

例 7 $M_2 \supset M_2' \Rightarrow f(f^{-1}(M_2')) = M_2' \cap R$.

f を M_1 から M_2 への写像とし, $M_1 \supset M_1'$ とするとき, $M_1' \ni x$ に $f(x) \in M_2$ を対応させれば, M_1' から M_2 への写像が得られる. この写像を f の M_1' への**縮小**といい, $f|M_1'$ で表わす. それに対して f は $f|M_1'$ の M_1 への**拡大**ということもある. もちろん f によって $f|M_1'$ は定まるが, $f|M_1'$ によって f は一般に定まらない. すなわち $M_1 \supset M_1'$, $M_1 \neq M_1'$ の場合は, $f \neq g$ でも $f|M_1' = g|M_1'$ となることがある. しかし $M_1 = M_1' \cup M_1''$ で $f|M_1'$ と $f|M_1''$ が与えられれば f は定まる. この考えは, 写像を定義するとき, あるいはその性質を明らかにするとき, しばしば利用される.

f が M_1 から M_2 への写像であることを

$$f: M_1 \to M_2, \quad \text{または} \quad M_1 \xrightarrow{f} M_2$$

のように表わす. $f, g: M_1 \to M_2$ は, f, g が両方とも M_1 から M_2 への写像であることを意味する. このような f, g が同じ写像 $(f = g)$ であるとは, もちろんすべての $x \in M_1$ に対して $f(x) = g(x)$ であることを意味する.

$$f: M_1 \to M_2, \quad f_2: M_2 \to M_3$$

あるいは

$$M_1 \xrightarrow{f_1} M_2 \xrightarrow{f_2} M_3$$

であれば, $M_1 \ni x$ に $f_2(f_1(x)) \in M_3$ を対応させることによって, M_1 から M_3 への写像が得られる. この写像を $f_2 \circ f_1$ または略して $f_2 f_1$ で表わす. すなわち

$$f_2 \circ f_1(x) = f_2 f_1(x) = f_2(f_1(x)).$$

この $f_2 \circ f_1$ を写像 f_1, f_2 の**結合**という. さらに

$$M_1 \xrightarrow{f_1} M_2 \xrightarrow{f_2} M_3 \xrightarrow{f_3} M_4$$

であれば，M_1 から M_4 への写像 $f_3\circ(f_2\circ f_1)$ および $(f_3\circ f_2)\circ f_1$ が得られるが，これに対して

$$f_3\circ(f_2\circ f_1)=(f_3\circ f_2)\circ f_1$$

が成り立つ．実際，この両辺が等しいのは，任意の $x\in M_1$ に対して

$$(f_3\circ(f_2\circ f_1))(x)=((f_3\circ f_2)\circ f_1)(x)$$

が成り立つことを意味するが，この両辺は明らかに両方とも $f_3(f_2(f_1(x)))$ に等しい．この結果は簡単なことではあるが，重要であるから次の定理として掲げておこう．

定理 7　写像の結合については，結合律が成り立つ．

例 8　$f\colon M_1\to M_2$ とするとき，$f\circ e_{M_1}=f,\ e_{M_2}\circ f=f$.

例 9　$f\colon M_1\to M_2$ が全単射ならば，$f^{-1}\colon M_2\to M_1$ であって $f^{-1}\circ f=e_{M_1},\ f\circ f^{-1}=e_{M_2}$

例 10　$M_1\overset{f_1}{\to}M_2\overset{f_2}{\to}M_1\overset{f_1}{\to}M_2$ で，$f_2\circ f_1=e_{M_1},\ f_1\circ f_2=e_{M_2}$ ならば，f_1,f_2 はともに全単射であって，$f_2=f_1^{-1},f_1=f_2^{-1}$.

§7　線型写像

前項では，全く一般の集合の間の写像について述べたが，代数系の間の写像を考えるときは，当然その代数的な構造が問題となる．

たとえば，A_1,A_2 を同じ基本演算をもつ代数系とし，基本演算のうちには，$+$ で表わされる加法があるものとしよう．$f\colon A_1\to A_2$ で，A_1 の任意の2元 x,y に対し $f(x+y)=f(x)+f(y)$ となるならば，f は‘加法を保存する’という．すべての基本演算を保存する写像は**準同型**写像という．準同型写像がさらに全単射であれば**同型**写像といい，A_1 から A_2 への同型写像があれば，A_1 と A_2 は同型であるといわれる．その場合のことは，すでに§4にも述べた．

線型写像というのは，ベクトル空間の間の準同型写像に他ならない．V_1,V_2 を同じ体 K の上の二つのベクトル空間とし，f を V_1 から V_2 への写像とする．そのとき V_1 の任意の元 x,y と K の任意の元 λ に対して

$$f(x+y)=f(x)+f(y) \tag{7.1}$$

$$f(\lambda x)=\lambda f(x) \tag{7.2}$$

が成り立つならば，f を V_1 から V_2 への線型写像というのである．V_1 から V_2

への線型写像全体の集合を $\mathfrak{L}(V_1, V_2)$ で表わす*.

例 1 ベクトル空間 V_1 の恒等写像 e_{V_1} は, V_1 からそれ自身への線型写像（実は同型写像）である：$e_{V_1} \in \mathfrak{L}(V_1, V_1)$.

例 2 V_1 の任意の元を V_2 の元 0 に対応させる定数写像は $\mathfrak{L}(V_1, V_2)$ の元である．この写像を $0_{V_1, V_2}$ あるいは略して単に 0 で表わす.

例 3 ${}^nK$ の元 $(\xi_1, \cdots, \xi_n)$, $\xi_i \in K$ にその第1座標 ξ_1 を対応させる写像は $\mathfrak{L}({}^nK, {}^1K)$ の元である．この写像を‘第1座標への**射影**’という．同様に $i=2,3,\cdots,n$ に対しても‘第 i 座標への射影’が定義される．それらもすべて $\mathfrak{L}({}^nK, {}^1K)$ の元である.

例 4 $V=W_1 \oplus \cdots \oplus W_k$ とすれば $V \ni x$ は $x_1+\cdots+x_k$, $x_i \in W_i$ の形に一意的に書かれる．このとき x に x_i を対応させる写像を V から W_i への**射影**という．それは $\mathfrak{L}(V, W_i)$ の元である．（例3はこの特別な場合である.）

例 5 WをVの部分空間とするとき, $V \ni x$ に $(x)_W$(x の mod W の合同類, §5, 例 7) を対応させる写像を Vから商空間 V/W への**自然な写像**という．それは $\mathfrak{L}(V, V/W)$ の元である.

例 6 $(\nu_1, \nu_2, \cdots, \nu_n)$ を $(12\cdots n)$ の一つのならべかえ（順列）とする．（例えば $n=3$ のとき $(\nu_1\nu_2\nu_3)=(312)$ 等）そのとき, K^n の元 $\begin{pmatrix}\xi_1\\ \vdots\\ \xi_n\end{pmatrix}$ に $\begin{pmatrix}\xi_{\nu_1}\\ \vdots\\ \xi_{\nu_n}\end{pmatrix}$ を対応させる写像を $\pi(\nu_1, \nu_2, \cdots, \nu_n)$ で表わす．それは $\mathfrak{L}(K^n, K^n)$ の元である．特に $\pi(12\cdots n)=e_{K^n}$.

例 7 $\mathfrak{C}^1([a,b], \boldsymbol{R}) \ni f$ にその導函数 $f' \in \mathfrak{C}^0([a,b], \boldsymbol{R})$ を対応させる写像 D は, ベクトル空間 $\mathfrak{C}^1$ からベクトル空間 $\mathfrak{C}^0$ への線型写像である．$Df=f'$, $D \in \mathfrak{L}(\mathfrak{C}^1, \mathfrak{C}^0)$.

一般に, $\mathfrak{C}^n([a,b], \boldsymbol{R}) \ni f$ にその第 k 階導函数 $(k \leqq n) f^{(k)} \in \mathfrak{C}^0([a,b], \boldsymbol{R})$ を対応させる写像は, 結合写像の記法を用いて, $\underbrace{D\circ D\circ\cdots\circ D}_{(k\text{ 個})}$ と書かれるが, これを簡単に D^k と表わす．明らかに $D^k \in \mathfrak{L}(\mathfrak{C}^n, \mathfrak{C}^0)$ $(k \leqq n)$

さらに, $k \leqq n$, $p_1, p_2, \cdots, p_k \in \mathfrak{C}^0$ とするとき, $\Lambda f = D^k f + p_1 \cdot D^{k-1} f + \cdots + p_{k-1} \cdot Df + p_k f$ によって定義される写像 Λ は $\in \mathfrak{L}(\mathfrak{C}^n, \mathfrak{C}^0)$．この Λ を $\Lambda = D^k + p_1 D^{k-1} + \cdots + p_{k-1} D + p_k$ と書き表わす.

例 8 $\mathfrak{C}^0([a,b], \boldsymbol{R}) \ni f$ に対し, $\int_a^b f(x)\,dx \in \boldsymbol{R}$ を対応させる写像 I は, ベクトル空間 $\mathfrak{C}^0$ からベクトル空間 $\boldsymbol{R}$ への線型写像（線型汎函数）である.

$$If = \int_a^b f(x)\,dx, \quad I \in \mathfrak{L}(\mathfrak{C}^0, \boldsymbol{R})$$

---

* 線型写像のことをまた, **線型作用素・線型作用子・線型演算子**ともいう．特に体 K への線型写像のことを**線型汎函数**ともいう.

線型写像について次の定理が成り立つ.

定理 8 f はベクトル空間 V_1 から V_2 への線型写像で, V_1' は V_1 の部分空間, V_2' は V_2 の部分空間ならば, $f(V_1')$ は V_2 の部分空間であり, $f^{-1}(V_2')$ は V_1 の部分空間である.

V_1, V_2 の部分空間の集合をそれぞれ $\mathfrak{V}_1, \mathfrak{V}_2$ で表わせば, これは,

$$\mathfrak{V}_1 \ni V_1' \Rightarrow f(V_1') \in \mathfrak{V}_2 \tag{7.3}$$

$$\mathfrak{V}_2 \ni V_2' \Rightarrow f^{-1}(V_2') \in \mathfrak{V}_1 \tag{7.4}$$

と書かれる. この意味で, $f\colon \mathfrak{V}_1 \to \mathfrak{V}_2$, $f^{-1}\colon \mathfrak{V}_2 \to \mathfrak{V}_1$ ともなる. 特に $f(V_1) \in \mathfrak{V}_2$, $f^{-1}(0) \in \mathfrak{V}_1$.

証明 (7.3) を示すには, $f(V_1') \ni x', y' \Rightarrow x'+y', \lambda x' \in f(V_1')$ をいえばよい. $f(V_1')$ の定義から $x'=f(x)$, $y'=f(y)$, $x, y \in V_1'$ となるような x, y がある. $V_1' \in \mathfrak{V}_1$ であるから $x+y, \lambda x \in V_1'$. $f \in \mathfrak{L}(V_1, V_2)$ であるから, $x'+y'=f(x)+f(y)=f(x+y) \in f(V_1')$, $\lambda x'=\lambda f(x)=f(\lambda x) \in f(V_1')$. (7.4) も同様に示される.

例 9 D を例 7 の写像とすると, $\Lambda = D^n+p_1D^{n-1}+\cdots+p_n \in \mathfrak{L}(\mathfrak{C}^n, \mathfrak{C}^0)$. $\mathfrak{C}^0$ の 0 ベクトル ($f(x) \equiv 0$ なる函数 f) に対して $\Lambda^{-1}(0)$ は $\mathfrak{C}^n$ の部分空間を作る. すなわち, n 階線型微分方程式

$$(D^n+p_1D^{n-1}+\cdots+p_n)f = \frac{d^nf}{dx^n}+p_1\frac{d^{n-1}f}{dx^{n-1}}+\cdots+p_nf=0$$

の解の集合は, $\mathfrak{C}^n$ の部分空間を作る.

$\mathfrak{L}(V_1, V_2) \ni f, g$ および $\lambda \in K$ に対して次のように $f+g, \lambda x$ を定義する: $f+g$ は $V_1 \ni x$ に V_2 の元 $f(x)+g(x)$ を対応させる写像とする. すなわち

$$(f+g)(x)=f(x)+g(x)$$

また λf は, $V_1 \ni x$ に $\lambda f(x) \in V_2$ を対応させる写像とする.

$$(\lambda f)(x) = \lambda f(x)$$

命題 5 上のように定義された加法とスカラー積について, $\mathfrak{L}(V_1, V_2)$ は K の上のベクトル空間をなす.

証明 §3 の条件 A, B がわれわれの場合に成り立つことを示せばよいが, たとえば A2 は, 次のように示される.

$$(f+g)(x)=f(x)+g(x)=g(x)+f(x)=(g+f)(x)$$

これがすべての $x\in V_1$ について成り立つから $f+g=g+f$. A3〜5, B1〜5 についても同様に験証は容易である．特に，$\mathfrak{L}(V_1, V_2)$ の零元は，0を値とする定数写像であることがわかる．

命題 6 $\mathfrak{L}(V_1, V_2)\ni f, \mathfrak{L}(V_2, V_3)\ni g$ ならば $g\circ f\in\mathfrak{L}(V_1, V_3)$.

証明 $g\circ f$ が，V_1 から V_3 への写像であることは明らかである．これが線型写像であることは，次の関係からわかる．

$$(g\circ f)(x+y)=g(f(x+y))=g(f(x)+f(y))$$
$$=g(f(x))+g(f(y))=(g\circ f)(x)+(g\circ f)(y).$$
$$(g\circ f)(\lambda x)=g(f(\lambda x))=g(\lambda f(x))=\lambda g(f(x))=\lambda(g\circ f)(x).$$

命題 7 $\mathfrak{L}(V_1, V_2)\ni f, f_1, f_2, \mathfrak{L}(V_2, V_3)\ni g, g_1, g_2$ ならば，

$$g\circ(f_1+f_2)=(g\circ f_1)+(g\circ f_2). \tag{7.5}$$
$$(g_1+g_2)\circ f=(g_1\circ f)+(g_2\circ f). \tag{7.6}$$

証明 任意の $x\in V_1$ に対し

$$(g\circ(f_1+f_2))(x)=g((f_1+f_2)(x))=g(f_1(x)+f_2(x))$$
$$=(g\circ f_1)(x)+(g\circ f_2)(x)=(g\circ f_1+g\circ f_2)(x)$$

ゆえに (7.5) が得られる．(7.6) も同様に証明される．（証終）

命題 5, 6, 7 において特に $V_1=V_2=V_3=V$ の場合を考えれば，$\mathfrak{L}(V, V)$ が K の上のベクトル空間であり，その任意の2元 f, g に対して $g\circ f\in\mathfrak{L}(V, V)$. かつ，この結合と加法とについて二つの分配律

$$h\circ(f+g)=h\circ f+h\circ g,\ \ (f+g)\circ h=f\circ h+g\circ h\ \ (f, g, h\in\mathfrak{L}(V, V))$$

が成り立つ．さらに，任意の $\lambda\in K$ に対して

$$\lambda(g\circ f)=(\lambda g)\circ f=g\circ(\lambda f)$$

が成り立つことも明らかであろう．

一般に，加群 S において，その任意の2元 x, y の間に $+$ とは別の算法 $\circ$ が定義されていて $x\circ y\in S$ であり，

結合律 $\quad (x\circ y)\circ z=x\circ(y\circ z)$

および分配律 $\quad (x+y)\circ z=x\circ z+y\circ z$

$\quad z\circ(x+y)=z\circ x+z\circ y$

が成り立つとき,Sは $+, \circ$ に関して**環**をなすという．環Sにおいてさらに，

交換律 $$x \circ y = y \circ x$$

が成り立つとき，Sを**可換環**という．$x \circ y$ はしばしば‘乗法’として，xyの形に表わされる．可換環は，加減乗法がふつうのように行われる集合にほかならない．(§3に定義された体は，‘除法もふつうに行われる可換環’であるといってもよい.)

体Kの上のベクトル空間Uはもちろん加群であるが,Uがさらに環であり，かつ任意の $\lambda \in K, x, y \in U$ に対して

$$\lambda(xy) = (\lambda x)y = x(\lambda y)$$

が成り立つとき,UをKの上の**多元環**という．

この定義を用いて,上に考察した事実を次のようにいい表わすことができる.

命題 8 VをKの上のベクトル空間とするとき,$\mathfrak{L}(V, V)$ はKの上の多元環となる.

以後,$\mathfrak{L}(V, V)$ を $\mathfrak{L}(V)$ と書く．$\mathfrak{L}(V)$ の元はVの**線型変換**とも呼ばれる.

例 10 整数全体の集合 $\{\pm n\}$, 偶数全体の集合 $\{\pm 2n\}$, 一般に整数 k の倍数全体の集合$\{\pm kn\}$ は,ふつうの加法乗法によって環をなす．はじめの二つをそれぞれ**整数環**,**偶数環**と呼ぶことにする.

例 11 環には,そのすべての元xに対して $ex = xe = x$ となるような元e(**単位元**)が存在するとは限らないが,もしあればただ一つである.

整数環では1が単位元であり，偶数環には単位元は存在しない．$\mathfrak{L}(V)$ では恒等写像e_Vが単位元である.

例 12 単位元eの存在する環においても,任意の元に対して $xx^{-1} = x^{-1}x = e$ となる元x^{-1}(xの**逆元**)が存在するとは限らないが,もしあればxに対して一意的に定まる.(さらに詳しくいえば: $xx' = e$ で,xの逆元が存在すれば,x'はxの逆元となる.) 整数環では,1以外の元に対しては逆元が存在しない．$\mathfrak{L}(V)$では,$f \in \mathfrak{L}(V)$ が全単射であるときに限りfの逆元が存在して,f^{-1}がその逆元である.

例 13 $\boldsymbol{C}$は$1, i = \sqrt{-1}$ を基底とする$\boldsymbol{R}$の上の2次元ベクトル空間であり，かつ多元環である．($\boldsymbol{R}$自身は,もちろん$\boldsymbol{R}$の上の多元環である．一般に体K自身は,Kの上の多元環と考えられる.)

例 14 Kを体とし,${}^4K$の基底を $\{1, i, j, k\}$ で表わして${}^4K$の元の間に,

$$i^2=j^2=k^2=-1,\ \ ij=-ji=k,\ \ jk=-kj=i,\ \ ki=-ik=j$$

一般に $a=\alpha_0+\alpha_1 i+\alpha_2 j+\alpha_3 k,\ \ b=\beta_0+\beta_1 i+\beta_2 j+\beta_3 k(\alpha_i, \beta_i \in K)$ とするとき

$$ab=(\alpha_0\beta_0-\alpha_1\beta_1-\alpha_2\beta_2-\alpha_3\beta_3)+(\alpha_0\beta_1+\alpha_1\beta_0+\alpha_2\beta_3-\alpha_3\beta_2)i$$
$$+(\alpha_0\beta_2+\alpha_2\beta_0+\alpha_3\beta_1-\alpha_1\beta_3)j+(\alpha_0\beta_3+\alpha_3\beta_0+\alpha_1\beta_2-\alpha_2\beta_1)k$$

によって乗法を定義すれば，${}^4K$ は多元環となる．これを $Q(K)$ で表わし，体 K の上の**四元数環** (quaternion algebra) という．$Q(K)$ では $1=1+0\cdot i+0\cdot j+0\cdot k$ が単位元となる．

$Q(K)$ の元 $\alpha_0+\alpha_1 i+\alpha_2 j+\alpha_3 k$ で，$\alpha_1=\alpha_2=\alpha_3=0$ であるもの全体の集合は，加法乗法に関して体 K と同型である．そこで，$Q(K)\ni\alpha_0+0i+0j+0k$ を $\alpha_0\in K$ と‘同一視’することにすれば，$Q(K)\supset K$ と考えられる，

$Q(K)\ni a=\alpha_0+\alpha_1 i+\alpha_2 j+\alpha_3 k$ に対して $\bar{a}=\alpha_0-\alpha_1 i-\alpha_2 j-\alpha_3 k$ を a の**共役元**という．上の乗法の定義から明らかに

$$a\bar{a}=\bar{a}a=\alpha_0{}^2+\alpha_1{}^2+\alpha_2{}^2+\alpha_3{}^2\in K\text{（上述の意味で）}$$

特に $K=\boldsymbol{R}$ として $Q(\boldsymbol{R})$ を考えると，明らかに $a=0 \Longleftrightarrow a\bar{a}=0$ である．したがって $a\neq 0$ ならば $\dfrac{\bar{a}}{a\bar{a}}\in Q(K)$ で，$\dfrac{\bar{a}}{a\bar{a}}\cdot a=a\cdot\dfrac{\bar{a}}{a\bar{a}}=1$．すなわち $\dfrac{\bar{a}}{a\bar{a}}$ は a の逆元 a^{-1} である．したがって $Q(\boldsymbol{R})$ は，乗法の交換律を除いて体の公理を満足する．このようなものを**非可換体**という．（広い意味では，非可換体をも含めて‘体’ということもある.）

多元環が体をなすとき，**多元体**という．$\boldsymbol{R}$ の上の多元体は，$\boldsymbol{R}, \boldsymbol{C}, Q(\boldsymbol{R})$ の三つしかないことが知られている．（FROBENIUS の定理）

§8 行列による表現

この項では，有限次元のベクトル空間を扱うこととし，$\dim V_1=n,\ \dim V_2=m$ とする．

§5 定理5によって，V_1 は n 個の元より成る基底 $a_1, a_2, \cdots, a_n$ をもち，V_1 のおのおのの元 x は $\xi_1 a_1+\cdots+\xi_n a_n, \xi_i\in K$ の形に一意的に表わされる．そして x に K^n の元 $\begin{pmatrix}\xi_1\\ \vdots\\ \xi_n\end{pmatrix}$ を対応させれば，V_1 から K^n への同型写像が得られる．この同型写像を φ で表わすことにしよう．すなわち

$$\varphi(x)=\begin{pmatrix}\xi_1\\ \vdots\\ \xi_n\end{pmatrix}$$

$\varphi(x)$ を，基底 $(a_1, \cdots, a_n)$ に関する x の**座標**という．基底を明示する必要のある

ときは,φ の代りに $\varphi_{(a_1\cdots a_n)}$ と書く. φ を基底 $(a_1, \cdots, a_n)$ による**座標系**という. 同様に V_2 の一つの基底を $b_1, \cdots, b_m$ とし,それによって定まる V_2 の座標系を ψ で表わす.

$$\begin{array}{ccc} V_1 & \xrightarrow{f} & V_2 \\ \varphi\downarrow\uparrow\varphi^{-1} & & \downarrow\psi \\ K^n & \xrightarrow[F]{} & K^m \end{array}$$

今 $f \in \mathfrak{L}(V_1, V_2)$ とすれば,前項命題6によって

$$\psi\circ f\circ\varphi^{-1} \in \mathfrak{L}(K^n, K^m).$$

この K^n から K^m への写像を F で表わし, F を具体的に表現することを考えよう.

K^n の自然基底 (p. 22) を $e_1, e_2, \cdots, e_n$ とすれば, K^n の一般の元 $\begin{pmatrix}\xi_1\\ \vdots\\ \xi_n\end{pmatrix}$ は $\sum_{i=1}^{n}\xi_i e_i$ に等しい. 自然基底によって定まる K^n のこの座標系を**自然座標系**といい φ_0 で表わすことにする.

$$F\begin{pmatrix}\xi_1\\ \vdots\\ \xi_n\end{pmatrix} = F(\sum_{k=1}^{n}\xi_k e_k) = \sum_{k=1}^{n}\xi_k F(e_k) = \sum_{k=1}^{n}\xi_k\psi(f(\varphi^{-1}(e_k)))$$

となるが,φ の意味から明らかに $\varphi(a_k) = e_k$, $\varphi^{-1}(e_k) = a_k$ であるから, 上式の右辺は $\sum_{k=1}^{n}\xi_k\psi(f(a_k))$ となる. 今, $\psi(f(a_k))$ すなわち, $f(a_k)$ の $(b_1, \cdots, b_m)$ に関する座標を

$$\psi(f(a_k)) = \begin{pmatrix}\alpha_{1k}\\ \alpha_{2k}\\ \vdots\\ \alpha_{mk}\end{pmatrix}, \qquad \alpha_{ik} \in K \tag{8.1}$$

とすれば,

$$F\begin{pmatrix}\xi_1\\ \xi_2\\ \vdots\\ \xi_n\end{pmatrix} = \sum_{k=1}^{n}\xi_k\begin{pmatrix}\alpha_{1k}\\ \alpha_{2k}\\ \vdots\\ \alpha_{mk}\end{pmatrix} = \begin{pmatrix}\sum_{k=1}^{n}\alpha_{1k}\xi_k\\ \sum_{k=1}^{n}\alpha_{2k}\xi_k\\ \vdots\\ \sum_{k=1}^{n}\alpha_{mk}\xi_k\end{pmatrix}$$

すなわち,

$$F\begin{pmatrix}\xi_1\\ \xi_2\\ \vdots\\ \xi_n\end{pmatrix} = \begin{pmatrix}\eta_1\\ \eta_2\\ \vdots\\ \eta_m\end{pmatrix} \quad (f(x) \text{ の } (b_1, \cdots, b_m) \text{ に関する座標}) \tag{8.2}$$

とすれば，

$$\eta_i=\sum_{k=1}^{n}\alpha_{ik}\xi_k,\qquad i=1,2,\cdots,m \tag{8.3}$$

となる．結局 F の具体的な形は，(8.1) の m 次元縦ベクトルを n 個横に並べた表

$$\begin{pmatrix}\alpha_{11} & \alpha_{12} & \cdots & \alpha_{1k} & \cdots & \alpha_{1n}\\ \alpha_{21} & \alpha_{22} & \cdots & \alpha_{2k} & \cdots & \alpha_{2n}\\ \cdots & \cdots & \cdots & \cdots & \cdots & \cdots\\ \alpha_{i1} & \alpha_{i2} & \cdots & \alpha_{ik} & \cdots & \alpha_{in}\\ \cdots & \cdots & \cdots & \cdots & \cdots & \cdots\\ \alpha_{m1} & \alpha_{m2} & \cdots & \alpha_{mk} & \cdots & \alpha_{mn}\end{pmatrix},\qquad \alpha_{ik}\in K \tag{8.4}$$

によって与えられ，(8.2) は次のように表わされる．

$$\begin{pmatrix}\alpha_{11} & \alpha_{12} & \cdots & \alpha_{1n}\\ \alpha_{21} & \alpha_{22} & \cdots & \alpha_{2n}\\ \vdots & \vdots & & \vdots\\ \alpha_{m1} & \alpha_{m2} & \cdots & \alpha_{mn}\end{pmatrix}\begin{pmatrix}\xi_1\\ \xi_2\\ \vdots\\ \xi_n\end{pmatrix}=\begin{pmatrix}\sum_{k=1}^{n}\alpha_{1k}\xi_k\\ \sum_{k=1}^{n}\alpha_{2k}\xi_k\\ \vdots\\ \sum_{k=1}^{n}\alpha_{mk}\xi_k\end{pmatrix}$$

(8.4) のような K の元から成る表を K における (m,n) 型の**行列**といい，横ベクトル $(\alpha_{i1},\alpha_{i2},\cdots,\alpha_{in})$ をその**第 i 行**，(8.1) の右辺の縦ベクトルをその**第 k 列**，α_{ik} をその **(i,k) 元素**という．特に $m=n$ である行列を n 次元の**正方行列**という．正方行列 (α_{ik}) においては，$\alpha_{11},\alpha_{22},\cdots,\alpha_{nn}$ を**主対角線元素**という．また，行列をしばしば一つの文字で表わし，

$$F=\begin{pmatrix}\alpha_{11} & \alpha_{12} & \cdots & \alpha_{1n}\\ \alpha_{21} & \alpha_{22} & \cdots & \alpha_{2n}\\ \vdots & \vdots & & \vdots\\ \alpha_{m1} & \alpha_{m2} & \cdots & \alpha_{mn}\end{pmatrix}\qquad \text{または}\qquad F=(\alpha_{ik})_{m,n}$$

のように書くこともある．二つの行列 $F=(\alpha_{ik})_{m,n}$, $G=(\beta_{ik})_{m',n'}$ は，$m=m'$, $n=n'$, $\alpha_{ik}=\beta_{ik}(i=1,\cdots,m,\ k=1,\cdots,n)$ のとき，かつそのときに限って等しいという．

例 1　K^n の第1座標への射影は，自然座標によれば，$(1,n)$ 型行列 $(1,0,0,\cdots,0)$ で表わされる．

例 2 前項例 6 における $\pi(\nu_1, \nu_2, \cdots, \nu_n)$ は, K^n の自然座標によれば, $(1, \nu_1), (2, \nu_2), \cdots, (n, \nu_n)$ の各元素だけが 1, 他の元はすべて 0 となる行列で表わされる．この行列を $P(\nu_1, \nu_2, \cdots, \nu_n)$ で表わす．たとえば

$$P(3,1,2) = \begin{pmatrix} 0 & 0 & 1 \\ 1 & 0 & 0 \\ 0 & 1 & 0 \end{pmatrix}$$

特に $P(1,2,\cdots,n) = (\delta_{ik})$ ただし $\delta_{ik} = \begin{cases} 1 & (i=k) \\ 0 & (i \neq k) \end{cases}$．$\delta_{ik}$ は Kronecker のデルタと呼ばれる．また, 行列 (δ_{ik}) を n 次元の**単位行列**といい, E_n (あるいは, 略して E) で表わす．

次に前項で考えた線型写像の間の算法に対応する行列の間の算法を考えよう．

K の元から成る (m, n) 型行列全体の集合を $\mathfrak{M}(m, n; K)$ で表わせば, 上に述べた方法によって, 任意の $f \in \mathfrak{L}(V_1, V_2)$ に一つの $F \in \mathfrak{M}(m, n; K)$ が対応する．(ただし, V_1, V_2 の座標系 φ, ψ は固定しておく．以下しばらく, $\mathfrak{L}(V_1, V_2)$, $\mathfrak{M}(m, n; K)$ をそれぞれ $\mathfrak{L}, \mathfrak{M}$ と略記する.) 逆に, 任意の

$$G = \begin{pmatrix} \beta_{11} & \cdots & \beta_{1n} \\ \vdots & & \vdots \\ \beta_{m1} & \cdots & \beta_{mn} \end{pmatrix} \in \mathfrak{M}$$

をとるとき,

$$\psi(g(a_k)) = \begin{pmatrix} \beta_{1k} \\ \vdots \\ \beta_{mk} \end{pmatrix} \quad \text{すなわち} \quad g(a_k) = \psi^{-1}\begin{pmatrix} \beta_{1k} \\ \vdots \\ \beta_{mk} \end{pmatrix}, \ k = 1, \cdots, n \quad (8.5)$$

となるような $g \in \mathfrak{L}$ がただ一つ存在する．実際, (8.5) によって, 任意の $x \in V_1$ に対する $g(x)$ は, $x = \sum_{k=1}^{n} \xi_k a_k$ とすると

$$g(x) = g\left(\sum_{k=1}^{n} \xi_k a_k\right) = \sum_{k=1}^{n} \xi_k g(a_k)$$

によって g が定まり, こうして定義された g が線型写像になることは容易に見られる．したがって, 上述の $\mathfrak{L}$ と $\mathfrak{M}$ との間の対応は 1 対 1 である．この対応によって $f \leftrightarrow F$ であるとき, F を**座標系 φ, ψ に関する線型写像 f の行列**という．

$f \leftrightarrow F = (\alpha_{ik}), g \leftrightarrow G = (\beta_{ik})$ とするとき, $f+g, \lambda f \in \mathfrak{L}$ には $\mathfrak{M}$ のどんな行列が対応するであろうか．それを見るには,

$$\psi\circ f(a_k)=\begin{pmatrix}\alpha_{1k}\\ \vdots\\ \alpha_{mk}\end{pmatrix},\quad \psi\circ g(a_k)=\begin{pmatrix}\beta_{1k}\\ \vdots\\ \beta_{mk}\end{pmatrix},\ k=1,2,\cdots,n$$

として, $(\psi\circ(f+g))(a_k)$, $(\psi\circ(\lambda f))a_k$ を考えればよいが,

$$(\psi\circ(f+g))(a_k)=\psi(f(a_k))+\psi(g(a_k))=\begin{pmatrix}\alpha_{1k}+\beta_{1k}\\ \vdots\\ \alpha_{mk}+\beta_{mk}\end{pmatrix},$$

$$(\psi\circ(\lambda f))(a_k)=\lambda\psi(f(a_k))=\begin{pmatrix}\lambda\alpha_{1k}\\ \vdots\\ \lambda\alpha_{mk}\end{pmatrix}$$

であるから,

$$\psi(f+g)\varphi^{-1}=\begin{pmatrix}\alpha_{11}+\beta_{11}, & \cdots, & \alpha_{1n}+\beta_{1n}\\ \vdots & & \vdots\\ \alpha_{m1}+\beta_{m1}, & \cdots, & \alpha_{mn}+\beta_{mn}\end{pmatrix}=(\alpha_{ik}+\beta_{ik}),$$

$$\psi(\lambda f)\varphi^{-1}=\begin{pmatrix}\lambda\alpha_{11} & \cdots & \lambda\alpha_{1n}\\ \vdots & & \vdots\\ \lambda\alpha_{m1} & \cdots & \lambda\alpha_{mn}\end{pmatrix}=(\lambda\alpha_{ik})$$

特に $\lambda=0$ とすれば,

$$\psi\circ 0\circ\varphi^{-1}=\begin{pmatrix}0 & 0 & \cdots & 0\\ 0 & 0 & \cdots & 0\\ \vdots & \vdots & & \vdots\\ 0 & 0 & \cdots & 0\end{pmatrix}$$

$F=(\alpha_{ik})$, $G=(\beta_{ik})$ のとき, $(\alpha_{ik}+\beta_{ik})$ を $F+G$, $(\lambda\alpha_{ik})$ を λF と書き表わす. また, すべての元素が 0 である (m,n) 型行列を 0_{mn} (あるいは 0) で表わし, $((m,n)$ 型の) **零行列**という.

$\mathfrak{M}$ の元の間に加法·スカラー積を上のように定義すると, $\mathfrak{L}$ と $\mathfrak{M}$ との間の対応で, 加法およびスカラー積が保存されるから, $\mathfrak{M}$ は, $\mathfrak{L}$ と同型な, 体 K の上のベクトル空間となる. $0_{m,n}$ は明らかに $\mathfrak{M}$ の零元である.

命題 9 $\mathfrak{L}(V_1, V_2)\cong\mathfrak{M}(m,n;K)$

命題 10 $\dim V_1=n$, $\dim V_2=m$ ならば, $\dim\mathfrak{L}(V_1,V_2)=mn$.

証明 $\dim\mathfrak{M}(m,n;K)=mn$ を証明すればよい. しかるに, (i,k) 元素だ

け１で他の元素がすべて０である (m, n) 型行列を E_{ik} とすれば，$E_{11}, E_{12}, E_{13}, \cdots, E_{mn}$ の mn 個の行列は，定理 2, (i) により独立で，かつ M の任意の元はこれらの１次結合として表わせるから，これらは M の基底をなす．したがって $\dim \mathfrak{M}(m, n; K) = mn$.

例 3　$V_1 = V_2 = V$, $\varphi = \psi$, $\dim V = n$ とすれば，$\mathfrak{L}(V) \cong \mathfrak{M}(n, n; K)$, $\dim \mathfrak{L}(V) = n^2$. この同型対応で，$\mathfrak{L}(V)$ の恒等写像 e_V に対応する行列は，n 次元単位行列 E_n である．

次に，写像の結合にどんな行列が対応するかを見よう．$\dim V_1 = n$, $\dim V_2 = m$, $\dim V_3 = l$ とし，$\mathfrak{L}(V_1, V_2) \ni f \longleftrightarrow F = (\alpha_{ik}) \in \mathfrak{M}(m, n; K)$, $\mathfrak{L}(V_2, V_3) \ni g \longleftrightarrow G = (\beta_{ik}) \in \mathfrak{M}(l, m; K)$ とする．V_1, V_2, V_3 の座標系をそれぞれ φ, ψ, χ とすれば，

$$\begin{aligned}\chi((g \circ f)(a_k)) &= \chi(g(f(a_k))) \\ &= \chi(g(\sum_{j=1}^{m} \alpha_{jk} b_j)) \\ &= \chi(\sum_{j=1}^{m} \alpha_{jk} g(b_j)) \\ &= \sum_{j=1}^{m} \alpha_{jk} \chi(g(b_j))\end{aligned}$$

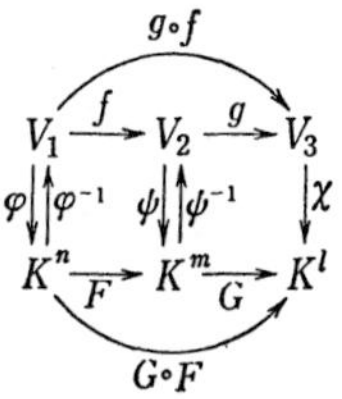

$$\begin{array}{ccccc} & & g\circ f & & \\ V_1 & \xrightarrow{f} & V_2 & \xrightarrow{g} & V_3 \\ \varphi \downarrow \uparrow \varphi^{-1} & & \psi \downarrow \uparrow \psi^{-1} & & \downarrow \chi \\ K^n & \xrightarrow[F]{} & K^m & \xrightarrow[G]{} & K^l \\ & & G\circ F & & \end{array}$$

$$= \sum_{j=1}^{m} \alpha_{jk} \begin{pmatrix} \beta_{1j} \\ \vdots \\ \beta_{lj} \end{pmatrix} = \begin{pmatrix} \sum_{j=1}^{m} \beta_{1j} \alpha_{jk} \\ \vdots \\ \sum_{j=k}^{m} \beta_{lj} \alpha_{jk} \end{pmatrix}, \quad k = 1, 2, \cdots, n$$

したがって

$$\chi(g \circ f) \varphi^{-1} = \begin{pmatrix} \sum_{j=1}^{m} \beta_{1j} \alpha_{j1} \cdots & \sum_{j=1}^{m} \beta_{1j} \alpha_{jn} \\ \vdots & \vdots \\ \sum_{j=1}^{m} \beta_{lj} \alpha_{j1} \cdots & \sum_{j=1}^{m} \beta_{lj} \alpha_{jn} \end{pmatrix} = (\sum_{j=1}^{m} \beta_{ij} \alpha_{jk}),$$

この行列を，$G = (\beta_{ik})$, $F = (\alpha_{ik})$ の**積**といい，GF と書き表わす．

行列の積は，第１の行列の列の数と第２の行列の行の数とが等しいときに限って定義される．積の第 (i, k) 元素は，第１の行列の第 i 行の元素と第２の行列の第 k 列の元素とを順次掛けて加えたものである．

命題 11 $F, F_1, F_2 \in \mathfrak{M}(m, n; K)$, $G, G_1, G_2 \in \mathfrak{M}(l, m; K)$ のとき,

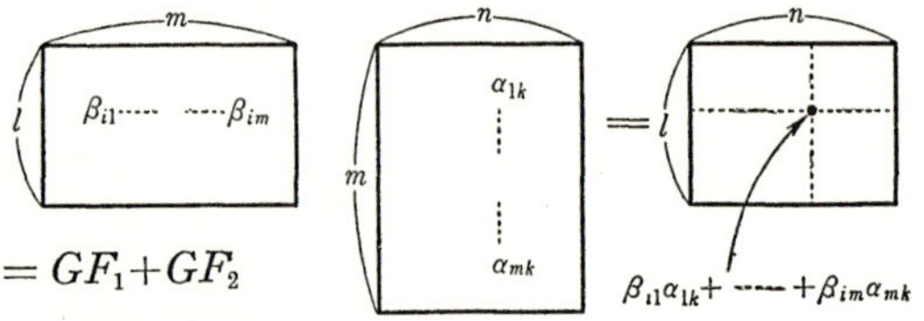

$$G(F_1+F_2) = GF_1+GF_2$$
$$(G_1+G_2)F = G_1F+G_2F$$

証明 $\mathfrak{L}(V_1, V_2)$ と $\mathfrak{M}(m, n; K)$, $\mathfrak{L}(V_2, V_3)$ と $\mathfrak{M}(l, m; K)$, $\mathfrak{L}(V_1, V_3)$ と $\mathfrak{M}(l, n; K)$ の間の1対1対応で, 加法および結合(積)が保存され, しかも $\mathfrak{L}(V_1, V_2)$, $\mathfrak{L}(V_2, V_3)$, $\mathfrak{L}(V_1, V_3)$ の元については命題7の関係が成り立つから, 上記の関係が成り立つ.

または, 行列の積と和の定義を用いて直接計算しても容易にたしかめられる.

命題 12 $\mathfrak{M}(n, n; K)$ は, K の上の多元環となり, 多元環としても $\mathfrak{L}(V)$ と同型である.

以後 $\mathfrak{M}(n, n; K)$ を簡単に $\mathfrak{M}(n, K)$ で表わすことにする.

例 4 $$\begin{pmatrix} 1 & 2 \\ 3 & 4 \end{pmatrix}\begin{pmatrix} 0 & 1 \\ 1 & 1 \end{pmatrix} = \begin{pmatrix} 2 & 3 \\ 4 & 7 \end{pmatrix}, \quad \begin{pmatrix} 0 & 1 \\ 1 & 1 \end{pmatrix}\begin{pmatrix} 1 & 2 \\ 3 & 4 \end{pmatrix} = \begin{pmatrix} 3 & 4 \\ 4 & 6 \end{pmatrix}$$

上の例が示すように, 行列の乗法は, ($\mathfrak{M}(n, K)$ の元に限っても), 一般には可換でない. したがって, また, $\mathfrak{L}(V)$ の元の間の結合においても, 交換律は成り立たない.

例 5 $G \in \mathfrak{M}(l, m; K)$, $F \in \mathfrak{M}(m, n; K)$ とするとき, F の n 個の縦ベクトルを $a_1, a_2, \cdots, a_n$ として $F = (a_1\, a_2 \cdots a_n)$ と書けば, 行列の積の定義により

$$GF = G(a_1\, a_2 \cdots a_n) = (Ga_1\, Ga_2 \cdots Ga_n)$$

となる. ただし Ga_1 等は, a_1 等を $(m, 1)$ 型行列と見ての積である. F の縦ベクトルをいくつかまとめて $F = (F_1\, F_2)$ と書けば,

$$GF = G(F_1\, F_2) = (GF_1\, GF_2) \tag{1}$$

となる.

同様に G の m 個の横ベクトルを ${}_1b, {}_2b, \cdots, {}_mb$ とし, それらをいくつかまとめて $G = \begin{pmatrix} {}_1G \\ {}_2G \end{pmatrix}$ とすれば,

$$GF = \begin{pmatrix} {}_1b \\ {}_2b \\ \vdots \\ {}_mb \end{pmatrix} F = \begin{pmatrix} {}_1bF \\ {}_2bF \\ \vdots \\ {}_mbF \end{pmatrix}, \quad GF = \begin{pmatrix} {}_1G \\ {}_2G \end{pmatrix} F = \begin{pmatrix} {}_1GF \\ {}_2GF \end{pmatrix} \tag{2}$$

となる.

(1), (2) を結合して

$$GF=\begin{pmatrix} {}_1G \\ {}_2G \end{pmatrix}(F_1\,F_2)=\begin{pmatrix} {}_1GF_1 & {}_1GF_2 \\ {}_2GF_1 & {}_2GF_2 \end{pmatrix} \tag{3}$$

となる.

次に, 再び行列の積の定義にもどって考えればすぐわかるように,

$$GF=(G_1\,G_2)\begin{pmatrix} {}_1F \\ {}_2F \end{pmatrix}=G_1{}_1F+G_2{}_2F \tag{4}$$

ただし, ここで分割は, $G_1{}_1F$, $G_2{}_2F$ の積が可能であるようにするのである. 以下同様.

(3), (4) を結合して, 一般に

$$GF=\begin{pmatrix} G_{11} & G_{12} \\ G_{21} & G_{22} \end{pmatrix}\begin{pmatrix} F_{11} & F_{12} \\ F_{21} & F_{22} \end{pmatrix}=\begin{pmatrix} G_{11}F_{11}+G_{12}F_{21} & G_{11}F_{12}+G_{12}F_{22} \\ G_{21}F_{11}+G_{22}F_{21} & G_{21}F_{12}+G_{22}F_{22} \end{pmatrix}$$

のように計算することができる.

例 6　例 2 の $P(\nu_1, \nu_2, \cdots, \nu_m)$ は $\begin{pmatrix} {}_{\nu_1}e \\ {}_{\nu_2}e \\ \vdots \\ {}_{\nu_m}e \end{pmatrix}$ と書けるから,

$$\mathfrak{M}(m, n; K)\ni F=\begin{pmatrix} {}_1b \\ {}_2b \\ \vdots \\ {}_mb \end{pmatrix} \text{ と書けば, } P(\nu_1, \nu_2, \cdots, \nu_m)F=\begin{pmatrix} {}_{\nu_1}b \\ {}_{\nu_2}b \\ \vdots \\ {}_{\nu_m}b \end{pmatrix}$$

これは, F の行を並べかえたものである.

同様に, $Q(\nu_1, \nu_2, \cdots, \nu_n)=(e_{\nu_1}\,e_{\nu_2}\cdots e_{\nu_n})$ と定義することにする. これに対して $F=(a_1\,a_2\cdots a_n)$ と書けば, $FQ(\nu_1, \nu_2, \cdots, \nu_n)=(a_{\nu_1}\,a_{\nu_2}\cdots a_{\nu_n})$. これは, F の列を並べかえたものである.

$V_1=V_2=V$, $\dim V=n$ とし, V に二通りの座標系 φ_1, φ_2 をとるとき,

$$\begin{array}{ccc} V & \xrightarrow{e_V} & V \\ {\scriptstyle\varphi_1}\downarrow\uparrow{\scriptstyle\varphi_1^{-1}} & & \downarrow{\scriptstyle\varphi_2} \\ K^n & \xrightarrow[P]{} & K^n \end{array}$$

$$P=\varphi_2\circ e_V\circ\varphi_1^{-1}\in\mathfrak{M}(n, n; K)$$

を, φ_1 から φ_2 への**座標変換の行列**という. $\varphi_1=\varphi_2$ ならば, 例 3 で見たように $P=E$ となる.

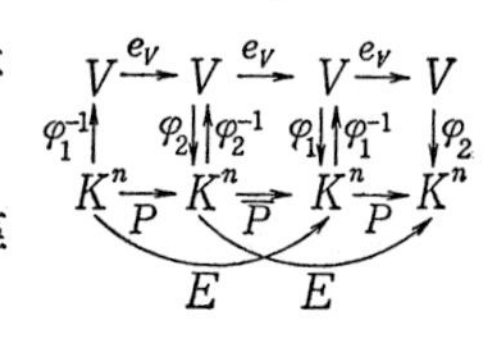

φ_1 から φ_2 への座標変換の行列を P, φ_2 から φ_1 への座標変換の行列を $\overline{P}$ とすれば,

$$\bar{P}P=(\varphi_1\circ e_V\circ\varphi_2^{-1})\circ(\varphi_2\circ e_V\circ\varphi_1^{-1})=\varphi_1\circ e_V\circ\varphi_1^{-1}=E$$

同様に，

$$P\bar{P}=\bar{P}P=E \tag{8.6}$$

が成り立つ．

一般に，行列 P に対して，(8.6) の関係を成り立たせる行列 $\bar{P}$ が存在するとき，$\bar{P}$ を P の**逆行列**といい，今後 P^{-1} で表わす．明らかに，P は P^{-1} の逆行列である．逆行列を持つ行列を**正則行列**という．正則行列は，正方行列である．

例 7 $F, G\in\mathfrak{M}(n,K)$，とし，E_n を E と書けば，

$$E^{-1}=E \quad (1), \qquad FE=EF=F \quad (2)$$

F, G が正則ならば FG も正則で，$(FG)^{-1}=G^{-1}F^{-1}$ (3)

解 (1), (2) は，命題 11 と同様の考え，あるいは行列の計算により得られる．(3) は，次の関係から明らか．

$$(FG)(G^{-1}F^{-1})=F(GG^{-1})F^{-1}=E,\ (G^{-1}F^{-1})(FG)=G^{-1}(F^{-1}F)G=E$$

例 8 $P(\nu_1,\nu_2,\cdots,\nu_n)$, $Q(\nu_1,\nu_2,\cdots,\nu_n)$ を例 6 の行列とすれば，これらは互に他の逆行列である．したがって，ともに正則行列である．

命題 13 二つのベクトル空間 V_1, V_2 の座標系をそれぞれ行列 P, Q によって変換すれば，$\mathfrak{L}(V_1, V_2)\ni f$ に対応する行列 F は QFP^{-1} に変換される．

$$\begin{array}{ccccccc}
V_1 & \xrightarrow{e_{V_1}} & V_1 & \xrightarrow{f} & V_2 & \xrightarrow{e_{V_2}} & V_2\\
\uparrow{\scriptstyle\varphi_2^{-1}} & & {\scriptstyle\varphi_1}\downarrow\uparrow{\scriptstyle\varphi_1^{-1}} & & {\scriptstyle\psi_1}\downarrow\uparrow{\scriptstyle\psi_1^{-1}} & & \downarrow{\scriptstyle\psi_2}\\
K^n & \xrightarrow[P^{-1}]{} & K^n & \xrightarrow[F]{} & K^m & \xrightarrow[Q]{} & K^m
\end{array}$$

証明 右の diagram からただちにわかる．

系 $\mathfrak{L}(V)\ni f\longleftrightarrow F\in\mathfrak{M}(n,K)$ とする．行列 P によって V の座標変換を行なえば，f に対応する行列は PFP^{-1} となる．

§9 階数と退化次数

$f: V_1\to V_2$ とするとき，$f(V_1)$ を f の**像** (image) といい，$\mathrm{Im}f$ と書く．また，$f^{-1}(0)$ を f の**核** (kernel) といい，$\mathrm{Ker}f$ と書く．すなわち $\mathrm{Im}f\subset V_2$, $\mathrm{Ker}f\subset V_1$. $\mathrm{Im}f$, $\mathrm{Ker}f$ は p. 29 定理 8 によって，それぞれ V_2, V_1 の部分空間である．

命題 14 f が全射であるために必要十分な条件は，$\mathrm{Im}f=V_2$．また，f が単射であるために必要十分な条件は，$\mathrm{Ker}f=\{0\}$．

証明 前半は明らか．後半は，必要条件であることは明らか．十分条件であることは，$\mathrm{Ker}f=0$ のとき $x, y\in V_1$, $f(x)=f(y)$ とすれば，$f(x)-f(y)=$

$f(x-y)=0$ ゆえに $x-y=0$ となることからわかる.（証終）

V_1, V_2 が有限次元のときは, $\dim(\mathrm{Im}\,f)$, $\dim(\mathrm{Ker}\,f)$ ももちろん有限である. これらをそれぞれ f の**階数** (rank), **退化次数** (degeneracy, nullity) といい, それぞれ $r(f)$, $d(f)$ で表わす. $\dim V_1=n$, $\dim V_2=m$ ならば, $0\leqq r(f)\leqq m$, $0\leqq d(f)\leqq n$ である. f として特に $\mathfrak{L}(K^n, K^m)$ の元を考えれば, 行列 F の階数 $r(F)$, 退化次数 $d(F)$ が定義される.

命題 15 f が全射であるために必要十分な条件は, $r(f)=m$. f が単射であるために必要十分な条件は, $d(f)=0$.

証明 命題14より, 明らかである.（証終）

$f\colon V_1\to V_2$ をある座標系により, 行列 $F\in\mathfrak{M}(m,n\,;K)$ で表わしたとする. $V_1=[a_1, a_2, \cdots, a_n]$ とすれば, $f(V_1)=[f(a_1), f(a_2), \cdots, f(a_n)]$ となるから, $r(f)=\dim f(V_1)$ は, $f(a_1), f(a_2), \cdots, f(a_n)$ の中の独立なベクトルの個数に等しい. したがって次の命題が成り立つ.

命題 16 f を表現する任意の行列を F とすれば, $r(f)=r(F)$. かつこれは, F の縦ベクトルの中の独立なものの個数に等しい.

補題 2 $r(f)\leqq\min(m,n)$

証明 $r(f)\leqq m$ は上に述べた.

次に, $f(V_1)$ において, $\{f(x_1), \cdots, f(x_r)\}$ が1次独立とすれば, $\lambda_1x_1+\cdots+\lambda_rx_r=0$ のとき, $0=f(\lambda_1x_1+\cdots+\lambda_rx_r)=\lambda_1f(x_1)+\cdots+\lambda_rf(x_r)$. ゆえに $\lambda_1=\cdots=\lambda_r=0$. したがって V_1 において, $\{x_1, \cdots, x_r\}$ が1次独立である. ゆえに $r(f)\leqq n$.

この補題の結論をくわしくしたものが, 次の定理9である.

定理 9 ベクトル空間 V_1 から V_2 への線型写像 f の階数と退化次数との和は $\dim V_1$ に等しい.

証明 $\dim V_1=n$, $r(f)=r$, $d(f)=d$ とし, $n-d=r'$ とする. $r=r'$ を証明すればよい.

$$\mathrm{Ker}\,f=[a_1, a_2, \cdots, a_d]$$

とすると,

$$V_1=[a_1, a_2, \cdots, a_d, b_1, b_2, \cdots, b_{r'}]$$

と表わすことができ，$\{b_1, b_2, \cdots, b_{r'}\}$ は，p. 23，定理6の証明が示すように，mod Ker f で1次独立である．したがって

$$\lambda_1 f(b_1)+\lambda_2 f(b_2)+\cdots+\lambda_{r'} f(b_{r'})=0$$

ならば，$f(\lambda_1 b_1+\lambda_2 b_2+\cdots+\lambda_{r'} b_{r'})=0$，したがって $\lambda_1 b_1+\cdots+\lambda_{r'} b_{r'}\in \mathrm{Ker} f$，ゆえに $\lambda_1=\lambda_2=\cdots=\lambda_{r'}=0$ となり，$f(b_1), \cdots, f(b_{r'})$ の r' 個のベクトルは1次独立である．しかるにこれらはすべて $\in f(V_1)$ であるから，$r'\leqq r$ である．

次に，任意の $x\in V_1$ をとれば，$x=\lambda_1 a_1+\cdots+\lambda_d a_d+\mu_1 b_1+\cdots+\mu_{r'} b_{r'}$ と表わされるから，$f(x)=\mu_1 f(b_1)+\cdots+\mu_{r'} f(b_{r'})\in[f(b_1), \cdots, f(b_{r'})]$．ゆえに $f(V_1)\subset[f(b_1), \cdots, f(b_{r'})]$．しかるに $f(b_1), \cdots, f(b_{r'})$ は1次独立であるから $r\leqq r'$.

したがって $r=r'$．すなわち，$r+d=n$ となる．

系 f が単射であるために必要十分な条件は $r(f)=\dim V_1$．また，f が全単射であるために必要十分な条件は，$r(f)=\dim V_1=\dim V_2$．（命題15と定理9による）

n 次元正方行列 F が正則であるために必要十分な条件は，$r(F)=n$．（系終）

定理9の記法を用いて，

$$\mathrm{Ker} f=[a_1, \cdots, a_d],$$

$$V_1=[b_1, \cdots, b_r, a_1, \cdots, a_d] \tag{9.1}$$

としたとき，$f(b_1), \cdots, f(b_r)$ は1次独立であるから，これらを含む V_2 の基底をとることができる．

$$V_2=[f(b_1), \cdots, f(b_r), c_1, \cdots, c_{m-r}] \tag{9.2}$$

V_1, V_2 の基底を (9.1) (9.2) のようにとってそれぞれの座標系を定めれば，明らかに

$$f\longleftrightarrow F=\left(\begin{array}{c|c} E_r & \\ \cdots\cdots & 0_{m,n-r} \\ 0_{m-r,r} & \end{array}\right) \tag{9.3}$$

となる．

V_1, V_2 に任意の座標系が与えられているときは，(9.1), (9.2) の座標系に座

標変換を行なえば, F は (9.3) の形に変換される．すなわち, 次の定理が成り立つ．

定理 10　$F\in\mathfrak{M}(m,n;K)$ とする．$r(F)=r$ とすれば, 適当な正則行列 $P\in\mathfrak{M}(n,K)$, $Q\in\mathfrak{M}(m,K)$ を選んで

$$QFP^{-1}=\left(\begin{array}{c|c} E_r & \\ \hdashline 0_{m-r,r} & 0_{m,n-r}\end{array}\right)$$

とすることができる．

例 1　$F=\begin{pmatrix}-8 & 9 & -5 & 1\\ 6 & -3 & 3 & -3\\ -2 & 1 & -1 & 1\end{pmatrix}$ では, $\begin{pmatrix}-8\\6\\-2\end{pmatrix}=+\frac{3}{2}\begin{pmatrix}-5\\3\\-1\end{pmatrix}-\frac{1}{2}\begin{pmatrix}1\\-3\\1\end{pmatrix}$,

$\begin{pmatrix}9\\-3\\1\end{pmatrix}=-2\begin{pmatrix}-5\\3\\-1\end{pmatrix}-\begin{pmatrix}1\\-3\\1\end{pmatrix}$ であるから　$r(F)=2$, $Q=\begin{pmatrix}0 & \frac{2}{5} & \frac{1}{5}\\ \frac{1}{2} & -\frac{1}{5} & -\frac{1}{10}\\ 0 & -\frac{1}{5} & -\frac{3}{5}\end{pmatrix}$,

$P^{-1}=\begin{pmatrix}3 & 1 & 0 & 2\\ 2 & 1 & 1 & 1\\ -1 & 0 & 2 & -1\\ 2 & 1 & 1 & 2\end{pmatrix}$ とおけば, $QFP^{-1}=\begin{pmatrix}1 & 0 & 0 & 0\\ 0 & 1 & 0 & 0\\ 0 & 0 & 0 & 0\end{pmatrix}$ となる．

例 2　$r(g\circ f)\leqq\min(r(f),r(g))$

解　$V_1\xrightarrow{f}V_2\xrightarrow{g}V_3$ とすれば, $r(g\circ f)=\dim g(f(V_1))\leqq\dim f(V_1)=r(f)$,　また

$$r(g\circ f)=\dim g(f(V_1))\leqq\dim g(V_2)=r(g).$$

例 3　例 2 の結果を行列について述べれば, $r(GF)\leqq\min(r(F),r(G))$. 特に P が正則ならば, $r(PF)=r(FP)=r(F)$.

解　P が正則のとき, $PF=G$ とおけば, $r(G)\leqq r(F)$, $F=P^{-1}G$ となるから, $r(F)\leqq r(G)$ ゆえに $r(PF)=r(F)$. 同様に $r(FP)=r(F)$ である．

§10　双対空間と転置写像

V を体 K の上のベクトル空間とするとき, $\mathfrak{L}(V,K)$ も体 K の上のベクトル空間となる．これを V の**双対空間**といい, $\hat{V}$ で表わす．

$\dim V=n$ ならば $\dim\hat{V}=n$ である．このとき V に一つの基底 $\{a_1,a_2,\cdots,a_n\}$ をとって座標系 $\varphi=\varphi_{(a_1,a_2,\cdots,a_n)}$ を与え, それに対して, $\xi_i(a_j)=\delta_{ij}$ である

ような n 個の $\widehat{V}$ の元 $\xi_1, \xi_2, \cdots, \xi_n$ をとれば，これらは1次独立である*．実際，$\lambda_1\xi_1+\cdots+\lambda_n\xi_n=0$ とすれば，$0=(\lambda_1\xi_1+\cdots+\lambda_n\xi_n)(a_1)=\lambda_1$．同様に，$\lambda_2=\lambda_3=\cdots=\lambda_n=0$ である．したがって，$\{\xi_1, \xi_2, \cdots, \xi_n\}$ は $\widehat{V}$ の基底をなす．この $\{\xi_1, \xi_2, \cdots, \xi_n\}$ を $\{a_1, a_2, \cdots, a_n\}$ の**双対基底**といい，$\xi_i=\widehat{a}_i$ で表わす．また，この基底の定める座標系（φ の**双対座標系**）を $\widehat{\varphi}$ で表わす．

$$\begin{array}{ccc} V & \longrightarrow & \widehat{V} \\ \downarrow \varphi & & \uparrow\downarrow \widehat{\varphi} \\ K^n & \underset{E_{K^n}}{\longrightarrow} & K^n \end{array}$$

$\varphi(a_i)=e_i$　$\widehat{\varphi}=\{\widehat{a}_1, \cdots, \widehat{a}_n\}$
$\widehat{a}_i(a_j)=\delta_{ij}$

任意の $x\in V$ と $\xi\in\widehat{V}$ との対によって $\xi(x)\in K$ が定まるから，$\xi(x)$ の代りに (x, ξ) とも書くことにする．そうすれば，x を $\widehat{V}$ から K への写像と見ることもできる．明らかに次の関係が成り立つ．

$$\begin{array}{lll} (x+y, \xi)=(x, \xi)+(y, \xi) & (\lambda x, \xi)=\lambda(x, \xi) & \left(\begin{array}{ll} x, y\in V, & \\ \xi, \eta\in\widehat{V}, & \lambda\in K \end{array}\right) \\ (x, \xi+\eta)=(x, \xi)+(x, \eta) & (x, \lambda\xi)=\lambda(x, \xi) & \end{array}$$

この下の2式は，$x\in V$ を $\widehat{V}$ から K への写像と見たとき，線型写像であることを示している．すなわち，$V\subset\mathfrak{L}(\widehat{V}, K)=\widehat{\widehat{V}}$.

命題 17　V は $\widehat{V}$ の双対空間となる．そして，$\{a_1, a_2, \cdots, a_n\}$ は $\{\widehat{a}_1, \widehat{a}_2, \cdots, \widehat{a}_n\}$ の双対基底となる．すなわち，

$$\widehat{\widehat{V}}=V,\quad \widehat{\widehat{a}}_i=a_i$$

証明　前半を証明するには，$\widehat{\widehat{V}}\subset V$，すなわち，任意の $\tau\in\mathfrak{L}(\widehat{V}, K)$ をとるとき $\tau(\xi)=(x, \xi)\ (\xi\in\widehat{V})$ となるような $x\in V$ が存在することを示せばよい．$\tau(\widehat{a}_i)\in K(i=1, 2, \cdots, n)$ であるから

$$x=\tau(\widehat{a}_1)a_1+\tau(\widehat{a}_2)a_2+\cdots+\tau(\widehat{a}_n)a_n\in V$$

とおけばこの x に対して

$(x, \widehat{a}_i)=\tau(\widehat{a}_1)(a_1, \widehat{a}_i)+\tau(\widehat{a}_2)(a_2, \widehat{a}_i)+\cdots+\tau(\widehat{a}_n)(a_n, \widehat{a}_i)=\tau(\widehat{a}_i)$，$i=1, 2, \cdots, n$，である．ところが，$\{\widehat{a}_1, \widehat{a}_2, \cdots, \widehat{a}_n\}$ は $\widehat{V}$ の基底であるから，任意の $\xi\in\widehat{V}$ に対して $(x, \xi)=\tau(\xi)$ となる．

---

*　ここしばらくの間だけ，ξ や ξ_i は（ギリシャ字であるが）K の元ではなく，$\widehat{V}=\mathfrak{L}(V, K)$ の元を表わすものとする．少し後には $\mathfrak{L}(\widehat{V}, K)$ の元を τ で表わす．

後半は，$(a_i, \hat{a}_j)=\delta_{ij}$ から明らかである．（証終）

W を V の部分空間とするとき，

$$W'=\{\xi\,;\,\xi(W)=\{0\}\}\subset\widehat{V}$$

を W の**零化空間** (annihilator) という．$\dim V=n$ のとき，次の命題が成り立つ．

命題 18　$(W')'=W.\quad \dim W+\dim W'=n.$

証明　$\dim W=r$ とし，$W=[a_1, a_2, \cdots, a_r]$，$V=[a_1, \cdots, a_r, a_{r+1}, \cdots, a_n]$ とする．これの双対基底を用いて，$\widehat{V}=[\hat{a}_1, \cdots, \hat{a}_r, \hat{a}_{r+1}, \cdots, \hat{a}_n]$ とすれば，$\xi\in W'$ $\Leftrightarrow$ $\xi(a_i)=0,\ i=1, 2, \cdots, r.$

しかるに，$\xi=\lambda_1\hat{a}_1+\lambda_2\hat{a}_2+\cdots+\lambda_n\hat{a}_n$ と書けば，$(a_i, \xi)=\sum_{j=1}^{n}\lambda_j(a_i, \hat{a}_j)=\lambda_i.$

よって，$\xi(a_i)=(a_i, \xi)=0\ (i=1, 2, \cdots, r) \Leftrightarrow \lambda_1=\lambda_2=\cdots=\lambda_r=0.$

また，明らかに，$\lambda_1=\lambda_2=\cdots=\lambda_r=0 \Leftrightarrow \xi\in[\hat{a}_{r+1}, \cdots, \hat{a}_n].$

したがって $\xi\in W' \Leftrightarrow \xi\in[\hat{a}_{r+1}, \cdots, \hat{a}_n]$．ゆえに $W'=[\hat{a}_{r+1}, \cdots, \hat{a}_n].$

これにより，命題は明らかである．

例 1　$W_1\supset W_2 \Leftrightarrow W_1'\subset W_2'$

例 2　$\{0\}'=\widehat{V},\quad V'=\{0\}.$

次に，$f\in\mathfrak{L}(V_1, V_2)$ とすると，任意の $\xi\in\widehat{V}_2$ に対して $\xi\circ f\in\widehat{V}_1$ となる．ξ に $\xi\circ f$ を対応させる写像を ${}^tf$ で表わし，f の**転置写像**という．${}^tf$ は，次の関係からわかるように線型写像である：${}^tf\in\mathfrak{L}(\widehat{V}_2, \widehat{V}_1)$，${}^tf(\xi)=\xi\circ f.$

$$V_1\xrightarrow{\ f\ }V_2\xrightarrow{\ \xi\ }K,\qquad \xi\circ f: V_1\to K$$

$$(\xi+\eta)\circ f=\xi\circ f+\eta\circ f,\quad (\lambda\xi)\circ f=\lambda(\xi\circ f)$$

$\dim V_1=n$，$\dim V_2=m$ とし，V_1, V_2 に座標系 φ, ψ を与えて，f を行列 F で表わし，同時に $\widehat{V}_1, \widehat{V}_2$ にそれらに双対な座標系 $\hat{\varphi}, \hat{\psi}$ を与えて，${}^tf$ を行列 ${}^tF$ で表わすとき，${}^tF$ を F の**転置行列**という．

$$\begin{array}{ccc} V_1 & \xrightarrow{\ f\ } & V_2 \\ \varphi\downarrow & & \downarrow\psi \\ K^n & \xrightarrow[\ F\ ]{} & K^m \end{array}\qquad\qquad \begin{array}{ccc} \widehat{V}_1 & \xleftarrow{\ {}^tf\ } & \widehat{V}_2 \\ \hat{\varphi}\downarrow & & \downarrow\hat{\psi} \\ K^n & \xleftarrow[\ {}^tF\ ]{} & K^m \end{array}$$

命題 19　$F=(\alpha_{ik})$ ならば，${}^tF=(\alpha_{ki}).$

すなわち，${}^tF$ は，F の行と列を入れかえた行列となる．

$$F=\begin{pmatrix}\alpha_{11} & \alpha_{12} & \cdots & \alpha_{1n}\\ \alpha_{21} & \alpha_{22} & \cdots & \alpha_{2n}\\ \vdots & & & \vdots\\ \alpha_{m1} & \alpha_{m2} & \cdots & \alpha_{mn}\end{pmatrix} \text{とすれば,}\quad {}^tF=\begin{pmatrix}\alpha_{11} & \alpha_{21} & \cdots & a_{m1}\\ \alpha_{12} & \alpha_{22} & \cdots & \alpha_{m2}\\ \vdots & & & \vdots\\ \alpha_{1n} & \alpha_{2n} & \cdots & \alpha_{mn}\end{pmatrix}$$

証明　$V_1=[a_1, a_2, \cdots, a_n],\quad V_2=[b_1, b_2, \cdots, b_m],$

$$\hat{V}_1=[\hat{a}_1, \hat{a}_2, \cdots, \hat{a}_n],\quad \hat{V}_2=[\hat{b}_1, \hat{b}_2, \cdots, \hat{b}_m]$$

とすると，$F=(\alpha_{ik})$ により，$f(a_k)=\alpha_{1k}b_1+\cdots+\alpha_{mk}b_m (k=1, 2, \cdots, n)$

${}^tF=(\alpha_{ki})$ を証明するには，${}^tf(\hat{b}_i)=\alpha_{i1}\hat{a}_1+\cdots+\alpha_{in}\hat{a}_n\ (i=1, 2, \cdots, m)$ を示せばよいが，それには，任意の $k(k=1, 2, \cdots, n)$ に対して ${}^tf(\hat{b}_i)(a_k)=(\alpha_{i1}\hat{a}_1+\cdots+\alpha_{in}\hat{a}_n)(a_k)$ が成り立つことを示せばよい．しかるに，$(\alpha_{i1}\hat{a}_1+\cdots+\alpha_{in}\hat{a}_n)(a_k)=\alpha_{ik}$, ${}^tf(\hat{b}_i)(a_k)=\hat{b}_i\circ f(a_k)=\hat{b}_i(\alpha_{1k}b_1+\cdots+\alpha_{mk}b_m)=\alpha_{ik}$

であるから，これは成り立っている．

例 3　§8 例 6 の $P(v_1, v_2, \cdots, v_n)$, $Q(v_1, v_2, \cdots, v_n)$ は互に他の転置行列である．

命題 20　${}^t(f_1+f_2)={}^tf_1+{}^tf_2.\quad {}^t(\lambda f)=\lambda{}^tf.\quad {}^t(g\circ f)={}^tf\circ{}^tg.$

$${}^t(F_1+F_2)={}^tF_1+{}^tF_2.\quad {}^t(\lambda F)=\lambda{}^tF.\quad {}^t(GF)={}^tF{}^tG.$$

証明　${}^t(g\circ f)={}^tf\circ{}^tg$ のみ証明する．他は明らかであろう．

$$\begin{array}{ccccccc} V_1 & \xrightarrow{f} & V_2 & \xrightarrow{g} & V_3 & \xrightarrow{\xi} & K\\ \hat{V}_1 & \xleftarrow{{}^tf} & \hat{V}_2 & \xleftarrow{{}^tg} & \hat{V}_3 & & \\ & & \Psi & & \Psi & & \\ & & {}^tg(\xi) & & \xi & & \end{array}$$

任意の $\xi\in\hat{V}_3$ に対して

$${}^t(g\circ f)(\xi)=\xi\circ(g\circ f)=(\xi\circ g)\circ f=({}^tg(\xi))\circ f$$

$$={}^tf({}^tg(\xi))=({}^tf\circ{}^tg)(\xi).\quad \text{ゆえに}\quad {}^t(g\circ f)={}^tf\circ{}^tg.$$

定理 11　$r(f)=r({}^tf).$

証明　$\dim V_1=n,\ \dim V_2=m$ とし，$r(f)=\dim \mathrm{Im} f=r$ とする．$\mathrm{Im} f$ の零化空間を $(\mathrm{Im} f)'$ とすれば，$(\mathrm{Im} f)'\subset\hat{V}_2$ で，$\dim(\mathrm{Im} f)'=m-r$ である．しかるに，

$$\xi\in(\mathrm{Im} f)' \Leftrightarrow \xi(\mathrm{Im} f)=0 \Leftrightarrow \xi\circ f(V_1)=0 \Leftrightarrow ({}^tf(\xi))(V_1)=0$$

$$\Leftrightarrow {}^tf(\xi)=0 \Leftrightarrow \xi\in\mathrm{Ker}\,{}^tf$$

したがって

$$\mathrm{Ker}\,{}^tf=(\mathrm{Im} f)'$$

ゆえに

$$r({}^tf)=m-\dim(\mathrm{Ker}\,{}^tf)=m-\dim(\mathrm{Im}\,f)'=r$$

系 1　Fを任意の行列とすれば,$r(F)=r({}^tF)$.

系 2　$r(F)$は,Fの横ベクトル中の独立なものの個数にも等しい.

系 3　行列の縦ベクトル中の独立なものの個数と横ベクトル中の独立なものの個数は相等しい.

行列Fにおいて,その何行かと何列かとを取り除いて作られる行列をGとするとき,$F\supset G$と表わす.

$$F=\begin{pmatrix}\alpha_{11} & \alpha_{12} & \cdots & \alpha_{1n}\\ \alpha_{21} & \alpha_{22} & \cdots & \alpha_{2n}\\ \vdots & \vdots & & \vdots\\ \alpha_{m1} & \alpha_{m2} & \cdots & \alpha_{mn}\end{pmatrix}\text{ ならば }G=\begin{pmatrix}\alpha_{\nu_1\mu_1} & \alpha_{\nu_1\mu_2} & \cdots & \alpha_{\nu_1\mu_k}\\ \alpha_{\nu_2\mu_1} & \alpha_{\nu_2\mu_2} & \cdots & \alpha_{\nu_2\mu_k}\\ \vdots & \vdots & & \vdots\\ \alpha_{\nu_l\mu_1} & \alpha_{\nu_l\mu_2} & \cdots & \alpha_{\nu_l\mu_k}\end{pmatrix},\quad \begin{pmatrix}k\leqq n\\ l\leqq m\end{pmatrix}$$

系 4　$F\supset G$ ならば $r(F)\geqq r(G)$.

証明　行列Fの何列かを消して作った行列をF'とすれば,F'の縦ベクトルの中の独立なものの個数は,Fの縦ベクトルの中の独立なものの個数を超えない.したがって$r(F)\geqq r(F')$.次に,F'の何行かを消して作った行列をF''としF'とF''の横ベクトルの独立なものの個数を比較すれば,$r(F')\geqq r(F'')$が得られる.したがって $r(F)\geqq r(F'')$.

Gは,Fからこのようにして作れるから $r(F)\geqq r(G)$.(証終)

定理 12　Fを任意の行列とすれば,

$$F\supset F_{00},\quad r(F)=r(F_{00})$$

であるような正則行列F_{00}が存在する.

このF_{00}をFの**主要部**という.

証明　$r(F)=r$とすれば,Fの縦ベクトルの中に独立なものがちょうどr個ある.それだけを残して他の列を消した行列をF_0とすれば$r(F_0)=r$.F_0の横ベクトルの中に独立なものがちょうどr個あるから,それだけを残して他の行を消した行列をF_{00}とすれば$r(F_{00})=r$.F_{00}はもちろんr次元の正方行列であるからF_{00}は正則である.(証終)

§8例6によって,Fに適当な正則行列を左および右に掛けて,主要部が‘左上'に来るようにすることができる.

§11 1次方程式

1次方程式の原型は,中学校以来知られている,

$$ax=b \tag{11.1}$$

の形の方程式である. 中学で扱われるのは, ふつう $a,b\in \boldsymbol{R}$ の場合, (*11.1*) を満足する $x\in \boldsymbol{R}$ を求めることであるが, $\boldsymbol{R}$ の代りに任意の体 K を考えても理論は全く同じであるから, 以下 $a,b,x\in K$ (K は任意の体) として考える. (*11.1*) の解は,周知のとおり,

(i) $a\neq 0$ ならば $x=a^{-1}b=\dfrac{b}{a}$

(ii) $a=0,\ b=0$ ならば, x は K の任意の元でよい.

(iii) $a=0,\ b\neq 0$ ならば, x を何としても (*11.1*) は成り立たない.

(i) の場合, 解は一意的で, これを**正則の場合**と呼ぶ. また, (ii) は**不定の場合**, (iii) は**不能の場合**と呼ばれる. (*11.1*) の解の集合を S とすれば, (i), (ii), (iii) おのおのの場合に応じ, それぞれ $S=\{b/a\}$, $S=K$, $S=\phi$ となる.

今 $f(x)=ax$ とすれば, f は K^1 から K^1 への線型写像と考えられる. したがって $S=f^{-1}(b)$ となる. 一般に, K の上のベクトル空間 V_1 から V_2 への線型写像 f と, V_2 の元 y とが与えられたとき, $f(x)=y$ を満足する x の集合 $f^{-1}(y)$ を求めることを, **1次方程式**

$$f(x)=y \tag{11.2}$$

を解くというのである. ('1次'は'線型'の同義語の一つであることを前にも述べた.) $f_1, f_2\in \mathfrak{L}(V_1, V_2)$, $y_1, y_2\in V_2$ のとき $f_1^{-1}(y_1)=f_2^{-1}(y_2)$ ならば, 二つの1次方程式 $f_1(x)=y_1$, $f_2(x)=y_2$ は**同値**であるという.

命題 21 $f^{-1}(y)\neq\phi$ のとき, $x_0\in f^{-1}(y)$ とすれば, $f^{-1}(y)=(x_0+u\,;\,u\in \mathrm{Ker} f)$. (この右辺を $x_0+\mathrm{Ker} f$ で表わす.)

証明 $x\in f^{-1}(y) \Leftrightarrow f(x)=y \Leftrightarrow f(x-x_0)=f(x)-f(x_0)=0 \Leftrightarrow x-x_0\in \mathrm{Ker} f$ により明らかである. (証終)

$f^{-1}(y)=\phi$ のとき, 1次方程式 (*11.2*) は**不能**であるといい, $f^{-1}(y)$ がただ一つの元より成るとき, (*11.2*) は**正則**であるという. 不能でも正則でもない場合,

(11.2)は**不定**であるという．不定の場合，$f^{-1}(y)$の任意の一つの元x_0を(11.2)の**特殊解**といい，$x_0+\mathrm{Ker}\,f$を(11.2)の**一般解**という．一般解を求める問題は，特殊解を求めることと$\mathrm{Ker}\,f$を求めることとに帰着する．

例 1　fが全単射ならば，(11.2)はいつも正則である．fが単射で，$y\in\mathrm{Im}\,f$ならば，(11.2)は正則である．$y\notin\mathrm{Im}\,f$は(11.2)が不能であることと同値である．

(11.2)で$y=0$のとき，(11.2)を**同次方程式**といい，$y\neq 0$のときは，(11.2)を**非同次方程式**という．(11.2)が非同次方程式のとき，その右辺を0でおきかえた

$$f(x)=0$$

を(11.2)に**同伴**する同次方程式という．それを解くことは$\mathrm{Ker}\,f$を求めることに他ならない．

例 2　線型微分方程式

$$\frac{d^n y}{dx^n}+p_1(x)\frac{d^{n-1}y}{dx^{n-1}}+\cdots+p_{n-1}(x)\frac{dy}{dx}=p(x) \tag{1}$$

$(p_1(x),\cdots,p_{n-1}(x),p(x)$ はいずれも連続函数$)$

を解くことは，

$$\varLambda=D^n+p_1D^{n-1}+\cdots+p_{n-1}D\in\mathfrak{L}(\mathfrak{C}^n,\mathfrak{C}^0)\ (\S 7\ 例7)$$

として，1次方程式

$$\varLambda(f)=p$$

を解くことに他ならないから，(1)の一つの特殊解$f_0(x)$と同伴同次方程式

$$\frac{d^n y}{dx^n}+p_1(x)\frac{d^{n-1}y}{dx^{n-1}}+\cdots+p_{n-1}(x)\frac{dy}{dx}=0$$

の一般解$\varphi(x)$を用いて，(1)の一般解は

$$f(x)=f_0(x)+\varphi(x)$$

と表される．

以下V_1,V_2は，有限次元とし$\dim V_1=n$, $\dim V_2=m$の場合を考えよう．V_1,V_2に座標φ,ψをとれば，これらはそれぞれK^n,K^mとして表現され，$f\colon V_1\to V_2$は，(m,n)型の行列$A=(\alpha_{ik})$で表わされる．$\varphi(x)\in K^n,\psi(y)\in K^m$を

$$\varphi(x)=\begin{pmatrix}\xi_1\\ \xi_2\\ \vdots\\ \xi_n\end{pmatrix},\qquad \psi(y)=\begin{pmatrix}\eta_1\\ \eta_2\\ \vdots\\ \eta_m\end{pmatrix}$$

と書けば，方程式 (*11.2*) は，n 元連立1次方程式

$$\begin{cases} \alpha_{11}\xi_1+\alpha_{12}\xi_2+\cdots+\alpha_{1n}\xi_n=\eta_1 \\ \alpha_{21}\xi_1+\alpha_{22}\xi_2+\cdots+\alpha_{2n}\xi_n=\eta_2 \\ \cdots\cdots\cdots\cdots\cdots\cdots \\ \alpha_{m1}\xi_1+\alpha_{m2}\xi_2+\cdots+\alpha_{mn}\xi_n=\eta_m \end{cases} \tag{11.3}$$

に他ならない．本節では以後，簡単のため，$\varphi(x), \psi(y)$ を x, y で表わすこととする．行列 $(\alpha_{ik})=F$ とすれば (*11.3*) は，

$$Fx=y \tag{11.3'}$$

と書かれる．行列 F に第 $(n+1)$ 列として y を追加した $(m, n+1)$ 型行列を F_1 で表わすことにする．

$$(F\,y)=F_1 \tag{11.4}$$

命題 22 方程式(*11.3'*)が不能でないための必要十分条件は，$r(F)=r(F_1)$．

証明 F の n 個の縦ベクトルを $a_1, a_2, \cdots, a_n$ と書く：

$$F=(a_1\,a_2\,\cdots\,a_n), \qquad F_1=(a_1\,a_2\,\cdots\,a_n\,y)$$

$r(F)=r(F_1)$ は，F, F_1 の縦ベクトル中独立なものの個数が等しいことと同値であるから，

$$\begin{aligned} r(F)=r(F_1) &\Leftrightarrow y\in[a_1, a_2, \cdots, a_n] \\ &\Leftrightarrow y=\xi_1a_1+\xi_2a_2+\cdots+\xi_na_n, \quad \xi_i\in K \end{aligned}$$

この最後の式は，(*11.3'*) に解 $\begin{pmatrix}\xi_1\\ \xi_2\\ \vdots\\ \xi_n\end{pmatrix}$ があることと同値である．

命題 23 F が正則行列ならば，方程式 (*11.3*) または (*11.3'*) も正則で，その解は，$x=F^{-1}y$ で与えられる．

証明 F が正則ならば，F^{-1} を用いて

$$Fx=y \Leftrightarrow F^{-1}Fx=F^{-1}y \Leftrightarrow x=F^{-1}y.$$

よって (*11.3*) または (*11.3'*) はただ一つの解 $x=F^{-1}y$ を持つ．したがって正則である．

命題 24　(*11.3*) が正則であるための必要十分条件は, (*11.3*) が不能でなくて $r(F)=n$ となることである.

証明　(*11.3*) が不能でないとき, その解は $x_0+\mathrm{Ker}\,F$ と表わされるから,

$$(11.3)\text{ が正則} \Rightarrow \mathrm{Ker}\,F=\{0\} \Leftrightarrow r(F)=n-\dim\mathrm{Ker}\,F=n.$$

系　(*11.3*) が不能でなくて $m<n$ ならば, (*11.3*) は不定である.

証明　$r(F)\leqq\min(m,n)$ であるから $r(F)\leqq m<n$. よって命題 24 により, (*11.3*) は正則でない. (証終)

行列 F の m 個の行を並べかえ, $\eta_1,\eta_2,\cdots,\eta_m$ にもそれと同じ並べかえを施せば, (*11.3*) の方程式の順番が変わるだけであるから, 明らかにはじめと同値な方程式が得られる. 次に, F の n 個の列を並べかえても, '未知数の名称' が変わるだけで, 本質的にはやはりはじめと同じ方程式が得られる. したがって F の主要部は左上にあるものとして, 一般性を失わない.

命題 25　方程式 (*11.3*) が不能でないとして $r(F)=r$ とする. F の主要部が左上にあるとすれば, (*11.3*) はその最初の r 個の方程式と同値である.

証明　F の各横ベクトルを ${}_1b,{}_2b,\cdots,{}_mb$ とすれば, (*11.3*) の各式は,

$${}_1bx=\eta_1,\ {}_2bx=\eta_2,\ \cdots,{}_mbx=\eta_m \qquad (11.3'')$$

となる. (*11.3*) が不能でないから, $r(F_1)=r(F)=r$ で, 最初の r 行のみ 1 次独立であるから,

$${}_ib=\lambda_1^{(i)}{}_1b+\lambda_2^{(i)}{}_2b+\cdots+\lambda_r^{(i)}{}_rb \quad (i=r+1,\cdots,m)$$

$$\eta_i=\lambda_1^{(i)}\eta_1+\lambda_2^{(i)}\eta_2+\cdots+\lambda_r^{(i)}\eta_r \quad (i=r+1,\cdots,m)$$

したがって, (*11.3''*) のはじめの r 個の方程式が成り立てば, 残りの $(m-r)$ 個も必然的に成り立つ. ゆえに, (*11.3*) は, 最初の r 個の方程式と同値である.

命題 25 により, (*11.3*) において $m=r(F)$ と仮定して, 一般性を失わない.

定理 13　(*11.3*) において $r(F)=m$, かつ F の主要部 F_0 は左上にあるものとし, $F=(F_0\,F_*)$, $F_0\in\mathfrak{M}(m,K)$, $F_*\in\mathfrak{M}(m,n-m;K)$ とすれば, (*11.3*) の一つの解は, 次の x_0 で与えられる.

$$x_0=\begin{pmatrix}F_0^{-1}y\\ 0_{n-m,1}\end{pmatrix}$$

$n=m$ ならば, 方程式は正則となる. (したがってこの他の解はない.) $n-m=s>0$ ならば, (*11.3*) は不定となり $\begin{pmatrix} F_0^{-1}F_* \\ -E_s \end{pmatrix}$ の s 個の列ベクトルが $\mathrm{Ker}\,F$ の基底をなす.

証明　$Fx_0=F\begin{pmatrix} F_0^{-1}y \\ 0 \end{pmatrix}=(F_0 F_*)\begin{pmatrix} F_0^{-1}y \\ 0 \end{pmatrix}=(F_0F_0^{-1}y+0)=y$

であるから x_0 が (*11.3*) の一つの解を与える.

$\dim \mathrm{Ker}\,F=n-r(F)=n-m$ であるから, $m=n$ ならば, $\mathrm{Ker}\,F=\{0\}$. よって, 方程式 (*11.3*) は正則である.

$n-m=s>0$ ならば, $\dim \mathrm{Ker}\,F=s$. したがって $\begin{pmatrix} F_0^{-1}F_* \\ -E_s \end{pmatrix}$ の s 個の縦ベクトルを $a_1, a_2, \cdots, a_s$ とするとき, これらがすべて $\in \mathrm{Ker}\,F$ で, かつ $\{a_1, a_2, \cdots, a_s\}$ が1次独立であることが示されれば, これらが $\mathrm{Ker}\,F$ の基底をなすことがわかる.

$$F\begin{pmatrix} F_0^{-1}F_* \\ -E_s \end{pmatrix}=(\underset{\longleftrightarrow\atop m}{F_0}\ \underset{\longleftrightarrow\atop s}{F_*})\begin{pmatrix} F_0^{-1}F_* \\ -E_s \end{pmatrix}\begin{matrix}\updownarrow m \\ \updownarrow s\end{matrix}=(F_0F_0^{-1}F_*-F_*E_s)=O_{m,s}$$

これは, $Fa_i=0\ (i=1,2,\cdots,s)$ を表わしている. ゆえに, $a_i \in \mathrm{Ker}\,F\ \ (i=1,2,\cdots,s)$

また $\lambda_1a_1+\lambda_2a_2+\cdots+\lambda_sa_s=0$ とすれば, 第 $(m+i)$ 行元素に着目すれば, $-\lambda_i=0\ \ (i=1,2,\cdots,s)$. したがって $\{a_1, a_2, \cdots, a_s\}$ は1次独立である.

§12　行列式

方程式 (*11.3*) の実際的な解法は, 中学以来知られている消去法によるもの, その他種々のものがくふうされているが, ここでは行列式によるものを述べよう. (種々の実際的な解法については, 古屋茂氏: 行列と行列式参照)

前節までの結果によって, 1次方程式

$$Fx=y \tag{12.1}$$

の解法は, 与えられた正方行列 F_0 に関する次の二つの問題を解くことに帰着される.

(i)　F_0 が正則であるかどうかを判定すること

(ii)　F_0 が正則なとき, F_0^{-1} を計算すること実際, (i), (ii) が解決されれば, 方程式 (*12. 1*) は, 次の順序で解かれる.

まず $r(F)=r(F_1)$ か否かを調べる. $r(F)$ は, F に含まれる最大の正則行列の次数となるから, F に含まれる正方行列の中に, r 次の正則行列が少なくとも一つ存在し, $(r+1)$ 次以上の正方行列がすべて正則でないならば, $r(F)=r$ である. 同様にして $r(F_1)$ も求められる. $r(F)\neq r(F_1)$ ならば, 方程式は不能である.

$r(F)=r(F_1)$ のとき, F に含まれる r 次の正則行列 (F の主要部) の一つを F_0 とする. 式の順序や未知数の名称を適当に入れかえて, F_0 が左上にあるようにすることができる. そのとき最初の r 個の方程式を $(F_0\,F_*)x=y$ とし, これを解けばよい.

もし未知数の個数, すなわち x の次元もまた r に等しければ, 方程式は, $F_0x=y$ となる. これは正則な方程式で, 解は, $x=F_0^{-1}y$ で与えられる.

未知数の個数が r より大きいときは, 定理 13 により, 一つの特殊解が $x_0=\begin{pmatrix}F_0^{-1}y\\0_{n-r,1}\end{pmatrix}$ で与えられ, 同伴する同次方程式の一般解は, $\begin{pmatrix}F_0^{-1}F_*\\-E_{n-r}\end{pmatrix}$ の縦ベクトルを $a_1, a_2, \cdots, a_{n-r}$ とするとき, $\sum_{i=1}^{n-r}\lambda_i a_i$ で与えられるから, (*12. 1*) の一般解は

$$x=\begin{pmatrix}F_0^{-1}y\\0_{n-r,1}\end{pmatrix}+\sum_{i=1}^{n-r}\lambda_i a_i$$

となる.

上の二つの問題 (i), (ii) は, 行列式によって解かれるのであるが, まず行列式の定義を述べよう.

行列式 D_n は, $\mathfrak{M}(n,K)$ から K への写像であって, 次のように n に関して帰納的に定義される.

(i) $n=1$ ならば, $\mathfrak{M}(1,K)=K$ であるが, このときは, $D_1=e_K$ (K の恒等写像) とする.

(ii) $n>1$ のとき, $\mathfrak{M}(n,K)\ni F$ から第 1 行 $(\alpha_{11},\cdots,\alpha_{1n})$ を消し去った $(n-1,n)$ 型行列を F^* とし, F^* から第 i 列を消し去った $(n-1,n-1)$ 型行列を F_i^* とする. そのとき——D_{n-1} はすでに定義されているものとし——

$$D_n(F)=\sum_{i=1}^{n}(-1)^{1+i}\alpha_{1i}D_{n-1}(F_i^*)$$

とする.

$D_n(F)$ を F の**行列式**といい, $|F|$ または $\det F$ で表わす. 明らかに, $D_n(F)$ は, F の各元素に加減乗法を施して求めることができる.

例 1 $D_1(\alpha)=\alpha$*,

$$\begin{vmatrix}\alpha_{11} & \alpha_{12}\\ \alpha_{21} & \alpha_{22}\end{vmatrix}=\alpha_{11}\alpha_{22}-\alpha_{12}\alpha_{21},$$

$$\begin{vmatrix}\alpha_{11} & \alpha_{12} & \alpha_{13}\\ \alpha_{21} & \alpha_{22} & \alpha_{23}\\ \alpha_{31} & \alpha_{32} & \alpha_{33}\end{vmatrix}=\alpha_{11}\begin{vmatrix}\alpha_{22} & \alpha_{23}\\ \alpha_{32} & \alpha_{33}\end{vmatrix}-\alpha_{12}\begin{vmatrix}\alpha_{21} & \alpha_{23}\\ \alpha_{31} & \alpha_{33}\end{vmatrix}+\alpha_{13}\begin{vmatrix}\alpha_{21} & \alpha_{22}\\ \alpha_{31} & \alpha_{32}\end{vmatrix}$$

$$=\alpha_{11}(\alpha_{22}\alpha_{33}-\alpha_{23}\alpha_{32})-\alpha_{12}(\alpha_{21}\alpha_{33}-\alpha_{23}\alpha_{31})+\alpha_{13}(\alpha_{21}\alpha_{32}-\alpha_{22}\alpha_{31})$$

$$=\alpha_{11}\alpha_{22}\alpha_{33}+\alpha_{12}\alpha_{23}\alpha_{31}+\alpha_{13}\alpha_{32}\alpha_{21}-\alpha_{31}\alpha_{22}\alpha_{13}-\alpha_{32}\alpha_{23}\alpha_{11}-\alpha_{33}\alpha_{21}\alpha_{12}.$$

例 2
$$\begin{vmatrix}\alpha_{11} & 0 & 0 & \cdots & 0\\ 0 & \alpha_{22} & 0 & \cdots & 0\\ 0 & 0 & \alpha_{33} & \cdots & 0\\ \cdots & \cdots & \cdots & \cdots & \cdots\\ 0 & 0 & \cdots & \cdots & \alpha_{nn}\end{vmatrix}=\alpha_{11}\alpha_{22}\cdots\alpha_{nn} \quad \text{(対角線型)}$$

一般に,
$$\begin{vmatrix}\alpha_{11} & 0 & 0 & \cdots & 0\\ \alpha_{21} & \alpha_{22} & 0 & \cdots & 0\\ \alpha_{31} & \alpha_{32} & \alpha_{33} & \cdots & 0\\ \cdots & \cdots & \cdots & \cdots & \cdots\\ \alpha_{n1} & \alpha_{n2} & \alpha_{n3} & \cdots & \alpha_{nn}\end{vmatrix}=\alpha_{11}\alpha_{22}\cdots\alpha_{nn} \quad \text{(第1三角型)}$$

行列 F の第 i 行を ${}_ib$, 第 k 列を a_k と書けば,

$$D_n(F)=D_n(a_1\,a_2\cdots a_n)=D_n\begin{pmatrix}{}_1b\\ {}_2b\\ \vdots\\ {}_nb\end{pmatrix}$$

は, n 個のベクトル a_k, あるいは n 個のベクトル ${}_ib$ の函数とも考えられる. ここで, $a_2, a_3, \cdots, a_n$ を固定して a_1 だけの函数と考えるとき, $D_n(F)$ を $D_n{}^1(a_1)$ と書く. $D_n{}^k(a_k)$, ${}^iD_n({}_ib)$ も同様に定義する.

命題 26 (i) $D_n{}^k\in\mathfrak{L}(K^n, K)$, (ii) ${}^iD_n\in\mathfrak{L}({}^nK, K)$.

* $n=1$ のとき $D_1(\alpha)=|\alpha|$ と書くことは, —α の絶対値とまぎれるおそれがあるので—あまり行われない.

証明　nに関する帰納法による.

(i)　$n=1$のとき $D_1{}^1=D_1=e_K\in\mathfrak{L}(K^1, K)$.

$$F=\begin{pmatrix}\alpha_{11} & \alpha_{12}\cdots\alpha_{1n}\\ a_1{}^* & F_1{}^*\end{pmatrix}$$

$n>1$のとき, $D_{n-1}^k\in\mathfrak{L}(K^{n-1}, K)$ はすべて証明されたと仮定する. $a_1=\begin{pmatrix}\alpha_{11}\\ a_1{}^*\end{pmatrix}$ とすれば,

$$D_n{}^1(a)=D_n(F)=\alpha_{11}D_{n-1}(F_1{}^*)+\sum_{i=2}^{n}(-1)^{1+i}\alpha_{1i}D_{n-1}(F_i{}^*)$$

$$=\alpha_{11}D_{n-1}(F_1{}^*)+\sum_{i=2}^{n}(-1)^{1+i}\alpha_{1i}D_{n-1}^1(a_1{}^*).$$

$D_{n-1}^1\in\mathfrak{L}(K^{n-1}, K)$ であるから

$$D_n{}^1(a+a')=(\alpha_{11}+\alpha_{11}')D_{n-1}(F_1{}^*)+\sum_{i=2}^{n}(-1)^{1+i}\alpha_{1i}(D_{n-1}^1(a_1{}^*)+D_{n-1}^1(a_1'^*))$$

$$=D_n{}^1(a)+D_n{}^1(a').$$

同様に　$$D_n{}^1(\lambda a)=\lambda D_n{}^1(a).$$

ゆえに　$$D_n{}^1\in\mathfrak{L}(K^n, K).$$

同様に　$$D_n{}^k\in\mathfrak{L}(K^n, K).$$

(ii)　$n=1$ のとき, ${}^1D_1=D_1=e_k\in\mathfrak{L}({}^1K, K)$.

$n>1$のとき, ${}^1D_n\in\mathfrak{L}({}^nK, K)$ は D_n の定義から明らかである. 一般に, ${}^iD_{n-1}\in\mathfrak{L}({}^{n-1}K, K)$ とし, $F_j{}^*$ の第 $(i-1)$ 行を ${}_ib^{(j)}$ とすれば,

$${}^iD_n({}_ib)=\sum_{j=1}^{n}(-1)^{1+j}\alpha_{1j}{}^{i-1}D_{n-1}({}_ib^{(j)}).$$

しかるに帰納法の仮定から ${}^{i-1}D_{n-1}\in\mathfrak{L}({}^{n-1}K, K)$ であるから, ${}^iD_n({}_ib)\in\mathfrak{L}({}^nK, K)$ となる.

命題 27　$n\geqq 2$ のとき,

(i)　2列が同じベクトルである行列の行列式は0に等しい. すなわち, $a_k=a_{k'}(k\neq k')$ ならば $D_n(F)=0$.

(ii)　$(a_1\cdots a_i\cdots a_k\cdots a_n)$ の2列 a_i, a_k を入れかえた行列を $(a_1\cdots a_k\cdots a_i\cdots a_n)$ とすれば, $D_n(a_1\cdots a_i\cdots a_k\cdots a_n)=-D_n(a_1\cdots a_k\cdots a_i\cdots a_n)$.

証明　n に関する帰納法による. $n=2$ のときは, 例1の結果を利用してすぐわかる.

$n-1$ に対して (i), (ii) が成り立つとすれば, F において $a_k = a_{k}'$ とするとき,

$$D_n(F) = (-1)^{1+k}\alpha_{1k}D_{n-1}(F_k{}^*) + (-1)^{1+k'}\alpha_{1k'}D_{n-1}(F_{k'}^*) + \sum_{i \neq k,k'} (-1)^{1+i}\alpha_{1i}D_{n-1}(F_i{}^*)$$

のはじめの2項の和は, $\alpha_{1k} = \alpha_{1k'}$, $D_{n-1}(F_k^*) = (-1)^{k-k'-1}D_{n-1}(F_{k'}^*)$ (帰納法の仮定) により 0 である. 残りの項では, F_i^* が同じベクトルを2列に含んでいるから, やはり帰納法の仮定により, 各項が 0 となる. よって (i) が成り立つ.

そうすれば, 命題26 (i) を用いて

$$\begin{aligned} 0 &= D_n(a_1+a_2\ \ a_1+a_2\ \ a_3\cdots a_n) \\ &= D_n(a_1a_1a_3\cdots a_n) + D_n(a_1a_2a_3\cdots a_n) + D_n(a_2a_1a_3\cdots a_n) + D_n(a_2a_2a_3\cdots a_n) \\ &= D_n(a_1\,a_2\,a_3\cdots a_n) + D_n(a_2\,a_1\,a_3\cdots a_n). \end{aligned}$$

ゆえに,

$$D_n(a_1\,a_2\cdots a_n) = -D_n(a_2\,a_1\cdots a_n).$$

同様に,

$$D_n(a_1\cdots a_i\cdots a_k\cdots a_n) = -D_n(a_1\cdots a_k\cdots a_i\cdots a_n).$$

系 1 F の縦ベクトル $a_1, a_2, \cdots, a_n$ が1次従属ならば, $D_n(F) = 0$.

証明 $n=1$ のときは $F=(0)$. ゆえに $D_1(0)=0$.

$n \geqq 2$ のときは, たとえば $a_1 = \sum_{i=2}^{n}\lambda_i a_i$ ($\lambda_i \in K$) となるから命題26 (i) を用いて $D_n(F) = D_n(\sum_{i=2}^{n}\lambda_i a_i, a_2, \cdots, a_n) = \sum_{i=2}^{n}\lambda_i(a_i\cdots a_i\cdots a_n) = 0$.

系 2 $r(F)<n$ ならば $D_n(F) = 0$.

証明 $r(F)<n$ ならば, F の縦ベクトル $a_1, a_2, \cdots, a_n$ は1次従属であるから, 系1により明らかである.

注意 今, 命題27から系1, 系2を導いたが, 逆に系2を仮定すれば命題27が導かれる. すなわち, 系2が成り立てば命題27 (i) が明らかに成り立ち, したがって (ii) も成り立つ.

例2の対角線型行列の特別な場合として E_n を考えれば, 次の命題が得られる.

命題 28 $D_n(E_n) = 1$.

$(\nu_1, \nu_2, \cdots, \nu_n)$ を $(1, 2, \cdots, n)$ の任意の順列とする. $(\nu_1, \nu_2, \cdots, \nu_n)$ の中から任意に2数 (ν_i, ν_j) を取り出したとき, 左側の数が右側の数より大きければ, ここ

に**転倒**があるという．$(\nu_1, \nu_2, \cdots, \nu_n)$ に含まれている転倒の総数を I とするとき，$\operatorname{sgn}(\nu_1, \nu_2, \cdots, \nu_n) = (-1)^I$ と定める．$\operatorname{sgn}(\nu_1, \nu_2, \cdots, \nu_n) = 1$ であるか -1 であるかに従って，$(\nu_1, \nu_2, \cdots, \nu_n)$ をそれぞれ**偶順列**，**奇順列**と呼ぶ．I を計算する実際的な方法は次のようにすればよい．$(\nu_1, \nu_2, \cdots, \nu_n)$ の中で，1より左側にあるものの個数を I_1 とする．一般に，$(\nu_1, \nu_2, \cdots, \nu_n)$ の中で k より左側にあって k より大きい数の個数を I_k とすれば，$\sum_{k=1}^{n-1} I_k = I$ である．

順列 $(\nu_1, \nu_2, \cdots, \nu_n)$ で，1をその左側のものと I_1 回入れかえると1が最も左側に来る．次に，2をその左側のものと I_2 回入れかえると2が1の次に来る．以下同様にして $(\nu_1, \nu_2, \cdots, \nu_n)$ に合計 I 回の‘二つのものの入れかえ’（**互換**）を施して，$(1, 2, \cdots, n)$ の正常の並べ方にすることができる．

系 1 §8，例6の記法で $Q(\nu_1, \nu_2, \cdots, \nu_n) = (e_{\nu_1}\ e_{\nu_2}\ \cdots\ e_{\nu_n})$ とすれば $D_n(Q(\nu_1, \nu_2, \cdots, \nu_n)) = \operatorname{sgn}(\nu_1, \nu_2, \cdots, \nu_n)$.

証明 $Q(\nu_1, \nu_2, \cdots, \nu_n) = (e_{\nu_1} e_{\nu_2} \cdots e_{\nu_n})$ の列に I 回の互換を施してこの行列を $(e_1 e_2 \cdots e_n) = E_n$ にすることができる．命題27により，おのおのの互換のたびに，行列式は符号だけを変えるから，$D_n(Q(\nu_1, \nu_2, \cdots, \nu_n)) = (-1)^I D_n(E_n) = \operatorname{sgn}(\nu_1, \nu_2, \cdots, \nu_n)$.

系 2 $D_n(F)$ は，F の各列各行から一つずつの元素 $\alpha_{\nu_1 1}, \alpha_{\nu_2 2}, \cdots, \alpha_{\nu_n n}$ をとり出して $\operatorname{sgn}(\nu_1, \nu_2, \cdots, \nu_n)\alpha_{\nu_1 1}\alpha_{\nu_2 2}\cdots\alpha_{\nu_n n}$ を作ったとき，このような $n!$ 個の積の総和に等しい．すなわち，

$$D_n(F) = \sum \operatorname{sgn}(\nu_1, \nu_2, \cdots, \nu_n)\alpha_{\nu_1 1}\alpha_{\nu_2 2}\cdots\alpha_{\nu_n n}.$$

証明 $F = \left(\sum_{\nu_1=1}^{n} \alpha_{\nu_1 1} e_{\nu_1}\ \sum_{\nu_2=1}^{n} \alpha_{\nu_2 2} e_{\nu_2} \cdots \sum_{\nu_n=1}^{n} \alpha_{\nu_n n} e_{\nu_n}\right)$.

ゆえに命題27 (i) により

$$\begin{aligned} D_n(F) &= \sum D_n(\alpha_{\nu_1 1} e_{\nu_1}\ \alpha_{\nu_2 2} e_{\nu_2} \cdots \alpha_{\nu_n n} e_{\nu_n}) \\ &= \sum D_n(e_{\nu_1}\ e_{\nu_2} \cdots e_{\nu_n})\alpha_{\nu_1 1}\alpha_{\nu_2 2}\cdots\alpha_{\nu_n n}. \end{aligned}$$

$\sum$ は，n^n 個の行列式の1次結合であるが，このうち $\nu_1, \nu_2, \cdots, \nu_n$ の中に等しいものがある項は0になるから，次のような $n!$ 個の項の和になる．

$$\begin{aligned} D_n(F) &= \sum D_n(Q(\nu_1, \nu_2, \cdots, \nu_n))\alpha_{\nu_1 1}\alpha_{\nu_2 2}\cdots\alpha_{\nu_n n} \\ &= \sum \operatorname{sgn}(\nu_1, \nu_2, \cdots, \nu_n)\alpha_{\nu_1 1}\alpha_{\nu_2 2}\cdots\alpha_{\nu_n n}. \end{aligned}$$

（証終）

命題 29 $\mathfrak{D}_n : \mathfrak{M}(n, K) \to K$ があって

(i) $\mathfrak{D}_n$ を第 k 列の函数と考えて，これを $\mathfrak{D}_n{}^k$ と書けば

$$\mathfrak{D}_n{}^k \in \mathfrak{L}(K^n, K) \quad (k = 1, 2, \cdots, n)$$

(ii) $r(F) < n$ ならば $\mathfrak{D}_n(F) = 0$

の二つの条件を満たすならば，

$$\mathfrak{D}_n(F) = D_n(F)\mathfrak{D}_n(E_n)$$

である．

証明 命題28系2と全く同様に，次のように導かれる．

$$\begin{aligned}\mathfrak{D}_n(F) &= \mathfrak{D}_n(a_1 \cdots a_n) = \mathfrak{D}_n(\sum \alpha_{\nu_1 1} e_{\nu_1} \cdots \sum \alpha_{\nu_n n} e_{\nu_n}) \\ &= \sum \alpha_{\nu_1 1} \cdots \alpha_{\nu_n n} \mathfrak{D}_n(e_{\nu_1} \cdots e_{\nu_n}) = \sum \alpha_{\nu_1 1} \cdots \alpha_{\nu_n n} \operatorname{sgn}(\nu_1, \cdots, \nu_n) \mathfrak{D}_n(E_n) \\ &= D_n(F)\mathfrak{D}_n(E_n)\end{aligned}$$

例 3 $\begin{vmatrix} A_r & 0_{r,s} \\ 0_{s,r} & B_s \end{vmatrix} = |A_r| \cdot |B_s|$

解 B_s を固定して $D_r = \begin{vmatrix} A_r & 0 \\ 0 & B_s \end{vmatrix}$ を A_r の函数と見れば，$D_r : \mathfrak{M}(r, K) \to K$ で，(i) $D_r{}^k \in \mathfrak{L}(K^r, K)$，(ii) $r(A) < r$ ならば $D_r(A) = 0$ を満たす．

ゆえに

$$D_r = |A_r| \begin{vmatrix} E_r & 0 \\ 0 & B_s \end{vmatrix}$$

同様に

$$\begin{vmatrix} E_r & 0 \\ 0 & B_s \end{vmatrix} = |B_s| \begin{vmatrix} E_r & 0 \\ 0 & E_s \end{vmatrix} = |B_s|. \text{ ゆえに } D_r = |A_r| \cdot |B_s|.$$

系 1 $D_n(F) = D_n({}^tF) = \sum \operatorname{sgn}(\nu_1, \nu_2, \cdots, \nu_n) \alpha_{1\nu_1} \alpha_{2\nu_2} \cdots \alpha_{n\nu_n}$

証明 $D_n({}^tF) = \mathfrak{D}_n(F)$ と見れば，$\mathfrak{D}_n : \mathfrak{M}(n, K) \to K$ で，

(i) 命題29の $\mathfrak{D}_n{}^k$ は命題26の前に定義した ${}^kD_n \in \mathfrak{L}({}^nK, K)$ を‘縦に見た’ものであるから $\mathfrak{D}_n{}^k \in \mathfrak{L}(K^n, K)$.

(ii) $r(F) < n$ ならば $r({}^tF) = r(F) < n$ であるから

$$\mathfrak{D}_n(F) = D_n({}^tF) = 0.$$

ゆえに

$$D_n({}^tF) = D_n(F)D_n({}^tE_n) = D_n(F)D_n(E_n) = D_n(F).$$

命題28系により，

$$D_n({}^tF) = \sum \mathrm{sgn}\,(\nu_1, \nu_2, \cdots, \nu_n)\alpha_{1\nu_1}\alpha_{2\nu_2}\cdots\alpha_{n\nu_n}.$$

例 4 $\begin{vmatrix} \alpha_{11} & \alpha_{12} & \alpha_{13} & \cdots & \alpha_{1n} \\ 0 & \alpha_{22} & \alpha_{23} & \cdots & \alpha_{2n} \\ 0 & 0 & \alpha_{33} & \cdots & \alpha_{3n} \\ \vdots & & & & \vdots \\ 0 & 0 & 0 & \cdots & \alpha_{nn} \end{vmatrix} = \alpha_{11}\alpha_{22}\cdots\alpha_{nn}.$ （第2三角型）

例 5 $\begin{vmatrix} A_r & 0_{r,s} \\ C_{s,r} & B_s \end{vmatrix} = \begin{vmatrix} A_r & C_{r,s} \\ 0_{s,r} & B_s \end{vmatrix} = |A_r|\cdot|B_s|$

系 2　$D_n(F_1F_2) = D_n(F_1)D_n(F_2)$.

証明　F_1 を固定して，$D_n(F_1F_2) = \mathfrak{D}_n(F_2)$ と見れば，$\mathfrak{D}_n: \mathfrak{M}(n, K) \to K$ である．

(i)

$$F_1 = \begin{pmatrix} {}_1b \\ {}_2b \\ \vdots \\ {}_nb \end{pmatrix},\ F_2 = (a_1, a_2, \cdots, a_n)\ \text{と書けば，}$$

$$F_1F_2 = \begin{pmatrix} {}_1ba_1 & {}_1ba_2 & \cdots & {}_1ba_n \\ {}_2ba_1 & {}_2ba_2 & \cdots & {}_2ba_n \\ \vdots & \vdots & & \vdots \\ {}_nba_1 & {}_nba_2 & \cdots & {}_nba_n \end{pmatrix}$$

この函数は，a_k に関して線型である．すなわち

$$\mathfrak{D}_n{}^k \in \mathfrak{L}(K^n, K).$$

(ii)　$r(F_2) < n$ ならば，$r(F_1F_2) \leqq r(F_2) < n$.

ゆえに　$\mathfrak{D}_n(F_2) = D_n(F_1F_2) = 0.$

ゆえに $\mathfrak{D}_n$ は命題29の条件を満たし，

$$D_n(F_1F_2) = \mathfrak{D}_n(F_2) = D_n(F_2)\mathfrak{D}_n(E_n) = D_n(F_2)D_n(F_1E_n) = D_n(F_1)D_n(F_2).$$

系 3　F が正則ならば，$D_n(F) \neq 0$.

証明　F が正則ならば F^{-1} が存在して $FF^{-1} = E_n$. ゆえに $D_n(F)D_n(F^{-1}) = D_n(E_n) = 1$. ゆえに $D_n(F) \neq 0$. （証終）

命題27系2と上の命題29系3とから，本節のはじめに提出した第1の問題の解決を与える次の定理が得られる．

定理 14 行列 F が正則であるために必要十分な条件は，その行列式 $|F|$ が 0 に等しくないことである．

行列 $F=(\alpha_{ik})$ の第 i 行第 k 列の元素を除いて作った $(n-1,n-1)$ 型行列の行列式を $D_n(F)$ の (i,k) **小行列式**といい，Δ_{ik} と記すことにする．命題 27 と命題 29 系 1 により，行列の任意の 2 行を入れかえれば，その行列式は符号だけを変えることがわかるから，

$$D_n(F)=D_n\begin{pmatrix} {}_1b \\ {}_2b \\ \vdots \\ {}_ib \\ \vdots \\ {}_nb \end{pmatrix}=(-1)^{i-1}D_n\begin{pmatrix} {}_ib \\ {}_1b \\ {}_2b \\ \vdots \\ {}_{i-1}b \\ {}_{i+1}b \\ \vdots \\ {}_nb \end{pmatrix}$$

$$=(-1)^{i-1}\sum_{k=1}^{n}(-1)^{1+k}\alpha_{ik}\Delta_{ik}=\sum_{k=1}^{n}\alpha_{ik}(-1)^{i+k}\Delta_{ik}.$$

$(-1)^{i+k}\Delta_{ik}$ を α_{ik} の**余因子**といい，A_{ik} で表わすこととすれば，上の結果から次の命題が得られる．後半は，命題 29 系 1 により明らかである．

命題 30
$$D_n(F)=\sum_{k=1}^{n}\alpha_{ik}A_{ik} \qquad (\text{第}\, i\, \text{行展開})$$
$$=\sum_{i=1}^{n}\alpha_{ik}A_{ik} \qquad (\text{第}\, k\, \text{列展開})$$

系
$$\sum_{k=1}^{n}\alpha_{ik}A_{jk}=\delta_{ij}D_n(F), \qquad \sum_{i=1}^{n}\alpha_{ik}A_{il}=\delta_{kl}D_n(F).$$

証明 前半のみ証明する．後半も同様である．$i=j$ のときは本命題による．$i\neq j$ のとき $\sum_{k=1}^{n}\alpha_{ik}A_{jk}$ は，F の第 j 行を $(\alpha_{i1},\alpha_{i2},\cdots,\alpha_{in})$ でおきかえた行列の行列式の第 j 行展開である．しかるにこの行列式は第 i 行と第 j 行が等しいから 0 に等しい．

定理 15 行列 F が正則であるとき，その第 $(i\,k)$ 元素の余因子を A_{ik} とすれば，F^{-1} は次のように与えられる．

$$F^{-1}=\frac{1}{D_n(F)}{}^t(A_{ik})$$

証明　$F=(\alpha_{ik})$ とすれば，

$$(\alpha_{ik})\cdot\frac{1}{D_n(F)}{}^t(A_{ik})=\frac{1}{D_n(F)}\left(\sum_{j=1}^{n}\alpha_{ij}A_{kj}\right)=\frac{1}{D_n(F)}(\delta_{ik}D_n(F))$$
$$=(\delta_{ik})=E_n.$$

したがって（§7，例12参照）

$$F^{-1}=\frac{1}{D_n(F)}{}^t(A_{ik}).$$

（証終）

定理15は，この節のはじめに提出した第2の問題の解決を与えている．

例 6　　$D_n(F)=D_n(a_1\ a_2\ \cdots\ a_n)=D_n(a_1\ a_2+\lambda_1a_1\ a_3+\lambda_2a_1\cdots a_n+\lambda_{n-1}a_1)$.

$$D_n(F)=D_n\begin{pmatrix}{}_1b\\{}_2b\\{}_3b\\\vdots\\{}_nb\end{pmatrix}=D_n\begin{pmatrix}{}_1b\\{}_2b+\mu_1\,{}_1b\\{}_3b+\mu_2\,{}_1b\\\cdots\\{}_nb+\mu_{n-1}\,{}_1b\end{pmatrix}$$

行列式の実際の計算には，上の λ_k または μ_i を適当に選んで1列または1行の元素を一つだけ残して他は0にし，その列または行で展開する．

$$\begin{vmatrix}1&1&-3&4\\0&2&1&-2\\3&2&-4&1\\-3&1&0&-1\end{vmatrix}=\begin{vmatrix}1&1&-3&4\\0&2&1&-2\\0&-1&5&-11\\0&4&-9&11\end{vmatrix}=\begin{vmatrix}2&1&-2\\-1&5&-11\\4&-9&11\end{vmatrix}=\begin{vmatrix}0&1&0\\-11&5&-1\\22&-9&-7\end{vmatrix}$$

$$=-\begin{vmatrix}-11&-1\\22&-7\end{vmatrix}=+11\begin{vmatrix}-1&1\\2&7\end{vmatrix}=11\times(-9)=-99$$

例 7　Fが正則な行列のとき，1次方程式 $Fx=y$ の解は，$x=F^{-1}y$ で与えられる（命題23）．定理15を用いれば，

$$x=\frac{{}^t(A_{ik})y}{D_n(F)}.$$

したがって

$$x=\begin{pmatrix}\xi_1\\\vdots\\\xi_n\end{pmatrix},\quad y=\begin{pmatrix}\eta_1\\\vdots\\\eta_n\end{pmatrix}\ \text{とすれば，}\quad \xi_l=\frac{\sum_{i=1}^{n}A_{il}\eta_i}{D_n(F)}. \tag{1}$$

この分子は，Fの第l列を $\begin{pmatrix}\eta_1\\\vdots\\\eta_n\end{pmatrix}$ におきかえた行列の行列式を表わす．(1) を **Cramer の公式**という．

以下の例8，例9では $K=\boldsymbol{R}$ とする．

例 8　$\begin{cases} \xi_1+\ \xi_2-3\xi_3+4\xi_4=5 \\ \quad 2\xi_2+\ \xi_3-2\xi_4=0 \\ 3\xi_1+2\xi_2-4\xi_3+\ \xi_4=16 \\ -3\xi_1+\ \xi_2 \qquad -\ \xi_4=-8 \end{cases}$　すなわち　$F=\begin{pmatrix} 1 & 1 & -3 & 4 \\ 0 & 2 & 1 & -2 \\ 3 & 2 & -4 & 1 \\ -3 & 1 & 0 & -1 \end{pmatrix},\ y=\begin{pmatrix} 5 \\ 0 \\ 16 \\ -8 \end{pmatrix}$

解　$D_n(F)=-99\neq 0$ (例 6). したがってこの連立方程式は正則である. CRAMER の公式によって解けば

$$\xi_1=\frac{1}{-99}\begin{vmatrix} 5 & 1 & -3 & 4 \\ 0 & 2 & 1 & -2 \\ 16 & 2 & -4 & 1 \\ -8 & 1 & 0 & -1 \end{vmatrix}=3$$

同様に　$\xi_2=0,\quad \xi_3=-2,\quad \xi_4=-1$

例 9　$\begin{cases} \xi_1+2\xi_2-3\xi_3-4\xi_4=\alpha & (1) \\ -\xi_1+3\xi_2+\ \xi_3+2\xi_4=\beta & (2) \\ \xi_1+7\xi_2-5\xi_3-6\xi_4=\gamma & (3) \end{cases}$　すなわち　$F=\begin{pmatrix} 1 & 2 & -3 & -4 \\ -1 & 3 & 1 & 2 \\ 1 & 7 & -5 & -6 \end{pmatrix},\ y=\begin{pmatrix} \alpha \\ \beta \\ \gamma \end{pmatrix}$

解

$$r(F)=r\begin{pmatrix} 1 & 2 & -3 & -4 \\ -1 & 3 & 1 & 2 \\ 1 & 7 & -5 & -6 \end{pmatrix}=r\begin{pmatrix} 1 & 2 & -3 & -4 \\ 0 & 5 & -2 & -2 \\ 0 & 5 & -2 & -2 \end{pmatrix} \tag{4}$$

(Fの第1行を第2行に加え, 第3行から引いて, 右辺の行列が得られる.) ここで

$$\begin{vmatrix} 1 & 2 \\ 0 & 5 \end{vmatrix}=5\neq 0 \tag{5}$$

(4) の変形によれば, Fから作った3次の行列式はすべて0になることは明らかであるから

$$r(F)=2 \tag{6}$$

したがって, 与えられた連立方程式が解をもつための条件は,

$$r(F_1)=r\begin{pmatrix} 1 & 2 & -3 & -4 & \alpha \\ -1 & 3 & 1 & 2 & \beta \\ 1 & 7 & -5 & -6 & \gamma \end{pmatrix}=2 \tag{7}$$

(4) のように変形しても (行や列の入れかえをしないから), Fの主要部の位置は変らない (読者考えよ). したがって (5), (6) により, F_1 の第1列, 第2列が独立で第3列, 第4列はそれらの1次結合になるはずである. よって条件 (7) は

$$\begin{vmatrix} 1 & 2 & \alpha \\ -1 & 3 & \beta \\ 1 & 7 & \gamma \end{vmatrix}=0 \quad すなわち \quad 2\alpha+\beta=\gamma \tag{7'}$$

と同値である.

(7′) の条件の下に, 定理13 を用いて連立方程式 (1), (2), (3) を解こう. (5), (6) によりこの連立方程式は (1), (2) の二つと同値で,

$$F_0=\begin{pmatrix}1 & 2\\ -1 & 3\end{pmatrix},\qquad F_*=\begin{pmatrix}-3 & -4\\ 1 & 2\end{pmatrix}\qquad \text{(定理 13 の記法)}$$

$$|F_0|=5 \quad \text{ゆえに} \quad F_0^{-1}=\frac{1}{5}\begin{pmatrix}3 & -2\\ 1 & 1\end{pmatrix}$$

したがって

$$F_0^{-1}y=\frac{1}{5}\begin{pmatrix}3 & -2\\ 1 & 1\end{pmatrix}\begin{pmatrix}\alpha\\ \beta\end{pmatrix}=\frac{1}{5}\begin{pmatrix}3\alpha-2\beta\\ \alpha+\beta\end{pmatrix}$$

ゆえに特殊解は

$$x_0=\begin{pmatrix}\frac{1}{5}(3\alpha-2\beta)\\ \frac{1}{5}(\alpha+\beta)\\ 0\\ 0\end{pmatrix}$$

また,

$$F_0^{-1}F_*=\frac{1}{5}\begin{pmatrix}3 & -2\\ 1 & 1\end{pmatrix}\begin{pmatrix}-3 & -4\\ 1 & 2\end{pmatrix}=\frac{1}{5}\begin{pmatrix}-11 & -16\\ -2 & -2\end{pmatrix}$$

ゆえに

$$\begin{pmatrix}F_0^{-1}F_*\\ -E_2\end{pmatrix}=\begin{pmatrix}-\frac{11}{5} & -\frac{16}{5}\\ -\frac{2}{5} & -\frac{2}{5}\\ -1 & 0\\ 0 & -1\end{pmatrix}$$

したがって一般解は,

$$x=\begin{pmatrix}\xi_1\\ \xi_2\\ \xi_3\\ \xi_4\end{pmatrix}=\begin{pmatrix}\frac{1}{5}(3\alpha-2\beta)\\ \frac{1}{5}(\alpha+\beta)\\ 0\\ 0\end{pmatrix}-\lambda\begin{pmatrix}\frac{11}{5}\\ \frac{2}{5}\\ 1\\ 0\end{pmatrix}-\mu\begin{pmatrix}\frac{16}{5}\\ \frac{2}{5}\\ 0\\ 1\end{pmatrix}$$

ここに λ, μ は $K=\boldsymbol{R}$ の元を動くパラメターである.

§13　線型変換とその不変部分空間

すでに述べたように, 体 K の上のベクトル空間 V からそれ自身への線型写像は, V の線型変換とも呼ばれ, それら全体の集合 $\mathfrak{L}(V,V)=\mathfrak{L}(V)$ は, K の上

の多元環をなす(§7, 命題8). V に座標 φ をとれば, $\mathfrak{L}(V)$ の元 f は $\mathfrak{M}(n,K)$ の元 F で表わされる(§8). f の性質を明らかにするには, φ を適当にとって F の形をなるべく簡単にするがよい. 座標を φ から ψ に変えれば, 座標変換の(正則)行列を P とするとき, f を表わす行列は, F から PFP^{-1} に変えられる. F を PFP^{-1} でおきかえることを, 行列 F を P で**変換**するという. $\mathfrak{M}(n,K)\ni F_1, F_2$ のとき, $F_2=PF_1P^{-1}$ となるような n 次元の正則行列 P が存在するならば, F_1, F_2 は**相似**であるといい, $F_1 \sim F_2$ と書かれる. 相似関係 $\sim$ は, 明らかに同値関係である. φ を適当にとって f を表わす行列を簡単にするという問題は, 行列に関する問題としていえば, '与えられた行列 F を変換して, なるべくその形を簡単にする問題', あるいは, 'F と相似でなるべく簡単な形をもつ行列を求める問題'と同じである. この問題の一般的な解法は §15 に与えるが, それまで, 簡単のためこれを'**問題 A**'と呼ぶこととしよう. この問題 A を扱うのに, 次に説明する不変部分空間の考えが有用である.

以下しばらく, V および $\mathfrak{L}(V)$ の元 f は固定されたものと考える. V の部分空間 W が f に対して**不変**である, または f の**不変部分空間**であるというのは, $f(W)\subset W$ を意味する. f が固定されているから, f の不変部分空間を略して単に不変部分空間ということもある. f の不変部分空間全体の集合を $\mathfrak{W}_f$, または略して $\mathfrak{W}$ で表わす. (例: $\mathfrak{W}\ni\{0\}, V$)

命題 31 $\mathfrak{W}\ni W_1$ ならば, f の W_1 への縮小 $f_1=f|W_1$ は $\in\mathfrak{L}(W_1)$.

証明 $W_1\ni x, y$ に対しては $f_1(x)=f(x)\in W_1$, $f_1(y)=f(y)\in W_1$. かつ $f_1(x+y)=f(x+y)=f(x)+f(y)=f_1(x)+f_1(y)$. 同様に $f_1(\lambda x)=\lambda f_1(x)$.

命題 32 $\mathfrak{W}\ni W_1$, $V/W_1=V^{(1)}$ とするとき, $V^{(1)}\ni(x)_{W_1}$ に $(f(x))_{W_1}\in V^{(1)}$ を対応させる写像 $f^{(1)}$ が定義できて, $f^{(1)}\in\mathfrak{L}(V^{(1)})$.

証明 $(x)_{W_1}=(y)_{W_1}$ すなわち $x\equiv y \pmod{W_1}$ とすれば, $x-y\in W_1$, $W_1\in\mathfrak{W}$ であるから $f(x-y)\in f(W_1)\subset W_1$. したがって $f(x)\equiv f(y) \pmod{W_1}$, $(f(x))_{W_1}=(f(y))_{W_1}$. ゆえに $f^{(1)}$ は, $V^{(1)}$ を $V^{(1)}$ に写す写像としてたしかに定義される. (以下, $(x)_{W_1}$ の W_1 を略して単に (x) と記す.) $(x)+(y)=(x+y)$, $\lambda(x)=(\lambda x)$ であるから, $f^{(1)}((x)+(y))=f^{(1)}((x+y))=(f(x+y))=(f(x)+f(y))$

$=(f(x))+(f(y))=f^{(1)}((x))+f^{(1)}((y))$. 同様に $f^{(1)}(\lambda(x))=\lambda f^{(1)}((x))$ ゆえに $f^{(1)}\in\mathfrak{L}(V^{(1)})$.

命題 33 Vは有限次元とし, $\dim V=n$, $W_1\in\mathfrak{W}$, $0<\dim W_1=r_1<n$, $n=r_1+r^{(1)}$ (したがって $0<r^{(1)}<n$) とする. $\{a_1,a_2,\cdots,a_{r_1}\}$を W_1 の一つの基底とし, §5定理5系4により, Vの基底として $\{a_1,a_2,\cdots,a_{r_1},a_{r_1+1},\cdots,a_n\}$ の形のものをとれば, 座標系 $\varphi=\varphi_{(a_1,a_2,\cdots,a_n)}$ によって, fは次の形の行列で表わされる.

$$\begin{pmatrix} F_1 & G \\ 0_{r^{(1)},r_1} & F^{(1)} \end{pmatrix}\begin{matrix}\updownarrow r_1 \\ \updownarrow r^{(1)}\end{matrix} \qquad \text{(13.1)}$$
$$\underset{r_1}{\longleftrightarrow}\quad \underset{r^{(1)}}{\longleftrightarrow}$$

ここに F_1 は $f_1=f|W_1$ を W_1 の基底 $\{a_1,a_2,\cdots,a_{r_1}\}$ によって表わす行列であり, $F^{(1)}$ は, $f^{(1)}$ を $V^{(1)}$ の基底 $\{(a_{r_1+1}),\cdots,(a_n)\}$ によって表わす行列である.

証明 $f(a_1),f(a_2),\cdots,f(a_{r_1})$ は $\in f(W_1)\subset W_1$ であるから, fを表わす行列の最初の r_1 列では, 終の $r^{(1)}$ 個の元素がすべて0になる. そして $f_1(a_1)=f(a_1)$, $\cdots,f_1(a_{r_1})=f(a_{r_1})$ であるから, F_1 は, f_1 を $\{a_1,\cdots,a_{r_1}\}$ によって表わす行列である.

F の残りの $r^{(1)}$ 列については, たとえば, $f(a_{r_1+1})=\sum_{i=1}^{n}\lambda_i a_i$ とすれば, $f^{(1)}((a_{r_1+1}))=(f(a_{r_1+1}))=(\sum_{i=1}^{n}\lambda_i a_i)=(\sum_{i=r_1+1}^{n}\lambda_i a_i)=\sum_{i=r_1+1}^{n}\lambda_i(a_i)$ となるから, $F^{(1)}$ は, $f^{(1)}$ を $\{(a_{r_1+1}),\cdots,(a_n)\}$ によって表わす行列である.

系 $V^{(1)}$ の r_2 次元の部分空間 W_2 がさらに $f^{(1)}$ に対して不変ならば, $r^{(1)}=r_2+r^{(2)}$ とおき, (必要ならば今までと記法を変えて) W_2 の基底を $\{(a_{r_1+1}),\cdots,(a_{r_1+r_2})\}$, それを含む $V^{(1)}$ の基底を $\{(a_{r_1+1}),\cdots,(a_n)\}$ とすれば, V の基底 $\{a_1,a_2,\cdots,a_n\}$ によってfは

$$\begin{pmatrix} F_1 & * & * \\ 0 & F_2 & * \\ 0 & 0 & F^{(2)} \end{pmatrix}\begin{matrix}\updownarrow r_1 \\ \updownarrow r_2 \\ \updownarrow r^{(2)}\end{matrix} \qquad \text{(13.2)}$$
$$\underset{r_1}{\longleftrightarrow}\quad \underset{r_2}{\longleftrightarrow}\quad \underset{r^{(2)}}{\longleftrightarrow}$$

の形の行列で表わされる.

命題 34 $V=W_1\oplus W_2$, $W_i\in\mathfrak{W}$ $(i=1,2)$, $\dim V=n$, $\dim W_i=r_i$, し

たがって $n=r_1+r_2$ とし，$0<r_i<n$ $(i=1,2)$ とする．$W_1=[a_1,\cdots,a_{r_1}]$，$W_2=[a_{r_1+1},\cdots,a_n]$，したがって $\{a_1,\cdots,a_n\}$ を V の一つの基底とし，$\varphi=\varphi_{(a_1,\cdots,a_n)}$ とすれば，φ によって f は次の形の行列で表わされる．

$$\begin{pmatrix} F_1 & 0_{r_1,r_2} \\ 0_{r_2,r_1} & F_2 \end{pmatrix} \tag{13.3}$$

ここに F_i は，$f_i=f|W_i$ を基底 $\{a_1,\cdots,a_{r_1}\}$ または $\{a_{r_1+1},\cdots,a_n\}$ によって表わす行列である．

証明 命題33の証明の前半と同様な考察によって明らかである．

系 $V=W_1\oplus W_2\oplus\cdots\oplus W_k$, $W_i\in\mathfrak{W}(i=1,2,\cdots,k)$, $\dim V=n$, $\dim W_i=r_i$, したがって $n=r_1+r_2+\cdots+r_k$ とし，$0<r_i<n$ $(i=1,2,\cdots,k)$ とする．$W_1=[a_1,\cdots,a_{r_1}]$, $W_2=[a_{r_1+1},\cdots,a_{r_1+r_2}]$, $\cdots$ $W_k=[a_{r_1+\cdots+r_{k-1}+1},\cdots,a_n]$，したがって $\{a_1,\cdots,a_n\}$ を V の一つの基底とし，$\varphi=\varphi_{(a_1,\cdots,a_n)}$ とすれば，φ によって f は次の形の行列で表わされる．

$$\begin{pmatrix} F_1 & 0 & \cdots & 0 \\ 0 & F_2 & \cdots & 0 \\ \vdots & \vdots & \ddots & \vdots \\ 0 & 0 & \cdots & F_k \end{pmatrix} \begin{matrix} \updownarrow r_1 \\ \updownarrow r_2 \\ \vdots \\ \updownarrow r_k \end{matrix} \tag{13.4}$$
$$\overleftrightarrow{r_1} \quad \overleftrightarrow{r_2} \quad \cdots \quad \overleftrightarrow{r_k}$$

W_i の基底 $\{a_{r_1+\cdots+r_{i-1}+1},\cdots,a_{r_1+\cdots+r_i}\}$ による座標系を φ_i とするとき，$f_i=f|W_i$ を φ_i によって表わす行列が F_i である．(系終)

(*13.4*) の行列を今後，$F_1\oplus F_2\oplus\cdots\oplus F_k$ で表わすこととする．V を不変部分空間 W_i の直和に分けることができれば，上の系によって，問題Aは，各 W_i に関する，はじめよりも低次元の場合に帰着されるのである．

§14 固有値，固有多項式，CAYLEY-HAMILTON の定理

V は，体 K の上のベクトル空間，$f\in\mathfrak{L}(V)$, $\alpha\in K$ とするとき，V の 0 でない元 x に対し

$$f(x)=\alpha x \tag{14.1}$$

が成り立つならば，α を f の**固有値**といい，x を固有値 α に属する f の**固有ベクトル**という．

例 1　$V=\mathfrak{A}(\boldsymbol{C})$ とし，$\Lambda=D^n+p_1D^{n-1}+\cdots+p_{n-1}D+p_n$ とすれば，微分方程式 $\Lambda y=\alpha y$ に $y=0$ 以外の解があるような $\alpha\in\boldsymbol{C}$ が Λ の固有値であり，そのときの解 y が，α に属する Λ の固有ベクトルである．

$f\in\mathfrak{L}(V)$ と $\alpha\in K$ に対して，$W(\alpha)=\mathrm{Ker}\,(f-\alpha)$ とおく．$W(\alpha)$ を α の**固有空間**という．α が f の固有値であるためには $W(\alpha)\neq\{0\}$ が必要十分である．

命題 35　$W(\alpha)\in\mathfrak{W}_f$.

証明　$W(\alpha)=\mathrm{Ker}\,(f-\alpha)$ であるから，$W(\alpha)$ は V の部分空間である．また，$x\in W(\alpha)$ ならば $f(x)=\alpha x$，ゆえに $f^2(x)=f(\alpha x)=\alpha f(x)$．したがって $f(x)\in W(\alpha)$．すなわち $f(W(\alpha))\subset W(\alpha)$．ゆえに $W(\alpha)\in\mathfrak{W}_f$．（証終）

この命題は，次のように一般化される．

$\mathfrak{L}(V)$ は K の上の多元環であるから，$\mathfrak{L}(V)\ni f$ ならば，$f\cdot f=f^2, f\cdot f^2=f^3, \cdots, f\cdot f^{\nu-1}=f^\nu$ も $\mathfrak{L}(V)$ の元であり，$\alpha_0,\alpha_1,\cdots,\alpha_\nu\in K$ ならば $\alpha_0+\alpha_1f+\cdots+\alpha_\nu f^\nu\in\mathfrak{L}(V)$ となる．これは，$\alpha_0+\alpha_1X+\cdots+\alpha_\nu X^\nu$ という K の上の（すなわち，K の元を係数としてもつ）変数 X の多項式の X の所へ f を‘代入した’ものと考えられる．そこでこの多項式を $\Phi(X)$ とすると $\Phi(f)=\alpha_0+\alpha_1f+\cdots+\alpha_\nu f^\nu$ と書くことにする．明らかに，

$$f\cdot\Phi(f)=\Phi(f)\cdot f \tag{14.2}$$

命題 36　$\mathrm{Ker}\,\Phi(f)\in\mathfrak{W}_f$．（$\Phi(f)=f-\alpha$ とすれば，前命題となる．）

証明　$\Phi(f)\in\mathfrak{L}(V)$ であるから $\mathrm{Ker}\,\Phi(f)$ は V の部分空間である．今 $W=\mathrm{Ker}\,\Phi(f)$ とおく．$x\in W$ ならば $\Phi(f)(x)=0$．$f(x)=y$ とすれば，(14.2) を用いて $\Phi(f)(y)=\Phi(f)(f(x))=f(\Phi(f)(x))=0$．ゆえに $y\in W, f(W)\subset W$．（証終）

以下 V は有限次元，$\dim V=n$ とし，前節で提出された問題 A を解くことを考えよう．$W(\alpha)$ は $\mathfrak{W}$ の元であるから，前節命題 33, 34 によって問題の簡単化に役立つはずであるが，α が固有値でなければ $\dim W(\alpha)=0$ となって効果がない．したがって固有値を求めることが，重要な問題となる．f の固有値全体の集合を $\mathfrak{E}_f$ または $\mathfrak{E}$ で表わす．

例 2　$\dim W(\alpha)=n$ の場合は，$V=W(\alpha)$ で，V の座標をどのようにとっても，f を表わす行列は αE となる．

命題 37　fをある座標系によって表わす行列をFとするとき，

$$\alpha \in \mathfrak{E} \Rightarrow |\alpha E-F|=0.$$

証明　α に属する一つの固有ベクトルを x_0 とすれば $f(x_0)=\alpha x_0$. よって$\alpha x_0-f(x_0)=0$. ゆえに，この座標系による x_0 の座標を x_0^* とすれば，$(\alpha E-F)x_0^*=0$, $x_0^*\neq 0$. したがって，n 元連立1次方程式 $(\alpha E-F)x=0$ の解は，1 次元以上の次元をもつ部分空間をなす．ゆえに $r(\alpha E-F)\leqq n-1$. したがって $|\alpha E-F|=0$.　（証終）

この証明を少し詳しく見れば，次の系が得られる．

系　$\alpha \in \mathfrak{E}$ のとき $\dim W(\alpha)=d(\alpha E-F)=n-r(\alpha E-F)$. ただし d は退化次数，r は階数を表わす．（系終）

Fが n 次元の正方行列ならば，

$$\Phi_F(X)=|XE-F|$$

は，変数Xの，Kの上の n 次の多項式となる．これを，Fの**固有多項式**という．

例 3　行列式 $|F|$ に含まれる小行列式のうち，その主対角線元素がすべて $|F|$ の主対角線元素であるものを，$|F|$ の**首座行列式**という．すなわち

$$|F|=\begin{vmatrix} \alpha_{11} & \alpha_{12} & \cdots & \alpha_{1n} \\ \alpha_{21} & \alpha_{22} & \cdots & \alpha_{2n} \\ \vdots & \vdots & & \vdots \\ \alpha_{n1} & \alpha_{n2} & \cdots & \alpha_{nn} \end{vmatrix} \quad \text{のとき} \quad \begin{vmatrix} \alpha_{\nu_1\nu_1} & \alpha_{\nu_1\nu_2} & \cdots & \alpha_{\nu_1\nu_k} \\ \alpha_{\nu_2\nu_1} & \alpha_{\nu_2\nu_2} & \cdots & \alpha_{\nu_2\nu_k} \\ \vdots & \vdots & & \vdots \\ \alpha_{\nu_k\nu_1} & \alpha_{\nu_k\nu_2} & \cdots & \alpha_{\nu_k\nu_k} \end{vmatrix}$$

の形の行列式が，$|F|$ の首座行列式である．$|F|$ の r 次の首座行列式全部の和を $S_r(F)$ と書けば，

$$\Phi_F(X)=X^n-S_1(F)\cdot X^{n-1}+S_2(F)\cdot X^{n-2}+\cdots+(-1)^n S_n(F)$$

ここで，$S_n(F)=|F|$, $S_1(F)=\alpha_{11}+\alpha_{22}+\cdots+\alpha_{nn}$ である．$S_1(F)$ を $S(F)$ とも書き，F の **Spur** (または trace) という．

例 4　$K=\boldsymbol{C}$ として $F=\begin{pmatrix} 1 & 2 & 2 \\ 1 & -1 & 1 \\ 4 & -12 & 1 \end{pmatrix}$ の固有多項式，固有値および各固有値に属する固有空間を求めること．

解　$S(F)=1+(-1)+1=1$

$$S_2(F)=\begin{vmatrix} 1 & 2 \\ 1 & -1 \end{vmatrix}+\begin{vmatrix} -1 & 1 \\ -12 & 1 \end{vmatrix}+\begin{vmatrix} 1 & 2 \\ 4 & 1 \end{vmatrix}=-1-2-1+12+1-8=1$$

$$|F| = \begin{vmatrix} 1 & 2 & 2 \\ 1 & -1 & 1 \\ 4 & -12 & 1 \end{vmatrix} = \begin{vmatrix} 1 & 0 & 0 \\ 1 & -3 & -1 \\ 4 & -20 & -7 \end{vmatrix} = 21-20 = 1$$

よって固有多項式は

$$\Phi_F(X) = X^3 - X^2 + X - 1.$$

F の固有値は, $\Phi_F(X) = 0$ の根として求められる. $X^3-X^2+X-1 = (X-1)(X^2+1) = (X-1)(X-i)(X+i)$ により, $\mathfrak{E} = \{1, i, -i\}$.

$W(1)$ を求めるには, $Fx = x$ すなわち $(E-F)x = 0$ を解けばよい.

$$x = \begin{pmatrix} \xi_1 \\ \xi_2 \\ \xi_3 \end{pmatrix} \quad \text{とすれば} \quad \begin{cases} \quad\;\; -2\xi_2 - 2\xi_3 = 0 \\ -\xi_1 + 2\xi_2 - \xi_3 = 0 \\ -4\xi_1 + 12\xi_2 \quad\;\; = 0 \end{cases}$$

これを解いて

$$W(1) = \left\{ \lambda \begin{pmatrix} 3 \\ 1 \\ -1 \end{pmatrix} ; \lambda \in \boldsymbol{C} \right\}$$

同様に

$$Fx = ix \text{ を解いて} \qquad W(i) = \left\{ \lambda \begin{pmatrix} 4+2i \\ 1+i \\ -4 \end{pmatrix} ; \lambda \in \boldsymbol{C} \right\}$$

$$Fx = -ix \text{ を解いて} \quad W(-i) = \left\{ \lambda \begin{pmatrix} 4-2i \\ 1-i \\ -4 \end{pmatrix} ; \lambda \in \boldsymbol{C} \right\}$$

命題 38 P が n 次元の正則行列ならば

$$\Phi_{PFP^{-1}}(X) = \Phi_F(X).$$

証明 $\Phi_{PFP^{-1}}(X) = |XE - PFP^{-1}| = |P \cdot XE \cdot P^{-1} - PFP^{-1}|$

$$= |P(XE-F)P^{-1}| = |P| \cdot |XE-F| \cdot |P^{-1}|$$

$$= |XE-F| \cdot |P| \cdot |P^{-1}| = \Phi_F(X) \cdot |PP^{-1}| = \Phi_F(X).$$

系 例3の記法で $S_i(PFP^{-1}) = S_i(F)$, 特に $S(PFP^{-1}) = S(F)$.

命題 39 $\Phi_{F_1 \oplus F_2 \oplus \cdots \oplus F_k} = \Phi_{F_1} \cdot \Phi_{F_2} \cdot \cdots \cdot \Phi_{F_k}$.

$$S(F_1 \oplus F_2 \oplus \cdots \oplus F_k) = S(F_1) + \cdots + S(F_k).$$

証明 $F = F_1 \oplus F_2 \oplus \cdots \oplus F_k$ とおけば,

$$XE - F = (XE_{r_1} - F_1) \oplus (XE_{r_2} - F_2) \oplus \cdots \oplus (XE_{r_k} - F_k)$$

となる (r_i は F_i の次元). したがって

$$\Phi_F(X)=|XE-F|=\Phi_{F_1}(X)\cdot\Phi_{F_2}(X)\cdot\cdots\cdot\Phi_{F_k}(X)\quad(\S 12\text{ 例 }3)$$

また，この式の両辺の X^{n-1} (n は F の次元) の項の係数を比較すれば，

$$S(F)=S(F_1)+\cdots+S(F_k)$$

が得られる．(証終)

命題38とその系によって，Φ_F や $S(F)$ は，実は f だけによって，座標系 φ には無関係に定まることがわかる．実際，座標系を変えれば F は PFP^{-1} に変換されるが，Φ_F や $S(F)$ は，この変換によって変らないことをこの命題と系とは示している．そこで，$\Phi_F, S(F)$ の代りに $\Phi_f, S(f)$ とも書くこととする．

n 次の代数方程式 $\Phi_f(X)=0$ を f または F の**固有方程式**（または，天文学上で用いられた歴史的な理由によって**永年方程式**）という．f の固有値を求めるには，その固有方程式を解けばよいが，この方程式のすべての根が基礎体 K の中にあるとは限らない．（たとえば例4では，$K=\boldsymbol{C}$ としたから $\Phi_f(X)=0$ の根はすべて K の中にあったが，もしも $K=\boldsymbol{R}$ であったとすれば，$\Phi_f(X)=0$ の根のうち $\pm i$ は K には含まれない.）しかし，代数学の知られた定理（たとえば，正田，浅野：代数学 I，岩波書店，1952, p. 53）によれば，K を含むある体 K' を作って，K' の中には $\Phi_f(X)$ の根すべてが含まれるようにすることができる．[与えられた体 K に対して適当な‘拡大体’（すなわち K を含む体）$\overline{K}$ を作れば，K の上の‘任意の’代数方程式が $\overline{K}$ のうちに根をもつようにすることさえできる（正田，浅野：上掲書 p. 54）．たとえば $K=\boldsymbol{R}$ ならば，$\overline{K}=\boldsymbol{C}$ をとればよい．——いわゆる‘代数学の基本定理’によって，‘複素数を係数とする代数方程式の根はすべて複素数体のうちにある’からである.] このとき $F\in\mathfrak{M}(n,K)$ ならばもちろん $F\in\mathfrak{M}(n,K')$ とも考えられ，はじめから K' を基礎体にとっておけば，‘固有方程式の根は基礎体の中にある’こととなる．今後簡単のため，このことが成り立つほど基礎体は‘大きく’とってあるものと仮定する．そうすれば，明らかに次の命題が成り立つ．

命題 40　$\alpha\in\mathfrak{E}_f \Longleftrightarrow \Phi_f(\alpha)=0.$

そこで，

$$\mathfrak{E}_f=\{\alpha_1,\alpha_2,\cdots,\alpha_k\}\quad(i\neq j\text{ ならば }\alpha_i\neq\alpha_j)$$

とすれば, $\Phi_f(X)$ は最高次の係数が 1 の n 次の多項式であるから

$$\Phi_f(X) = (X-\alpha_1)^{r_1}(X-\alpha_2)^{r_2}\cdots(X-\alpha_k)^{r_k} \tag{14.3}$$

$$n = r_1+r_2+\cdots+r_k, \quad n \geqq r_i \geqq 1, \ n \geqq k \geqq 1 \tag{14.4}$$

となる. 命題 36 によって $\mathrm{Ker}\,(f-\alpha_i)^{r_i} \in \mathfrak{W}_f$. $\mathrm{Ker}\,(f-\alpha_i) = W(\alpha_i)$ で $\alpha_i \in \mathfrak{E}_f$ であるから, $\dim \mathrm{Ker}\,(f-\alpha_i)>0$ であるが, 明らかに '$\mu \leqq \mu' \Rightarrow \dim \mathrm{Ker}\,(f-\alpha_i)^{\mu} \leqq \dim \mathrm{Ker}\,(f-\alpha_i)^{\mu'}$' であるから, $\dim \mathrm{Ker}\,(f-\alpha_i)^{r_i}>0$. 今 $\mathrm{Ker}\,(f-\alpha_i)^{\mu} = W_{i,\mu}$, $f|W_{i,r_i}=f_i$ と書くことにする. 明らかに $W(\alpha_i) = W_{i,1} \subset W_{i,2} \subset \cdots \subset W_{i,r_i} \subset \cdots$.

命題 41 $\dim W_{i,r_i} \geqq r_i$ で, W_{i,r_i} の基底を適当にとれば, f_i を表わす行列は, 次の形の r_i 次元の第 2 三角型行列を含むようにすることができる.

$$\begin{pmatrix} \alpha_i & & & \\ & \alpha_i & * & \\ & & \ddots & \\ & 0 & & \alpha_i \end{pmatrix}$$

注意 実はここで $\dim W_{i,r_i} = r_i$ となり, W_{i,r_i} へ基底を適当にとれば, f_i を表わす行列は, それ自身上の形のものとなるが, そのことは, も少し後に示される. (定理 16 の後の例 5).

証明 どの i についても同様であるから, $i=1$ として証明する. $r_1=1$ のときは明らかである. W_{1,r_1} の基底としては α_1 の固有ベクトル $\boldsymbol{a}_1$ をとればよい. $r_1 \geqq 2$ のときは, §13 命題 33 の W_1 として $[\boldsymbol{a}_1]$ をとれば, f を表わす行列は

$$\begin{pmatrix} \alpha_1 & * \\ 0_{r_1-1,1} & F^{(1)} \end{pmatrix}$$

の形となり, f_1 の固有多項式は明らかに $(X-\alpha_1)\Phi_{F^{(1)}}(X)$ となる. 他方それは (14.3) に等しく, $r_1 \geqq 2$ であるから, $\Phi_{F^{(1)}}(X)=0$ は $X=\alpha_1$ なる根をもつ. ゆえに命題 40 により, $F^{(1)}$ は α_1 を固有値としてもち, α_1 の ($F^{(1)}$ についての) 固有空間は正の次元をもつ. したがって §13 命題 33 系により, V の基底を適当にとれば, f を表わす行列は

$$\begin{pmatrix} \alpha_1 & * & * \\ 0 & \alpha_1 & * \\ 0_{r_1-2,2} & F^{(2)} & \end{pmatrix}$$

の形となり，したがってもちろん $\dim W_{1,r_1} \geqq 2$ でなければならない．$r_1 \geqq 3$ ならば，同様にしてさらに‘今一歩’進み，$\dim W_{1,r_1} \geqq 3$ が得られる．この方法をくりかえして，(厳密には，数学的帰納法により)命題が証明される．

命題 42　$W_{i,r_i} = W_i$ とおけば，$W_1, \cdots, W_k$ は独立である．

証明　§4 定理1により，$x_1+\cdots+x_k=0,\ x_i \in W_i \Rightarrow x_i=0$ を示せばよい．H. WEYL はこれを次のような巧妙な方法で証明した．

(14.3) によって $1/\Phi_f(X)$ を部分分数に分ければ，

$$\frac{1}{\Phi_f(X)} = \frac{\Phi^{(1)}(X)}{(X-\alpha_1)^{r_1}} + \cdots + \frac{\Phi^{(k)}(X)}{(X-\alpha_k)^{r_k}} \tag{14.5}$$

の形となる．そこで

$$\frac{\Phi_f(X)}{(X-\alpha_i)^{r_i}} = (X-\alpha_1)^{r_1} \cdots (X-\alpha_{i-1})^{r_{i-1}} (X-\alpha_{i+1})^{r_{i+1}} \cdots (X-\alpha_k)^{r_k} = \Psi^{(i)}(X) \tag{14.6}$$

$$\Phi^{(i)}(X)\Psi^{(i)}(X) = \Psi_i(X) \tag{14.7}$$

$$\Psi_i(f) = g_i \in \mathfrak{L}(V) \tag{14.8}$$

とおけば，*(14.5)* から

$$\Psi_1(X) + \cdots + \Psi_k(X) = 1$$

したがって，

$$g_1 + \cdots + g_k = e_V \quad (V \text{の恒等写像}) \tag{14.9}$$

また，$x_i \in W_i$ ならば $(f-\alpha_i)^{r_i}(x_i) = 0$ であるから，*(14.6)*，*(14.7)*，*(14.8)* からただちに

$$i \neq j \Rightarrow g_j(x_i) = 0 \tag{14.10}$$

が得られる．

ゆえに $x_1+\cdots+x_k=0,\ x_i \in W_i$ の両辺の g_1 による像を考えれば，*(14.10)* によって $g_1(x_1)=0$ が得られるが，*(14.9)*，*(14.10)* から $g_1(x_1)=x_1$ したがって $x_1=0$．同様に $x_2=\cdots=x_k=0$．(証終)

以上の結果を用いて次の定理が証明される．

定理 16 f は, n 次元ベクトル空間 V の線型変換で, その固有値 $\alpha_1, \cdots, \alpha_k$ はすべて基礎体 K に含まれるとする. そのとき, f の固有多項式 $\Phi_f(X)$ は

$$\Phi_f(X) = (X-\alpha_1)^{r_1} \cdots (X-\alpha_k)^{r_k}$$

の形に因数分解され, $\mathrm{Ker}\,(f-\alpha_i)^{r_i} = W_i$ $(i=1,2,\cdots,k)$ とすれば, $V = W_1 \oplus W_2 \oplus \cdots \oplus W_k$, $\dim W_i = r_i$ となり, $f|W_i = f_i$ とすれば, f_i の固有多項式は $(X-\alpha_i)^{r_i}$ となる.

証明 命題42によって, $W_1, \cdots, W_k$ は独立であるから, $V \supset W_1 + \cdots + W_k = W_1 \oplus \cdots \oplus W_k$. §5 定理5 系5 と命題41 によって $\dim(W_1 \oplus \cdots \oplus W_k) = \sum \dim W_i \geqq \sum r_i$. ゆえに $\dim V = n \geqq \sum r_i$. 他方 (*14.4*) によって $n = \sum r_i$ であるから, 命題41の結論において不等号は成り立ち得ない. かつ W_i の基底を適当にとるとき, f_i を表わす行列は, 主対角線上に α_i の並んだちょうど r_i 次元の三角型のものとなるから, その固有多項式は, $(X-\alpha_i)^{r_i}$ となる. また, $\dim V = \dim \sum \oplus W_i$ となるから,

$$V = W_1 \oplus \cdots \oplus W_k$$

となる.

例 5 命題41の後の'注意'が成り立つことが, 上の証明からわかる.

例 6 (*14.8*) で定義された g_i は, V から W_i への射影 (§7 例4) となる. かつ $f = f_1 g_1 + f_2 g_2 + \cdots + f_k g_k$.

この定理と §13 命題34 によって, われわれの問題 A は, f の固有多項式が $(X-\alpha)^r$ の形であるときに帰着されたのである. しかもそのとき基底の選び方によって, f を表わす行列が三角型となるようにできることがわかっている. 問題 A を最終的に解決するのは次節にゆずって, CAYLEY-HAMILTON による次の注目すべき定理が, 今までの結果から容易に導かれることをここで示しておこう.

定理 17 F を任意の正方行列, $\Phi_F(X)$ をその固有多項式とすれば, $\Phi_F(F) = 0$. (CAYLEY-HAMILTON)

例 7 例4の場合について CAYLEY-HAMILTON の定理をたしかめる.

解 $F = \begin{pmatrix} 1 & 2 & 2 \\ 1 & -1 & 1 \\ 4 & -12 & 1 \end{pmatrix}$ ゆえに $F^2 = \begin{pmatrix} 11 & -24 & 6 \\ 4 & -9 & 2 \\ -4 & 8 & -3 \end{pmatrix}$

$$\Phi_F(X) = X^3 - X^2 + X - 1 = (X-1)(X^2+1)$$

したがって

$$\Phi_F(F) = (F-E)(F^2+E) = \begin{pmatrix} 0 & 2 & 2 \\ 1 & -2 & 1 \\ 4 & -12 & 0 \end{pmatrix}\begin{pmatrix} 12 & -24 & 6 \\ 4 & -8 & 2 \\ -4 & 8 & -2 \end{pmatrix} = \begin{pmatrix} 0 & 0 & 0 \\ 0 & 0 & 0 \\ 0 & 0 & 0 \end{pmatrix}$$

CAYLEY-HAMILTON の定理を証明するために，まず次の二つの補題を証明しよう．

補題 3 $\Psi(X)$ を X の任意の多項式とするとき，

$$F = F_1 \oplus \cdots \oplus F_k$$

ならば

$$\Psi(F) = \Psi(F_1) \oplus \cdots \oplus \Psi(F_k).$$

証明 一般に A と A', B と B', $\cdots$, L と L' をそれぞれ同次元の正方行列とすれば，明らかに

$$(A \oplus B \oplus \cdots \oplus L) + (A' \oplus B' \oplus \cdots \oplus L') = (A+A') \oplus \cdots \oplus (L+L'),$$
$$\alpha(A \oplus B \oplus \cdots \oplus L) = \alpha A \oplus \alpha B \oplus \cdots \oplus \alpha L,$$
$$(A \oplus B \oplus \cdots \oplus L)(A' \oplus B' \oplus \cdots \oplus L') = AA' \oplus BB' \oplus \cdots \oplus LL'$$

これをくりかえし適用すれば容易に補題が得られる．

補題 4 次のような，主対角線要素がすべて 0 の n 次元三角型行列を F とすれば，$F^n = 0$.

$$F = \begin{pmatrix} 0 & & * \\ & \ddots & \\ 0 & & 0 \end{pmatrix}$$

証明 計算により

$$F^2 = \begin{pmatrix} 0 & 0 & & * \\ & \ddots & \ddots & \\ & & \ddots & 0 \\ 0 & & & 0 \end{pmatrix}, \quad F^3 = \begin{pmatrix} 0 & 0 & 0 & & * \\ & \ddots & \ddots & \ddots & \\ & & \ddots & \ddots & 0 \\ & & & \ddots & 0 \\ 0 & & & & 0 \end{pmatrix}, \quad \cdots$$

となり，$F^n = 0$ となる．

このように，何乗かすると 0 になる行列を**ベキ零**であるという．一般に環 S の元 x があって $x^n = 0$ となるような自然数 n が存在するとき，x を S の**ベキ零元**という．

CAYLEY-HAMILTON の定理の証明

$\Phi_f(f)=0$ を証明すればよい．定理16により

$$\Phi_f(X)=(X-\alpha_1)^{r_1}\cdots(X-\alpha_k)^{r_k}$$

と分解され $W_i=\operatorname{Ker}(f-\alpha_i)^{r_i}$ の基底を適当にとれば $f|W_i=f_i$ は $F_i{}^*=\underbrace{\begin{pmatrix}\alpha_i & & * \\ & \ddots & \\ 0 & & \alpha_i\end{pmatrix}}_{r_1}$ なる行列で表わされる．$V=W_1\oplus W_2\oplus\cdots\oplus W_k$ であるから，このような W_i の基底を合わせると V の基底が得られ，それによって f は，

$$F^*=F_1{}^*\oplus F_2{}^*\oplus\cdots\oplus F_k{}^*$$

なる行列で表わされる．この F^* について，$\Phi_f(F^*)=0$ を証明すればよい．

補題3により

$$\Phi_f(F^*)=\Phi_f(F_1{}^*)\oplus\Phi_f(F_2{}^*)\oplus\cdots\oplus\Phi_f(F_k{}^*).$$

この右辺で，たとえば

$$\Phi_f(F_1{}^*)=(F_1{}^*-\alpha_1E)^{r_1}\cdots(F_1{}^*-\alpha_kE)^{r_k}$$

であるが，

$$F_1{}^*-\alpha_1E=\underbrace{\begin{pmatrix}0 & & * \\ & \ddots & \\ 0 & & 0\end{pmatrix}}_{r_1}$$

であるから，補題4により $(F_1{}^*-\alpha_1E)^{r_1}=0$．したがって $\Phi_f(F_1{}^*)=0$．同様に，$\Phi_f(F_2{}^*)=0,\cdots,\Phi_f(F_k{}^*)=0$．ゆえに $\Phi_f(F^*)=0$．

§15 JORDAN の標準形

§13に提出された問題Aは，§14に見たように f の固有多項式 $\Phi_f(X)$ が $(X-\alpha)^n$, $n=\dim V$ の形のときに帰着された．以下この場合に問題Aを解くことを考えよう．

§14 命題41の後の注意（定理16の次の例5参照）によれば，この場合 φ を適当に選べば，F は，

$$\begin{pmatrix}\alpha & & * \\ & \ddots & \\ 0 & & \alpha\end{pmatrix}$$

の形となり，定理17によって $(f-\alpha)^n=0$ となる．そこで $f-\alpha=g$ とおけば，$g^n=0$．すなわち g は $\mathfrak{L}(V)$ のベキ零元となる．また，φ を適当に選べば，g を表わす行列は

$$\begin{pmatrix} 0 & & * \\ & \ddots & \\ 0 & & 0 \end{pmatrix}$$

となるから，$\mathfrak{E}_g=\{0\}$ である．

そこで，$i=0,1,2,\cdots$ に対し，

$$\operatorname{Ker} g^i=V^{(i)}, \qquad \dim V^{(i)}=d^{(i)} \tag{15.1}$$

（ただし，$g^0=e_V$（恒等写像））とおけば，§14，補題4により明らかに

$$V^{(0)}=\{0\}\subset V^{(1)}\subset V^{(2)}\subset\cdots\subset V^{(n)}=V.$$
$$0=d^{(0)}\leqq d^{(1)}\leqq d^{(2)}\leqq\cdots\leqq d^{(n)}=n. \tag{15.2}$$

命題 43　(15.2)において，

$$0=d^{(0)}<d^{(1)} \tag{15.3}$$

また，ある自然数 μ に対して

$$d^{(\mu)}=d^{(\mu+1)} \tag{15.4}$$

となったとすれば，

$$d^{(\mu+1)}=d^{(\mu+2)}=\cdots=n. \tag{15.5}$$

証明　(15.3)は，$V^{(1)}=\operatorname{Ker} g$ が0でないベクトルを含むことを意味するが，上に見たように0は g の固有値であるから，それは明らかである．

また (15.4) ⇒ (15.5) は，‘$V^{(\mu)}=V^{(\mu+1)} \Rightarrow V^{(\mu+1)}=V^{(\mu+2)}$’ すなわち，‘$g^{\mu+1}(x)=0 \Rightarrow g^{\mu}(x)=0$ ならば $g^{\mu+2}(y)=0 \Rightarrow g^{\mu+1}(y)=0$’ を意味するが，これは $x=g(y)$ とおいてみれば明らかである．（証終）

数列 $d^{(0)},d^{(1)},\cdots,d^{(n)}$ において，(15.4)の成り立つ μ のうち最小のものを ν とすれば，(15.4)により $1\leqq\nu$（むろん $\nu\leqq n$）で，

$$d^{(0)}=0<d^{(1)}<d^{(2)}<\cdots<d^{(\nu)}=n=d^{(\nu+1)}=\cdots$$
$$V^{(0)}=\{0\}\subsetneqq V^{(1)}\subsetneqq V^{(2)}\subsetneqq\cdots\subsetneqq V^{(\nu)}=V$$

となる．ここで $\nu=1$ の場合は簡単である．そのときは，

$$V^{(1)}=\operatorname{Ker} g=\operatorname{Ker}(f-\alpha)=V$$

となるから, $g=0, f=\alpha$. したがって V の基底をどのようにとっても, f を表わす行列は αE となる.

以下 $\nu \geqq 2$ の場合を考えよう. そのとき,

$$d^{(i)}-d^{(i-1)}=e^{(i)}, \quad i=1,2,\cdots,\nu \tag{15.6}$$

とおけば, $d^{(0)}=0$, $d^{(i-1)}<d^{(i)}$, $d^{(\nu)}=n$ であるから,

$$e^{(1)}=d^{(1)}, \quad e^{(i)}>0, \quad \sum_{i=1}^{\nu} e^{(i)}=n$$

となる. $V^{(i)}$ には $\bmod V^{(i-1)}$ で独立な $e^{(i)}$ 個のベクトル

$$x^{(i,1)}, \cdots, x^{(i,e^{(i)})} \tag{15.7}$$

をとることができて, それらを合わせれば, 明らかに V の基底が得られる.

われわれの問題Aを解くためには, このような V の基底をとり, それによる座標を φ とするのであるが, その基底を選ぶときには, なお次のことに注意せねばならない.

命題 44 $2 \leqq i \leqq \nu$ のとき, $\bmod V^{(i-1)}$ で独立な $V^{(i)}$ のベクトルを (15.7) とすれば,

$$g(x^{(i,1)}), \cdots, g(x^{(i,e^{(i)})}) \tag{15.7'}$$

は, $\bmod V^{(i-2)}$ で独立な, $V^{(i-1)}$ のベクトルとなる. したがって $e^{(i)} \leqq e^{(i-1)}$.

証明 (15.7′) のベクトルが $V^{(i-1)}$ の元であることは, $g^{i-1}(g(x^{(i,1)})), \cdots, g^{i-1}(g(x^{(i,e^{(i)})}))$ がいずれも 0 であることを意味するが, それは $x^{(i,1)}, \cdots, x^{(i,e^{(i)})} \in V^{(i)}$, すなわち $g^{i}(x^{(i,1)})=0$ 等から明らかである. また (15.7′) のベクトルが $\bmod V^{(i-2)}$ で独立であることは,

$$\lambda_1 g(x^{(i,1)})+\cdots+\lambda_{e^{(i)}} g(x^{(i,e^{(i)})}) \in V^{(i-2)} \Rightarrow \lambda_1=\cdots=\lambda_{e^{(i)}}=0$$

を意味するが, それは (15.7) のベクトルが $\bmod V^{(i-1)}$ で独立なことから明らかである. (証終)

今, i のある与えられた値に対する (15.7) の $e^{(i)}$ 個のベクトルを $(\eta)_i$ で表わすことにすれば,

$$(\eta)_1, (\eta)_2, \cdots, (\eta)_{\nu-1}, (\eta)_\nu$$

を合わせて V の基底が得られるが, 命題 44 を用い, それを次のように選ぶことにする,

まず，$(\eta)_\nu$: $x^{(\nu,1)},\cdots,x^{(\nu,e^{(\nu)})}$ を任意に選び，簡単のためそれを $x^{(1)},\cdots,x^{(e^{(\nu)})}$ で表わす．命題44によれば，そのとき

$$g(x^{(1)}),\cdots,g(x^{(e^{(\nu)})})$$

を $(\eta)_{\nu-1}$ の一部として選ぶことができる．（今われわれは $\nu\geqq 2$ と仮定している.）もし $e^{(\nu)}=e^{(\nu-1)}$ ならば，これを $(\eta)_{\nu-1}$ の全部とすることができる．いずれにしても，それを $(\eta)_{\nu-1}$ の一部（または全部）としてとり，$e^{(\nu)}<e^{(\nu-1)}$ のときは，$e^{(\nu-1)}-e^{(\nu)}$ 個の $\mathrm{mod}\ V^{(\nu-2)}$ で独立な $V^{(\nu-1)}$ のベクトル $x^{(e^{(\nu)}+1)},\cdots,x^{(e^{(\nu-1)})}$ を任意につけ加えて $(\eta)_{\nu-1}$ とする．さらに $\nu\geqq 3$ ならば，

$$g^2(x^{(1)}),\cdots,g^2(x^{(e^{(\nu)})}),g(x^{(e^{(\nu)}+1)}),\cdots,g(x^{(e^{(\nu-1)})})$$

を考えれば，これは $\mathrm{mod}\ V^{(\nu-3)}$ で独立な $V^{(\nu-2)}$ のベクトルであるから，これを $(\eta)_{\nu-2}$ の一部（または全部）とすることができる．この操作を ν 回続ければ，

$$x^{(i)},g(x^{(i)}),\cdots,g^{\nu-1}(x^{(i)}),\qquad i=1,\cdots,e^{(\nu)} \tag{15.8}$$

なる $\nu e^{(\nu)}$ 個のベクトル，

$$x^{(j)},g(x^{(j)}),\cdots,g^{\nu-2}(x^{(j)}),\qquad j=e^{(\nu)}+1,\cdots,e^{(\nu-1)} \tag{15.9}$$

なる $(\nu-1)(e^{(\nu-1)}-e^{(\nu)})$ 個のベクトル，等々が得られ，それらを合わせれば，

$$\nu e^{(\nu)}+(\nu-1)(e^{(\nu-1)}-e^{(\nu)})+\cdots+1(e^{(1)}-e^{(\nu)})=\sum e^{(i)}=n$$

個の独立なベクトル，すなわち V の基底が得られる．

ここで (15.8) の ν 個のベクトルで生成される部分空間 $[x^{(i)},\cdots,g^{\nu-1}(x^{(i)})]=W^{(i)}$ は，$g^\nu=0$ からすぐわかるように，g の（したがってまた $f=g+\alpha$ の）不変部分空間となる．V は明らかに，$e^{(\nu)}$ 個の ν 次元不変部分空間 $W^{(1)},\cdots,W^{(e^{(\nu)})}$; $(e^{(\nu-1)}-e^{(\nu)})(\geqq 0)$ 個の $(\nu-1)$ 次元不変部分空間 $W^{(e^{(\nu)}+1)},\cdots,W^{(e^{(\nu-1)})}$ 等々の直和となり，$g|W^{(i)}=g^{(i)}$, $f|W^{(i)}=f^{(i)}$ を $W^{(i)}$ の基底によって表わす行列をそれぞれ $G^{(i)},F^{(i)}$ とすれば，g,f はそれぞれ $G^{(1)}\oplus G^{(2)}\oplus\cdots$, $F^{(1)}\oplus F^{(2)}\oplus\cdots$ なる行列で表わされる．

$i=1$ について考えよう．$W^{(1)}$ の基底として (15.8) のベクトルをそのままとってもよいが，番号をつけかえて，

$$a_1=g^{\nu-1}(x^{(1)}),\ a_2=g^{\nu-2}(x^{(1)}),\ \cdots,\ a_\nu=x^{(1)} \tag{15.10}$$

をとることとしよう．これを基底にとれば，$g^{(1)}$ を表わす行列は明らかに

$$G^{(1)}=\begin{pmatrix} 0 & 1 & 0 & \cdots & 0 \\ 0 & 0 & 1 & \cdots & 0 \\ \vdots & \vdots & \ddots & \ddots & \vdots \\ 0 & 0 & 0 & \cdots & 1 \\ 0 & 0 & 0 & \cdots & 0 \end{pmatrix}\Bigg\updownarrow \nu$$

の形となる．従って同じ基底によって $f|W^{(1)}=f^{(1)}=g^{(1)}+\alpha$ を表わせば，

$$F^{(1)}=\begin{pmatrix} \alpha & 1 & 0 & \cdots & 0 \\ 0 & \alpha & 1 & \cdots & 0 \\ \vdots & \vdots & \ddots & \ddots & \vdots \\ \vdots & \vdots & & \ddots & 1 \\ 0 & 0 & 0 & \cdots & \alpha \end{pmatrix}\Bigg\updownarrow \nu \qquad (15.11)$$

の形の行列が得られる．この右辺の行列を $J(\alpha,\nu)$ で表わすこととしよう．(そうすれば，$G^{(1)}=J(0,\nu)$ となる.) $e^{(\nu-1)}>e^{(\nu)}$ のときは，$e^{(\nu)}+1\leqq j\leqq e^{(\nu-1)}$ なる j について同様に考えれば，(*15.9*) から容易にわかるように，$f|W^{(j)}=f^{(j)}$ は，行列 $J(\alpha,\nu-1)$ で表わされる．

以上を綜合して，われわれの仮定の下に，問題 A の解決を与える次の定理が得られる．

定理 18 f は n 次元ベクトル空間 V の線型変換で，その固有多項式 $\Phi_f(X)$ が $(X-\alpha)^n$ の形ならば，V の座標 φ を適当にとるとき，f は次の形の行列で表わされる．

$$\underbrace{J(\alpha,\nu)+\cdots+J(\alpha,\nu)}_{e^{(\nu)}\text{個}}+\underbrace{J(\alpha,\nu-1)+\cdots+J(\alpha,\nu-1)}_{(e^{(\nu-1)}-e^{(\nu)})\text{個}}+\cdots \qquad (15.12)$$

ただし $J(\alpha,\nu)$ は，(*15.11*) で定義される行列，$e^{(i)}$ は (*15.1*)，(*15.6*) で定義される自然数

$$e^{(i)}=d^{(i)}-d^{(i-1)}=\dim \mathrm{Ker}\,(f-\alpha)^i-\dim \mathrm{Ker}\,(f-\alpha)^{i-1}$$
$$=d(f-\alpha)^i-d(f-\alpha)^{i-1}=r(f-\alpha)^{i-1}-r(f-\alpha)^i$$

を表わす．(d は退化次数，r は階数を意味する.) ここで

$$0<e^{(\nu)}\leqq e^{(\nu-1)}\leqq\cdots\leqq e^{(1)}=\dim \mathrm{Ker}\,(f-\alpha)$$

系 上の記法で $(f-\alpha)^\nu=0$.

ν を f (またはそれを表わす行列) の**簡約次数**という．(この概念は，ここでは

固有多項式が $(X-\alpha)^n$ の形の変換(または行列)に対して定義されたのである.)

(15.12) の形の行列を一般に $J(\alpha)$ で表わすこととしよう. ($J(\alpha,\nu)$ は, α と ν によって確定する ν 次元の行列であるが, $J(\alpha)$ はむろん α によって行列として確定はしない. $J(\alpha)$ はむしろ'行列の形'を表わすのである.) そのとき, $J(\alpha_1)\oplus J(\alpha_2)\oplus\cdots\oplus J(\alpha_k)$ の形の行列は **JORDAN の標準形**になっているという.

定理16, 18 によって, 問題 A に関する次の決定的な結果に到達する.

定理 19 f をベクトル空間 V の線型変換とし, その固有多項式を

$$\Phi_f(X)=(X-\alpha_1)^{r_1}\cdots(X-\alpha_k)^{r_k} \tag{15.13}$$

とする. そのとき, V の座標系 φ を適当にとれば, f は

$$J(\alpha_1)\oplus\cdots\oplus J(\alpha_k) \tag{15.14}$$

の形の JORDAN の標準形の行列で表わされる.

証明　定理16, (15.13) によって, $\mathrm{Ker}\,(f-\alpha_i)^{r_i}=W_i$ とすれば, V は $V=W_1\oplus\cdots\oplus W_k$, $\dim W_i=r_i$ と直和分割され, $f|W_i=f_i$ とすれば, f_i の固有多項式は $(X-\alpha_i)^{r_i}$ となる. 定理18 により, W_i に適当な基底をとれば, f_i は $J(\alpha_i)$ の形の行列で表わされる. これらの基底を合わせて得られる V の基底をとり, それで定まる座標系を φ とすればよい.

系 1 f_i の簡約次数を ν_i とし,

$$\Psi_f(X)=(X-\alpha_1)^{\nu_1}\cdots(X-\alpha_k)^{\nu_k}$$

とすれば,

$$\Psi_f(f)=0.$$

ν_i を f の固有値 α_i に対する簡約次数といい, $\Psi_f(X)$ の次数 $\nu_1+\cdots+\nu_k$ を f の**簡約次数**という.

系 2 n 次元正方行列 F が与えられたとき, 適当な n 次元正則行列 P をとれば, PFP^{-1} が JORDAN の標準形になるようにすることができる.

注意　上で $W^{(1)}$ の基底として (15.10) をとったが, その代りに (15.8) と同じ順序に ((15.10) とは記号をかえて)

$$a_1=x^{(1)},\ a_2=g(x^{(1)}),\ \cdots,\ a_\nu=g^{\nu-1}(x^{(1)})$$

と番号をつけたものを基底にとることとすれば, $f^{(1)}$ を表わす行列として(*15.11*)の $F^{(1)}$ の代りに ${}^tF^{(1)}$ が得られる. (行列の形は, 第2三角型の代りに第1三角型となる.) このようにすれば, 上記の‘JORDAN の標準形の行列’の転置行列にあたるものが得られるが, その形を‘JORDAN の標準形’ということもある.

例 1 f が対角線型の行列で表わされるための必要十分条件は, f の各固有値に対する簡約次数がすべて1なること, すなわち $\nu_1=\nu_2=\cdots=\nu_k=1$ である. 特に

$$\Phi_f(X)=(X-\alpha_1)\cdots(X-\alpha_n), \qquad i\neq j \Rightarrow \alpha_i\neq\alpha_j$$

となる場合は, f は対角線型の行列で表わされる.

解 $\Phi_f(X)=(X-\alpha_1)^{r_1}(X-\alpha_2)^{r_2}\cdots(X-\alpha_k)^{r_k}$ とし, $W_i=\operatorname{Ker}(f-\alpha_i)^{r_i}$,

$$V=W_1\oplus W_2\oplus\cdots\oplus W_k, \qquad \dim W_i=r_i$$

としたとき, $f_i=f|W_i$ の簡約次数が ν_i である. $\nu_i=1$ ならば, 77 ページで述べたように f_i を表わす行列は $F_i=\alpha_iE_{r_i}$ で表わされるから, f は

$$F=\alpha_1E_{r_1}\oplus\alpha_2E_{r_2}\oplus\cdots\oplus\alpha_kE_{r_k}$$

で表わされる. これは対角線型行列である.

逆に, f がこのような対角線型行列で表わされるとき, 各固有値 α_i に対する簡約次数 ν_i が1となることは明らかである.

例 2 §14 例4, 例7 でとり上げた

$$F=\begin{pmatrix}1 & 2 & 2\\ 1 & -1 & 1\\ 4 & -12 & 1\end{pmatrix}$$

について問題Aを解くこと.

解 §14 例4 で見たように $\Phi_f(X)=(X-1)(X-i)(X+i)$, かつ $W_1=\operatorname{Ker}(F-E)=W(1)$, $W_2=\operatorname{Ker}(F-iE)=W(i)$, $W_3=\operatorname{Ker}(F+iE)=W(-i)$ の基底としてはそれぞれ

$$a_1=\begin{pmatrix}3\\ 1\\ -1\end{pmatrix}, \quad a_2=\begin{pmatrix}4+2i\\ 1+i\\ -4\end{pmatrix}, \quad a_3=\begin{pmatrix}4-2i\\ 1-i\\ -4\end{pmatrix}$$

を選ぶことができる. V の基底として $\{a_1, a_2, a_3\}$ をとり, これによって定まる座標へ座標変換すれば, F は,

$$F_0=\begin{pmatrix}1 & 0 & 0\\ 0 & i & 0\\ 0 & 0 & -i\end{pmatrix}$$

なる行列で表わされるはずである.

座標変換の行列を P とすれば,明らかに

$$P^{-1}=\begin{pmatrix} 3 & 4+2i & 4-2i \\ 1 & 1+i & 1-i \\ -1 & -4 & -4 \end{pmatrix}$$

したがって

$$P=(P^{-1})^{-1}=\begin{pmatrix} 2 & -4 & 1 \\ \dfrac{-1+3i}{4} & \dfrac{1-4i}{2} & \dfrac{-1+i}{4} \\ \dfrac{-1-3i}{4} & \dfrac{1+4i}{2} & \dfrac{-1-i}{4} \end{pmatrix}$$

となる. 実際計算してみれば,

$$PFP^{-1}=\begin{pmatrix} 2 & -4 & 1 \\ \dfrac{-1+3i}{4} & \dfrac{1-4i}{2} & \dfrac{-1+i}{4} \\ \dfrac{-1-3i}{4} & \dfrac{1+4i}{2} & \dfrac{-1-i}{4} \end{pmatrix}\begin{pmatrix} 1 & 2 & 2 \\ 1 & -1 & 1 \\ 4 & -12 & 1 \end{pmatrix}\begin{pmatrix} 3 & 4+2i & 4-2i \\ 1 & 1+i & 1-i \\ -1 & -4 & -4 \end{pmatrix}$$

$$=\begin{pmatrix} 2 & -4 & 1 \\ \dfrac{-3-i}{4} & \dfrac{4+i}{2} & \dfrac{-1-i}{4} \\ \dfrac{-3+i}{4} & \dfrac{4-i}{2} & \dfrac{-1+i}{4} \end{pmatrix}\begin{pmatrix} 3 & 4+2i & 4-2i \\ 1 & 1+i & 1-i \\ -1 & -4 & -4 \end{pmatrix}=\begin{pmatrix} 1 & 0 & 0 \\ 0 & i & 0 \\ 0 & 0 & -i \end{pmatrix}$$

例 3 $K=\boldsymbol{C}$ とし,

$$F=\begin{pmatrix} -4 & 9 & -4 \\ -9 & 18 & -8 \\ -15 & 29 & -13 \end{pmatrix}$$

を JORDAN の標準形に変換すること.

解 固有多項式を求めれば

$$\Phi_F(X)=X^3-X^2-X+1=(X-1)^2(X+1)$$

そこで,

$$W_1=\mathrm{Ker}\,(F-E)^2\supset W_1'=\mathrm{Ker}\,(F-E),\qquad W_2=\mathrm{Ker}\,(F+E)$$

とおく.

$$(F-E)x=\begin{pmatrix} -5 & 9 & -4 \\ -9 & 17 & -8 \\ -15 & 29 & -14 \end{pmatrix}x=0 \quad \text{を解いて} \quad W_1'=\left\{\lambda\begin{pmatrix} 1 \\ 1 \\ 1 \end{pmatrix};\ \lambda\in\boldsymbol{C}\right\}$$

$$(F-E)^2x=\begin{pmatrix}4 & -8 & 4\\ 12 & -24 & 12\\ 24 & -48 & 24\end{pmatrix}x=0 \quad を解いて \quad W_1=\left\{\lambda\begin{pmatrix}2\\1\\0\end{pmatrix}+\mu\begin{pmatrix}1\\0\\-1\end{pmatrix};\ \lambda,\mu\in \boldsymbol{C}\right\}$$

$$(F+E)x=\begin{pmatrix}-3 & 9 & -4\\ -9 & 19 & -8\\ -15 & 29 & -12\end{pmatrix}x=0 \quad を解いて \quad W_2=\left\{\lambda\begin{pmatrix}1\\3\\6\end{pmatrix};\ \lambda\in \boldsymbol{C}\right\}$$

したがって，F を JORDAN の標準形で表わすような基底をとるには，まず，mod W_1' で独立な W_1 のベクトルとして $a_2=\begin{pmatrix}2\\1\\0\end{pmatrix}$ をとり，次に W_1' の基底として $a_1=(F-E)a_2$

$$=\begin{pmatrix}-5 & 9 & -4\\ -9 & 17 & -8\\ -15 & 29 & -14\end{pmatrix}\begin{pmatrix}2\\1\\0\end{pmatrix}=\begin{pmatrix}-1\\-1\\-1\end{pmatrix}$$ をとって $W_1=\left[\begin{pmatrix}-1\\-1\\-1\end{pmatrix},\begin{pmatrix}2\\1\\0\end{pmatrix}\right]$ とする．次に W_2 の基底として $a_3=\begin{pmatrix}1\\3\\6\end{pmatrix}$ をとれば，F は JORDAN の標準形 $F_0=\left(\begin{array}{cc|c}1 & 1 & 0\\ 0 & 1 & 0\\ \hline 0 & 0 & -1\end{array}\right)$ で表わされるはずである．

座標変換の行列 P は，

$$P^{-1}=\begin{pmatrix}-1 & 2 & 1\\ -1 & 1 & 3\\ -1 & 0 & 6\end{pmatrix} \quad より \quad P=\begin{pmatrix}6 & -12 & 5\\ 3 & -5 & 2\\ 1 & -2 & 1\end{pmatrix}$$

実際計算してみれば

$$PFP^{-1}=\begin{pmatrix}6 & -12 & 5\\ 3 & -5 & 2\\ 1 & -2 & 1\end{pmatrix}\begin{pmatrix}-4 & 9 & -4\\ -9 & 18 & -8\\ -15 & 29 & -13\end{pmatrix}\begin{pmatrix}-1 & 2 & 1\\ -1 & 1 & 3\\ -1 & 0 & 6\end{pmatrix}$$

$$=\begin{pmatrix}6 & -12 & 5\\ 3 & -5 & 2\\ 1 & -2 & 1\end{pmatrix}\begin{pmatrix}-1 & 1 & -1\\ -1 & 0 & -3\\ -1 & -1 & -6\end{pmatrix}=\begin{pmatrix}1 & 1 & 0\\ 0 & 1 & 0\\ 0 & 0 & -1\end{pmatrix}$$

§16　EUCLID 空間

われわれは §1 で，‘力学で使うベクトル’について，A, B, C の三つの事実が成り立つことに注意し，§3 で正確に述べなおされた A, B, C によって代数系としての‘ベクトル空間’を定義し，それにもとづいて今まで論じてきた．‘力学で使うベクトル’について成り立つことは，しかし A, B, C（およびそれから導かれること）ばかりではなく，外にもいろいろある．その中から特に A, B, C を抽き出したのは，それだけからも今まで見てきたように，いろいろなことが導き出され，また，A, B, C を満足する‘ベクトル空間’が，数学のいろいろな部門に現われるからである．A, B, C は数学者の経験と知恵によって見出された‘よい公理’であったのである．

次に，‘力学で使うベクトル’の（A, B, C には含まれない）いま一つの有用な性質に注目しよう．それは，ベクトル $\boldsymbol{x}, \boldsymbol{y}$ の間に内積 $\boldsymbol{xy}$ が定義されることである．読者は，内積の次のような性質をご存じのことであろう．

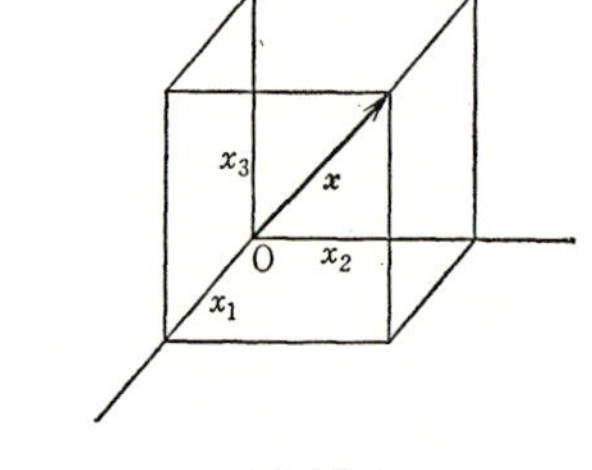

図 16.1

(i)　空間の直交座標に関して

$$\boldsymbol{x} = (x_1, x_2, x_3),$$
$$\boldsymbol{y} = (y_1, y_2, y_3)$$

とすれば，

$$\boldsymbol{xy} = x_1y_1 + x_2y_2 + x_3y_3 \in \boldsymbol{R}.$$

(ii)
$$\boldsymbol{xy} = \boldsymbol{yx}$$
$$(\boldsymbol{x}_1 + \boldsymbol{x}_2)\boldsymbol{y} = \boldsymbol{x}_1\boldsymbol{y} + \boldsymbol{x}_2\boldsymbol{y},$$
$$\alpha \in \boldsymbol{R} \quad \text{に対し} \quad (\alpha\boldsymbol{x})\boldsymbol{y} = \alpha(\boldsymbol{xy}).$$

(iii)　$\boldsymbol{xx} = \boldsymbol{x}^2$ と書けば，$\boldsymbol{x}^2 = x_1{}^2 + x_2{}^2 + x_3{}^2 \geqq 0$ で，$|\boldsymbol{x}| = \sqrt{\boldsymbol{x}^2}$ は，ベクトル $\boldsymbol{x}$ の長さとなる．かつ $\boldsymbol{x} = 0 \Leftrightarrow |\boldsymbol{x}| = 0$.

(iv)　$\boldsymbol{x}, \boldsymbol{y}$ の間の角を θ とすれば，

$$\boldsymbol{xy} = |\boldsymbol{x}|\cdot|\boldsymbol{y}|\cos\theta,$$

特に
$$\boldsymbol{x} \perp \boldsymbol{y} \Rightarrow \boldsymbol{xy} = 0.$$

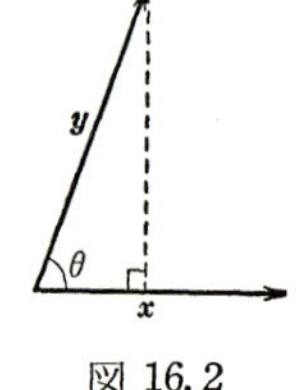

図 16.2

以上をモデルとして，われわれは $\boldsymbol{R}$ の上のベクトル空間 V が次の条件を満足するとき，V は **EUCLID 的**であるということにしよう．EUCLID 的なベクトル空間を**一般 EUCLID 空間**といい，有限次元の一般 EUCLID 空間を **EUCLID 空間**という．

E1　$V \ni x, y$ に対して，x, y の**内積**と呼ばれる $\boldsymbol{R}$ の元 xy が対応する．

E2　$xy = yx$.

E3　$(x_1 + x_2)y = x_1y + x_2y$.

E4 任意の $\alpha \in \boldsymbol{R}$ に対して $(\alpha x)y = \alpha(xy)$.

E5 $xx = x^2 \geqq 0$. $x^2 = 0 \Leftrightarrow x = 0$.

例 1 y を固定して $f(x) = xy$ とおけば, $f \in \mathfrak{L}(V, \boldsymbol{R})$,
とくに $0 \cdot y = 0$.

x を固定して $g(y) = xy$ とおけば, $g \in \mathfrak{L}(V, \boldsymbol{R})$,
とくに, $x \cdot 0 = 0$

例 2 V が $\boldsymbol{R}$ の上の n 次元ベクトル空間であるとき, V の座標系 φ を固定して

$$\varphi(x) = \begin{pmatrix} \xi_1 \\ \vdots \\ \xi_n \end{pmatrix} \qquad \varphi(y) = \begin{pmatrix} \eta_1 \\ \vdots \\ \eta_n \end{pmatrix}$$

に対し, $xy = {}^t\varphi(x) \cdot \varphi(y) = \sum_{i=1}^{n} \xi_i \eta_i$ とおけば, V は EUCLID 的となる.
とくに $\boldsymbol{R}^n$ は, $xy = {}^t x \cdot y$ によって EUCLID 的となる.

例 3 $\alpha, \beta \in \boldsymbol{R}$ とし, 区間 $[\alpha, \beta] = \Delta$ とするとき, $\mathfrak{C}(\Delta, \boldsymbol{R})$ (§3, 例 10) の元 $f, g, \cdots$
に対し,

$$fg = \int_\alpha^\beta f(x)g(x)dx$$

と定めれば, $\mathfrak{C}(\Delta, \boldsymbol{R})$ は EUCLID 的となる.

例 4 E4 により $x^2 \geqq 0$ であるから, $\sqrt{x^2} \in \boldsymbol{R}$. $\sqrt{x^2} = |x|$ と書き, これを x の**長さ**と呼ぶ.

$$|\alpha x| = |\alpha| \cdot |x| \quad (\text{E}2, \text{E}4 \text{ による}),$$

$$|x| = 0 \Leftrightarrow x = 0 \quad (\text{E}5 \text{ による}).$$

一般 EUCLID 空間の長さ 1 の元を**単位ベクトル**という.

以下断わらない限り, V は一般 EUCLID 空間, $x, y, \cdots$ はその元を表わすものとする.

命題 45 $(xy)^2 \leqq x^2 y^2$ (CAUCHY-SCHWARZ の不等式)

証明 任意の $\xi \in \boldsymbol{R}$ に対して

$$0 \leqq (\xi x + y)^2 = \xi^2 x^2 + 2\xi(xy) + y^2.$$

この右辺は ξ の 2 次 3 項式で, その符号が一定であるから, 判別式は $\leqq 0$ でなければならない. すなわち

$$(xy)^2 - x^2 y^2 \leqq 0.$$

例 5　$x \neq 0,\quad |x||y| = xy \Rightarrow y = \alpha x,\quad \alpha \geqq 0.$

$x \neq 0,\quad |x||y| = -xy \Rightarrow y = \alpha x,\quad \alpha \leqq 0.$

例 6　$x \neq 0,\quad y \neq 0$ のとき $\left|\dfrac{xy}{|x|\cdot|y|}\right| \leqq 1.$

$\arccos \dfrac{xy}{|x|\cdot|y|} = \theta\ (0 \leqq \theta \leqq \pi)$ を x, y の間の**角**と呼ぶ.

x, y の間の角 $\theta = \dfrac{\pi}{2}$ すなわち $xy = 0$ のとき, x, y は**垂直**である, あるいは**直交**するといい, $x \perp y$ と書く. $x = 0$ または $y = 0$ のときは, いつも $xy = 0$ となる. このときも, x, y は垂直であるという.

命題 46　$|x+y| \leqq |x|+|y|.$

証明　$(x+y)^2 = x^2 + 2(xy) + y^2 \leqq |x|^2 + 2|x||y| + |y|^2 = (|x|+|y|)^2.$
この両辺の負でない平方根をとればよい.

系 1　$|x-y| \geqq |x| \sim |y|.$ ($\sim$ は差を示す.)

系 2　$|x-y|+|y-z| \geqq |x-z|.$

注意　一般に元 $x, y, z, \cdots$ より成る集合 S があって, S の任意の2元 x, y に対し, x, y の間の**距離** $\rho(x, y)$ と称せられる負でない実数が対応し,

$$\rho(x, y) = 0 \Leftrightarrow x = y,$$
$$\rho(x, y) = \rho(y, x),$$
$$\rho(x, y) + \rho(y, z) \geqq \rho(x, z)$$

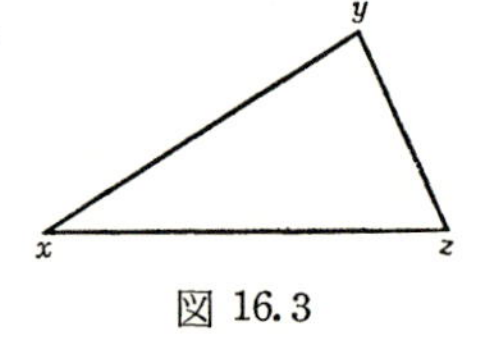

図 16.3

が成り立つとき, S は ρ を距離とする**距離空間**と呼ばれる. 一般 EUCLID 空間 V において $|x-y| = \rho(x, y)$ とすれば, V は距離空間となる.

V の元 x と部分空間 W があって, x が W の任意の元と垂直ならば, x と W とは**垂直**である, または**直交**するといい, $x \perp W$ と書く. V の二つの部分空間 W_1, W_2 があって, W_1 の任意の元 x_1 と W_2 の任意の元 x_2 が常に垂直ならば, W_1, W_2 は**垂直**である, または**直交**するといい, $W_1 \perp W_2$ と書く.

例 7　$W_1 \perp W_2$

$\Leftrightarrow$ W_1 の任意の元 x_1 が W_2 に垂直,

$\Leftrightarrow$ W_2 の任意の元 x_2 が W_1 に垂直.

例 8　V の部分空間 W があるとき, $W' = \{y;\, y \perp W\}$ は, W に垂直な V の部分空間になる.

例8の部分空間 W' を W の**直交補空間**といい, $W^{\perp}$ で表わす.

命題 47 V の k 次元部分空間 W の一つの基底を $\{x_1, x_2, \cdots, x_k\}$ とする. $V \ni y$ が W に垂直であるために必要十分な条件は, $x_i \perp y\ (i=1, 2, \cdots, k)$ であることである.

証明 $W \perp y \Rightarrow x_i \perp y\ (i=1, 2, \cdots, k)$ は明らかである.

逆に, $x_i \perp y (i=1, 2, \cdots k)$ とする. W の任意の元 x は, $x=\lambda_1 x_1+\cdots+\lambda_k x_k$ $(\lambda_i \in \boldsymbol{R})$ と表わされるから, $xy=(\lambda_1 x_1+\cdots+\lambda_k x_k)y=\lambda_1(x_1 y)+\cdots+\lambda_k(x_k y)$ $=0$. ゆえに $x \perp y$. したがって $W \perp y$. (証終)

V の k 個の $\{0\}$ でない部分空間 $W_1, W_2, \cdots, W_k$ において, $i \neq j$ ならば $W_i \perp W_j$ であるとき, $W_1, W_2, \cdots, W_k$ は**直交系**であるという. また, どれも 0 でない V の k 個の元 $a_1, a_2, \cdots, a_k$ があって, $[a_1], [a_2], \cdots, [a_k]$ が直交系であるとき, $a_1, a_2, \cdots, a_k$ は**直交系**であるという.

命題 48 $W_1, W_2, \cdots, W_k$ が直交系ならば, これらは独立である.

証明 $x_i \in W_i (i=1, 2, \cdots, k)$ とし, $x_1+x_2+\cdots+x_k=0$ とすれば, $0=x_i(x_1+x_2+\cdots+x_k)=x_i^2$, ゆえに $x_i=0\ (i=1, 2, \cdots, k)$. ゆえに $W_1, W_2, \cdots, W_k$ は独立である.

系 1 $a_1, a_2, \cdots, a_k$ が直交系ならば, これらは1次独立である.

系 2 n 次元 EUCLID 空間 V の n 個の元が直交系をなすとき, これらは V の基底をなす.

単位ベクトルから成る直交系を**正規直交系**という. 正規直交系が EUCLID 空間の基底をなすとき, これを**正規直交基底**または**完全正規直交系**という.

定理 20 V を n 次元 EUCLID 空間とし, $\{a_1, a_2, \cdots, a_n\}$ を V の一つの基底とするとき,

$$b_1=a_1, \quad e_1=\frac{b_1}{|b_1|}$$

$$b_k=a_k-\sum_{i=1}^{k-1}(e_i a_k)e_i, \qquad e_k=\frac{b_k}{|b_k|}\ (k=2, 3, \cdots, n)$$

とすれば, $\{e_1, e_2, \cdots, e_n\}$ は V の正規直交基底となる.

証明 $b_1=a_1 \neq 0$ であるから e_1 は定義できて $e_1 \neq 0$. また, $\{e_1, \cdots, e_{k-1}\}$ が

直交系をなすと仮定すれば，$j<k$ とするとき

$$e_jb_k=e_ja_k-\sum_{i=1}^{k-1}(e_ia_k)e_je_i=e_ja_k-e_ja_k=0,\quad ゆえに\quad e_je_k=0,$$

したがって帰納法により $\{e_1, e_2, \cdots, e_n\}$ は直交系をなす．また，明らかに $|e_k|=1$ であるから $\{e_1, \cdots, e_n\}$ は正規直交基底となる．

注意 このようにして EUCLID 空間 V の任意の基底から正規直交基底を作ることができる．この方法を **E. SCHMIDT の方法**という．

系 EUCLID 空間は正規直交基底をもつ．

EUCLID 空間の正規直交基底による座標を**直交座標**という．

定理 21 一般 EUCLID 空間 V の有限次元部分空間を W とすれば，

$$V=W\oplus W^{\perp}.$$

証明 W と $W^{\perp}$ とは独立であるから，$V=W+W^{\perp}$ を示せばよい．W の正規直交基底を $\{e_1, e_2, \cdots, e_k\}$ とし，$V\ni x$ に対して，$x'=\sum_{i=1}^{k}(e_ix)e_i$, $x''=x-x'$ とおけば

$$x=x'+x'',\quad x'\in W,\quad また\ e_ix''=0\ (i=1, \cdots, k)\ により\ x''\perp W.$$

ゆえに，$V=W+W^{\perp}$ である． （証終）

上の直和分割 $V=W\oplus W^{\perp}$ において，W の上への射影 P_W を W の上への**正射影**という．一般 EUCLID 空間 V においては，今後断わらない限り，P_W と書けば W は V の有限次元部分空間で，P_W は W の上への正射影を表わすものとする．

$V\ni a$, $a\neq 0$ のとき $P_{[a]}$ を単に P_a と書き，a の上への**正射影**という．明らかに，$P_a(x)=(ax)a/|a|^2$.

例 9 $a_1, a_2, \cdots, a_k$ を任意の直交系とする．$V\ni x$ に対して $P_{a_i}(x)=x_i$ とすれば，$|x|^2\geqq\sum_{i=1}^{k}|x_i|^2$ (**BESSEL-PARSEVAL の不等式**)．さらに，V が有限次元のとき，$\{a_1, \cdots, a_k\}$ が V の基底をなすことと V の任意の x に対して $|x|^2=\sum_{i=1}^{k}|x_i|^2$ となることとは同値である．

解 $\dfrac{a_i}{|a_i|}=e_i$ とおけば，$x_i=P_{e_i}(x)=(e_ix)e_i$, $|x_i|=e_ix$.

$$0\leqq\left|x-\sum_{i=1}^{k}x_i\right|^2=\left(x-\sum_{i=1}^{k}x_i\right)^2=|x|^2-2\sum_{i=1}^{k}x_ix+\left(\sum_{i=1}^{k}x_i\right)^2$$

$$=|x|^2-2\sum_{i=1}^{k}(e_ix)^2+\left(\sum_{i=1}^{k}(e_ix)e_i\right)^2=|x|^2-2\sum_{i=1}^{k}(e_ix)^2+\sum_{i=1}^{k}(e_ix)^2=|x|^2-\sum_{i=1}^{k}|x_i|^2.$$

ゆえにBESSEL-PARSEVALの不等式が得られる．さらに，

$$\text{任意の}\ x\ \text{に対して}\ |x|^2=\sum_{i=1}^{k}|x_i|^2 \Leftrightarrow \text{任意の}\ x\ \text{に対して}\ x=\sum_{i=1}^{k}x_i.$$

これは任意のxが$a_1, \cdots, a_k$の1次結合として表わされること，すなわち$\{a_1, \cdots, a_k\}$がVの基底をなすことを表わす．

定理 22 n次元EUCLID空間はすべて同型である．

証明 例2によって$\boldsymbol{R}^n$がn次元EUCLID空間となる．任意のn次元EUCLID空間Vが$\cong \boldsymbol{R}^n$であることを示せばよい．

Vの任意の直交座標 $\varphi=\varphi_{(e_1e_2\cdots e_n)}$ をとり，$V\ni x, y,\ x=\sum_{i=1}^{n}\lambda_ie_i,\ y=\sum_{i=1}^{n}\mu_ie_i$ とすれば，

$$xy=\left(\sum_{i=1}^{n}\lambda_ie_i\right)\left(\sum_{i=1}^{n}\mu_ie_i\right)=\sum_{i=1}^{n}\lambda_i\mu_i=\varphi(x)\cdot\varphi(y).$$

ゆえに，φはEUCLID空間としてのVから$\boldsymbol{R}^n$への同型写像でもある．このようなφが存在するから，$V\cong \boldsymbol{R}^n$. （証終）

定理22により任意のn次元EUCLID空間は，$\boldsymbol{R}$の上のn次元ベクトル空間がその適当な座標φによって例2の方法でEUCLID的にされたものと考えることができる．

注意 Vを$\boldsymbol{R}$の上の任意のベクトル空間とすれば，§10で述べたように，$V\ni x$, $\hat{V}\ni\xi$に対して，$(x, \xi)\in\boldsymbol{R}$が定まる．$\dim V=n$ のとき，Vの一つの基底を$\{a_1, \cdots, a_n\}$，$\hat{V}$のその双対基底を $\{\hat{a}_1, \cdots, \hat{a}_n\}$ とすれば，$\sigma: V\to\hat{V}, \sigma(a_i)=\hat{a}_i\ (i=1, 2, \cdots, n)$ によって $V\cong\hat{V}$ となる．今，

$$V\ni x, y, \quad x=\sum_{i=1}^{n}\lambda_ia_i, \quad y=\sum_{i=1}^{n}\mu_ia_i$$

とすれば，

$$(x, \sigma(y))=\left(\sum_{i=1}^{n}\lambda_ia_i, \sum_{i=1}^{n}\mu_i\hat{a}_i\right)=\sum_{i=1}^{n}\lambda_i\mu_i \quad (\because\ (a_i, \hat{a}_j)=\delta_{ij})$$

これは，Vに座標系$\varphi_{(a_1, \cdots, a_k)}$を与えたときのEUCLID空間 $\boldsymbol{R}^n$ における内積$\varphi(x)\varphi(y)$に外ならない．したがってVにおいて $xy=(x, \sigma(y))$ と定めればVはEUCLID空間となる．n次元EUCLID空間はすべて同型であるから，EUCLID空間はすべて上のようにして作られたものとも考えられる．

Vの線型変換pによって任意の正規直交系が必ず正規直交系に写されるとき，pを**直交変換**といい，直交座標において直交変換を表わす行列を**直交行列**とい

う．V の直交変換全体の集合を $\mathfrak{O}(V)$, V が n 次元の場合はこれを略して $\mathfrak{O}_n$, n 次元直交行列全体の集合を $\mathfrak{P}_n$ と記す．($\mathfrak{P}_n$ はふつう $O(n)$ と書かれる.)

例 10　$e_V \in \mathfrak{O}(V)$,　$E_n \in \mathfrak{P}_n$.

定理 23　V を EUCLID 空間とするとき, 次のおのおのは, $\mathfrak{L}(V) \ni p$ が直交変換であるための必要十分条件である.

(i)　p は, V の一つの正規直交基底を正規直交基底に写す.

(ii)　$V \ni x, y$ ならば, $p(x)p(y) = xy$.

(iii)　$V \ni x$ ならば, $|p(x)| = |x|$.

証明　(0) $p \in \mathfrak{O}_n$ として, (0) ⇒ (i) ⇒ (ii) ⇒ (0), (ii) ⇔ (iii) を示す.

(0) ⇒ (i) は明らかである.

(1) ⇒ (ii)　$\{e_1, e_2, \cdots, e_n\}$ および $\{p(e_1), p(e_2), \cdots, p(e_n)\}$ がいずれも V の正規直交基底であるとする．$x = \sum_{i=1}^{n} \xi_i e_i$, $y = \sum_{i=1}^{n} \eta_i e_i$ とすれば,

$$p(x)p(y) = \left(\sum_{i=1}^{n} \xi_i p(e_i)\right)\left(\sum_{i=1}^{n} \eta_i p(e_i)\right) = \sum_{i=1}^{n} \xi_i \eta_i = xy.$$

(ii) ⇒ (0) は明らかである.

(ii) ⇒ (iii) は明らかである.

(iii) ⇒ (ii)　x, y を V の任意の2元とすれば, $|x+y|^2 = |x|^2 + 2xy + |y|^2$. ゆえに $xy = \frac{1}{2}(|x+y|^2 - |x|^2 - |y|^2)$. 今, p が (iii) を満たす線型変換ならば,

$$p(x)p(y) = \frac{1}{2}(|p(x+y)|^2 - |p(x)|^2 - |p(y)|^2) = \frac{1}{2}(|x+y|^2 - |x|^2 - |y|^2) = xy.$$

系　直交変換は, 二つの元の間の角を変えない．とくに, 二つの元の直交性を保存する.

定理 24　次のおのおのは, $\mathfrak{M}(n, \boldsymbol{R}) \ni P$ が直交行列であるための必要十分条件である.

(i)　P の n 個の縦ベクトルが $\boldsymbol{R}^n$ の完全正規直交系をなす.

(ii)　P の n 個の横ベクトルが $\boldsymbol{R}^n$ の完全正規直交系をなす.

(iii)　P は正則で, $P^{-1} = {}^tP$.

証明　(0) $P \in \mathfrak{P}_n$ とする.

P の n 個の縦ベクトルは, $\boldsymbol{R}^n$ の自然基底の P による像であるから, (0) ⇔

(i) は明らかである.

次に, (i) が成り立つとき, $P=(a_1\,a_2\cdots a_n)$ と書けば,

$$
{}^tP\cdot P=\begin{pmatrix}{}^ta_1\\ {}^ta_2\\ \vdots\\ {}^ta_n\end{pmatrix}(a_1\,a_2\cdots a_n)=\begin{pmatrix}{}^ta_1\cdot a_1 & {}^ta_1\cdot a_2 & \cdots & {}^ta_1\cdot a_n\\ {}^ta_2\cdot a_1 & {}^ta_2\cdot a_2 & \cdots & {}^ta_2\cdot a_n\\ \cdots & \cdots & \cdots & \cdots\\ {}^ta_n\cdot a_1 & {}^ta_n\cdot a_2 & \cdots & {}^ta_n\cdot a_n\end{pmatrix}.
$$

ここで ${}^ta_i\cdot a_j$ は a_i と a_j との内積に外ならないから ${}^ta_i\cdot a_j=\delta_{ij}$.

ゆえに
$$
{}^tP\cdot P=E_n. \tag{A}
$$

(A) の両辺の行列式を考えれば, $|P|^2=1$. ゆえに $|P|=\pm1\neq0$ であるから P は正則である. したがって, P の逆行列が存在するが, (A)により $P^{-1}={}^tP$ である. よって (iii) が成り立つ. 逆に, (iii) が成り立てば (A) が成り立つから, ${}^ta_i\cdot a_j=\delta_{ij}$ が成り立ち, したがって (i) が成り立つ. ゆえに (i) $\Leftrightarrow$ (iii) である.

以上証明したことにより,

(ii) $\Leftrightarrow {}^tP\in\mathfrak{P}_n \Leftrightarrow ({}^tP)^{-1}={}^t({}^tP) \Leftrightarrow {}^t(P^{-1})=P \Leftrightarrow$ (iii).

系　$P\in\mathfrak{P}_n$ ならば, $|P|=\pm1$.

例 11　$P, P_1, P_2\in\mathfrak{P}_n$ ならば, ${}^tP=P^{-1}\in\mathfrak{P}_n$, $P_1P_2\in\mathfrak{P}_n$.

解　第1式は明らか. 第2式は, $(P_1P_2)\,{}^t(P_1P_2)=P_1P_2\,{}^tP_2\,{}^tP_1=E_n$ からわかる.

例 12　$\mathfrak{P}_n{}^+=\{P;P\in\mathfrak{P}_n,|P|=1\}$, $\mathfrak{P}_n{}^-=\{P;P\in\mathfrak{P}_n,|P|=-1\}$ とおく. $P, P_1, P_2\in\mathfrak{P}_n{}^+$ ならば, ${}^tP=P^{-1}\in\mathfrak{P}_n{}^+$, $P_1P_2\in\mathfrak{P}_n{}^+$. $\mathfrak{P}_n{}^+$ の元を**固有直交行列**, $\mathfrak{P}_n{}^-$ の元を**非固有直交行列**という.

§17　実数体と複素数体, ユニタリ空間

われわれは, §3〜§13 では, 基礎体 K は任意の体として来た. §14〜§15 では, K は, 考える線型変換の固有値を含むことを仮定し, 前節 §16 では, $K=\boldsymbol{R}$ とした. 実数体 $\boldsymbol{R}$ は, 体であることのほかにもいろいろな性質をもっている. ここにそれらの性質を特徴づける公理を述べあげることは省くが (微積分学の教科書, たとえば彌永·亀谷·田村: 微分積分学 pp. 15〜19 参照), 前節で最もしばしば用いられた $\boldsymbol{R}$ の性質として,

(i)　$x_i\in\boldsymbol{R},\ i=1,\cdots,k$ ならば,　$\displaystyle\sum_{i=1}^{k}x_i{}^2\geqq0$, (ii)　$\sum_{i=1}^{k} x_i^2 = 0$, $x_i \in \boldsymbol{R}$ ならば, $x_1 = \cdots = x_k = 0$

をあげておこう．(i) では $k=1$ としてもよいから, $x^2 \geqq 0$. したがって負数は $\boldsymbol{R}$ の中では平方根をもたない．逆に,

(iii)　$a \in \boldsymbol{R}$, $a \geqq 0$ ならば, $x^2 = a$ は $\boldsymbol{R}$ の中に二つの根 $\pm\sqrt{a}$ をもつ．

ことも $\boldsymbol{R}$ の重要な性質である．

$a<0$ の場合に, $x^2 = a$ が解けるようにするために, $\boldsymbol{R}$ に $\sqrt{-1}$ を‘添加’して, 複素数体 $\boldsymbol{C}$ が作られることもよく知られている．§7, 例13 でも示したように, $\boldsymbol{C}$ は $\boldsymbol{R}$ の上の2次元の多元環であって, その元 ξ は $\alpha+\beta\sqrt{-1}$, $\alpha, \beta \in \boldsymbol{R}$ の形に一意的に書かれる．$\boldsymbol{C}$ の元

$$\xi = \alpha+\beta\sqrt{-1}, \quad \bar{\xi} = \alpha-\beta\sqrt{-1} \tag{7.1}$$

を互に**共役な複素数**といい, ξ に $\bar{\xi}$ を対応させる $\boldsymbol{C}$ のそれ自身への変換を σ で表わす : $\sigma(\xi) = \bar{\xi}$. 明らかに $\sigma\sigma = e_C$ (恒等写像). したがって σ は全単射であって $\sigma^{-1} = \sigma$. また, $\sigma(\xi+\eta) = \sigma(\xi)+\sigma(\eta)$, $\sigma(\xi\eta) = \sigma(\xi)\sigma(\eta)$. すなわち σ は, $\boldsymbol{C}$ のそれ自身の上への, 体としての同型写像である (このことを σ は $\boldsymbol{C}$ の**自己同型写像**であるという). しかも明らかに

$$\sigma(\xi) = \xi \Leftrightarrow \xi \in \boldsymbol{R}.$$

すなわち, $\boldsymbol{R}$ は σ による‘不動元’の集合と一致する．

とくに (7.1) において,　$\xi+\sigma(\xi) = \xi+\bar{\xi} = 2\alpha$,

$$\xi\cdot\sigma(\xi) = \xi\bar{\xi} = \alpha^2+\beta^2$$

はともに $\boldsymbol{R}$ の元であるが, これらをそれぞれ ξ の **Spur, Norm** という．$\boldsymbol{R}$ の性質 (i) によって $\xi\bar{\xi} \geqq 0$. 負でない実数 $\sqrt{\xi\bar{\xi}}$ を ξ の**絶対値**といい, $|\xi|$ で表わす．$\boldsymbol{R}$ の性質 (ii) によって,　　$\xi = 0 \Leftrightarrow |\xi| = 0$

である．

$|\xi| \neq 0$, $\xi = \alpha+\beta\sqrt{-1}$ のとき,

$$\cos\theta = \frac{\alpha}{|\xi|}, \qquad \sin\theta = \frac{\beta}{|\xi|}$$

なる角 θ が存在して

$$\xi = |\xi|(\cos\theta+i\sin\theta)$$

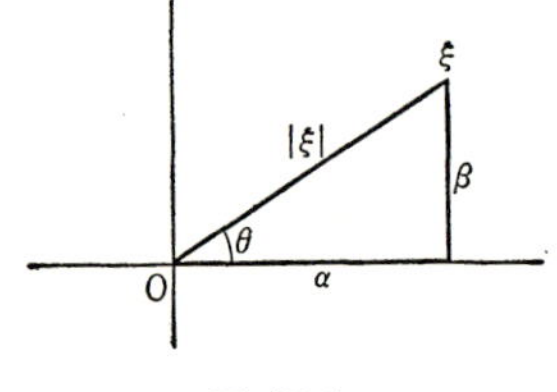

図 17.1

と書くことができる．これをξの**極形式表示**という．これらのことはすべて周知であろう．

$\boldsymbol{C}$の今一つの重要な性質は，(§14でも言及したが)‘$\boldsymbol{C}$の元を係数にもつ任意の代数方程式は，すべて$\boldsymbol{C}$の中に根をもつ’ということである．このことを‘$\boldsymbol{C}$は**代数的閉体**である’といい表わす．

この最後の性質のために，$\boldsymbol{C}$は$\boldsymbol{R}$よりも代数的に取り扱い易いことが多く，$\boldsymbol{R}$に関することがらを証明するためにも，しばしば$\boldsymbol{R}$を$\boldsymbol{C}$まで拡張し，得られた結果を$\boldsymbol{R}$に‘縮小’して目的を達することがある．EUCLID空間を次に定義するユニタリ空間に拡張するのも，その目的からである．

$\boldsymbol{C}$の上のベクトル空間Uにおいて，次の条件$U1$～$U5$が満足されるならば，Uは**ユニタリ**(unitary)であるといい，ユニタリな$\boldsymbol{C}$の上のベクトル空間を**一般ユニタリ空間**という．とくに有限次元の一般ユニタリ空間を**ユニタリ空間**とよぶことにする．

U1　$U \ni x, y$に，x, yの内積とよばれ，(x, y)で表わされる$\boldsymbol{C}$の元が対応する．

U2　$(x, y) = \overline{(y, x)}$

U3　$(x_1 + x_2, y) = (x_1, y) + (x_2, y)$.

U4　任意の$\xi \in \boldsymbol{C}$に対して　$(\xi x, y) = \xi(x, y)$.

U5　$U2$により$(x, x) \in \boldsymbol{R}$であるが，$(x, x) \geqq 0$, $(x, x) = 0 \Leftrightarrow x = 0$.

例 1　yを固定して　$f(x) = (x, y)$とおけば，$f \in \mathfrak{L}(U, \boldsymbol{C})$，とくに$(0, y) = 0$.

また，xを固定して　$g(y) = (x, y)$とおけば，gは次の意味でUから$\boldsymbol{C}$への‘反線型写像’となる．

一般に，U_1, U_2が$\boldsymbol{C}$の上のベクトル空間，$f: U_1 \to U_2$で，(a) $x, y \in U_1$のとき$f(x+y) = f(x) + f(y)$，(b) $\xi \in \boldsymbol{C}$のとき$f(\xi x) = \bar{\xi} f(x)$，の条件が成り立つならば，$f$は$U_1$から$U_2$への**反線型写像**(anti-linear mapping)とよばれる．そのときは，$f\left(\sum_{i=1}^{k} \xi_i x_i\right) = \sum_{i=1}^{k} \bar{\xi}_i f(x_i)$.
U_1からU_2への反線型写像全体の集合を$\bar{\mathfrak{L}}(U_1, U_2)$で表わす．$\bar{\mathfrak{L}}(U, U)$は$\bar{\mathfrak{L}}(U)$と書く．

上のgについて$g \in \bar{\mathfrak{L}}(U, \boldsymbol{C})$，とくに$(x, 0) = 0$.

例 2　Uが$\boldsymbol{C}$の上のn次元ベクトル空間であるとき，Uの座標系φを固定して，$\varphi(x) = \begin{pmatrix} \xi_1 \\ \vdots \\ \xi_n \end{pmatrix}$,　$\varphi(y) = \begin{pmatrix} \eta_1 \\ \vdots \\ \eta_n \end{pmatrix}$に対し，$(x, y) = {}^t\varphi(x) \cdot \overline{\varphi(y)} = \sum_{i=1}^{n} \xi_i \bar{\eta}_i$とおけば，$U$はユニタリとなる．

とくに $\boldsymbol{C}^n$ は，$(x,y)={}^t x\cdot y$ によってユニタリとなる．

例 3　$\alpha,\beta\in\boldsymbol{R}$, $[\alpha,\beta]=\Delta$ とするとき，$\mathfrak{C}(\Delta,\boldsymbol{C})$ の元 $f,g,\cdots$ に対し，$(f,g)=\int_\alpha^\beta f(x)\overline{g(x)}dx$ と定めれば，$\mathfrak{C}(\Delta,\boldsymbol{C})$ はユニタリになる．

例 4　$|x|=\sqrt{(x,x)}\in\boldsymbol{R}$. これを x の**長さ**と呼ぶ．

$$|\xi x|=|\xi|\cdot|x|.\qquad |x|=0\Leftrightarrow x=0.$$

一般ユニタリ空間およびユニタリ空間についても，一般 Euclid 空間および Euclid 空間と平行に理論を進めることができる．証明は前節と全く同様であるから省略することとし，主な結果だけを次に列挙することとしよう．以下断わらない限り，U は一般ユニタリ空間，$x,y,\cdots$ はその元とする．

命題 45′　$$(x,y)^2\leqq|x|^2\cdot|y|^2.$$

命題 46′　$$|x+y|\leqq|x|+|y|.$$

$(x,y)=0$ のとき，x,y は**垂直**である，あるいは**直交**するといい，$x\perp y$ と書く．U の部分空間の直交についても，一般 Euclid 空間の場合と同様に定義され，同様の結果が得られる．とくに，正規直交系，正規直交基底，完全正規直交系が一般 Euclid 空間，Euclid 空間の場合と同様に定義される．

定理 20′　定理 20 は，Euclid 空間 V の代りにユニタリ空間 U を考えても成り立つ．

系　ユニタリ空間は，正規直交基底をもつ．

定理 21′　一般ユニタリ空間 U の有限次元部分空間を W とすれば，

$$U=W\oplus W^\perp.$$

正射影 P_W, P_a の定義も，一般 Euclid 空間と同様である．

例 5　一般ユニタリ空間においても，Bessel-Parseval の不等式が成り立つ．

定理 22′　n 次元ユニタリ空間はすべて同型である．

U の線型変換 q によって任意の正規直交系が必ず正規直交系に写されるとき，q を**ユニタリ変換**といい，正規直交基底に関してユニタリ変換を表わす行列を**ユニタリ行列**という．U のユニタリ変換全体の集合を $\mathfrak{U}(U)$, U が n 次元の場合はこれを略して $\mathfrak{U}_n$, n 次元ユニタリ行列全体の集合を $\mathfrak{O}_n$ と記すことにする．

定理 23′　U をユニタリ空間とするとき，次のおのおのは $\mathfrak{L}(U)\ni q$ がユニタリ変換であるための必要十分条件である．

(i) q は, U の一つの正規直交基底を正規直交基底に写す.

(ii) $U \ni x, y$ ならば, $(q(x), q(y)) = (x, y)$

(iii) $U \ni x$ ならば, $|q(x)| = |x|$.

系 ユニタリ変換は,二つの元の直交性を保存する.

定理 24′ 次のおのおのは, $\mathfrak{M}(n, C) \ni Q$ がユニタリ行列であるための必要十分条件である.

(i) Q の n 個の縦ベクトルが $\boldsymbol{C}^n$ の完全正規直交系をなす.

(ii) Q の n 個の横ベクトルが $\boldsymbol{C}^n$ の完全正規直交系をなす.

(iii) Q は正則で, $Q^{-1} = {}^t\overline{Q}$.

系 $Q \in \mathfrak{Q}_n$ ならば, Q の絶対値は 1 に等しい.

§18 正規変換

§13～§15 でわれわれは次の問題を考察した.

問題 A V は有限次元ベクトル空間, f は V の線型変換とするとき, V の座標 φ を適当に選んで, f を φ によって表わす行列 F の形がなるべく簡単になるようにすること.

この問題は, §14 で導入された条件——基礎体が f の固有値を含むこと——の下に, §15 で解決されたが, V が EUCLID 空間またはユニタリ空間であるときは, φ としてとくに正規直交座標をとって, 同種の問題を解くことが考えられる. それを一般に解決するのは困難であるが, V がユニタリ空間である場合, 適当な正規直交座標によって対角線型に表わされる変換を特徴づけることは割合に容易である (後の定理 25). かつそれによって, EUCLID 空間の変換についての有用な結論 (定理 26, 27) が得られる.

われわれの目的は, 実は EUCLID 空間に関する定理 26, 27 にあるので, ユニタリ空間とその変換は, そのための手段として用いられるのである. そこでまず, EUCLID 空間から‘係数拡大’によってユニタリ空間を作ることから話をはじめよう.

実数体 $\boldsymbol{R}$ 上の有限次元ベクトル空間 V に対して, 複素数体 $\boldsymbol{C}$ 上のベクトル空間 $\widetilde{V}$ と, V から $\widetilde{V}$ の中への写像 φ とが存在して, 次の 2 条件 i) ii) をみたすとき，$(\widetilde{V},\varphi)$ は（あるいは略して $\widetilde{V}$ は）V の**複素化**であるという：(i) φ は V から $\widetilde{V}$ への（実）線型写像である．(ii) V の（$\boldsymbol{R}$ に関する）任意の基底 $e_1,\cdots,e_n$ に対し $\varphi(e_1),\cdots,\varphi(e_n)$ は $\widetilde{V}$ の（$\boldsymbol{C}$ に関する）基底である．

V に対し，常にその複素化が存在することは直接示すことができるが，その証明はテンソル積の理論に基づいて行なうのが最も簡明であるから§20で与えることにする．しかし，次の例1と，任意の n 次元実ベクトル空間は $\boldsymbol{R}^n$ に同型であることから，複素化の存在は，ほとんど明らかな事実と認められよう．

例 1　$\boldsymbol{R}^n\subset\boldsymbol{C}^n$ であるから $x\in\boldsymbol{R}^n$ に対して $\varphi(x)=x$ とすれば，φ は $\boldsymbol{R}^n$ から $\boldsymbol{C}^n$ への実線型写像で，$(\boldsymbol{C}^n,\varphi)$ は $\boldsymbol{R}^n$ の複素化となる．

V に対して，その複素化は本質的にはただ一つである．すなわち次の命題が成り立つ．

命題 49　V の二つの複素化 $(\widetilde{V}_i,\varphi_i)$; $i=1,2$ に対して，$\widetilde{V}_2$ から $\widetilde{V}_1$ への同型写像 Φ_1 が存在して $\varphi_1=\Phi_1\circ\varphi_2$ が成り立つ．

証明　$\Phi_1\left(\sum_{i=1}^n\lambda_i\varphi_2(e_i)\right)=\sum_{i=1}^n\lambda_i\varphi_1(e_i)$ とすればよい．

以下 V およびその複素化 $(\widetilde{V},\varphi)$ を一つ固定して論ずる．定義 (i), (ii) から φ は単射の線型写像であるから，x と $\varphi(x)$ を同一視することができる．そこで以下 $V\subset\widetilde{V},\varphi=e_V$ と考える．

次に複素化空間 $\widetilde{V}$ の基本的な性質を述べよう．1) $\dim_{\boldsymbol{C}}\widetilde{V}=\dim_{\boldsymbol{R}}V$．これは定義の (ii) から明らか．2) V から $\boldsymbol{C}$ 上の任意のベクトル空間 N への任意の（実）線型写像 f に対して，$\widetilde{V}$ から N への（複素）線型写像 F が存在して，$f=F\circ\varphi$ となる．3) 任意の $f\in\mathfrak{L}(V)$ は一意的に $\mathfrak{L}(\widetilde{V})$ の元 F に拡張される．すなわち，$F|V=f$ となる $F\in\mathfrak{L}(\widetilde{V})$ がただ一つ存在する．実際 $V\subset\widetilde{V}$ であるから $f\in\mathfrak{L}(V)$ は V から $\widetilde{V}$ への実線型写像である．そこで $N=\widetilde{V}$ として 2) を適用すればよい．(ii) によりこのような F はただ一つに限る．以下 F と f を同一視することにしよう．4) $\widetilde{V}$ の任意の元 z は $z=x+\sqrt{-1}y$; $x,y\in V$ と一意的に表わすことができる．実際，V の基底 e_k は (ii) により $\widetilde{V}$ の基底でもあるから $z=\sum\alpha_ke_k$; $\alpha_k\in\boldsymbol{C}$ と一意的に表わせる．そこで α_k を実部，虚部に分けて $\alpha_k=b_k+\sqrt{-1}c_k$, $b_k,c_k\in\boldsymbol{R}$ とし，$x=\sum b_ke_k$, $y=\sum c_ke_k$ とすればよい．b_k,c_k は

α_k の実部, 虚部として定まるからこの表わし方は一意である. 5) $\sigma(x+\sqrt{-1}y)=x-\sqrt{-1}y$ とすれば σ は $\widetilde{V}$ 上の全単射の反線型写像で $\sigma^2=e_{\widetilde{V}}$. $\sigma(z)$ を z の**共役ベクトル**といい, $\bar{z}$ で表わす. また V の元を $\widetilde{V}$ の**実ベクトル**という. $x\in\widetilde{V}$ が実ベクトルであるための条件は $\bar{x}=x$ となることである. 6) W_0 が V の部分空間であるとき $\widetilde{V}$ の部分空間 $\widetilde{W}_0=\{x+\sqrt{-1}y;\ x,\ y\in W_0\}$ (と W_0 の恒等写像) が W_0 の複素化の条件をみたすことは直ちに確められる. 以下 V の部分空間 W_0 の複素化としては, 常にこの $\widetilde{W}_0$ をとるものとする.

命題 50 $\widetilde{V}$ の部分空間 W が σ により不変ならば, V のある部分空間 W_0 が存在して $W=\widetilde{W}_0$ となる. 逆に $W=\widetilde{W}_0$ の形の部分空間は σ で不変である.

$W=\widetilde{W}_0$ の形の部分空間を $\widetilde{V}$ の**実部分空間**という.

証明 W の一つの基底 $\{z_1,\cdots,z_k\}$ を, $z_j=x_{2j-1}+\sqrt{-1}x_{2j},\ x_{2j-1},x_{2j}\in V$ と分解する. そして $W_0=\left\{\sum_{j=1}^{2k}\lambda_j x_j;\ \lambda_j\in\boldsymbol{R}\right\}$ とすれば $x_j\in V$ だから W_0 は V の部分空間である. しかも $x_{2j-1}=(z_j+\bar{z}_j)/2,\ x_{2j}=(z_i-\bar{z}_i)/2\sqrt{-1}$ であり, 一方仮定から $\overline{W}=W$ だから $W_0\subset W$ となる. したがって $\widetilde{W}_0\subset W$ である. しかるに, W の任意の元は $x+\sqrt{-1}y;\ x,y\in W_0$ と表わせるから $\widetilde{W}_0\supset W$ も成り立つ. ゆえに $W=\widetilde{W}_0$ である. 逆に $W=\widetilde{W}_0$ ならば $W=\{x+\sqrt{-1}y;\ x,y\in W_0\}$ は σ で不変である. (証終)

$\widetilde{V}$ の線型変換 f に対して, $\bar{f}=\sigma f\sigma$ を f の**共役変換**という. 明らかに $\bar{f}\in\mathfrak{L}(\widetilde{V})$ でかつ $\bar{\bar{f}}=f$ である. $f=\bar{f}$ なる f を**実変換**という. '$f=\bar{f}\Leftrightarrow$ すべての $z\in\widetilde{V}$ に対し, $f(z)=\overline{f(\bar{z})}\Leftrightarrow$ すべての $x\in V$ に対し $f(x)=\overline{f(x)}\Leftrightarrow f$ は V を不変にする.' したがって実変換とは $\mathfrak{L}(V)$ の元 (の拡張) に外ならない.

命題 51 f が, 実ベクトル e_i から成る基底に関し, 行列 $F=(\xi_{ij})$ により表わされれば, 同じ基底に関して $\bar{f}$ は**共役行列** $\overline{F}=(\overline{\xi_{ij}})$ によって表わされる.

証明 $f(e_j)=\sum\xi_{ij}e_i$ であるから $\bar{f}(e_j)=\overline{f(\bar{e}_j)}=\overline{f(e_j)}=\sum\overline{\xi_{ij}}e_i$ となる.

命題 52 実変換は $\widetilde{V}$ の任意の実部分空間を実部分空間に写す.

証明 f を実変換, W を $\widetilde{V}$ の実部分空間とする. $f(W)$ の任意の元 y に対して, $y=f(x),\ x\in W$ とすれば $f=\bar{f},\ \bar{x}\in W$ であるから, $\bar{y}=\overline{f(x)}=\bar{f}(\bar{x})=f(\bar{x})\in f(W)$ となる. したがって $f(W)$ はまた実部分空間である.

命題 53　f が実変換ならば，$\mathrm{Ker}\,f, \mathrm{Im}\,f$ は実部分空間である．

証明　$x \in \mathrm{Ker}\,f$ とすれば，$f(\bar{x}) = \overline{\overline{f(x)}} = \overline{f(x)} = \bar{0} = 0$．ゆえに $\bar{x} \in \mathrm{Ker}\,f$，したがって $\mathrm{Ker}\,f$ は実部分空間である．$\mathrm{Im}\,f$ の方は命題52による．（証終）

V が EUCLID 空間ならば，V の2元 x, y の内積 xy が与えられている．この内積を用いて $\widetilde{V}$ の二元 $x+\sqrt{-1}y, u+\sqrt{-1}v$; $x, y, u, v \in V$ の内積を

$$(x+\sqrt{-1}y,\ u+\sqrt{-1}v) = xu+yv+\sqrt{-1}yu-\sqrt{-1}xv$$

で定義する．これが実際 $U1$—$U5$ をみたすことは，ただちに確かめられる．これによって $\widetilde{V}$ はユニタリ空間となる．また $\widetilde{V}$ の内積で V 上では初めの V の内積に一致するものは，このほかに存在しないことも容易にわかるであろう．

次にしばらく（命題55まで）一般のユニタリ空間 U についての話にもどろう．

命題 54　(i) 有限次元ユニタリ空間 U の双対空間 $\hat{U}$ の任意の元 f に対して，U の元 y_f が存在して，すべての $x \in U$ に対して $f(x) = (x, y_f)$ が成り立つ．またこのような y_f はただ一つに限る．(ii) 任意の $f \in \mathfrak{L}(U)$ に対して，$(f(x), y) = (x, f^*(y))$ がすべての $x, y \in U$ に対して成り立つような $f^* \in \mathfrak{L}(U)$ がただ一つ存在する．f^* を f の**随伴変換**という．(iii) f が正規直交基底 e_i により行列 F で表わされるとき，e_i に関し f^* を表わす行列は $\overline{{}^tF}$ である．$\overline{{}^tF}$ を F の**随伴行列**といい，F^* で表わす．F^* は C^n の線型変換 F の随伴変換である．

証明　(i) $f=0$ ならば $y_f=0$ とすればよい．$f \neq 0$ ならば $\mathrm{Ker}\,f \neq U$ だから $(\mathrm{Ker}\,f)^\perp$ は $|y_0|=1$ となる y_0 を含む（定理21′）．これに対して $y_f = \overline{f(y_0)}y_0$ とおく．このとき等式 $(y_0, y_f) = f(y_0)(y_0, y_0) = f(y_0)$ が成り立つ．一方任意の $x \in U$ に対して $x_0 = x-(f(x)/f(y_0))y_0$ とすれば，$f(x_0)=0$ すなわち $x_0 \in \mathrm{Ker}\,f$ だから $y_f \in (\mathrm{Ker}\,f)^\perp$ と前の等式から $0 = (x_0, y_f)$，$(x, y_f) = f(x)$ が得られる．一意性は明らか．(ii) y を固定したとき，x に $(f(x), y)$ を対応させる写像は $\hat{U}$ に属するから (i) により，すべての $x \in U$ に対し $(f(x), y) = (x, f^*(y))$ となる U の元 $f^*(y)$ がただ一つ存在する．内積の性質から写像 $f^*: U \to U$ は線型である．(iii) $F = (\xi_{ij})$，$F^* = (\xi^*_{ij})$ とすれば $\xi_{ij} = (f(e_j), e_i) = (e_j, f^*(e_i)) = \overline{\xi^*_{ji}}$ となる．

例 2　$(f+g)^* = f^*+g^*$; $(f \circ g)^* = g^* \circ f^*$; $\xi \in C$ ならば $(\xi f)^* = \bar{\xi}f^*$; $(f^*)^* = f$.

$f \circ f^* = f^* \circ f$ をみたす $f \in \mathfrak{L}(U)$ を**正規変換**といい，正規変換を表わす行列，すなわち $FF^* = F^*F$ をみたす行列 F を**正規行列**という．U の正規変換全体の集合を $\mathfrak{N}(U)$，または略して $\mathfrak{N}$ とかく．

補題 3　$\mathfrak{N} \ni f, \boldsymbol{C} \ni \xi$ ならば $\mathfrak{N} \ni f-\xi$.

証明　$(f-\xi)(f-\xi)^* = (f-\xi)(f^*-\bar{\xi}) = ff^*-\xi f^*-\bar{\xi}f+\xi\bar{\xi}$

$$= f^*f-\xi f^*-\bar{\xi}f+\xi\bar{\xi} = (f^*-\bar{\xi})(f-\xi) = (f-\xi)^*(f-\xi).$$

補題 4　$\mathfrak{N} \ni f$ ならば，$\mathrm{Ker}\, f = \mathrm{Ker}\, f^*$.

証明　$\mathfrak{N} \ni f$ ならば $(f(x), f(y)) = (f^*(x), f^*(y))$．$x = y$ として $|f(x)|^2 = |f^*(x)|^2$ だから $f(x) = 0 \Leftrightarrow f^*(x) = 0$．すなわち $\mathrm{Ker}\, f = \mathrm{Ker}\, f^*$.

補題 5　$\mathfrak{N} \ni f$, $f(x) = \xi x$, $\xi \in \boldsymbol{C}$ ならば，$f^*(x) = \bar{\xi}x$.

証明　補題3から $f-\xi \in \mathfrak{N}$．ゆえに $(f-\xi)(x) = 0$ ならば，補題4により $(f-\xi)^*(x) = 0$．すなわち $f(x) = \xi x$ ならば $f^*(x) = \bar{\xi}x$.

定理 25　有限次元ユニタリ空間 U の線型変換 f に関する次の三つの条件 (i), (ii), (iii) は互いに同値である．

(i)　f は正規変換である：$f \in \mathfrak{N}$.

(ii)　U の適当な正規直交座標 φ によって f は対角線型の行列で表わされる．

(iii)　f の固有ベクトルのみから成る U の正規直交基底が存在する．

証明　(ii) ⇒ (iii) は明らかである．

(iii) ⇒ (i)　$e_1, \cdots, e_n$ を f の固有ベクトルのみから成る U の基底とすれば，$f(e_i) = \xi_i e_i$, $\xi_i \in \boldsymbol{C}$ となる．そこで補題5から $f^*(e_i) = \bar{\xi}_i e_i$ となり，したがって $(ff^*)(e_i) = \xi_i\bar{\xi}_i e_i = (f^*f)(e_i)$, $i = 1, 2, \cdots, n$ が成り立つ．ゆえに $ff^* = f^*f$.

(i) ⇒ (ii)　$\mathfrak{N} \ni f$ とし，f の固有多項式を $\Phi_f(X) = (X-\xi_1)^{r_1}\cdots(X-\xi_k)^{r_k}$ とする（代数学の基本定理により固有値 $\xi_i \in \boldsymbol{C}$）．(ii) を証明するには

(a)　各固有値 ξ_i に対する簡約次数 ν_i がすべて1であること，すなわち $\mathrm{Ker}\,(f-\xi_i) = \mathrm{Ker}\,(f-\xi_i)^2$, $(i = 1, 2, \cdots, k)$,

(b)　$\xi_i \neq \xi_j$ ならば，$\mathrm{Ker}\,(f-\xi_i) \perp \mathrm{Ker}\,(f-\xi_j)$

の二つを示せばよい．実際，(a), (b) が満足されているとすれば，(a) により $\mathrm{Ker}\,(f-\xi_i) = \mathrm{Ker}\,(f-\xi_i)^{r_i}$ となり，それを W_i とおけば，$U = W_1 \oplus \cdots \oplus W_k$ と

なるが, (b) により $W_i \perp W_j (i \neq j)$ であるから, 各 W_i から正規直交基底をとれば, それらを合わせて U の正規直交基底が得られるからである.

(a) の証明. $f-\xi_i = g$ とおけば, 補題3により $g \in \mathfrak{N}$. ゆえに, $g \in \mathfrak{N}$ のとき $\mathrm{Ker}\, g = \mathrm{Ker}\, g^2$, すなわち $g^2(x)=0 \Rightarrow g(x)=0$ を示せばよい. $g(x)=y$ とおけば, $g(y)=0$, 補題4により $g^*(y)=0$. すなわち $g^*g(x)=0$. したがって,

$$(g^*g(x), x) = (g(x), g(x)) = 0.$$

ゆえに $g(x)=0$. これで (a) が証明された.

(b) の証明. $\mathrm{Ker}\,(f-\xi_i) \ni x$, $\mathrm{Ker}\,(f-\xi_j) \ni y$ として $(x,y)=0$ を示せばよい. x, y の定義から $f(x)=\xi_i x$, $f(y)=\xi_j y$. したがって $(f(x), y) = (\xi_i x, y) = \xi_i(x,y)$. しかるに, $(f(x),y) = (x, f^*(y)) = (x, \bar{\xi}_j y) = \xi_j(x,y)$. (補題5による). ゆえに $\xi_i(x,y) = \xi_j(x,y)$. 今 $\xi_i \neq \xi_j$ であるから $(x,y)=0$. これで (b) が証明された.

以上によって, 定理25は完全に証明された.

系 f が正規変換, $\xi_1, \cdots, \xi_k$ がその固有値ならば, 適当な正射影 $p_1, \cdots, p_k$ をとれば,

$$f = \xi_1 p_1 + \cdots + \xi_k p_k, \quad e_U = p_1 + \cdots + p_k$$

となる.

証明 $W_i = \mathrm{Ker}\,(f-\xi_i)$ への正射影を p_i とすればよい. (証終)

とくに, $f=f^*$ なる $f \in \mathfrak{L}(U)$ は正規変換であり, それを表わす行列は正規行列である. このような変換を **HERMITE 変換**といい, それを表わす行列, すなわち $F=F^*$ を満足する行列を **HERMITE 行列**という. Hermite 変換全体の集合を $\mathfrak{H}$ で表わす.

またユニタリ変換は $f^{-1}=f^*$ を満足するから正規変換であり, ユニタリ行列は正規行列である.

命題 55 Hermite 変換の固有値は実数であり, ユニタリ変換の固有値の絶対値は1である.

証明 f が Hermite 変換ならば, $(f(x), y) = (x, f(y))$. とくに $(f(x), x) = (x, f(x))$, $\mathfrak{E}_f \ni \xi$ ならば, $f(x) = \xi x$, $x \neq 0$ なる $x \in U$ がある. その x に対し

て $(\xi x, x) = (x, \xi x)$, $\xi(x, x) = \bar{\xi}(x, x)$ したがって $\xi = \bar{\xi}$. すなわち $\xi \in \boldsymbol{R}$.

また, fがユニタリ変換ならば, $(f(x), x) = (x, f^{-1}(x))$. $\mathfrak{E}_f \ni \xi$ とすれば, $f(x) = \xi x$, $x \neq 0$. ゆえに $x = f^{-1}(\xi x) = \xi f^{-1}(x)$. ゆえに $\xi^{-1} x = f^{-1}(x)$. したがって $(\xi x, x) = (x, \xi^{-1} x)$, $\xi(x, x) = \bar{\xi}^{-1}(x, x)$. ゆえに $\xi\bar{\xi} = 1$. すなわち $|\xi| = 1$.

(証終)

$F = {}^tF$ なる行列を**対称行列**といい, 対称行列で表わされる変換を**対称変換**という.

命題 56 実行列が HERMITE 行列であることと対称行列であることとは同値である(したがって, 実変換が HERMITE 変換であることと対称変換であることとは同値である). また, 実行列がユニタリ行列であることと直交行列であることとは同値である. (したがって, 実変換がユニタリ変換であることと直交変換であることとは同値である).

証明 定義から明らかであろう.

定理 26 実対称行列Fは, 適当な直交行列 P によって変換すれば, 次の対角線型の行列となる.

$$PFP^{-1} = \begin{pmatrix} \alpha_1 & & 0 \\ & \ddots & \\ 0 & & \alpha_n \end{pmatrix}.$$

ただし, $\alpha_i\,(i = 1, \cdots, n)$ は fの固有値で, それらはすべて実数である.

証明 F は HERMITE 行列であるから, 適当なユニタリ行列Pによって変換し

$$PFP^{-1} = \begin{pmatrix} \alpha_1 & & 0 \\ & \ddots & \\ 0 & & \alpha_n \end{pmatrix} \tag{18.1}$$

となることは, 定理 25 によりわかる. しかも $\alpha_1, \cdots, \alpha_n$ は Fの固有値であるから, これらがすべて実数であることは命題 55 に示されている.

F が実行列, α_iが実数であるから, $F - \alpha_i$が実変換となることは容易にわかる. したがって, $W_i = \mathrm{Ker}\,(F - \alpha_i)$ は実部分空間である. したがって命題 50 により, $W_i = \widetilde{W}_{i0}$, $W_{i0} \subset V$. ゆえに W_i の正規直交基底として W_{i0} の正規直交基

底をとることができる. それらを合わせてできる U の正規直交基底を φ とすれば, これらは実ベクトルばかりから成るから, φ_0 から φ への座標変換の行列を P とすれば, P は実行列でしかも (*18.1*) を満たす. この P は直交行列で (*18.1*) を満たす.

例 3 実対称行列 $F=\begin{pmatrix}1 & 3 & 0\\ 3 & -1 & -1\\ 0 & -1 & 1\end{pmatrix}$ を適当な直交行列 P で変換して対角線型にすること.

解 $\Phi_F(X)=X^3-X^2-11X+11=(X-1)(X^2-11)$. よって固有値は $1, \sqrt{11}, -\sqrt{11}$ となる. したがって, 適当な直交行列 P により

$$PFP^{-1}=PF{}^tP=\begin{pmatrix}1 & 0 & 0\\ 0 & \sqrt{11} & 0\\ 0 & 0 & -\sqrt{11}\end{pmatrix} \tag{A}$$

となるはずである.

$$\mathrm{Ker}\,(F-E)=\lambda\begin{pmatrix}1\\ 0\\ 3\end{pmatrix}=\lambda\begin{pmatrix}\dfrac{1}{\sqrt{10}}\\ 0\\ \dfrac{3}{\sqrt{10}}\end{pmatrix},\quad \mathrm{Ker}\,(F\mp\sqrt{11}E)=\lambda\begin{pmatrix}\dfrac{3}{\sqrt{22\mp2\sqrt{11}}}\\ \dfrac{\pm\sqrt{11}-1}{\sqrt{22\mp2\sqrt{11}}}\\ -\dfrac{1}{\sqrt{22\mp2\sqrt{11}}}\end{pmatrix}$$

であるから

$$P^{-1}=\begin{pmatrix}\dfrac{1}{\sqrt{10}} & \dfrac{3}{\sqrt{22-2\sqrt{11}}} & \dfrac{3}{\sqrt{22+2\sqrt{11}}}\\ 0 & \dfrac{\sqrt{11}-1}{\sqrt{22-2\sqrt{11}}} & -\dfrac{\sqrt{11}+1}{\sqrt{22+2\sqrt{11}}}\\ \dfrac{3}{\sqrt{10}} & -\dfrac{1}{\sqrt{22-2\sqrt{11}}} & -\dfrac{1}{\sqrt{22+2\sqrt{11}}}\end{pmatrix},$$

$$P={}^tP^{-1}=\begin{pmatrix}\dfrac{1}{\sqrt{10}} & 0 & \dfrac{3}{\sqrt{10}}\\ \dfrac{3}{\sqrt{22-2\sqrt{11}}} & \dfrac{\sqrt{11}-1}{\sqrt{22-2\sqrt{11}}} & -\dfrac{1}{\sqrt{22-2\sqrt{11}}}\\ \dfrac{3}{\sqrt{22+2\sqrt{11}}} & -\dfrac{\sqrt{11}+1}{\sqrt{22+2\sqrt{11}}} & -\dfrac{1}{\sqrt{22+2\sqrt{11}}}\end{pmatrix}.$$

この P を用いて実際計算してみれば (A) が確かめられる.

例 4 f を任意の HERMITE 変換とすれば, $\mathfrak{E}_f \not\ni i, -i$ であるから, $(f+i)^{-1}, (f-i)^{-1} \in \mathfrak{L}(U)$. 今,

$$q=(f+i)(f-i)^{-1}$$

とおけば,

$$q=(f-i)^{-1}(f+i)$$

ともなる $((f-i)q=(f-i)(f+i)(f-i)^{-1}=(f^2+1)(f-i)^{-1}=(f+i)(f-i)(f-i)^{-1}=f+i)$. そこでこれを

$$q=\frac{f+i}{f-i} \tag{1}$$

とも書き表わす. ここで, $(f-i)q=f+i$. 両辺の随伴変換を考えれば, $f^*=f$ に注意して, $q^*(f+i)=f-i$. ゆえに $q^*=(f-i)(f+i)^{-1}=q^{-1}$. したがって (1) で定義された q はユニタリ変換である. かつ, $q(x)=x$ ならば $(f-i)x=(f+i)x$. したがって $x=0$ となるから, $\mathfrak{E}_q \not\ni 1$ である.

逆に, $q \in \mathfrak{U}, \mathfrak{E}_q \not\ni 1$ とすれば,

$$f=i\frac{q+1}{q-1} \tag{2}$$

によって $f \in \mathfrak{L}(U)$ が定義され, $f^*=f$. ゆえに $f \in \mathfrak{H}$.

しかるに, (2) は (1) を f について解いたものであるから, (1) の関係によって $\mathfrak{H}$ と $\mathfrak{U}'=\{q; q \in \mathfrak{U}, \mathfrak{E}_q \not\ni 1\}$ との間の1対1対応が与えられている. HERMITE 行列はただちに書き下されるから, 変換 (1) によって1を固有値に持たないユニタリ行列がすべて得られることになる. (1), (2) を **CAYLEY 変換**という.

命題 57 p が n 次元 EUCLID 空間の (実) 直交変換ならば, その固有多項式 $\Phi_p(X)$ は, $\boldsymbol{C}$ で次の形に因数分解される.

$$\Phi_p(X)=(X-1)^{\rho_0}(X+1)^{\rho_1}(X-\varepsilon(\theta_1))^{\nu_1}(X-\varepsilon(-\theta_1))^{\nu_1}\cdots \\ (X-\varepsilon(\theta_l))^{\nu_l}(X-\varepsilon(-\theta_l))^{\nu_l}. \tag{18.2}$$

ここに, $\rho_0 \geqq 0$, $\rho_1 \geqq 0$, $\nu_i \geqq 0$, $n=\rho_0+\rho_1+2(\nu_1+\cdots+\nu_l)$,

$$\varepsilon(\theta)=\cos\theta+\sqrt{-1}\sin\theta.$$

証明 p の固有値の絶対値は1であるから, $\Phi_p(X)$ の根は $1, -1$ または $\varepsilon(\theta)$ の形の複素数である. したがって, 命題57の証明を完結するには, $\Phi_p(X)$ の実数でない根 ξ があれば, $\bar{\xi}$ も同じ重複度の根であることを示せばよい.

p は, 実変換であるから, $\Phi_p(X)$ の係数はすべて実数である. すなわち $\Phi_p(X)=\sum_{i=0}^{n}\alpha_i X^i$, $\alpha_i \in \boldsymbol{R}$. 今 $\Phi_p(\xi)=\sum_{i=0}^{n}\alpha_i\xi^i=0$ ならば, 両辺の共役複素数を考

えて，$\sum_{i=0}^{n}\alpha_i\bar{\xi}^i=0$. ゆえに $\bar{\xi}$ もまた $\Phi_p(X)$ の根である．よって $\Phi_p(X)$ は $(X-\xi)(X-\bar{\xi})=X^2-(\xi+\bar{\xi})X+\xi\bar{\xi}(\xi+\bar{\xi}\in\boldsymbol{R},\xi\bar{\xi}\in\boldsymbol{R})$ で割り切れ，その商 $\psi(X)$ もまた ξ と $\bar{\xi}$ とを同時に根として持つか，または同時に根として持たない．これをくりかえせば，$\xi,\bar{\xi}$ の $\Phi_p(X)$ の根としての重複度も等しいことがわかる．

定理 27　P が直交行列で，その固有多項式が (*18.2*) のように因数分解されるとき，適当な直交行列 Q で P を変換すれば，次の形になる．

$$QPQ^{-1}=E_{\rho_0}\oplus(-E_{\rho_1})\oplus\underbrace{P(\theta_1)\oplus\cdots\oplus P(\theta_1)}_{\nu_1\text{個}}\oplus\cdots\oplus\underbrace{P(\theta_l)\oplus\cdots\oplus P(\theta_l)}_{\nu_l\text{個}}$$

ここに，$P(\theta)=\begin{pmatrix}\cos\theta & \sin\theta\\ -\sin\theta & \cos\theta\end{pmatrix}$ とし，$\rho_0=0$ または $\rho_1=0$ のときはそれぞれ E_{ρ_0} または $(-E_{\rho_1})$ の項はないものとする．

証明　命題 57 と定理 25 により，

$$W^{(0)}=\mathrm{Ker}\,(f-1),\ W^{(1)}=\mathrm{Ker}\,(f+1),\ W_i=\mathrm{Ker}\,(f-\varepsilon(\theta_i)),$$
$$W_i'=\mathrm{Ker}\,(f-\varepsilon(-\theta_i))$$

とすれば，

$$U=W^{(0)}\oplus W^{(1)}\oplus W_1\oplus W_1'\oplus\cdots\oplus W_l\oplus W_l'$$

と直交系に直和分解される．容易にわかるように，ここで W_i の正規直交基底を $\{b_1^{(i)},\cdots,b_{\nu_i}^{(i)}\}$ とすれば，W_i' の正規直交基底として，$\{\bar{b}_1^{(i)},\cdots,\bar{b}_{\nu_i}^{(i)}\}$ を選ぶことができる．今 $W^{(0)}\oplus W^{(1)}$ の正規直交基底 $\{a_1,\cdots,a_{\rho_0+\rho_1}\}$ は任意に選んだものとし，新らしい基底を $\{a_1,\cdots,a_{\rho_0+\rho_1},b_1^{(1)},\bar{b}_1^{(1)},\cdots,b_k^{(i)},\bar{b}_k^{(i)},\cdots,b_{\nu_l}^{(l)},\bar{b}_{\nu_l}^{(l)}\}$ の順にとれば，P で表わされる直交変換を p とするとき，

$$p(b_k^{(i)})=\varepsilon(\theta_i)\cdot b_k^{(i)},\quad p(\bar{b}_k^{(i)})=\varepsilon(-\theta_i)\cdot\bar{b}_k^{(i)}.$$

以下，$b_k^{(i)},\bar{b}_k^{(i)},\theta_i$ をそれぞれ $b,\bar{b},\theta$ と略記して論ずる．

今
$$c=\frac{b+\bar{b}}{\sqrt{2}},\qquad d=\frac{b-\bar{b}}{\sqrt{-2}}$$

とおけば，明らかに，$[b,\bar{b}]=[c,d]$ かつ，c,d は実ベクトルである．また，$(b,\bar{b})=0$ により，$|c|=1$, $|d|=1$, $(c,d)=0$ となる．しかも計算すれば容易にわかるように，

$$p(c)=\cos\theta\cdot c-\sin\theta\cdot d,\ p(d)=\sin\theta\cdot c+\cos\theta\cdot d, \tag{18.3}$$

各$b_k^{(i)}$に対するc, dを$c_k^{(i)}, d_k^{(i)}$と書けば，

$$\{a_1, \cdots, a_{\rho_0+\rho_1}, c_1^{(1)}, d_1^{(1)}, \cdots, c_k^{(i)}, d_k^{(i)}, \cdots, c_{\nu_l}^{(l)}, d_{\nu_l}^{(l)}\} \tag{18.4}$$

は，実ベクトルからなるUの正規直交基底で，この基底への座標変換の行列をQとすれば，(18.3) により，

$$QPQ^{-1} = E_{\rho_0} \oplus (-E_{\rho_1}) \oplus \underbrace{P(\theta_1) \oplus \cdots \oplus P(\theta_1)}_{\nu_1 \text{個}} \oplus \cdots \oplus \underbrace{P(\theta_l) \oplus \cdots \oplus P(\theta_l)}_{\nu_l \text{個}}$$

となる．Qは明らかにユニタリかつ実であるから，直交行列である．

例 5　定理 27 の変換によって，3次元直交行列は次のいずれかの形に変換される（固有直交行列は$P^+(\theta)$の形に，非固有直交行列は$P^-(\theta)$の形に変換される）．

$$P^+(\theta) = \begin{pmatrix} 1 & 0 & 0 \\ 0 & \cos\theta & \sin\theta \\ 0 & -\sin\theta & \cos\theta \end{pmatrix}, \quad P^-(\theta) = \begin{pmatrix} -1 & 0 & 0 \\ 0 & \cos\theta & \sin\theta \\ 0 & -\sin\theta & \cos\theta \end{pmatrix}.$$

解　固有値の中に虚数があるときは，その偏角をθとすればよい．固有値がすべて実数のときは，それらは 1 または -1 である．そのうち重複している方を $\cos\theta$ とすればよい．

例 6　$F^* = -F$ なる行列Fを **skew-HERMITE 行列**という．skew-HERMITE 行列も正規行列の一種であるから，ユニタリ行列によって対角線型に変換される．その固有値はすべて純虚数である．

実なる skew-HERMITE 行列 F は，${}^tF = -F$ なる関係を満たし，**交代行列**または**歪対称行列**と呼ばれる．その固有値を$\underbrace{0, \cdots, 0}_{i \text{個}}, \pm\sqrt{-1}\alpha_1, \cdots, \pm\sqrt{-1}\alpha_k$ とすれば，適当な直交行列によって，$O_{ii} \oplus \begin{pmatrix} 0 & \alpha_1 \\ -\alpha_1 & 0 \end{pmatrix} \oplus \cdots \oplus \begin{pmatrix} 0 & \alpha_k \\ -\alpha_k & 0 \end{pmatrix}$の形に変換される．

§19　2次形式．HERMITE 形式

形式というのは，同次多項式の別名である．たとえば

$$X+Y+Z, \quad X^2-XY+Y^2$$

は，それぞれ変数X, Y, Zの1次形式，X, Yの2次形式である．体Kの上の変数$X_1, \cdots, X_n$の2次形式の一般の形は，

$$\sum_{i=1}^{n}\sum_{j=1}^{n} \alpha_{ij}X_iX_j, \quad \alpha_{ij} \in K \tag{19.1}$$

である（上の二重和の記号 $\sum_{i=1}^{n}\sum_{j=1}^{n}$ を略して $\sum_{i,j=1}^{n}$ と書くこともある）．α_{ij}とα_{ji}は同じである必要はないが

$$\alpha_{ij}X_iX_j+\alpha_{ji}X_jX_i=(\alpha_{ij}+\alpha_{ji})X_iX_j$$

であるから，$(\alpha_{ij}+\alpha_{ji})/2$ を改めて α_{ij} とおき，

$$\alpha_{ij}=\alpha_{ji} \tag{19.2}$$

と考えても，(19.1) の実質的な意味は変らない．これからはいつも (19.2) を仮定する．そうすれば，K の上の n 次元正方行列

$$A=(\alpha_{ij}) \tag{19.3}$$

は対称行列——${}^tA=A$——であって，‘変数ベクトル’

$$\begin{pmatrix} X_1 \\ \vdots \\ X_n \end{pmatrix} \tag{19.4}$$

を簡単のため X で表わせば，(19.1) は行列の積

$${}^tXAX \tag{19.1'}$$

で表わされる．変数 X_i に K の元を代入すれば，(19.1) または (19.1′) の値は，K の元となるから (19.1′) は，K^n から K への写像を表わすものと考えられる．

例 1 体 K の上の n 変数 $X_1, \cdots, X_n$ の 1 次形式の一般の形は，

$$\sum_{i=1}^{n} \alpha_i X_i, \qquad \alpha_i \in K$$

である．この $X_1, \cdots, X_n$ に K の元を代入すれば，値として K の元が得られるから，これを K^n から K への写像と考えることができる．それは明らかに線型写像となるから，1 次形式は K^n の双対空間の元と考えられる．

幾何学や物理学で最もしばしば用いられるのは，$K=\boldsymbol{R}$ の場合である．われわれも今後，この‘実 2 次形式’の場合を主として考えよう．そのとき，A は実対称行列となる．

しかし，上にも EUCLID 空間を扱うためにユニタリ空間を用い，実対称行列を扱う手段として HERMITE 行列を考えたのと同様に，実 2 次形式の拡張である HERMITE 形式を考えることがある．H を HERMITE 行列——すなわち，$H=H^*={}^t\overline{H}$ なる $\boldsymbol{C}$ における行列——とし，(19.1′) の代りに

$$X^*HX={}^t\overline{X}HX=(HX, X) \tag{19.1''}$$

とおいたものを **HERMITE 形式**というのである．このとき，‘変数ベクトル’X

には U の任意の元の座標を代入した'値'を考えるから, $\overline{X}$ の意味があるのである.

X に U の任意の元の座標を代入したとき,

$$\overline{(HX, X)} = (X, HX) = (H^*X, X) = (HX, X)$$

であるから, (HX, X) の値は常に実数である. したがって, (HX, X) は, $\boldsymbol{C}^n$ から $\boldsymbol{R}$ への写像と考えられる.

$(19.1')$ もこれにならって

$$^tXAX = (AX, X)$$

と書くことができる. 以下本項では, A はいつも n 次元の実対称行列, H は n 次元の HERMITE 行列, (AX, X) は2次形式, (HX, X) は HERMITE 形式を表わすものとし, 2次形式においては, X は n 次元 EUCLID 空間 V の元を, HERMITE 形式においては, X は n 次元ユニタリ空間 U の元を表わすものとしよう. ただし, 前項と同じく $U = \widetilde{V}$ とし, V の (したがって U の) 一つの正規直交基底 $\{e_1, \cdots, e_n\}$ (および, それによる座標 φ_0) が固定されているものとする. $x \in V$ (または $x \in U$) のとき

$$\varphi_0(x) = \begin{pmatrix} \alpha_1 \\ \vdots \\ \alpha_n \end{pmatrix}, \ \alpha_i \in \boldsymbol{R} \ (\text{または} \ \varphi_0(x) = \begin{pmatrix} \xi_1 \\ \vdots \\ \xi_n \end{pmatrix}, \ \xi_i \in \boldsymbol{C})$$

ならば, (19.4) において

$$X_i = \alpha_i \quad (\text{または}, \ X_i = \xi_i)$$

とおくのである. 座標を φ_0 から φ に変える座標変換の行列が P ならば, 同じ x を新座標によって表わすベクトル $\varphi(x)$ は $P\varphi_0(x)$ となるから, 同じ2次形式 (または HERMITE 形式) の新座標による表現は,

$$(APX, \ PX) = (^tPAPX, \ X),$$
$$(HPX, \ PX) = (P^*HPX, \ X)$$

となる. ^tPAP (または P^*HP) を, 与えられた2次形式 (または HERMITE 形式) を座標 φ によって表わす行列という. 前項定理 26 からただちに

定理 28 適当な正規直交変換 φ によれば, 任意の与えられた2次形式は, 対角線型行列で表わされる. HERMITE 形式についても同様である,

系　φ_0 による変数ベクトル X を，適当な正規直交座標 φ で表わす変数ベクトルを Y とすれば，

$$(AX, X) = \alpha_1 Y_1{}^2 + \cdots + \alpha_n Y_n{}^2 \tag{19.5}$$

と表わされる．ここに α_i は A の固有値である．HERMITE 形式についても同様に，

$$(HX, X) = \beta_1 Y_1 \overline{Y}_1 + \cdots + \beta_n Y_n \overline{Y}_n \tag{19.5'}$$

となる．β_i は H の固有値である．　　（系終）

座標を φ_0 から上のような φ へ変換することを与えられた2次形式の**主軸変換**といい，φ を定める正規直交基底の方向をその**主軸の方向**ということがある．

例 2　§18, 例2の対称行列 $A = \begin{pmatrix} 1 & 3 & 0 \\ 3 & -1 & -1 \\ 0 & -1 & 1 \end{pmatrix}$ を用いて，2次形式 $f(X) = (AX, X) = X_1{}^2 - X_2{}^2 + X_3{}^2 - 2X_2X_3 + 6X_1X_2$ を作る．この $f(X)$ の主軸の方向を定め，かつ変換後の‘標準形’を求めること．

解　§18, 例2で計算した結果により，主軸を与える正規直交基底は（φ_0 による座標で表わせば），

$$l_1 = \begin{pmatrix} \dfrac{1}{\sqrt{10}} \\ 0 \\ \dfrac{3}{\sqrt{10}} \end{pmatrix}, \quad l_2 = \begin{pmatrix} \dfrac{3}{\sqrt{22-2\sqrt{11}}} \\ \dfrac{\sqrt{11}-1}{\sqrt{22-2\sqrt{11}}} \\ -\dfrac{1}{\sqrt{22-2\sqrt{11}}} \end{pmatrix}, \quad l_3 = \begin{pmatrix} \dfrac{3}{\sqrt{22+2\sqrt{11}}} \\ -\dfrac{\sqrt{11}+1}{\sqrt{22+2\sqrt{11}}} \\ -\dfrac{1}{\sqrt{22+2\sqrt{11}}} \end{pmatrix},$$

あるいは，方向だけを示せば，

$$l_1' = \begin{pmatrix} 1 \\ 0 \\ 3 \end{pmatrix}, \quad l_2' = \begin{pmatrix} 3 \\ \sqrt{11}-1 \\ -1 \end{pmatrix}, \quad l_3' = \begin{pmatrix} 3 \\ -\sqrt{11}-1 \\ -1 \end{pmatrix}.$$

変換後の‘標準形’は，

$$f(X) = Y_1{}^2 + \sqrt{11}\,Y_2{}^2 - \sqrt{11}\,Y_3{}^2$$

となる．

例 3　(19.5) において，$\min \alpha_i = \mu$, $\max \alpha_i = M$ とすれば，

$$\mu(x, x) \leqq (A\varphi_0(x), \quad \varphi_0(x)) \leqq M(x, x),$$

あるいは，変数ベクトル X に，任意の $x \in V$ の座標を代入したとき，（以下断わりなしに X

をこの意味に使うことがある.)

$$\mu(X, X) \leqq (AX, X) \leqq M(X, X).$$

解 $\mu \leqq \alpha_i \leqq M$ であるから $\mu Y_i^2 \leqq \alpha_i Y_i^2 \leqq MY_i^2$ $(i = 1, \cdots, n)$, したがって $\mu \sum_{i=1}^{n} Y_i^2 \leqq \sum_{i=1}^{n} \alpha_i Y_i^2 \leqq M \sum_{i=1}^{n} X_i^2$. φ_0, φ はいずれも正規直交基底であるから, $\sum_{i=1}^{n} Y_i^2 = |x| = (X, X)$. これと (19.5) を用いて, 上の関係が得られる.

これからただちに, 次の定理を得る.

定理 29 2次形式が X のすべての値に対して負の値をとらないための必要十分条件は, その行列の固有値に負のものがないことである. またさらにそのとき, $X = 0$ のときのほか 0 とならないための必要十分条件は, 固有値がすべて正なることである.

証明 μ を例3のように定義し, $\mu = \alpha_j$ とする. $\mu > 0$ ならば, $x \neq 0$ なる任意の x に対して, $(AX, X) \geqq \mu(x, x) > 0$. $\mu = 0$ ならば, 一般に $(AX, X) \geqq \mu(x, x) = 0$. しかも, $Y_j = 1$, $Y_i = 0\ (i \neq j)$ なる Y を与える $x (\neq 0)$ に対して, $(AX, X) = 0$. $\mu < 0$ ならば, 同上の Y を与える x に対して $(AX, X) < 0$.

例 4 HERMITE 形式 (HX, X) についても同様のことが成り立つ. X に任意の $x \in U$ の座標を代入したとき, $(HX, X) \in \boldsymbol{R}$ となることはすでに述べたが, 例2と同様に,

$$\mu(X, X) \leqq (HX, X) \leqq M(X, X).$$

ただし μ, M は, H の固有値の最小値および最大値である. 定理 29 は, そのまま HERMITE 形式にも通用する.

2次形式が定理 29 のはじめの条件を満足するとき, **半正値形式**であるといい, 後の条件を満足するとき, **定正値形式**または**正値形式**であるという.

定理 30 2次形式が正値形式であるための必要十分条件は, その行列のすべての首座行列式が正なることである.

証明 2次形式 (AX, X) において, A のすべての首座行列式が正であるとする. A の k 次の首座行列式の総和を S_k と書けば, $\Phi_A(T) = \sum_{i=0}^{n} (-1)^i S_{n-i} T^i$, ただし, $S_n = |A|$, $S_0 = 1$, $T^0 = 1$ とする (固有多項式の変数をここでは T で表わす). ここで S_{n-i} はすべて正である. したがって, $T \leqq 0$ ならば $\Phi_A(T) > 0$. ゆえに $\Phi_A(T) = 0$ の根, すなわち A の固有値はすべて正である. したがって定理 29 により, (AX, X) は定正値形式である.

逆に，(AX,X) が定正値形式であるとする．その固有値 $\alpha_1,\cdots,\alpha_n$ はすべて正であるから，$|A|=\alpha_1\cdots\alpha_n>0$．次に，$A$ の任意の首座行列式

$$A'=\begin{pmatrix}\alpha_{\nu_1\nu_1} & \alpha_{\nu_1\nu_2} & \cdots & \alpha_{\nu_1\nu_k}\\ \alpha_{\nu_2\nu_1} & \alpha_{\nu_2\nu_2} & \cdots & \alpha_{\nu_2\nu_k}\\ \vdots & \vdots & & \vdots\\ \alpha_{\nu_k\nu_1} & \alpha_{\nu_k\nu_2} & \cdots & \alpha_{\nu_k\nu_k}\end{pmatrix}$$

を考える．n 以下の自然数のうち $\nu_1,\nu_2,\cdots,\nu_k$ のいずれにも等しくないもの l に対しては $X_l=0$ となるような X 全体の集合は V の k 次元の部分空間 W を作る．そのとき

$$\begin{pmatrix}X_{\nu_1}\\ \vdots\\ X_{\nu_k}\end{pmatrix}=X'$$

とおけば，$X\in W$ に対して $(AX,X)=(A'X',X')$．よって $(A'X',X')$ は，k 変数 $X_{\nu_1},\cdots,X_{\nu_k}$ の定正値2次形式である．したがってその行列 A' の行列式は正である．$|A'|>0$．　　　　（証終）

例 5　$A=\begin{pmatrix}1&1&1\\1&2&3\\1&3&6\end{pmatrix}$ に対して (AX,X) は正値形式である．

解

$$|A|=\begin{vmatrix}1&1&1\\1&2&3\\1&3&6\end{vmatrix}=1.$$

2次の首座行列式は，$\begin{vmatrix}1&1\\1&2\end{vmatrix}=1$，$\begin{vmatrix}2&3\\3&6\end{vmatrix}=3$，$\begin{vmatrix}1&1\\1&6\end{vmatrix}=5$．1次の首座行列式は，1, 2, 6．すべての首座行列式が正であるから，(AX,X) は正値形式である．

実際，A の固有値を求めれば，$1,4\pm\sqrt{15}$ となって，それらはいずれも正である．

P は正則行列であるから，§9，例3によって，A と

$${}^tPAP=\begin{pmatrix}\alpha_1 & & 0\\ & \ddots & \\ 0 & & \alpha_n\end{pmatrix} \tag{19.6}$$

とは同じ階数をもつ．(19.6) の階数は，$\alpha_1,\cdots,\alpha_n$ のうち0でないものの数である．それを r とし，さらに正なるものの数を s，負なるものの数を t としよう；

$r=s+t,\ n=s+t+u,\ s,t,u\geqq 0$. 必要があれば α_i の番号をつけかえて

$$\alpha_1,\alpha_2,\cdots,\alpha_s>0,\quad \alpha_{s+1},\cdots,\alpha_r<0$$

とする. (*19.5*) において,

$$\left.\begin{array}{lll} 1\leqq i\leqq s & \text{に対しては} & \sqrt{\alpha_i}\,Y_i=Z_i, \\ s+1\leqq j\leqq r & \text{に対しては} & \sqrt{-\alpha_j}\,Y_j=Z_j, \\ r+1\leqq k\leqq n & \text{に対しては} & Y_k=Z_k \end{array}\right\} \tag{19.7}$$

とおけば, (*19.5*) の右辺は,

$$Z_1{}^2+\cdots+Z_s{}^2-Z_{s+1}^2-\cdots-Z_r{}^2,\quad r=s+t \tag{19.8}$$

となる. Y から Z への変換 (*19.7*) は一般にはもちろん直交変換ではないが, 行列

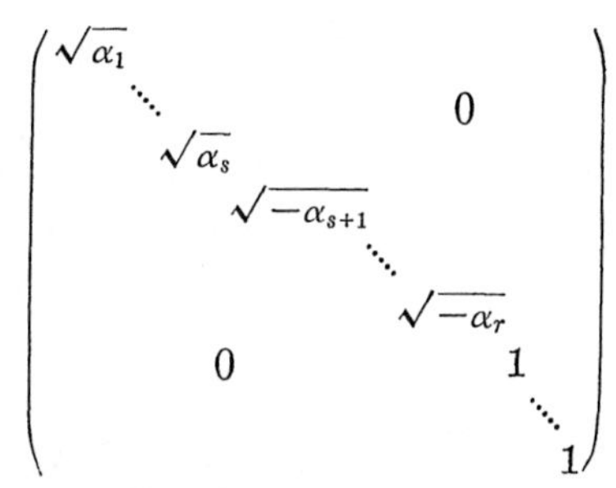

$$\begin{pmatrix} \sqrt{\alpha_1} & & & & & & & \\ & \ddots & & & & & 0 & \\ & & \sqrt{\alpha_s} & & & & & \\ & & & \sqrt{-\alpha_{s+1}} & & & & \\ & & & & \ddots & & & \\ & & & & & \sqrt{-\alpha_r} & & \\ & 0 & & & & & 1 & \\ & & & & & & & \ddots \\ & & & & & & & & 1 \end{pmatrix}$$

で表わされる正則変換である. 座標 φ からこの変換によって移る座標を ψ とすれば, ψ は一般に正規直交座標ではないが, とにかく V の座標であって, それによれば (AX,X) はさらに (*19.8*) のように簡単に表わされるのである.

定理 31 (SYLVESTER) V の適当な座標 $\psi^{(1)},\psi^{(2)}$ によって, (AX,X) が

$$(Z_1^{(1)})^2+\cdots+(Z_{s^{(1)}}^{(1)})^2-(Z_{s^{(1)}+1}^{(1)})^2-\cdots-(Z_{r^{(1)}}^{(1)})^2,$$
$$(Z_1^{(2)})^2+\cdots+(Z_{s^{(2)}}^{(2)})^2-(Z_{s^{(2)}+1}^{(2)})^2-\cdots-(Z_{r^{(2)}}^{(2)})^2$$

と表わされたとすれば, $s^{(1)}=s^{(2)},\ r^{(1)}=r^{(2)}$ となる.

証明 $r^{(1)},r^{(2)}$ はともに A の階数 r に等しいから, $r^{(1)}=r^{(2)}$. 次にたとえば $s^{(1)}<s^{(2)}$ から不合理が導かれることを示せばよい. そうすれば $s^{(1)}\geqq s^{(2)}$ とならなければならないが, 全く同じ理由で $s^{(2)}\geqq s^{(1)}$ ともならなければならないから, $s^{(1)}=s^{(2)}$ となるのである.

'$s^{(1)} < s^{(2)} \Rightarrow$ 不合理' の証明. 座標 $\psi^{(1)}$ から $\psi^{(2)}$ に移る座標変換の行列を (α_{ij}) とする. すなわち

$$Z_j^{(2)} = \sum_{i=1}^{n} \alpha_{ij} Z_i^{(1)}, \quad \alpha_{ij} \in R.$$

そうすれば

$$\begin{aligned}&(Z_1^{(1)})^2 + \cdots + (Z_{s^{(1)}}^{(1)})^2 - (Z_{s^{(1)}+1}^{(1)})^2 - \cdots - (Z_r^{(1)})^2 \\ &= (\sum_{i=1}^{n} \alpha_{i1} Z_i^{(1)})^2 + \cdots + (\sum_{i=1}^{n} \alpha_{is^{(2)}} Z_i^{(1)})^2 - (\sum_{i=1}^{n} \alpha_{is^{(2)}+1} Z_i^{(1)})^2 - \cdots - (\sum_{i=1}^{n} \alpha_{ir} Z_i^{(1)})^2.\end{aligned} \tag{19.9}$$

ここで

$$Z_1^{(1)} = \cdots = Z_{s^{(1)}}^{(1)} = Z_{r+1}^{(1)} = \cdots = Z_n^{(1)} = 0,$$

$$\sum_{i=1}^{n} \alpha_{is^{(2)}+1} Z_i^{(1)} = \cdots = \sum_{i=1}^{n} \alpha_{ir} Z_i^{(1)} = 0$$

なる $Z_i^{(1)}, i = 1, \cdots, n$ に関する同次 1 次方程式を考える. その個数は $s^{(1)} + (n-r) + (r - s^{(2)}) = n + s^{(1)} - s^{(2)} < n$. 未知数 $Z_i^{(1)}$ の数は n であって, 係数はすべて $\boldsymbol{R}$ の元であるから, すべての $Z_i^{(1)}$ が $=0$ 以外の解を $\boldsymbol{R}$ において有する. その解を (19.9) に代入すれば, 左辺 <0, 右辺 $\geqq 0$ となって不合理を生ずる.

(証終)

定理31によって, (AX, X) を V の適当な (必らずしも正規直交でない) 座標によって (19.8) のように表わすとき, s, t は一定である. (s, t) をこの2次形式の**符号定数**という.

例 6 $A = \begin{pmatrix} 1 & 2 & -3 \\ 2 & -1 & -1 \\ -3 & -1 & 4 \end{pmatrix}$ とするとき, 2次形式 (AX, X) の符号定数を求め, かつ (19.8) の形へ変換する行列を求めること.

解 $\Phi_A(T) = T^3 - 4T^2 - 15T = T(T^2 - 4T - 15)$.

よって固有値は, $2 \pm \sqrt{19}, 0$. したがって適当な直交行列 P により

${}^tPAP = \begin{pmatrix} 2+\sqrt{19} & 0 & 0 \\ 0 & 2-\sqrt{19} & 0 \\ 0 & 0 & 0 \end{pmatrix}$ さらにこれを $Q = \begin{pmatrix} \frac{1}{\sqrt{2+\sqrt{19}}} & 0 & 0 \\ 0 & \frac{1}{\sqrt{\sqrt{19}-2}} & 0 \\ 0 & 0 & 1 \end{pmatrix}$ で変

換して (19.8) の形

$$(AX, X) = Z_1^2 - Z_2^2 \tag{19.10}$$

が得られる. 符号定数は $s=1$, $t=1$, $u=1$ である.

ただし,上の直交行列 P を求める計算は非常にやっかいである. (19.10) への正規変換だけを求めるためには,変換の途中で直交変換 P を通過しないで,次のようにすればもっと簡単にできる.

まず, $\begin{vmatrix} 1 & 2 \\ 2 & -1 \end{vmatrix} = -5 \neq 0$, $|A| = 0$ であるから $r(A) = 2$. したがって, 1 次方程式 $A\begin{pmatrix} \xi_1 \\ \xi_2 \\ \xi_3 \end{pmatrix} = \begin{pmatrix} 0 \\ 0 \\ 0 \end{pmatrix}$ の独立な (すなわち 0 でない) 1 組の解が得られる. その解を使って $P = \left(\begin{array}{c|c} E_2 & \begin{matrix} \xi_1 \\ \xi_2 \end{matrix} \\ \hline 0\ 0 & \xi_3 \end{array}\right)$ とおき,変換 $X = PY$ を行えば,

$$(AX, X) = (APY, PY) = ({}^tPAPY, Y)$$

で

$${}^tPAP = \left(\begin{array}{c|c} E_2 & 0 \\ \hline \xi_1\xi_2 & \xi_3 \end{array}\right)\left(\begin{array}{c|c} A_0 & a \\ \hline {}^ta & \alpha \end{array}\right)\left(\begin{array}{c|c} E_2 & \begin{matrix} \xi_1 \\ \xi_2 \end{matrix} \\ \hline 0 & \xi_3 \end{array}\right) = \left(\begin{array}{c|c} A_0 & 0 \\ \hline 0 & 0 \end{array}\right)$$

となる. 今の場合,

$$\begin{pmatrix} \xi_1 \\ \xi_2 \\ \xi_3 \end{pmatrix} = \begin{pmatrix} 1 \\ 1 \\ 1 \end{pmatrix}, \quad P = \begin{pmatrix} 1 & 0 & 1 \\ 0 & 1 & 1 \\ 0 & 0 & 1 \end{pmatrix}, \quad {}^tPAP = \begin{pmatrix} 1 & 2 & 0 \\ 2 & -1 & 0 \\ 0 & 0 & 0 \end{pmatrix}$$

となる. よって,

$$(AX, X) = Y_1^2 + 4Y_1Y_2 - Y_2^2 = (Y_1 + 2Y_2)^2 - 5Y_2^2.$$

したがって次に,

$$\begin{cases} Z_1 = Y_1 + 2Y_2, \\ Z_2 = \sqrt{5}\,Y_2, \\ Z_3 = Y_3 \end{cases} \text{すなわち} \quad Y = P_1Z, \quad P_1 = \begin{pmatrix} 1 & -\dfrac{2}{\sqrt{5}} & 0 \\ 0 & \dfrac{1}{\sqrt{5}} & 0 \\ 0 & 0 & 1 \end{pmatrix}$$

と変換すれば,

$$(AX, X) = Z_1^2 - Z_2^2$$

となり, X から Z への変換の行例は,

$$PP_1 = \begin{pmatrix} 1 & 0 & 1 \\ 0 & 1 & 1 \\ 0 & 0 & 1 \end{pmatrix}\begin{pmatrix} 1 & -\dfrac{2}{\sqrt{5}} & 0 \\ 0 & \dfrac{1}{\sqrt{5}} & 0 \\ 0 & 0 & 1 \end{pmatrix} = \begin{pmatrix} 1 & -\dfrac{2}{\sqrt{5}} & 1 \\ 0 & \dfrac{1}{\sqrt{5}} & 1 \\ 0 & 0 & 1 \end{pmatrix}$$

となる．実際 ${}^t(PP_1)\cdot A\cdot(PP_1)=\begin{pmatrix}1&0&0\\0&-1&0\\0&0&0\end{pmatrix}$ となることは読者験証してみられよ．

例 7　n 変数 $X_1,\cdots,X_n$ の2次の多項式は，‘変数ベクトル X’ を用いれば，

$$f(X)=(AX,X)+aX+\alpha$$

の形に表わされる．(AX,X) は X の2次形式 (2次の‘同次部分’)，aX は X の1次形式 $\alpha_1X_1+\cdots+\alpha_nX_n$ (これは，${}^t\varphi_0(a)=(\alpha_1,\cdots,\alpha_n)$ なるベクトル a を用いれば，内積 (a,X) で表わされる)，α は‘絶対項’である．X は，n 次元 EUCLID 空間 V のベクトルを動くものとし，$f(X)=0$ (ただし $A\neq 0$) を満足する座標 X をもつ‘点’の集合 $C(f)$ を，V における**2次超曲面**という．$n=2$ ならば $C(f)$ は**2次曲線**，$n=3$ ならばふつうの意味の**2次曲面**である．2次超曲面は，A の符号定数によって‘分類’される．たとえば2次曲線の場合，$1\leqq s+t=r\leqq n=2$ であるが，$s=2,\ t=0$ または $s=0,\ t=2$ の場合 $C(f)$ は楕円，$s=t=1$ の場合は双曲線，$r=1$ の場合は一般に放物線となる．

§20　多重線型写像．テンソル積

§16～§19 では EUCLID 空間やユニタリ空間を扱ってきたが，この §20 では再び任意の体 K の上のベクトル空間を考える．この節では K を固定して考えるから，‘K の上の’ということをいちいち断わらない．また，有限次元のベクトル空間だけをとり扱うから，それも今後は断わらない．

§12 で，行列式の性質に関連して次のような‘函数 $\mathfrak{D}$’を考えた．$\mathfrak{D}(x_1,\cdots,x_n)$ は $x_i\in V$ (V は n 次元のベクトル空間) に対して定義され，K の値をとり，しかも x_i 以外の‘変数’を固定して $\mathfrak{D}(x_1,\cdots,x_n)$ を x_i だけの函数と考えるとき――そのとき，その x_i の函数を $\mathfrak{D}^i(x_i)$ と記した――$\mathfrak{D}^i(x_i)$ は $\mathfrak{L}(V,K)$ の元である――これを拡張して，次の概念が得られる．

$V_1,\cdots,V_m,V$ を線型空間とし，‘函数’ $f(x_1,\cdots,x_m)$ は，$x_1\in V_1,\cdots,x_m\in V_m$ に対して定義され，V の値をとるものとする．$x_1,\cdots,x_m$ のうち x_i 以外を固定し，$f(x_1,\cdots,x_m)$ を x_i だけの函数と考えるとき，$f_i(x_1^0,\cdots,x_{i-1}^0,x_i,x_{i+1}^0,\cdots,x_m^0)$，あるいは略して $f_i(x_i)$ と書くことにする．そのときすべての f_i (すなわち: $x_1^0,\cdots,x_{i-1}^0,x_{i+1}^0,\cdots,x_m^0$ をどのようにとっても，また i を $1,\cdots,m$ のどれとしても) が $\mathfrak{L}(V_i,V)$ の元ならば，f を $V_1,\cdots,V_m$ から V への**多重** (くわしくは **m 重**) **線型写像**といい，これらの多重線型写像全体の集合を $\mathfrak{L}(V_1,\cdots,V_m;V)$ で表わす．

例 1 1重線型写像は単なる線型写像に外ならない.

'2重' の代りに '双' という語が用いられることがある. また $V=K$ の場合, '写像' の代りに '形式' と呼ばれることがある. たとえば, **双1次形式**は $\mathfrak{L}(V_1, V_2; K)$ の元である.

今後命題60までは, $V_1, \cdots, V_m, V$ を固定して考えるから, $\mathfrak{L}(V_1, \cdots, V_m; V)$ を略して単に $\mathfrak{L}$ と書く.

命題 58 $\mathfrak{L} \ni f, g, \ \alpha \in K$ に対して

$$(f+g)(x_1, \cdots, x_m) = f(x_1, \cdots, x_m) + g(x_1, \cdots, x_m),$$

$$(\alpha f)(x_1, \cdots, x_m) = \alpha f(x_1, \cdots, x_m)$$

によって $f+g, \alpha f$ を定義すれば, $\mathfrak{L}$ は線型空間となる.

証明は明らかであろう. 以下, $\dim V_i = n_i$, φ_i は V_i の座標, $a_1^{(i)}, \cdots, a_{n_i}^{(i)}$ は φ_i を定める V_i の基底, $\dim V = n$, φ は V の座標, $a_1, \cdots, a_n$ は φ を定める V の基底とする.

命題 59 $f \in \mathfrak{L}$ のとき, $f(x_1, \cdots, x_m)$ の値は, $\varphi_i(x_i)$, および V の $n_1 \cdots n_m$ 個の元

$$f(a_{k_1}^{(1)}, \cdots, a_{k_m}^{(m)}), \quad 1 \leqq k_i \leqq n_i \tag{20.1}$$

によって定まる. また, $x_{k_1, \cdots, k_m}$ $(1 \leqq k_i \leqq n_i)$ を V の $n_1 \cdots n_m$ 個の任意の元とするとき, (*20.1*) の値が $x_{k_1, \cdots, k_m}$ となるような $\mathfrak{L}$ の元 f が一意的に存在する.

証明 $\varphi_i(x_i) = \begin{pmatrix} \lambda_{i1} \\ \vdots \\ \lambda_{in_i} \end{pmatrix}$, すなわち $x_i = \sum_{k_i=1}^{n_i} \lambda_{ik_i} a_{k_i}^{(i)}$

とすれば, 多重線型性から明らかに

$$f(x_1, \cdots, x_m) = \sum \lambda_{1k_1} \cdots \lambda_{mk_m} f(a_{k_1}^{(1)}, \cdots, a_{k_m}^{(m)}). \tag{20.2}$$

すなわち, $f(x_1, \cdots, x_m)$ の値は, $\varphi_i(x_i)$ と (*20.1*) の値によって定まる. また, (*20.1*) の値を $x_{k_1 \cdots k_m}$ と定め, $f(x_1, \cdots, x_m)$ の値は (*20.2*) によって定めれば, f は明らかに $\mathfrak{L}$ の元となる.

命題 60 $1 \leqq j_i \leqq n_i$ $(i=1, \cdots, m)$ に対し, 命題59の記法で,

$$\begin{cases} x_{j_1\cdots j_m} = a_k, \\ k_1 = j_1, \ \cdots, \ k_m = j_m \ \text{でない限り} \ x_{k_1\cdots k_m} = 0 \end{cases} \tag{20.3}$$

によって定まる $\mathfrak{L}$ の元を $f_{j_1,\cdots,j_m;k}$ とすれば，これらの $n_1\cdots n_m n$ 個の元が $\mathfrak{L}$ の基底となる.

証明 $\sum \lambda_{j_1,\cdots,j_m;k} f_{j_1,\cdots,j_m;k} = f$ とすれば，$f(a_{j_1}^{(1)}, \cdots, a_{j_m}^{(m)}) = \lambda_{j_1,\cdots,j_m;k} a_k$. ゆえに $f=0$ ならば $\lambda_{j_1,\cdots,j_m;k} = 0$. すなわち，$f_{j_1,\cdots,j_m;k}$ は独立である．また，f を $\mathfrak{L}$ の任意の元とし，f に対する (*20.1*) の値 $x_{k_1,\cdots,k_m} = \sum_{k=1}^{n} \lambda_{k_1,\cdots,k_m;k} a_k$ とすれば，明らかに，$f = \sum \lambda_{k_1\cdots k_m;k} f_{k_1,\cdots,k_m;k}$ となる.

系 $\dim \mathfrak{L} = \dim V_1 \cdot \dim V_2 \cdots \dim V_m \cdot \dim V$.

命題60の基底によって得られる $\mathfrak{L}$ の座標は，$\varphi_1, \cdots, \varphi_m, \varphi$ で定まるから，$(\varphi_1, \cdots, \varphi_m; \varphi)$ で表わす.

注意 1 座標 $(\varphi_1, \varphi_2, \cdots, \varphi_n; \varphi)$ の定め方においては，基底の順序が問題となるが，それについては，後の例2の前 (p. 118) を参照.

注意 2 (*20.3*) は次のように書いてもよい.

$$f_{j_1,\cdots,j_m;k}(a_{k_1}^{(1)}, \cdots, a_{k_m}^{(m)}) = \left(\prod_{i=1}^{m} \delta_{j_i k_i}\right) a_k. \tag{20.3'}$$

定理 32 体 K の上の有限次元のベクトル空間 $V_1, \cdots, V_m$ に対して，次の性質 (i), (ii) をもつ K の上のベクトル空間 T が存在する.

(i) $V_1, \cdots, V_m$ から T への一定の多重線型写像 τ が存在し，T は $\tau(x_1, \cdots, x_m)$, $x_i \in V_i$ で生成せられる.

(ii) $V_1, \cdots, V_m$ から K の上の任意のベクトル空間 V への多重線型写像 f があったとすれば，T から V への線型写像 F が一意的に存在して

$$(V_1, \cdots, V_m) \xrightarrow{\tau} T, \quad f: (V_1, \cdots, V_m) \to V, \quad F: T \to V$$

$$f = F \circ \tau \tag{A}$$

となる.

また，T の外に，性質 (i),(ii) をもつ K の上のベクトル空間 T' があったとし，$V_1, \cdots, V_m$ から T' への (i) による一定の多重線型写像を τ' とすれば，T から T' への同型写像 σ があって，

$$\tau' = \sigma\circ\tau,$$
$$\tau = \sigma^{-1}\circ\tau'$$

$$\begin{array}{ccc} (V_1, \cdots, V_m) & \longrightarrow & T \\ & \searrow & \sigma^{-1}\uparrow\downarrow\sigma \\ & & T' \end{array}$$

となる.

証明 後半の‘T の一意性’をまず証明しよう. $V = T'$ として (ii) を用いれば, $\tau' = \sigma\circ\tau$ となるような $\sigma \in \mathfrak{L}(T, T')$ が存在し, T', T を入れかえて同様に考えれば, $\tau = \sigma'\circ\tau'$ となるような $\sigma' \in \mathfrak{L}(T', T)$ が存在する. したがって $\tau = \sigma'\circ\sigma\circ\tau$. (i) により T は $\tau(x_1, \cdots, x_m)$ から生成されるから, T の任意の元 t に対して $\sigma'(\sigma(t)) = t$. すなわち $\sigma'\circ\sigma$ は T の恒等写像となる. 同様に $\sigma\circ\sigma'$ は T' の恒等写像となるから, $\sigma' = \sigma^{-1}$. したがって σ は同型写像となる.

次に‘T の存在’を証明しよう. それには, V_i の双対空間 (§10) を $\widehat{V}_i$, その元を一般に ξ_i で表わし,

$$\mathfrak{L}(\widehat{V}_1, \cdots, \widehat{V}_m; K) = T \tag{20.4}$$

とおいて, τ を次のように定義すればよい.

$$\tau(x_1, \cdots, x_m)(\xi_1, \cdots, \xi_m) = (\xi_1, x_1)\cdots(\xi_m, x_m). \tag{20.5}$$

(i) (*20.5*) で定義された $\tau(x_1, \cdots, x_m)$ が実際 T の元であって, かつ $\tau \in \mathfrak{L}(V_1, \cdots, V_m; T)$ であることは明らかである. 座標 φ_i の双対座標を $\hat{\varphi}_i$, それを与える基底を $\{\hat{a}_1^{(i)}, \cdots, \hat{a}_{n_i}^{(i)}\}$ とするとき, T の座標 $(\hat{\varphi}_1, \cdots, \hat{\varphi}_m)$ を与える基底は,

$$f_{j_1, \cdots, j_m}(\hat{a}_{k_1}^{(1)}, \cdots, \hat{a}_{k_m}^{(m)}) = \prod_{i=1}^{m} \delta_{j_i k_i} \tag{20.6}$$

なる $f_{j_1, \cdots, j_m}$ から成るが, (*20.5*) によれば,

$$\tau(a_{j_1}^{(1)}, \cdots, a_{j_m}^{(m)}) = f_{j_1, \cdots, j_m}$$

とおけばちょうど (*20.6*) のようになるから, T はこれらの $n_1\cdots n_m$ 個の元 $\tau(a_{j_1}^{(1)}, \cdots, a_{j_m}^{(m)})$ によって生成される.

(ii) $f(a_{j_1}^{(1)}, \cdots, a_{j_m}^{(m)}) = x_{j_1, \cdots, j_m} \in V$ とすれば, (A) が成り立つためには,

$$F(\tau(a_{j_1}^{(1)}, \cdots, a_{j_m}^{(m)})) = x_{j_1\cdots j_m} \tag{20.7}$$

としなければならない. また, 上に示したように, $\tau(a_{j_1}^{(1)}, \cdots, a_{j_m}^{(m)})$ は T の基底であるから, (*20.7*) によって $F \in \mathfrak{L}(T, V)$ が定まる. (証終)

定理 32 の性質 (i), (ii) をもつベクトル空間 T を, $V_1, \cdots, V_m$ の**テンソル積**と

いい，$V_1\otimes\cdots\otimes V_m$ または $\bigotimes_{i=1}^{m} V_i$ で表わす．また，$\tau(x_1, \cdots, x_m)$ を $x_1\otimes\cdots\otimes x_m$ または $\bigotimes_{i=1}^{m} x_i$ で表わす．τ は多重線型写像であるから，たとえば

$$x_1\otimes(x_2+y_2) = x_1\otimes x_2+x_1\otimes y_2,$$
$$x_1\otimes\alpha x_2 = \alpha(x_1\otimes x_2).$$

また $\dim\widehat{V}_i = \dim V_i = n_i$ であるから命題60系により，

$$\dim(V_1\otimes\cdots\otimes V_m) = \dim V_1\cdots\dim V_m.$$

かつ，上に示したように，$a_{j_1}^{(1)}\otimes\cdots\otimes a_{j_m}^{(m)}$ $(1\leqq j_i\leqq n_i)$ が $V_1\otimes\cdots\otimes V_m$ の基底となる．この基底を構成する $n_1\cdots n_m$ 個の元のうち任意の二つの元 $a=a_{j_1}^{(1)}\otimes\cdots\otimes a_{j_m}^{(m)}$ と $a'=a_{j_1'}^{(1)}\otimes\cdots\otimes a_{j_m'}^{(m)}$ において $j_1=j_1'$, $\cdots$, $j_\nu=j_\nu'$, $j_{\nu+1}<j_{\nu+1}'$ であるならば a を a' より前におくことにする．この順序によって定めた座標を $(\varphi_1, \cdots, \varphi_m)$ で表わす．

例 2 $V_1=[a_1, a_2]$, $V_2=[b_1, b_2, b_3]$, $V_3=[c_1, c_2]$ とすれば，

$$\begin{aligned} V_1\otimes V_2\otimes V_3 = [&a_1\otimes b_1\otimes c_1,\ a_1\otimes b_1\otimes c_2,\ a_1\otimes b_2\otimes c_1,\ a_1\otimes b_2\otimes c_2,\\ &a_1\otimes b_3\otimes c_1,\ a_1\otimes b_3\otimes c_2,\ a_2\otimes b_1\otimes c_1,\ a_2\otimes b_1\otimes c_2,\\ &a_2\otimes b_2\otimes c_1,\ a_2\otimes b_2\otimes c_2,\ a_2\otimes b_3\otimes c_1,\ a_2\otimes b_3\otimes c_2] \end{aligned}$$

で，基底をこの順序にとって定めた $V_1\otimes V_2\otimes V_3$ の座標が $(\varphi_1, \varphi_2, \varphi_3)$ である．

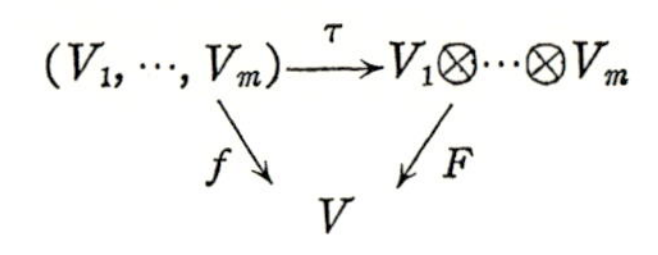

例 3 右の図式の f と F を対応させれば，$\mathfrak{L}(V_1, \cdots, V_m; V)$ と $\mathfrak{L}(V_1\otimes\cdots\otimes V_m, V)$ の同型写像が得られる．

命題 61 $V_1\otimes V_2$ と $V_2\otimes V_1$ は，$x_1\otimes x_2\to x_2\otimes x_1$ なる対応で同型となる．

証明 $\tau(x_1, x_2)=x_1\otimes x_2$, $\tau'(x_1, x_2)=x_2\otimes x_1$ とすれば，$\tau\in\mathfrak{L}(V_1, V_2; V_1\otimes V_2)$, $\tau'\in\mathfrak{L}(V_1, V_2; V_2\otimes V_1)$．これについて (ii) を用い，定理32の一意性の証明と同様に考えればよい．

(V_1, V_2) τ $V_1\otimes V_2$ σ' σ τ' $V_2\otimes V_1$

次の命題も全く同様である．

命題 62 $(V_1\otimes V_2)\otimes V_3\cong V_1\otimes(V_2\otimes V_3)\cong V_1\otimes V_2\otimes V_3$.

例 4 $V\otimes K\cong V$, $x\to 1\otimes x$ が標準的な同型写像である．

例 5 $x_1\otimes x_2$ の多重線型性から，$x_1\otimes 0=0\otimes x_2=0$．また，$x_1\otimes x_2=0$ ならば $x_1=0$

または $x_2=0$. ($x_1 \neq 0$, $x_2 \neq 0$ ならば, x_1, x_2 をそれぞれ V_1, V_2 の基底の元としてとることができ, したがって $x_1 \otimes x_2$ を $V_1 \otimes V_2$ の基底の元としてとることができる.)

命題 63 f_i を, ベクトル空間 V_i からベクトル空間 W_i への線型写像; $f_i \in \mathfrak{L}(V_i, W_i)$, $i=1, \cdots, m$ とすれば, $V_1 \otimes \cdots \otimes V_m \ni x_1 \otimes \cdots \otimes x_m$ に $f_1(x_1) \otimes \cdots \otimes f_m(x_m) \in W_1 \otimes \cdots \otimes W_m$ を対応させる $\mathfrak{L}(V_1 \otimes \cdots \otimes V_m, W_1 \otimes \cdots \otimes W_m)$ の元 f が, 一意的に存在する.

証明 $\mathfrak{L}(V_1 \otimes \cdots \otimes V_m, W_1 \otimes \cdots \otimes W_m)$ の元 f は, $V_1 \otimes \cdots \otimes V_m$ の基底 $a_{k_1}^{(1)} \otimes \cdots \otimes a_{k_m}^{(m)}$ に対する値 $f(a_{k_1}^{(1)} \otimes \cdots \otimes a_{k_m}^{(m)})$ が与えられれば, それで一意的に定まる. 今,

$$f(a_{k_1}^{(1)} \otimes \cdots \otimes a_{k_m}^{(m)}) = f_1(a_{k_1}^{(1)}) \otimes \cdots \otimes f_m(a_{k_m}^{(m)}) \tag{20.8}$$

とすれば, 明らかに $f(x_1 \otimes \cdots \otimes x_m) = f_1(x_1) \otimes \cdots \otimes f_m(x_m)$ となる. この f が求めるものである. (証終)

系 $\otimes \mathfrak{L}(V_i, W_i)$ の元 $\otimes f_i$ に上の f を対応させれば, $\otimes \mathfrak{L}(V_i, W_i)$ から $\mathfrak{L}(\otimes V_i, \otimes W_i)$ の上への同型写像が得られる. (系終)

通常, $\otimes f_i$ を f と同一視して, f を f_i のテンソル積または **KRONECKER** 積という.

V_i, W_i の座標をそれぞれ φ_i, ψ_i とすれば, $\otimes V_i, \otimes W_i$ はそれぞれ座標 $(\varphi_1, \cdots, \varphi_m)$, $(\psi_1, \cdots, \psi_m)$ を有する. φ_i, ψ_i によって f_i を表わす行列を F_i とすれば, $f = \otimes f_i$ を座標 $(\varphi_1, \cdots, \varphi_m)$, $(\psi_1, \cdots, \psi_m)$ によって表わす行列はどうなるであろうか. $F_i = (\alpha_{jk}^{(i)})$ とすれば,

$$f_i(a_{k_i}^{(i)}) = \sum_{j_i=1}^{l_i} \alpha_{j_i k_i}^{(i)} b_{j_i}^{(i)} \quad \begin{pmatrix} l_i = \dim W_i, \ b_1, \cdots, b_{l_i} \text{ は,} \\ \psi_i \text{ を定める } W_i \text{ の基底} \end{pmatrix}$$

であるから, (20.8) から

$$f(a_{k_1}^{(1)} \otimes \cdots \otimes a_{k_m}^{(m)}) = \sum_{j_1=1}^{l_1} \cdots \sum_{j_m=1}^{l_m} \alpha_{j_1 k_1}^{(1)} \cdots \alpha_{j_m k_m}^{(m)} b_{j_1}^{(1)} \otimes \cdots \otimes b_{j_m}^{(m)}. \tag{20.9}$$

$V_1 \otimes \cdots \otimes V_m$ の座標 $(\varphi_1, \cdots, \varphi_m)$ を定める基底はちょうど $a_{k_1}^{(1)} \otimes \cdots \otimes a_{k_m}^{(m)}$, $1 \leq k_i \leq n_i$, $W_1 \otimes \cdots \otimes W_m$ の座標 $(\psi_1, \cdots, \psi_m)$ を定める基底は $b_{j_1}^{(1)} \otimes \cdots \otimes b_{j_m}^{(m)}$, $1 \leq j_i \leq l_i$ であるから, 座標 $(\varphi_1, \cdots, \varphi_m)$, $(\psi_1, \cdots, \psi_m)$ によって f を表わす行列は明らかに $(\prod \dim W_i, \prod \dim V_i)$ 型の行列 $F = (\alpha_{j_1 k_1}^{(1)} \cdots \alpha_{j_m k_m}^{(m)})$ である. この行列

F は，写像 $F_i \in \mathfrak{L}(K^{n_i}, K^{l_i})$ のテンソル積 $F_1 \otimes \cdots \otimes F_m$ に外ならない．

例 6　$F_1 = \begin{pmatrix} \alpha_{11} & \alpha_{12} \\ \alpha_{21} & \alpha_{22} \\ \alpha_{31} & \alpha_{32} \end{pmatrix}$，　$F_2 = (\beta_1, \beta_2, \beta_3)$ ならば，

$$F_1 \otimes F_2 = \begin{pmatrix} \alpha_{11}\beta_1 & \alpha_{11}\beta_2 & \alpha_{11}\beta_3 & \alpha_{12}\beta_1 & \alpha_{12}\beta_2 & \alpha_{12}\beta_3 \\ \alpha_{21}\beta_1 & \alpha_{21}\beta_2 & \alpha_{21}\beta_3 & \alpha_{22}\beta_1 & \alpha_{22}\beta_2 & \alpha_{22}\beta_3 \\ \alpha_{31}\beta_1 & \alpha_{31}\beta_2 & \alpha_{31}\beta_3 & \alpha_{32}\beta_1 & \alpha_{32}\beta_2 & \alpha_{32}\beta_3 \end{pmatrix}.$$

一般に，$F_1 = (\alpha_{jk})$ ならば，

$$F_1 \otimes F_2 = \begin{pmatrix} \alpha_{11}F_2 & \alpha_{12}F_2 & \cdots & \alpha_{1n}F_2 \\ \alpha_{21}F_2 & \alpha_{22}F_2 & \cdots & \alpha_{2n}F_2 \\ \vdots & \vdots & & \vdots \\ \alpha_{n1}F_2 & \alpha_{n2}F_2 & \cdots & \alpha_{nn}F_2 \end{pmatrix}.$$

例 7　$f_1, g_1 \in \mathfrak{L}(V_1, W_1)$，$\alpha \in K$ のとき，

$$(f_1 + g_1) \otimes f_2 \otimes \cdots \otimes f_m = f_1 \otimes f_2 \otimes \cdots \otimes f_m + g_1 \otimes f_2 \otimes \cdots \otimes f_m,$$
$$(\alpha f_1) \otimes f_2 \otimes \cdots \otimes f_m = \alpha(f_1 \otimes f_2 \otimes \cdots \otimes f_m).$$

例 8　$f_i \in \mathfrak{L}(V_i, W_i)$，$g_i \in \mathfrak{L}(W_i, U_i)$ ならば，

$$(g_1 \otimes \cdots \otimes g_m) \circ (f_1 \otimes \cdots \otimes f_m) = (g_1 \circ f_1) \otimes \cdots \otimes (g_m \circ f_m).$$

したがって，行列のテンソル積についても，例7,8と同様の式が成り立つ．

負でない整数 p, q とベクトル空間 V が与えられたとき，p 個の V と q 個の $\hat{V}$ とのテンソル積

$$\underbrace{V \otimes \cdots \otimes V}_{p\text{個}} \otimes \underbrace{\hat{V} \otimes \cdots \otimes \hat{V}}_{q\text{個}}$$

(このテンソル積を作る順序は変えても，命題61,62によって，できる空間の間には‘標準的な’同型関係が成り立つ)を V の上の **(p, q) 型テンソル空間**といい，$T_q^p(V)$ で表わす．$T_q^0(V)$ は単に $T_q(V)$，$T_0^p(V)$ は単に $T^p(V)$ とも書く．$T_0^0(V)$ は K とする．

例 9　$T^1(V) = V$，　$T_1(V) = \hat{V}$，　$\dim T_q^p(V) = (\dim V)^{p+q}$．

そこで，直和空間 $\sum_{p,q \geqq 0} \otimes T_q^p(V)$ を $T(V)$ で表わし，これを V の上の**テンソル空間**，その元を V の上の**テンソル**という．とくに $T_0^0(V) = K$ の元はスカラー，$T^1(V) = V$ の元はベクトルに外ならない．V の元は**反変ベクトル**ともいい，それに対して $T_1(V) = \hat{V}$ の元は**共変ベクトル**ともいう．$T_q^p(V)$ の元は**反変 p**

階共変 q 階のテンソルといい, $p>0, q>0$ のときは**混合テンソル**とも呼ばれる.

例 10　$T(V)$ は K の上の無限次元のベクトル空間であるが, $T_q^p(V)$ の元と $T_{q'}^{p'}(V)$ の元のテンソル積は明らかに $T_{q+q'}^{p+p'}(V)$ の元となるから, $T(V)$ はこの‘テンソル乗法’によって環をなし, しかも K の上の多元環 (§7) となる. それを V の上の**テンソル多元環**または**テンソル代数**と呼ぶ.

V の座標 φ を定めれば, $\hat{V}$ には双対座標 $\hat{\varphi}$ が定まり, $T_q^p(V)$ には座標 $(\underbrace{\varphi, \cdots, \varphi}_{p\text{個}}, \underbrace{\hat{\varphi}, \cdots, \hat{\varphi}}_{q\text{個}})$ が定まる. この座標を φ_q^p で表わせば, φ_q^p を定める $T_q^p(V)$ の基底は, $a_{j_1}\otimes\cdots\otimes a_{j_p}\otimes\hat{a}_{k_1}\otimes\cdots\otimes\hat{a}_{k_q}$, $1\leqq j_i\leqq n$, $1\leqq k_l\leqq n$ である. $T_q^p(V)$ の任意の元 x は

$$x=\sum \xi_{j_1\cdots j_pk_1\cdots k_q}a_{j_1}\otimes\cdots\otimes a_{j_p}\otimes\hat{a}_{k_1}\otimes\cdots\otimes\hat{a}_{k_q}$$

の形に表わされる. $(\dim V)^{p+q}$ 個の K の元 $\xi_{j_1\cdots j_pk_1\cdots k_q}$ が x の φ_q^p による座標である. ‘反変’に関する番号は上肩に記して, これを $\xi_{k_1\cdots k_q}^{j_1\cdots j_p}$ というように書く習慣である.

V の座標を φ から ψ に変えれば, $T_q^p(V)$ の座標も φ_q^p から ψ_q^p に変えられる. x の ψ_q^p による座標を $\eta_{k_1\cdots k_q}^{j_1\cdots j_p}$ としよう. φ から ψ への変換の行列を $P=(\pi_{hl})$ とすれば, $\hat{V}$ の座標 $\hat{\varphi}$ から $\hat{\psi}$ への変換の行列は ${}^tP=(\pi_{lh})$ であるから, 命題 63 の後に記したところによって, φ_q^p から ψ_q^p への変換の行列は $P\otimes\cdots\otimes P\otimes{}^tP\otimes\cdots\otimes{}^tP$ となる. π_{hl} を習慣にしたがって π_l^h と記すことにすれば,

$$\eta_{k_1\cdots k_q}^{j_1\cdots j_p}=\sum_{l_1=1}^{n}\cdots\sum_{l_p=1}^{n}\sum_{h_1=1}^{n}\cdots\sum_{h_q=1}^{n}\pi_{l_1}^{j_1}\cdots\pi_{l_p}^{j_p}\pi_{k_1}^{h_1}\cdots\pi_{k_q}^{h_q}\xi_{h_1\cdots h_q}^{l_1\cdots l_p}. \tag{20.10}$$

このような式では, 和の記号 $\sum_{l_1=1}^{n}\cdots\sum_{l_p=1}^{n}\sum_{h_1=1}^{n}\cdots\sum_{h_q=1}^{n}$ は **EINSTEIN の規約**と称してはぶく習慣がある. EINSTEIN は, 相対性理論の記述にテンソル算を頻繁に応用し, その際記法を簡略にするためにこの規約を導入したのである. (本によつては, テンソルは座標変換に当って (*20. 10*) のように変換される成分をもつ‘量’として定義されている.)

最後に §18 で用いた実数体 $\boldsymbol{R}$ 上の有限次元ベクトル空間 V に対する複素化 $\tilde{V}$ の存在を証明しよう.

複素数体 $\boldsymbol{C}$ は $\boldsymbol{R}$ 上の 2 次元ベクトル空間であるからテンソル積 $\boldsymbol{C}\otimes V$ が定

義される．$\boldsymbol{C}\otimes V$ は，$\boldsymbol{R}$ 上のベクトル空間として定義されたのであるが，$\boldsymbol{C}\otimes V$ の元と複素数の積とを以下のように定義することによって，$\boldsymbol{C}\otimes V$ を $\boldsymbol{C}$ 上のベクトル空間と考えることができる．$\lambda\in\boldsymbol{C}$ に対して，$f_\lambda(\xi, x)=(\lambda\xi)\otimes x$ で定義される $\boldsymbol{C}, V$ から $\boldsymbol{C}\otimes V$ への写像 f_λ は双一次写像であるから，$\boldsymbol{C}\otimes V$ から $\boldsymbol{C}\otimes V$ への線型写像 F_λ がただ一つ存在して $F_\lambda(\xi\otimes x)=(\lambda\xi)\otimes x$ が任意の $\xi\in\boldsymbol{C}, x\in V$ に対して成り立つ．今 $\lambda z=F_\lambda(z)$ により $\lambda\in\boldsymbol{C}$ と $z\in\boldsymbol{C}\otimes V$ の積 λz を定義すれば，この定義が B1—B5 を満たすことはただちに確かめられる．たとえば B2 は F_λ が線型写像であることから明らかであり，B3 は $f_\lambda+f_\mu=f_{\lambda+\mu}$，したがって $F_\lambda+F_\mu=F_{\lambda+\mu}$ となることに外ならない．また今定義した積 λz は λ が実数なるときには初めから $\boldsymbol{C}\otimes V$ の中で定義されている実数 λ と z の積と一致する．このようにして $\boldsymbol{C}\otimes V$ を $\boldsymbol{C}$ 上のベクトル空間と考え，これを $\widetilde{V}$ と記すことにすれば，$\widetilde{V}$ がわれわれの求めるものとなるのである．

命題 64　上に定義した $\boldsymbol{C}$ 上のベクトル空間 $\widetilde{V}$ は V の複素化である．

証明　(i) $\varphi(x)=1\otimes x$ とすれば明らかに φ は V から $\boldsymbol{C}\otimes V$ への（実）線型写像である．(ii) $e_1, \cdots, e_n$ が V の基底ならば $1\otimes e_k, \sqrt{-1}\otimes e_k; k=1, \cdots, n$ が $\boldsymbol{C}\otimes V$ の基底である．ところが $\sqrt{-1}\otimes x_k=\sqrt{-1}\varphi(e_k)$ であるから $\boldsymbol{C}$ 上では $\widetilde{V}$ は $\varphi(e_1), \cdots, \varphi(e_n)$ から生成される．ところが $\sum\alpha_k\varphi(e_k)=0$ ならば $\alpha_k=b_k+\sqrt{-1}c_k$; $b_k, c_k\in\boldsymbol{R}$ とするとき $\sum\{b_k(1\otimes e_k)+c_k(\sqrt{-1}\otimes e_k)\}=0$ となるから $b_k=c_k=0$，すなわち $\alpha_k=0; k=1, \cdots, n$ であるから $\varphi(e_1), \cdots, \varphi(e_n)$ が $\widetilde{V}$ の基底となる．　　　　　　　　　　　　　　　　　　　　　　（証終）

最後によく用いられる次の命題を挙げておく．証明は読者におまかせする．

命題 65　同一の体 K 上の二つの有限次元ベクトル空間 V, W が与えられたとする．

Vの双対空間を $\hat{V}$ とするとき $\hat{V}\otimes W$ の元 $\hat{x}\otimes y$ を V から W への線型写像 $x\to(x, \hat{x})y$ に対応させる $\hat{V}\otimes W$ から $\mathfrak{L}(V, W)$ への線型写像は，この二つのベクトル空間の間の同型写像である．

第 2 章　群, BOOLE 代数, 有限体

この短かい第2章では, 群, BOOLE 代数, 有限体という3種の代数系について, それぞれ簡単に解説する. このうち群は, 数学一般について基本的な意味をもつが, BOOLE 代数, 有限体はかなり特殊な代数系である. 三者の間に特に密接な関係はない. ただ, これらの代数系は, 新しい応用数学のいろいろな部面で用いられているにもかかわらずこれらに関する基本的事項の解説を簡単に与えたものがあまりないので, このところでそれを述べることとしたのである.

第1章では, 線型代数についてともかく体系的に説明を進めることができた. 次の第3章では, 有限群の表現論をやはり一応体系的に展開するつもりである. しかしこの第2章は, 上のような三つの代数系を扱ったものであるため, 章全体に一貫した体系はたてられない. その点あらかじめ読者の御了解を得たい. (なお, 本章の群の部分は, 第3章への準備として必要である.)

§21　変換群の概念について

代数系としての群を定義することは容易であるが, それだけでははじめてこの概念に接しられる読者には, ‘あまりに抽象的’な考え方として受け取られる危険がある. やはり歴史的な順序に従って, 変換群の概念の説明から始めることにしよう.

群 (group) という語を数学史上はじめて用いたのは GALOIS であった. この概念によって, LAGRANGE などの‘代数方程式の形而上学’が数学化されたのである (A. WEIL, ‘形而上学より数学へ’, 科学 Vol. 26, No. 12 参照). LAGRANGE や GALOIS の考えを最も簡単な例について説明してみよう.

読者は, 対称式·交代式という語をご存じであろう. たとえば, $x+y+z$, $xy+yz+zx$ のように, 変数 x, y, z をどのように入れかえても変らない多項式が, x, y, z の対称式であって, $(y-z)(z-x)(x-y)$, $x^k(y-z)+y^k(z-x)+z^k(x-y)$ のように, x, y, z のうち二つを入れかえると符号だけが変る多項式が交代式である. $x+2y+3z$ のようなものは, 対称式でも交代式でもない.

概念を明確にするために, 複素数体 $\boldsymbol{C}$ の上の n 変数 $x_1, \cdots, x_n$ の多項式

$$f(x_1, \cdots, x_n) = \sum \alpha_{k_1 \cdots k_n} x_1^{k_1} \cdots x_n^{k_n}, \qquad \alpha_{k_1 \cdots k_n} \in \boldsymbol{C} \tag{21.1}$$

を考えよう. ここで, $k_1, \cdots, k_n$ は負でない整数値をとるが, $\sum$ はもちろん有限和を意味する. 変数の‘入れかえ’を表わすには, 次のような記法を導入すると便利である. $(\nu_1, \nu_2, \cdots, \nu_n)$ を, n 個の文字 $(1, 2, \cdots, n)$ の一つのならべかえ(順列)とし, 変数の添数 $1, 2, \cdots, n$ をそれぞれ $\nu_1, \nu_2, \cdots, \nu_n$ でおきかえることを

$$\begin{pmatrix} 1 & 2 & \cdots & n \\ \nu_1 & \nu_2 & \cdots & \nu_n \end{pmatrix} \tag{21.2}$$

で表わすのである. このような‘入れかえ’を**置換**という. 置換を $\pi, \kappa, \cdots$ などの文字で表わすこともある. 今, (21.2)の置換を π としよう. n 個の文字 $1, 2, \cdots, n$ から成る‘空間’(集合のことを幾何学的にいい表わすために, ‘空間’ともいうのである)を S とすれば, π は S から S への全単射である: $\pi: S \to S$. この意味で, 函数記号を用いて $\pi(i) = \nu_i$ とも書く. (21.2) では, 第1行の i の下にその像 $\pi(i) = \nu_i$ が書いてあることが重要なのであって, 第1行が $1, 2, \cdots, n$ の順序にならべてある必要はないものとする. たとえば

$$\pi = \begin{pmatrix} 1 & 2 & \cdots & n \\ \nu_1 & \nu_2 & \cdots & \nu_n \end{pmatrix} = \begin{pmatrix} 2 & 1 & 3 & \cdots & n \\ \nu_2 & \nu_1 & \nu_3 & \cdots & \nu_n \end{pmatrix}. \tag{21.2'}$$

$\nu_1 = 1, \nu_2 = 2, \cdots, \nu_n = n$ のときは, (21.2) はもちろん S の恒等写像 ε となる. また, (21.2) の π と

$$\kappa = \begin{pmatrix} \nu_1 & \nu_2 & \cdots & \nu_n \\ \mu_1 & \mu_2 & \cdots & \mu_n \end{pmatrix} \quad \begin{pmatrix} \mu_1, \cdots, \mu_n \text{ は}, 1, \cdots, n \\ \text{のもう一つの順列} \end{pmatrix} \tag{21.3}$$

とを結合すれば,

$$\kappa \circ \pi = \begin{pmatrix} 1 & 2 & \cdots & n \\ \mu_1 & \mu_2 & \cdots & \mu_n \end{pmatrix}$$

となる. 特に

$$\begin{pmatrix} \nu_1 & \nu_2 & \cdots & \nu_n \\ 1 & 2 & \cdots & n \end{pmatrix}$$

は π の逆写像 π^{-1} となる. n 個の文字には $n!$ 個の順列があるから, $S = \{1, 2, \cdots, n\}$ の置換の全体の集合 $\mathfrak{S}(S)$ は, $n!$ 個の元 $\varepsilon, \pi, \kappa, \cdots$ から成る.

注意 上の $\kappa \circ \pi$ を $\pi\kappa$ と書く流儀もある. 本書では $\kappa \circ \pi$ と書く. すなわち先に行なっ

た置換を後に書くのである．$\kappa\circ\pi$ と $\pi\circ\kappa$ とは一般には異なる．

例 1　二つの文字1,2だけを入れかえること

$$\begin{pmatrix}1 & 2 & 3 & \cdots & n\\ 2 & 1 & 3 & \cdots & n\end{pmatrix} \tag{21.4}$$

を1,2の**互換**といい，(12) で表わす．また一般に，置換 π に対して $\pi^0=\varepsilon$, $\pi^1=\pi$, $\pi^2=\pi\pi$, $\cdots$, $\pi^k=(\pi^{k-1})\pi$, $\pi^{-k}=(\pi^{-1})^k$ とおく．そうすれば，k が偶数ならば，$(12)^k=\varepsilon$, k が奇数ならば $(12)^k=(12)$.

注意　(*21.2*) の記法で，$i=\nu_i$ のときは，$\begin{matrix}i\\ \nu_i\end{matrix}$ を略してもよい．たとえば (*21.4*) は，$\begin{pmatrix}1 & 2\\ 2 & 1\end{pmatrix}$ とも書く．

例 2　$\begin{pmatrix}1 & 2 & \cdots & n\\ \mu_1 & \mu_2 & \cdots & \mu_n\end{pmatrix}\begin{pmatrix}1 & 2 & \cdots & n\\ \nu_1 & \nu_2 & \cdots & \nu_n\end{pmatrix}\begin{pmatrix}1 & 2 & \cdots & n\\ \mu_1 & \mu_2 & \cdots & \mu_n\end{pmatrix}^{-1}=\begin{pmatrix}\mu_1 & \mu_2 & \cdots & \mu_n\\ \mu_{\nu_1} & \mu_{\nu_2} & \cdots & \mu_{\nu_n}\end{pmatrix}$.

例 3　$S=\{1,2\}$ ならば，$\mathfrak{S}(S)=\{\varepsilon,(12)\}$．恒等写像 ε は (1) と書き表わすこともある．

例 4　置換 $\begin{pmatrix}1 & 2 & 3\\ 2 & 3 & 1\end{pmatrix}$ を，1,2,3 の**巡回置換**といい，(123) で表わす．（同様に，$(123\cdots k)$ は，$\begin{pmatrix}1 & 2 & \cdots & k-1 & k\\ 2 & 3 & \cdots & k & 1\end{pmatrix}$ を表わす．）$S=\{1,2,3\}$ とするとき，$\mathfrak{S}(S)$ は次の六つの元から成る：(1), (12), (23), (13), (123), (132)．これに対して，次のような関係が成り立つ．

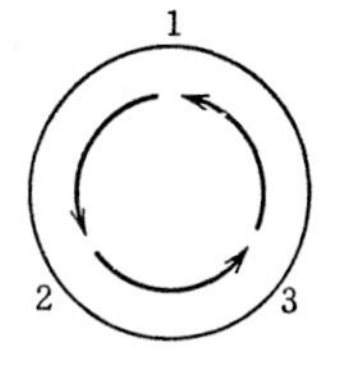

図 21.1

$$(13)(12)=(123),\quad (123)(132)=(1).$$

例 5　$S=\{1,2,3,4\}$ のとき，$\mathfrak{S}(S)$ は次の $4!=24$ 個の元から成る．

$$\begin{aligned}
&(1), (12), (13), (14), (23), (24), (34),\\
&(123)=(13)(12),\quad (124)=(14)(12),\quad (132)=(12)(13),\\
&(134)=(14)(13),\quad (142)=(12)(14),\quad (143)=(13)(14),\\
&(234)=(24)(23),\quad (243)=(23)(24),\\
&(12)(34),\quad (13)(24),\quad (14)(23),\\
&(1234),\quad (1243),\quad (1324),\quad (1342),\quad (1423),\quad (1432).
\end{aligned}$$

$\boldsymbol{C}$ の上の n 変数の多項式 (*21.1*) に置換 (*21.2*) を施せば，

$$f(x_{\nu_1}, x_{\nu_2}, \cdots, x_{\nu_n})=\sum \alpha_{k_1\cdots k_n}x_{\nu_1}^{k_1}\cdots x_{\nu_n}^{k_n}$$

が得られる．このことを

$$\pi(f(x_1, x_2, \cdots, x_n))=f(x_{\nu_1}, x_{\nu_2}, \cdots, x_{\nu_n}) \tag{21.5}$$

で表わそう．

例 6　$\kappa(\pi(f(x_1, \cdots, x_n)))=\kappa\circ\pi(f(x_1, \cdots, x_n))$.

例 7　$f(x_1,x_2,x_3)=\alpha_1x_1+\alpha_2x_2+\alpha_3x_3$ に $\mathfrak{S}(\{1,2,3\})$ の六つの置換を施した結果は次のようになる.

$$(1)(f(x_1,x_2,x_3))=\alpha_1x_1+\alpha_2x_2+\alpha_3x_3,\qquad (1\,2)(f(x_1,x_2,x_3))=\alpha_2x_1+\alpha_1x_2+\alpha_3x_3,$$
$$(2\,3)(f(x_1,x_2,x_3))=\alpha_1x_1+\alpha_3x_2+\alpha_2x_3,\qquad (1\,3)(f(x_1,x_2,x_3))=\alpha_3x_1+\alpha_2x_2+\alpha_1x_3,$$
$$(1\,2\,3)(f(x_1,x_2,x_3))=\alpha_3x_1+\alpha_1x_2+\alpha_2x_3,\qquad (1\,3\,2)(f(x_1,x_2,x_3))=\alpha_2x_1+\alpha_3x_2+\alpha_1x_3.$$

そうすれば, 多項式 (1) が**対称式**であるというのは, $f(x_1,\cdots,x_n)$ に $\mathfrak{S}(S)$ のいかなる置換 π を施しても不変であること：すなわち

$$\pi(f(x_1,\cdots,x_n))=f(x_1,\cdots,x_n),\qquad \forall\pi\in\mathfrak{S}(S).$$

($\forall\pi\in\mathfrak{S}(S)$ は, '$\mathfrak{S}(S)$ のすべての元 π に対して' と読む) で定義せられ, (1) が**交代式**であることは, f が $\mathfrak{S}(S)$ の任意の互換 $(i\,j)$ によって符号を変えること：

$$(i\,j)(f(x_1,\cdots,x_n))=-f(x_1,\cdots,x_n)$$

によって定義される.

例 8　例7の $f(x_1,x_2,x_3)$ が対称式であるための必要十分条件は $\alpha_1=\alpha_2=\alpha_3$, 交代式であるための必要十分条件は $\alpha_1=\alpha_2=\alpha_3=0$ である.

上の交代式の定義は, 対称式の定義にくらべてやや不自然なものを感ぜしめるかもしれない. 上の定義の必然性は, 次のようにして説明することができる (後の命題5参照).

命題 1　$\mathfrak{S}(S)$ の任意の元は, いくつかの互換の結合として表わされる.

証明　p. 57 に示唆した方法でも証明されるが, ここでは S の元の個数に関する数学的帰納法によって証明する.

$S=\{1,2\}$ とすれば, $\mathfrak{S}(S)=\{(1),(1\,2)\}$ で, $(1)=(1\,2)(1\,2)$ であるから, この場合は命題が成り立つ.

$S=\{1,\cdots,n-1\}$ に対して命題が成り立つものとし, $S=\{1,2,\cdots,n\}$ の場合を考えよう. この場合 $\mathfrak{S}(S)$ の任意の元を

$$\pi=\begin{pmatrix}1 & 2 & \cdots & n-1 & n\\ \nu_1 & \nu_2 & \cdots & \nu_{n-1} & \nu_n\end{pmatrix}$$

とする. もし $\nu_n=n$ ならば $\pi=\begin{pmatrix}1 & \cdots & n-1\\ \nu_1 & \cdots & \nu_{n-1}\end{pmatrix}\in\mathfrak{S}(\{1,2,\cdots,n-1\})$ であるから, π は互換の結合として表わされる. また, $\nu_n\neq n$ ならば, $\nu_k=n$ とすれば,

$$\pi = (n\ \nu_n)\begin{pmatrix} 1, & \cdots, & k-1, & k, & k+1, & \cdots, & n-1, & n \\ \nu_1, & \cdots, & \nu_{k-1}, & \nu_n, & \nu_{k+1}, & \cdots, & \nu_{n-1}, & n \end{pmatrix}$$

となるから,やはり互換の結合として表される.

系 多項式fがすべての互換に対して不変であれば,fは対称式である.

(*21.5*) の右辺の多項式を,$f(x_1, \cdots, x_n)$ に置換πを施した'値'とよぶことにすれば,上の定義による対称式は,$\mathfrak{S}(S)$ の $n!$ 個の置換を施したときに,いつも'同じ値'をとる多項式であるということができる(二つの多項式

$$\sum \alpha_{k_1\cdots k_n} x_1^{k_1}\cdots x_n^{k_n}, \quad \sum \beta_{k_1\cdots k_n} x_1^{k_1}\cdots x_n^{k_n}$$

が'同じ'であるとは,すべての $k_1, \cdots, k_n$ の組について,対応する係数が等しいこと:

$$\alpha_{k_1\cdots k_n} = \beta_{k_1\cdots k_n}$$

を意味する).それならば,対称式の'次に簡単な'多項式として,$\mathfrak{S}(S)$ の $n!$ 個の置換を施すとき,ちょうど二つだけの値をとる多項式が考えられるであろう.そのような多項式をかりに'2値多項式'とよぶことにしよう.

f を2値多項式として, $\pi(f)$ $(\pi \in \mathfrak{S}(S))$ のとる二つの値を f_1, f_2 とする. $(f_1 \neq f_2.)$ $\varepsilon(f) = f_1$ とすれば, 命題1により, 適当な互換 $\tau = (i\,j)$ に対して $\tau(f) = f_2$ とならなければならない. 今, $\mathfrak{S}_1 = \{\pi_1;\ \pi_1 \in \mathfrak{S}(S),\ \pi_1(f) = f_1\}$, $\mathfrak{S}_2 = \{\pi_2;\ \pi_2 \in \mathfrak{S}(S),\ \pi_2(f) = f_2\}$ とすれば, $\varepsilon \in \mathfrak{S}_1$, $\tau \in \mathfrak{S}_2$, $\mathfrak{S}(S) = \mathfrak{S} = \mathfrak{S}_1 + \mathfrak{S}_2$.

命題 2 $\mathfrak{S}_1$ は次の性質を有する.

(i) $\mathfrak{S}_1 \ni \pi_1 \Rightarrow \mathfrak{S}_1 \ni \pi_1^{-1}$.

(ii) $\mathfrak{S}_1 \ni \pi_1, \pi_1' \Rightarrow \mathfrak{S}_1 \ni \pi_1' \circ \pi_1$.

証明 (i) $f_1 = f$, $\pi_1(f) = f_1$ であるから, $\pi_1^{-1}(f) = \pi_1^{-1}(\pi_1(f)) = (\pi_1^{-1} \circ \pi_1)(f) = \varepsilon(f) = f_1$. ゆえに $\pi_1^{-1} \in \mathfrak{S}_1$.

(ii) $(\pi_1' \circ \pi_1)(f) = \pi_1'(\pi_1(f)) = \pi_1'(f_1) = \pi_1'(f) = f_1$. ゆえに $\pi_1' \circ \pi \in \mathfrak{S}_1$.

系 $\mathfrak{S}_1 \ni \pi_1$ ならば, $\pi_1(f_2) = f_2$. すなわち,$\mathfrak{S}_1$ の元は,f_1, f_2 をそれぞれ不変にする.

証明 もし $\pi_1(f_2) = f_1$ ならば, $\pi_1^{-1}(f_1) = f_2$ となって,命題2,(i) に反する.

命題 3　$\mathfrak{S}_2$ の元は, f_1, f_2 を入れかえる. すなわち, $\mathfrak{S}_2 \ni \pi_2$ とすれば, $\pi_2(f_1) = f_2$, $\pi_2(f_2) = f_1$.

証明　$\pi_2(f_1) = f_2$ は $\mathfrak{S}_2$ の定義から明らか. また, $\pi_2(f_2) = f_1$ は, $\pi_2^{-1}(f_1) = f_2$ を意味するが, もし $\pi_2^{-1}(f_1) = f_1$ とすれば, 命題2, (i) によって $\pi_2 \in \mathfrak{S}_1$ となって仮設に反する.

例 9　(i)　$\mathfrak{S}_1 \ni \pi_1, \quad \mathfrak{S}_2 \ni \pi_2 \Rightarrow \pi_1 \circ \pi_2 \in \mathfrak{S}_2, \quad \pi_2 \circ \pi_1 \in \mathfrak{S}_2$.

(ii)　$\mathfrak{S}_2 \ni \pi_2, \pi_2' \Rightarrow \pi_2 \circ \pi_2' \in \mathfrak{S}_1$.

例 10　一般に, $\mathfrak{S}$ の部分集合 $\mathfrak{T}$ と $\mathfrak{S} \ni \pi$ に対して,

$$\{\pi \circ \kappa\,;\, \kappa \in \mathfrak{T}\}, \quad \{\kappa \circ \pi\,;\, \kappa \in \mathfrak{T}\}$$

をそれぞれ $\pi \circ \mathfrak{T}$, $\mathfrak{T} \circ \pi$ で表わせば, $\mathfrak{S}_2 = \tau \circ \mathfrak{S}_1 = \mathfrak{S}_1 \circ \tau$.

解　$\tau \circ \mathfrak{S}_1 \subset \mathfrak{S}_2$ は明らか. 逆に, $\mathfrak{S}_2 \ni \kappa$ とすれば, $\tau\kappa \in \mathfrak{S}_1$. $\tau^{-1} = \tau$ であるから, $\kappa = \tau(\tau\kappa) \in \tau \circ \mathfrak{S}_1$. ゆえに $\mathfrak{S}_2 \subset \tau \circ \mathfrak{S}_1$. したがって, $\mathfrak{S}_2 = \tau \circ \mathfrak{S}_1$. 同様に, $\mathfrak{S}_2 = \mathfrak{S}_1 \circ \tau$.

例 11　任意の $\pi \in \mathfrak{S}$ に対して $\pi \circ \mathfrak{S}_1 \circ \pi^{-1} = \mathfrak{S}_1$.

解　$\pi \in \mathfrak{S}_1$ ならば $\pi^{-1} \in \mathfrak{S}_1$. ゆえに $\pi \circ \mathfrak{S}_1 \circ \pi^{-1} \subset \mathfrak{S}_1$. 同様に, $\pi^{-1} \circ \mathfrak{S}_1 \circ \pi \subset \mathfrak{S}_1$. ゆえに $\mathfrak{S}_1 \subset \pi \circ \mathfrak{S}_1 \circ \pi^{-1}$. したがって $\pi \circ \mathfrak{S}_1 \circ \pi^{-1} = \mathfrak{S}_1$.

$\pi \in \mathfrak{S}_2$ ならば $\pi = \tau \circ \pi_1$, $\pi_1 \in \mathfrak{S}_1$ と表わされるから, $\pi \circ \mathfrak{S}_1 \circ \pi^{-1} = (\tau \circ \pi_1) \circ \mathfrak{S}_1 \circ (\pi_1^{-1} \circ \tau^{-1}) = \tau \circ (\pi_1 \circ \mathfrak{S}_1 \circ \pi_1^{-1}) \circ \tau^{-1} = \tau \circ \mathfrak{S}_1 \circ \tau^{-1} = \mathfrak{S}_2 \circ \tau^{-1} = \mathfrak{S}_1$. 最後のところは例10による.

例 12　すべての互換は $\mathfrak{S}_2$ に属する.

解　$\tau = (i\,j) \in \mathfrak{S}_2$ であるが, もし一つの互換 $(k\,l)$ が $\in \mathfrak{S}_1$ とすれば, 例11により $\begin{pmatrix} k & l \\ i & j \end{pmatrix}(k\ l)\begin{pmatrix} k & l \\ i & j \end{pmatrix}^{-1} = (i\ j) = \tau$ が $\in \mathfrak{S}_1$ となり, 仮設に反する.

命題 4　$f_1 + f_2$ は対称式, $f_1 - f_2$ は交代式である.

証明　$\pi_1 \in \mathfrak{S}_1$ ならば, $\pi_1(f_1 + f_2) = f_1 + f_2$. $\pi_2 \in \mathfrak{S}_2$ ならば, $\pi_2(f_1 + f_2) = f_2 + f_1 = f_1 + f_2$. ゆえに $\mathfrak{S}$ の任意の元 π に対して $\pi(f_1 + f_2) = f_1 + f_2$. ゆえに $f_1 + f_2$ は対称式である.

また, $\pi_2 \in \mathfrak{S}_2$ ならば $\pi_2(f_1 - f_2) = f_2 - f_1 = -(f_1 - f_2)$. したがって $f_1 - f_2$ は, $\mathfrak{S}_2$ の任意の元によって符号だけを変える. 互換はすべて $\mathfrak{S}_2$ に属するから, $f_1 - f_2$ は, 任意の互換によって符号だけを変える. したがって交代式である.

系　任意の2値多項式は, 対称式 $\dfrac{f_1 + f_2}{2}$ と交代式 $\dfrac{f_1 - f_2}{2}$ の和として表わされる.

交代式のうちで，

$$p(x_1, \cdots, x_n) = \prod_{i<j}(x_i - x_j)$$

は，$x_1, \cdots, x_n$ の**最簡交代式**とよばれる．$x_1, \cdots, x_n$ の任意の交代式 $g(x_1, \cdots, x_n)$ において，$(i\,j)(g) = -g$，すなわち

$$g(x_1, \cdots, x_j, \cdots, x_i, \cdots, x_n) = -g(x_1, \cdots, x_i, \cdots, x_j, \cdots, x_n)$$

となるから，$x_i = x_j$ ならば $g = 0$ となる．したがって剰余定理によって，g は $(x_i - x_j)$ で割り切れる．これが i, j のどの組み合わせについてもいえるから，g は最簡交代式 p で割り切れて，$g = ph$ なる多項式 h があり，h は明らかに対称式となる.――命題4の系とこのことから，次の命題が得られる．

命題 5　任意の2値多項式 f は，適当な対称式 f_0, h および最簡交代式 p を用いて，$f_0 + ph$ の形に書かれる．

以上によって，交代式，ことに最簡交代式を考えることの意味が了解されよう．なお，任意の対称式は，いわゆる**基本対称式**

$$\sum_{i=1}^{n} x_i, \quad \sum_{i<j} x_i x_j, \quad \sum_{i<j<k} x_i x_j x_k, \quad \cdots, \quad x_1 x_2 \cdots x_n \tag{21.6}$$

の多項式として表わされることが知られている．これら n 個の式と最簡交代式 p との多項式として，任意の2値多項式が表わされるのである．

上述のことにもとづいて，周知の2次方程式の解法は，次のように説明される．

2次方程式 $x^2 + ax + b = 0$ の2根を x_1, x_2 とすれば，$x^2 + ax + b = (x - x_1) \times (x - x_2)$，したがって

$$-a = x_1 + x_2, \quad b = x_1 x_2$$

が，x_1, x_2 の基本対称式を与える．$f(x_1, x_2) = x_1$ とおけば，これは x_1, x_2 の2値多項式である．したがって上述のことから，対称式 f_0, h と $p(x_1, x_2) = x_1 - x_2$ を用いて $x_1 = f_0 + ph$ と表わされる．ここで上の記法で，$f_1 = x_1$, $f_2 = (1\,2)(f) = x_2$ であるから，

$$f_0 = \frac{1}{2}(f_1 + f_2) = \frac{x_1 + x_2}{2} = -\frac{a}{2}, \quad ph = \frac{f_1 - f_2}{2} = \frac{x_1 - x_2}{2} = \frac{p}{2}.$$

p は，2乗すれば対称式となるから，これも a, b で表わされるはずである．実際，$p^2 = (x_1 - x_2)^2 = a^2 - 4b$．そこで

$$x_1 = \frac{-a \pm \sqrt{a^2-4b}}{2}.$$

これは, よく知られている2次方程式の根の公式である.

LAGRANGE は, 同様の方法で3次, 4次方程式の解法を説明し, 5次方程式の解法をも得ようとして果さなかった. 一般5次方程式の'代数的解法'が不可能なことは, 1826年に ABEL が証明した. 上のように, 根を変数とする多項式, あるいはその商として表わされる有理式に'根の置換'を施した結果に注目するのは, LAGRANGE のころから行われていたが, ABEL の'不可能の証明'もその方法によったのである (高木貞治: 代数学講義参照). それを一般化して理論体系を作り上げたのは GALOIS であった. ここに GALOIS の理論を詳しく紹介することはできないが (正田, 浅野: 代数学 I 参照), その key-word である置換群の概念を導入して, その輪郭を素描しておくこととしよう.

n を自然数とし, n 個のもの──それを数字 $1, 2, \cdots, n$ で表わす──の集合 S の置換 (すなわち S から S の上への全単射) 全体の集合を $\mathfrak{S}(S)=\mathfrak{S}$ で表わす. $\mathfrak{S}$ の部分集合 $\mathfrak{G}$ が次の性質 (i), (ii), (iii) をもつとき, $\mathfrak{G}$ を S の**置換群**とよぶのである.

(i) $\mathfrak{G} \ni \varepsilon$ (S の恒等写像).

(ii) $\mathfrak{G} \ni \pi \Rightarrow \mathfrak{G} \ni \pi^{-1}$.

(iii) $\mathfrak{G} \ni \pi_1, \pi_2 \Rightarrow \mathfrak{G} \ni \pi_1 \circ \pi_2$.

例 13 $\mathfrak{G}$ が空でなければ, 性質 (ii), (iii) から (i) が導かれる.

解 $\mathfrak{G} \ni \pi$ ならば, (ii) により $\mathfrak{G} \ni \pi^{-1}$. よって (iii) により $\mathfrak{G} \ni \pi \circ \pi^{-1} = \varepsilon$.

例 14 $\mathfrak{S}$ 自身および恒等置換 ε だけから成る集合 $\{\varepsilon\}$ はいつも置換群である. また, 命題2の前で定義した $\mathfrak{S}_1$ は置換群である. 一般の置換群 $\mathfrak{G}$ についていつも $\mathfrak{S} \supset \mathfrak{G} \supset \{\varepsilon\}$. $\mathfrak{S}$ を S の**対称群**, $\{\varepsilon\}$ を**恒等群**という. $\mathfrak{S}_1$ は, n 変数の2値多項式を不変とする置換のなす群である. '2値多項式を不変にする' という代りに, '交代式または最簡交代式を不変にする' といってもよい (命題5による). $\mathfrak{S}_1$ を S の**交代群**という.

例 15 置換を互換の積として表わすとき, '因数' となる互換の数が偶数となるような置換を**偶置換**といい, 奇数となるようなものを**奇置換**という (この奇偶は '因数分解' の方法にかかわらず一定している. したがって, この定義は p. 57 の定義とも一致する). 交代群は, 偶置換の全体から成る.

解　n 変数の最簡交代式 p は明らかに，偶置換により不変で，奇置換により $-p$ となる．$\pi\in\mathfrak{S}$ を定めれば $\pi(p)$ は p または $-p$ の一方に定まるから，π の奇偶も一定である．互換はすべて $\mathfrak{S}_2$ に属するから，例9により，$\mathfrak{S}_1$ は偶置換の全体と一致する．

一般に，n 変数の多項式 f が与えられれば，f を不変にするような置換の集合は，明らかに置換群をなす．多項式，あるいは有理式の集合 $\{f, g, \cdots\}$ が与えられたとき，$f, g, \cdots$ のいずれをも不変にする置換の集合もやはり明らかに置換群をなす．逆に，ある置換群が与えられれば，それによって不変な多項式または有理式の集合が考えられる．

ところで，GALOIS の考えは次のようであった．

$x_1, \cdots, x_n$ を根とする n 次方程式

$$x^n+a_1x^{n-1}+\cdots+a_n=(x-x_1)\cdots(x-x_n) \tag{21.7}$$

を解くことは，係数 $a_1, \cdots, a_n$ から根 $x_1, \cdots, x_n$ を見出すことに外ならないが，$a_1, \cdots, a_n$ は，符号を除いて $x_1, \cdots, x_n$ の基本対称式 (*21.6*) と一致する．根を‘見出す’とき，いわゆる代数的解法において用いられるのは，加減乗除の四則算法と開方とであるが，四則算法は代数学の最も基本的な算法であるから，‘四則算法がふつうに行われる範囲’を一つのものと考えると便利である.——そこから‘体’の概念が生じた.——複素数体 $\boldsymbol{C}$ から出発することとすれば，(*21.7*) を解く問題は，$\boldsymbol{C}$ と $a_1, \cdots, a_n$（あるいは $\boldsymbol{C}$ と $x_1, \cdots, x_n$ の基本対称式 (*21.6*) を含む体）K_0 から出発して，$\boldsymbol{C}$ と $x_1, \cdots, x_n$ を含む体 K を——なんらかの方法によって——見出す問題に帰せられる．ここで K_0 の元はすべて $x_1, \cdots, x_n$ の対称式（多項式または有理式）であるから，対称群 $\mathfrak{S}$ に対して不変である．それから，ある‘代数的方法’で，‘n 値多項式’ $f(x_1, \cdots, x_n)=x_i$ が求められればよい．GALOIS の基本的な考えは，K_0 から K へ達する‘代数的方法’の段階には，K の部分体の系列

$$K_0\subset K_1\subset K_2\subset\cdots\subset K_r=K$$

が対応し，それには置換群の系列

$$\mathfrak{S}=\mathfrak{G}_0\supset\mathfrak{G}_1\supset\mathfrak{G}_2\supset\cdots\supset\mathfrak{G}_r=\{\varepsilon\}$$

が対応して，K_i はちょうど $\mathfrak{G}_i$ によって不変な有理式の集合となっているということであった．この考えによって方程式の‘代数的解法’の問題は，対称群の

構造の問題に帰せられ, ABEL の定理は, この一般論の極めて特殊な場合として導かれるのである.

GALOIS の理論の説明はこのくらいで止めなければならないが, ここで用いられている, 'あるもの——上では多項式または有理式——を不変ならしめる置換群' の概念は, 重要である. ただし, 置換群だけでは少し狭過ぎるので, それをもう一歩一般にした '変換群' を考える必要がある.

置換は, 有限集合 S のそれ自身の上への全単射として定義された. 一般に任意の集合 S ('空間' ともいう. 有限でなくてもよい.) のそれ自身の上への全単射を S の**正則変換**といい, S の正則変換全体の集合を $\mathfrak{S}(S)$ で表わすことにしよう. Sの二つの変換 $\pi_1: S\to S$, $\pi_2: S\to S$ は, §6 の意味で結合することができ, その結果 $\pi_1\circ\pi_2$ または $\pi_2\circ\pi_1$ はまた S の変換となるが, とくに $\pi_1, \pi_2\in\mathfrak{S}(S)$ ならば, 明らかに $\pi_1\circ\pi_2$, $\pi_2\circ\pi_1\in\mathfrak{S}(S)$ となる. $\mathfrak{S}(S)$ の部分集合 $\mathfrak{G}$ が上の (i), (ii), (iii) と同じ条件を満足するとき, $\mathfrak{G}$ を**変換群**というのである. 置換, および置換群は, とくに S が有限である場合の, 正則変換および変換群の別名に過ぎない.

例 16 $\mathfrak{S}(S)$ 全体および $\{\varepsilon\}$ (ε は S の恒等写像) は, ともにそれぞれ変換群をなす. 一般の場合にも, $\mathfrak{S}(S)$, $\{\varepsilon\}$ をそれぞれ S の対称群, 恒等群という.

例 17 $S=\boldsymbol{R}$ (実数体) とし, $\pi\in\mathfrak{S}(\boldsymbol{R})$ は, $\boldsymbol{R}$ の任意の2元 x, y に対して $\pi(x)-\pi(y)=x-y$ となるものとすれば, $\boldsymbol{R}$ の定数 $a\in\boldsymbol{R}$ があって, $\pi(x)=x+a$ となる. この π を π_a で表わせば, $\pi_a\circ\pi_b=\pi_{a+b}=\pi_b\circ\pi_a$, $\pi_a^{-1}=\pi_{-a}$. したがって $\{\pi_a\,;\,a\in\boldsymbol{R}\}$ は $\boldsymbol{R}$ の変換群を作る. それを $\boldsymbol{R}$ の**平行移動群**という.

解 $\pi(0)=a$ とすれば, $\pi(x)-a=x$. ゆえに $\pi(x)=x+a$.

上例の $\boldsymbol{R}$ の平行移動群は, '2元の差を不変にする $\boldsymbol{R}$ の変換群' である. われわれの現象空間の1点 O を不変にする (すなわち O を動かさない) 変換の全体は, O のまわりの**回転群**をなし, 2点間の距離を不変にする変換の全体は空間の**運動群**をなす. 一般に, S の部分集合のある性質を不変にする変換全体の集合は S の一つの変換群を作る.

逆に, 空間 S の一つの変換群 $\mathfrak{G}$ が与えられたとき, S の二つの部分集合 A, A' に対し, $\mathfrak{G}$ の元 π が存在して $\pi(A)=A'$ となるならば, A, A' は $\mathfrak{G}$ に関して合

同であるといい，$A \equiv A'(\mathfrak{G})$ と書くことにする．このように定義された合同関係は，明らかに同値関係（§4）である．そして‘合同な集合に共通な性質’は，‘$\mathfrak{G}$ によって不変な性質’と考えれる．KLEIN は，この考えによって幾何学を分類することを企てた (Erlanger Programm, 1872)．たとえば，EUCLID 幾何学は運動群によって不変な図形の性質の研究であり，非 EUCLID 幾何学は‘非 EUCLID 運動群’とよばれる変換群によって不変な図形の性質の研究である，等等——これについてもここに詳述する余裕はないが，これも GALOIS の理論と同じ思想にもとづくものであることが察せられよう．

例 18　空間内におかれた正三角形をそれ自身に重ねる運動は，$\mathfrak{S}(\{1,2,3\})$ に同型な変換群 $\mathfrak{G}$ を作る．

解　このような一つの運動 x によって，正三角形の 3 頂点 1, 2, 3 にそれぞれ頂点 α, β, γ が重なったとするとき，x に $\begin{pmatrix} 1 & 2 & 3 \\ \alpha & \beta & \gamma \end{pmatrix} \in \mathfrak{S}(\{1,2,3\})$ を対応させればよい．

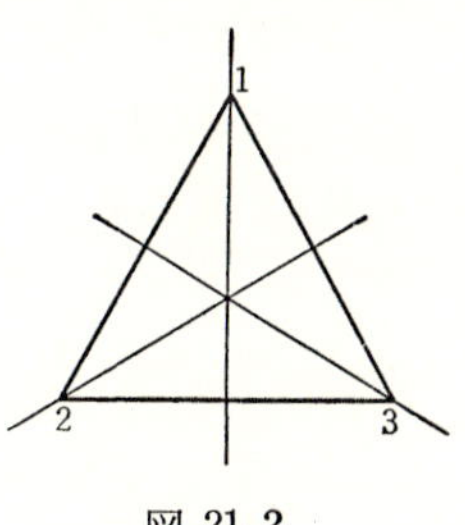

図 21.2

注意　一般に，空間内におかれた図形——結晶，模様など——をそれ自身に重ねる運動は，空間の変換群を作る．その変換群は，その図形の‘対称性’を表わすものと考えられる．

とくにその図形が正多面体であるとき，それをそれ自身に重ねる運動の群を**多面体群**という．正多面体としては，正 4 面体，正 6 面体（＝立方体），正 8 面体，正 12 面体，正 20

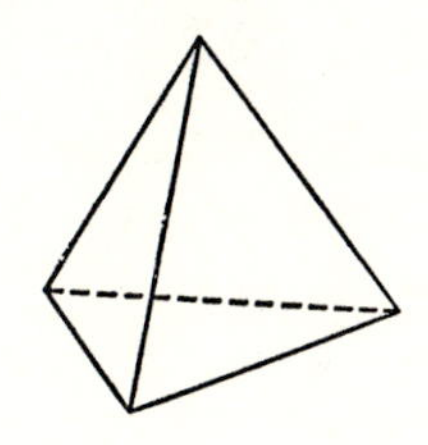
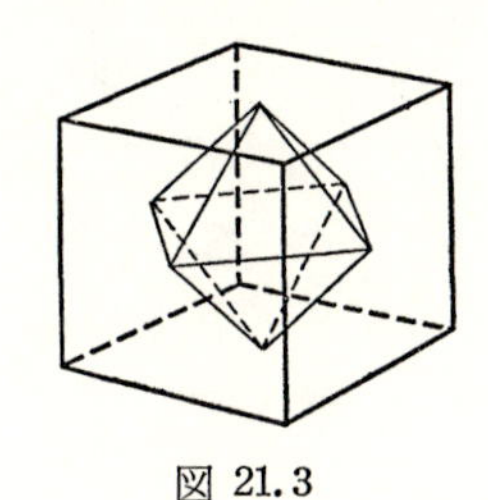
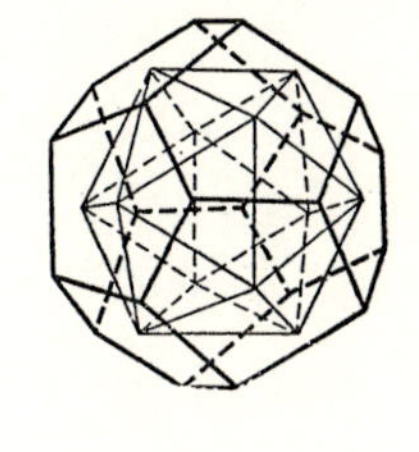

図 21.3

面体の 5 種があるから，5 種類の多面体群があるわけであるが，正 6 面体の各面の中心を結べば正 8 面体ができ，正 12 面体の各面の中心を結べば正 20 面体ができるから，正 6 面体と正 8 面体，正 12 面体と正 20 面体をそれぞれそれ自身に重ねる群は同型である．したがって多面体群としては，正 4 面体群，正 8 面体群，正 20 面体群の 3 種類ができる．これらはそれぞれ 4 次交代群，4 次対称群，5 次交代群と同型である（同型の定義については詳しくは次項参照）．

§22　群

代数系としての群は, 可換群の公理 A°1〜5 (§3) のうちから交換律 A°2 だけを除いたものによって定義せられる. 念のため再録すれば,

A°1　G は空でない集合とし, $G\ni x, y$ に対し G の元 $x\circ y$ を一意的に対応させる算法∘が与えられている.

A°3　$$(x\circ y)\circ z = x\circ(y\circ z)\quad (\text{結合律})$$

A°4　G の任意の元 x に対し $x\circ e = e\circ x = x$ となるような G の一つの元 e が存在する (e を G の**単位元**という).

A°5　$G\ni x$ に対し $x'\circ x = x\circ x' = e$ となるような $x'\in G$ が存在する (x' を x の**逆元**という).

このとき G は算法∘に関して**群**をなすというのである. 変換群は, (写像の結合を算法∘として——写像の結合は結合律に従うから——) たしかに群をなす. また, 可換群はもちろん群である. 算法の記法としては, 簡単のため, 上の $x\circ y$ の代りに xy と——積の形に——書かれることが多い. 今後断らない限り, 群の算法はこの形に表わす.

この記法を用いるとき, 群 G の基本算法は, '乗法' と '逆元を作る算法' である. G の元 a と二つの部分集合 X, Y に対して

$$aX = \{ax;\ x\in X\},\qquad Xa = \{xa;\ x\in X\},$$
$$XY = \{xy;\ x\in X, y\in Y\},\quad X^{-1} = \{x^{-1};\ x\in X\}$$

と書く. $G\supset H\,(\neq\phi)$ が, $HH^{-1}\subset H$ を満足するならば, H は '群算法について閉じている' という. そのとき H は, G と同じ算法について明らかに群をなす. それを G の**部分群**という.

例 1　(i)　$HH^{-1}\subset H\neq\phi \Rightarrow HH^{-1} = H$.

(ii)　$HH^{-1}\subset H \Leftrightarrow HH\subset H,\ H^{-1}\subset H$.

解　(i)　$H\ni x_0$ とすれば, $e = x_0x_0^{-1}\in H$, H の任意の元を x とすれば $x = xe = xe^{-1}\in HH^{-1}$. ゆえに $H\subset HH^{-1}$.

(ii)　$H=\phi$ の場合は明らか. $H\neq\phi$ の場合を考える. $HH^{-1}\subset H$ ならば (i) により $e\in H$. ゆえに $H^{-1} = eH^{-1}\subset HH^{-1}\subset H$. HH の任意の元を xy ($x\in H$, $y\in H$) とすれば, $y\in H$ より $y^{-1}\in H$. ゆえに $xy = x(y^{-1})^{-1}\in HH^{-1}\subset H$. したがって $HH\subset H$. 逆に,

$HH \subset H$, $H^{-1} \subset H$ ならば, $HH^{-1} \subset HH \subset H$.

注意 §3に, 一般の代数系の部分系, 準同型写像, 同型写像等について述べた. 部分群は, 代数系としての群の部分系にほかならない. 以下に述べる群における生成, 準同型, 同型, 直積に関することも, 代数系に関する一般概念の群における適用にほかならない.

群 G の部分集合 M があるとき, M を含む G の最小の部分群が一意的に存在することが, §4命題2と同様に証せられる. それを M で**生成**される部分群といい, $[M]$ で表わす.

二つの群 G_1, G_2 と, G_1 から G_2 への写像 $f\colon G_1 \to G_2$ があるとき, f が G_1 の基本算法を保存するならば, すなわち $f(xy^{-1}) = f(x)(f(y))^{-1}$ ならば, f は G_1 から G_2 への**準同型写像**であるといい, G_1 から G_2 の上への準同型写像が存在するとき, G_2 は G_1 に**準同型**であるという. 準同型写像であって全単射であるものを**同型写像**といい, G_1 から G_2 への同型写像が存在するとき, G_1 は G_2 に**同型**であるといって, $G_1 \cong G_2$ と記す. 同型関係は明らかに同値関係である. (同型という語は, すでに§21, 例18でも用いた).

k 個の群 $H_1, \cdots, H_k$ があるとき, それらの群の**直積** $G = H_1 \otimes \cdots \otimes H_k = \prod_{i=1}^{k} \otimes H_i$ は, (ベクトル空間の直積の場合と同様に) 次のように定義せられる. G の元は, H_i の集合としての直積 $H_1 \times \cdots \times H_k$ の元 $(x_1, \cdots, x_k)$ $(x_i \in H_i)$ であって, その二つの元 $x = (x_1, \cdots, x_k)$, $y = (y_1, \cdots, y_k)$ の間の基本算法を

$$xy = (x_1 y_1, \cdots, x_k y_k), \quad x^{-1} = (x_1^{-1}, \cdots, x_k^{-1})$$

とするのである. そうすれば, G は明らかに群となって, e_i を H_i の単位元とするとき,

$$e = (e_1, \cdots, e_k)$$

が G の単位元となる. このとき $(e_1, \cdots, e_{i-1}, x_i, e_{i+1}, \cdots, e_k)$ $(x_i \in H_i)$ の形の元は, H_i と同型な G の部分群をなす. それを H_i と同一視し, 上の元をそのまま x_i で表わすことにすれば, G の任意の元は $x_1 x_2 \cdots x_k$ $(x_i \in H_i)$ の形に一意的に表わされることとなる. このとき $i \neq j \Rightarrow x_i x_j = x_j x_i$. 逆に, H_i $(i = 1, \cdots, k)$ が G の部分群で, $i \neq j$ のとき H_i の元と H_j の元は可換, G の任意の元が $x_1 x_2 \cdots x_k$ $(x_i \in H_i)$ の形に一意的に書けるならば, G は H_i の直積 (と同型) となる. 群の基本算法が積の形の代りに和の形に書かれるときは, 直積の代りに直和の語が

用いられ, $H_1 \otimes \cdots \otimes H_k$ の代りに記法 $H_1 \oplus \cdots \oplus H_k$ が用いられることもある.

われわれはすでに変換群や可換群を知っているから, 群の例には事欠かないが, なお次に数例を示そう.

例 2　Vを体Kの上のベクトル空間とするとき, Vの正則線型変換(すなわち, VからV自身への線型写像で全単射であるもの)全体の集合は, 写像の結合を算法として群を作る. それをVの**一般線型変換群**といい, $GL(V)$ で表わす (GL は, General Linear の略).

例 3　$\dim V = n$ のとき, Vの座標φをとれば, $GL(V)$ の元は, 体Kの上のn次元の正則行列で表わされる. Kの上のn次元の正則行列全体の集合は, 行列の乗法について群を作る. その群を $GL(n, K)$ で表わす. 明らかに $GL(V) \cong GL(n, K)$.

例 4　$GL(V)$ は, 代数系としての V の自己同型の全体から成る群である. どんな代数系でも, その自己同型の全体は, 写像の結合を算法として群をなす. それを代数系の**自己同型群**という.

例 5　Vがn次元 EUCLID 空間ならば, Vの直交変換の全体は, $GL(V)$ の部分群をなす. それをVの**直交変換群**という. n次元の直交行列の全体は, それと同型な群を作る. それを $O(n, \boldsymbol{R})$ で表わす. $O(n, \boldsymbol{R})$ は $GL(n, \boldsymbol{R})$ の部分群である. 固有直交行列の全体は, さらに $O(n, \boldsymbol{R})$ の部分群を作る. それを $O^+(n, \boldsymbol{R})$, または $SO(n)$ で表わす.

例 6　Aを体Kの上のn次元の対称行列とするとき, $GL(n, K)$ の元Tで $TA\,{}^tT = A$ となるようなもの(Aを不変にするもの)は, $GL(n, K)$ の部分群をなす. $K = \boldsymbol{R}$, $A = E$ のとき, この部分群は $O(n, \boldsymbol{R})$ に外ならない. $K = \boldsymbol{R}$, $n = 4$ で, $A = \begin{pmatrix} 1 & 0 & 0 & 0 \\ 0 & 1 & 0 & 0 \\ 0 & 0 & 1 & 0 \\ 0 & 0 & 0 & -1 \end{pmatrix}$ のとき, この部分群を **LORENTZ 群**という.

例 7　例5と同様に, n次元**ユニタリ変換群**と, それを表わすn次元ユニタリ行列の群 $U(n, \boldsymbol{C})$ が定義せられる.

例 8　体Kの元は, 加法について可換群をなし, $K-\{0\} = K^*$ は乗法について可換群をなす. それは体の公理 (I, §3) から明らかである. これらの群をKの**加法群**, **乗法群**といい, そのまま K, K^* で表わすことがある. とくに $\boldsymbol{R}, \boldsymbol{R}^*, \boldsymbol{C}, \boldsymbol{C}^*$ は, それぞれ実数の加法群, 乗法群, 複素数の加法群, 乗法群である. このとき $\boldsymbol{C} = \boldsymbol{R} \oplus \boldsymbol{R}$. 正なる実数全体も乗法に関して可換群をなす. それを $\boldsymbol{R}^+$ で表わせば, $\boldsymbol{R}^+$ は $\boldsymbol{R}^*$ の部分群である. 加法群 $\boldsymbol{R}$ と乗法群 $\boldsymbol{R}^+$ は同型で, $y = \exp x = f(x)$ とすれば, $f: \boldsymbol{R} \to \boldsymbol{R}^+$ は, $\boldsymbol{R}$ から $\boldsymbol{R}^+$ への同型

写像を与える. $x=\log y=g(y)$ はその逆写像 $g:\boldsymbol{R}^+\to\boldsymbol{R}$ を与える. また, $\boldsymbol{R}^*\ni z$ あるいは $\boldsymbol{C}^*\ni z$ に対し, $z\to|z|$ は, $\boldsymbol{R}^*$ あるいは $\boldsymbol{C}^*$ から $\boldsymbol{R}^+$ への準同型写像を与える.

例 9 二つの実数 $1,-1$ より成る集合 $\{1,-1\}$ は, 乗法について群をなす. それは $\boldsymbol{R}^*$ の部分群で, 2 次の対称群 $\mathfrak{S}(\{1,2\})$ と同型である. $\boldsymbol{R}^*\ni z\to\dfrac{z}{|z|}$ は, $\boldsymbol{R}^*$ から $\{1,-1\}$ への準同型写像を与える. また $\boldsymbol{R}^*$ は, $\boldsymbol{R}^+$ と -1 とで生成せられる. また絶対値 1 の複素数の集合は, $\boldsymbol{C}^*$ の部分群を作る. それを $\boldsymbol{U}$ で表わす. $\boldsymbol{U}$ は $O^+(2,\boldsymbol{R})$ と同型である. $\boldsymbol{C}^*\ni z\to\dfrac{z}{|z|}\in\boldsymbol{U}$ は, $\boldsymbol{C}^*$ から $\boldsymbol{U}$ への準同型写像を与える. $\boldsymbol{C}^*$ は $\boldsymbol{U}$ と $\boldsymbol{R}^+$ とで生成せられる.

例 10 有理整数 $\cdots,-3,-2,-1,0,1,2,3,\cdots$ は, 加法について群を作る. それを $\boldsymbol{Z}$ で表わす. $\boldsymbol{Z}$ は加法群 $\boldsymbol{R}$ の部分群である. $m\in\boldsymbol{Z}$, $m\neq0$ とし, $x,x'\in\boldsymbol{Z}$ に対し $x-x'$ が m の倍数であるとき, $x\equiv x'\pmod m$ と書き, x,x' は $\bmod m$ で**合同**であるとよぶこととすれば, この合同関係は明らかに同値関係である. そこで $x\equiv x'\pmod m$ のとき, x,x' は $\bmod m$ で同じ**剰余類**に属するといい, $(x)_m=(x')_m$ とも書く. m を固定して考えるときは, $(x)_m$ の m を略し, 合同式の $(\bmod m)$ を略することもある. 明らかに, $x\equiv x'$, $y\equiv y'\Rightarrow x+y\equiv x'+y'$ となるから, $(x+y)$ を (x) と (y) の和と名づけて矛盾を生じない. このような '加法' について, $\bmod m$ の剰余類 $(0),(1),(2),\cdots,(m-1)$ は可換群を作る. この群を $\boldsymbol{Z}_m$ で表わす. $\boldsymbol{Z}_m$ は, 巡回置換 $(1,2,\cdots,m)$ で生成される $\mathfrak{S}(\{1,2,\cdots,m\})$ の部分群と同型である. $\boldsymbol{Z}_m$ と同型な群を, 次数 m の**巡回群**という. $\boldsymbol{Z}$ と同型な群は, 無限次の巡回群ともよばれる. 有限個の元で生成せられる可換群は, いくつかの無限次あるいは有限次の巡回群の直積となることが知られている (可換群の基本定理).

以上でかなり豊富な群の具体例を得た. これらのうち, 恒等群, 例 9 の $\{1,-1\}$, 例 10 の $\boldsymbol{Z}_m$, あるいは $\mathfrak{S}(\{1,2,\cdots,n\})$ およびその部分群のように, 有限集合であって群をなすものを**有限群**といい, 有限群でない群 ($\boldsymbol{Z}$, $\boldsymbol{R}$, $\boldsymbol{R}^*$, $\boldsymbol{C}$, $\boldsymbol{C}^*$, $GL(n,\boldsymbol{R})$ 等) を**無限群**という. 有限群では, その元の個数を群の**位数**という. $GL(n,\boldsymbol{R})$ やその部分群などを扱う際は, そのトポロジーを考慮に入れて, いわゆる '位相群' として扱う方がよい場合が多いが, ここではその方面のことにまでは立ち入る余裕がない.

例 10 の考えを一般化した次の定理は, 簡単なことではあるが, 重要である.

定理 1 G を群, H をその部分群とするとき, $G\ni x,y$ に対する次の六つの条件は同値である.

(i) $xy^{-1}\in H$,　　(i′) $yx^{-1}\in H$,

(ii) $Hx\ni y$,　　(ii′) $Hy\ni x$,

(iii) $Hx=Hy$,　　(iii′) $Hx\cap Hy\neq\phi$.

証明　(i) ⇔ (i′).　$xy^{-1}\in H$ ならば, $yx^{-1}=(xy^{-1})^{-1}\in H$. 逆も同様である.

(i) ⇔ (ii′).　$xy^{-1}\in H$ ならば, $Hy\ni(xy^{-1})y=x$. 逆に, $Hy\ni x$ ならば, $xy^{-1}\in(Hy)y^{-1}=H$.

(i′) ⇔ (ii).　上と同様に証明される.

よって (i), (i′), (ii), (ii′) は同値である.

(i) ⇒ (iii).　(i) が成り立てば (ii) が成り立つから, $y=hx$ $(h\in H)$ と書かれる. したがって $h'\in H$ とすれば $h'y=h'hx\in Hx$. ゆえに $Hy\subset Hx$. また (ii′) も成り立つから, 同様に $Hx\subset Hy$. したがって $Hx=Hy$.

(iii) ⇒ (iii′).　明らかである.

(iii′) ⇒ (i).　$Hx\cap Hy\ni z$ とすれば, $z=h_1x=h_2y$ $(h_1, h_2\in H)$ と書かれる. ゆえに $xy^{-1}=h_1^{-1}h_2\in H$.

以上により, (iii), (iii′) も (i) と同値になる.　(証終)

G の部分集合 Hx を x の mod H の**右剰余類**という. 定理1の六つの条件のうちいずれか一つ (したがってすべて) が成り立つとき, $x\equiv y$ (r-mod H) と書く. この関係は明らかに同値関係である. 今 G の部分集合 $\{x_\alpha\}$ において, $\alpha\neq\alpha'$ ならば $x_\alpha\equiv x_{\alpha'}$ (r-mod H) とはならないものとし, かつ G のどの元 x も適当な α に対して $x\equiv x_\alpha$ (r-mod H) となるものとすれば, G は Hx_α の集合としての直和となる:

$$G=\sum_\alpha Hx_\alpha \tag{22.1}$$

これを G mod H の**右剰余系への分解**という. これと全く同様にして, G mod H の**左剰余系への分解**

$$G=\sum_\beta y_\beta H \tag{22.1′}$$

が定義せられる.

例 11　$G=\mathfrak{S}(\{1,2,3\})$, $H=\{(1),(1\,2)\}$ とすれば
$G=H+H(1,3)+H(2\,3)$, ここに $H(1\,3)=\{(1\,3),(1\,3\,2)\}$, $H(2\,3)=\{(2\,3),(1\,2\,3)\}$,

$G=H+(1\,3)H+(2\,3)H$, ここに $(1\,3)H=\{(1\,3),(1\,2\,3)\}$, $(2\,3)H=\{(2\,3),(1\,3\,2)\}$.

とくに G が位数 g の有限群のとき, H の位数を h, $\{x_\alpha\}$ の元の個数を k とすれば, *(22.1)* から

$$g=hk.$$

$\{y_\beta\}$ の元の個数を k' とすれば, *(22.1′)* から

$$g=hk'$$

であるから, $k=k'=g/h$. この k を H の G における**指数**といい, $(G:H)$ と記す. (したがって――単位群を1で表わせば――G の位数は $(G:1)$ となる.) 上式から

定理 2 (LAGRANGE) 有限群 G の部分群の位数は, G の位数の約数となる.

この定理からなお次のことが導かれる.

x を有限群 G の元とすれば, x で生成される G の部分群 H は明らかに $\{e, x, x^2, \cdots, x^{m-1}\}$ の形をもつ巡回群である. このとき $x^m=e$. H の位数 m を x の位数ともいう. 定理2によって, x の位数 m は G の位数 g の約数である. したがって $x^g=x^{m(g/m)}=e$. ゆえに次の定理2の系を得る.

定理2の系 x を有限群 G の任意の元, g を G の位数とすれば, $x^g=e$ (単位元). (系終)

H を G の部分群とするとき, $\mathrm{mod}\, H$ の x の左剰余類 xH と右剰余類 Hx は一致するとは限らない. 任意の $x\in G$ に対していつも

$$xH=Hx,\quad \text{すなわち}\quad xHx^{-1}=H$$

となるとき, H は G の**正規部分群**であるという. H が G の正規部分群ならば, 任意の $x, y\in G$ に対し

$$Hx\cdot Hy^{-1}=H\cdot x\cdot Hy^{-1}=H\cdot Hx\cdot y^{-1}=Hxy^{-1}.$$

したがって, $G\ni x$ に, x の $\mathrm{mod}\, H$ の剰余類 (H が正規部分群の場合は, 剰余類の左右を区別する必要はない.) Hx を対応させれば, G に準同型な群が得られる. この群を G の正規部分群 H による**商群**といい, G/H で表わす. また, $x\in G$ に $Hx\in G/H$ を対応させる写像を, G から G/H への**自然な写像**という.――このことと逆に, 次の重要な定理が成り立つ.

定理 3　G' は群 G に準同型な群とし, f を G から G' の上への準同型写像とする. そのとき G' の単位元を e' とすれば, $H=\{x; f(x)=e'\}$ は G の正規部分群で, $G'\cong G/H$ となる. (**準同型定理**)

証明　(i)　H が G の部分群となることをまず示そう. $H\ni x,y$ とすれば, $f(x)=f(y)=e'$. f は準同型写像であるから, $f(xy^{-1})=f(x)(f(y))^{-1}=e'\cdot e'^{-1}=e'$. ゆえに $xy^{-1}\in H$.

(ii)　H が G の正規部分群となること. $x\in H$, z を G の任意の元とすれば, $f(zxz^{-1})=f(z)f(x)(f(z))^{-1}=f(z)\cdot e'(f(z))^{-1}=f(z)(f(z))^{-1}=e'$.　ゆえに $zxz^{-1}\in H$. すなわち $zHz^{-1}\subset H$. これから $H\subset z^{-1}Hz$. ここで z の代りに z^{-1} を考えれば, $zHz^{-1}\supset H$. ゆえに $zHz^{-1}=H$.

(iii)　$G'\cong G/H$ となること. G から G/H への自然な写像を φ とする. x' を G' の任意の元とすれば, f は G から G' の上への準同型写像であるから, G に適当な元 x が存在して $f(x)=x'$ となる. このような x は, 一般に一意的には定まらないが, $f(x)=f(x_1)=x'$ とすれば, 明らかに $f(xx_1^{-1})=e'$, したがって $xx_1^{-1}\in H$. ゆえに $\varphi(x)=\varphi(x_1)$ は x' によって一意的に定まる. この $\varphi(x)$ を x' に対応させる写像を ψ とすれば, ψ は明らかに G' から G/H への同型写像を与える.　(証終)

$$\begin{array}{ccc} G & \xrightarrow{f} & G' \\ {\scriptstyle\varphi}\downarrow & \swarrow{\scriptstyle\psi} & \\ G/H & & \end{array}$$

定理 3 の H を準同型写像 f の核 (kernel) といい, $\mathrm{Ker}\, f$ と書くことがある. (p. 40 参照.)

例 12　可換群においては, すべての部分群は正規部分群である. たとえば $G=\boldsymbol{Z}$, H は, $m\in\boldsymbol{Z}$ $(m\neq 0)$ で生成される $\boldsymbol{Z}$ の部分群 (それを mZ で表わす) とすれば, $G/H=\boldsymbol{Z}/m\boldsymbol{Z}=\boldsymbol{Z}_m$ (例 10 参照).

例 13　$G=\mathfrak{S}(\{1,2,3\})$ において, $H=\{(1),(1\,2)\}$ は正規部分群ではない (例 11 参照). $\{(1),(1\,2\,3),(1\,3\,2)\}$ は正規部分群であって, G/H は位数 2 の巡回群となる.

例 14　指数 2 の部分群はいつも正規部分群となる. 特に交代群は対称群の正規部分群となる.

解　H を G の指数 2 の部分群とする. H に属さない G の任意の元を x とすれば, Hx は H と異なる $\mathrm{mod}\, H$ の右剰余類となるから $G=H+Hx$, したがって集合として $Hx=G-H$ となる. 全く同様の理由で xH も $G-H$ となるから $Hx=xH$. また, $x\in H$ ならば H が部分群であることから $xHx^{-1}=H$. ゆえに H は G の正規部分群となる.

前にも述べたように，群はいろいろのことに関連して数学のいろいろな部面に登場するから，それらを何かの形に‘表現’して，計算によって取扱えるようにしたいという希望が持たれるであろう．最も広い意味では，群 G から G' への（G' の中への）準同型写像のことを G の G' における**表現**というが，G' が G に比して‘具体的’であり，G' における群算法が‘計算できる’形のものであることが望まれる．通常単に群 G の表現というときは，G' としては $GL(n, \boldsymbol{C})$ $(n=1, 2, \cdots)$ をとるものとする．$GL(n, \boldsymbol{C})$ は複素数体 $\boldsymbol{C}$ の上の n 次元ベクトル空間 V の自己同型群であり，その元は n 次元の正則行列で，群算法は行列算で表わされる．したがってその理論には，当然第1章の諸結果が用いられる．また，群との関連において，上の準同型定理（定理3）が重要である．有限群の表現論については，第3章で詳しく述べる．

§23　BOOLE 代数

一つの集合 I の部分集合 $A, B, C, \cdots$ について，§2と同様，A, B の和集合を $A \cup B$, A, B の共通部分を $A \cap B$ で表わすことにすれば，次の諸法則が成り立つのは明らかである．

（i）**ベキ等律**　$A \cup A = A,\ A \cap A = A.$

（ii）**可換律**　$A \cup B = B \cup A,\ A \cap B = B \cap A.$

（iii）**結合律**　$(A \cup B) \cup C = A \cup (B \cup C),$

$(A \cap B) \cap C = A \cap (B \cap C).$

（iv）**吸収律**　$A \cup (A \cap B) = A,\ A \cap (A \cup B) = A.$

（v）**分配律**　$(A \cup B) \cap C = (A \cap C) \cup (B \cap C),$

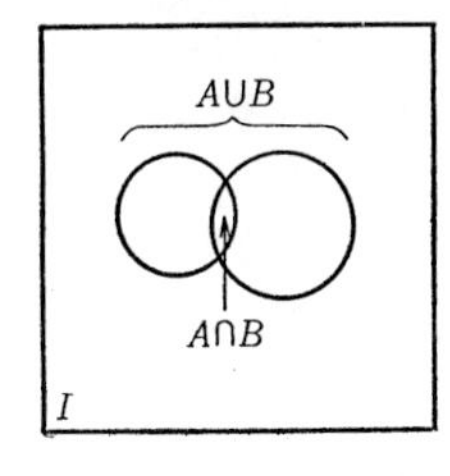

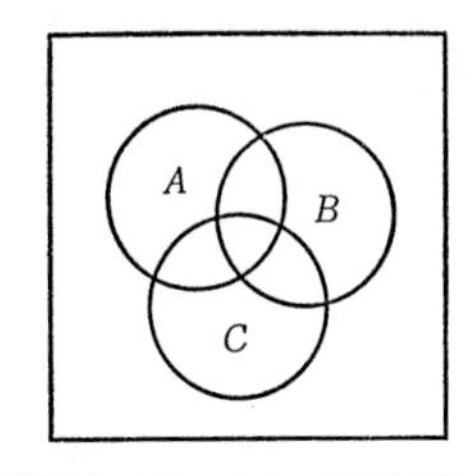

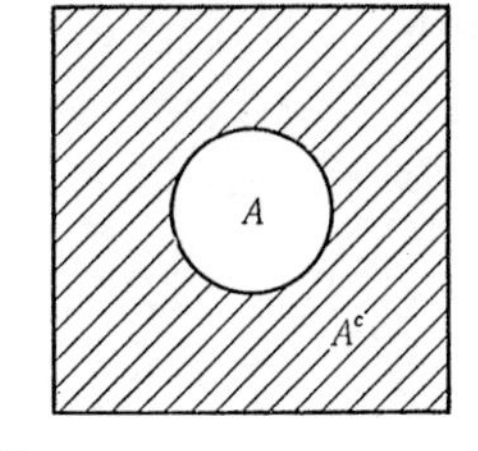

$(A \cup B) \cap C = (A \cap C) \cup (B \cap C)$

図 23.1

$$(A\cap B)\cup C=(A\cup C)\cap(B\cup C).$$

I, ϕ に関しては特に

(vi) $I\cup A=I,\ \phi\cup A=A;\ I\cap A=A,\ \phi\cap A=\phi.$

また, A の (I に対する) **補集合** $I-A$ を A^c と書けば,

(vii) $A\cup A^c=I,\ \ A\cap A^c=\phi.$

(viii) **DE MORGAN の法則** $(A\cup B)^c=A^c\cap B^c,\ \ (A\cap B)^c=A^c\cup B^c.$

(ix) **対合律** $A^{cc}=A.$

'BOOLE 代数' は, このような '集合族' の概念を一般化して得られるものであって, 次のような代数系として定義せられる.

BOOLE 代数 L は, 元 $x, y, z, \cdots$ の集合であって, L の任意の2元 x, y の間の2種類の算法 $x\cup y, x\cap y$ が定義せられ, これらの算法は, (i) ベキ等律, (ii) 可換律, (iii) 結合律, (iv) 吸収律, (v) 分配律, の諸法則にしたがい, また L の二つの特定の元 $1, 0$ があって,

(vi) $1\cup x=1,\ \ 0\cup x=x;\ 1\cap x=x,\ \ 0\cap x=0$

が成り立ち, L の任意の元 x に対して,

(vii) $x\cup x^c=1,\ \ x\cap x^c=0$

を満足する $x^c\in L$ が存在するものである. $x\cup y$ を x, y の**結び**, $x\cap y$ を x, y の**交わり**, $1, 0$ をそれぞれ L の**単位元**, **零元**, x^c を x の**補元**とよぶ.

以下本項において, L は BOOLE 代数を表わす.

命題 1 x の補元は一意的に定まる. すなわち, $x\cup y=1,\ x\cap y=0,\ x\cup z=1,\ x\cap z=0$ とすれば, $y=z$.

証明 $y=1\cap y$ (vi による)

$=(x\cup z)\cap y=(x\cap y)\cup(z\cap y)$ (v による)

$=0\cup(z\cap y)=z\cap y=y\cap z.$ (vi, ii による)

全く同様に, $z=y\cap z$. ゆえに $y=z$.

命題 2 L において, (viii) DE MORGAN の法則 $(x\cup y)^c=x^c\cap y^c,\ (x\cap y)^c=x^c\cup y^c$, および (ix) 対合律 $(x^c)^c=x$

が成り立つ.

証明 $x^c \cap y^c = z$ とおき, $x \cup y \cup z = 1$, $(x \cup y) \cap z = 0$ を示せば, 命題1によって, $z = (x \cup y)^c$ となる. しかるに, $x \cup y \cup z = x \cup y \cup (x^c \cap y^c) = x \cup ((y \cup x^c) \cap 1) = x \cup (y \cup x^c) = (x \cup x^c) \cup y = 1 \cup y = 1$, $(x \cup y) \cap z = (x \cup y) \cap (x^c \cap y^c) = ((x \cup y) \cap x^c) \cap ((x \cup y) \cap y^c) = (0 \cup (y \cap x^c)) \cap ((x \cap y^c) \cup 0) = (y \cap x^c) \cap (x \cap y^c) = (x \cap x^c) \cap (y \cap y^c) = 0 \cap 0 = 0$. $(x \cap y)^c = x^c \cup y^c$ についても同様である.

ix は, 命題1から明らかである.

命題 3 L において, $x = x \cup y \Leftrightarrow y = x \cap y$.

このとき $x \geqq y$ (または $y \leqq x$) と書くことにすれば,

(a) $x \geqq x$,

(b) $x \geqq y,\ y \geqq x \Rightarrow x = y$,

(c) $x \geqq y,\ y \geqq z \Rightarrow x \geqq z$

が成り立ち, また, $x \cup y$, $x \cap y$ は次のように特徴づけられる.

(d) $x \cup y \geqq x,\ x \cup y \geqq y$,

(e) $z \geqq x,\ z \geqq y \Rightarrow z \geqq x \cup y$,

(d′) $x \cap y \leqq x,\ x \cap y \leqq y$,

(e′) $z \leqq x,\ z \leqq y \Rightarrow z \leqq x \cap y$.

証明 $x = x \cup y$ ならば, 吸収律を用いて, $x \cap y = (x \cup y) \cap y = y$. 逆も同様である. (a)～(e′) は次の諸式により明らかである.

(a) $x = x \cup x$. (i による)

(b) $x = x \cup y = y \cup x = y$. (ii による)

(c) $x = x \cup y = x \cup (y \cup z) = (x \cup y) \cup z = x \cup z$. (iii による)

(d) $x \cup y = (x \cup x) \cup y = x \cup (x \cup y) = x \cup (y \cup x) = (x \cup y) \cup x$. (i, ii, iii による.) $x \cup y \geqq y$ も同様.

(e) $z = z \cup y = (z \cup x) \cup y = z \cup (x \cup y)$. (iii による)

(d′) $x \cap y = (x \cap x) \cap y = x \cap (x \cap y)$. (i, iii による.) $x \cap y \leqq y$ も同様. (i, ii, iii による.)

(e′) $z = x \cap z = x \cap (y \cap z) = (x \cap y) \cap z$. (iii による.)

系 L の任意の元 x について, $1 \geqq x$, $x \geqq 0$.

注意 1 命題3は，BOOLE 代数の公理のうち，i, ii, iii, iv だけを用いて証明される．BOOLE 代数の公理のうち，i, ii, iii, iv だけを採用して定義される代数系を一般に**束**といい，i, ii, iii, iv, v だけを採用して得られる代数系を**分配束**という．

また，ある集合 S の2元 x, y の間に $\leqq$ で表わされる関係が成り立ち得て，それについて命題3の (a), (b), (c) が成り立つとき，S は $\leqq$ によって順序づけられた**順序集合**であるという．順序集合 S において，その2元 x, y の間に $x \leqq y$ または $y \leqq x$ の一方が必らず成り立つ場合には，S を**全順序集合**という．これらの概念の間の広狭の関係は次のようになっている（左から右へゆくに従って狭くなる）．

順序集合——束 ＜ 全順序集合 / 分配束——BOOLE 代数

順序集合や束についてもそれぞれの理論があるが，ここでは深入りする余裕がない．

注意 2 算法 $\cup, \cap$ を束算法といい，これらの算法で結ばれた $((x \cup y) \cap z) \cup (x \cap y)$ のようなものを，'変数' x, y, z の**束多項式**とよぶ．束多項式において記号 $\cup, \cap$ を入れかえれば，今一つの束多項式——上例ならば $((x \cap y) \cup z) \cap (x \cup y)$——が得られるが，それをはじめの束多項式に**双対** (dual) な束多項式といい，このような変形を**双対変形**という．束や分配束の公理は，いずれも束多項式の間の等式の形で表わされている．このような等式の両辺に双対変形を施すことを，その等式に双対変形を施すともいい，得られた等式をはじめの等式に双対であるという．束や分配束の公理は，一つの等式を含めば必らずそれに双対な等式をも含んでいる．このことを，これらの公理は**自己双対**であるという．したがって，束や分配束の公理からある等式が導かれたならば，必らずそれに双対な等式も導かれる．このことを**双対原理**という．BOOLE 代数の公理においても，$\cup, \cap$ を入れかえると同時に，$1, 0$; x, x^c をも入れかえれば，上と同様の意味において'自己双対'となり，双対原理が成り立つ．この原理によって，定理の証明等において，双対的なものについては，一方のみの記述に止めることができる．

例 1 $I = \{1, 2\}$ の部分集合より成る BOOLE 代数は，$I, A = \{1\}, B = \{2\}, \phi$ の4元をもち，その結び，交わり，補元の表は，次のようになる．

$\cup$	ϕ	A	B	I
ϕ	ϕ	A	B	I
A	A	A	I	I
B	B	I	B	I
I	I	I	I	I

$X \cup Y$ の表

$\cap$	ϕ	A	B	I
ϕ	ϕ	ϕ	ϕ	ϕ
A	ϕ	A	ϕ	A
B	ϕ	ϕ	B	B
I	ϕ	A	B	I

$X \cap Y$ の表

X	ϕ	A	B	I
X^c	I	B	A	ϕ

X^c の表

一般に，$I=\{1,2,\cdots,n\}$ の部分集合より成る BOOLE 代数 B_n は 2^n 個の元をもち，その $\cup, \cap, {}^c$ の表は容易に作ることができる．有限個の元をもつ BOOLE 代数は，いずれかの B_n に同型であることが知られている．

例 2　$L=\{P,Q,R,\cdots\}$ を命題の集合とし，$P\cup Q$ は‘P または Q’，$P\cap Q$ は‘P かつ Q’，I は‘真’，ϕ は‘偽’，P^c は‘非 P’と解釈して，通常の論理学（ARISTOTELES の論理学）が成り立つものとすれば，‘命題算’は BOOLE 代数で表わされる．たとえば，$P\cup P^c=I$ は‘P または非 P のいずれかは真である’を意味し，$P\geqq Q(\Leftrightarrow P=P\cup Q\Leftrightarrow Q=P\cap Q)$ は‘P ならば Q’と解釈される（命題算では，これに対して―今まで本文でも用いてきたように―$P\Rightarrow Q$ なる記法が用いられる）．したがって，$P\geqq Q,\ Q\geqq R\Rightarrow P\geqq R$ は三段論法 $(P\Rightarrow Q,\ Q\Rightarrow R)\Rightarrow(P\Rightarrow R)$ を意味する．

BOOLE 代数は，GEORGE BOOLE により 19 世紀中ごろ，‘論理代数’として導入されたものである（The Mathematical Analysis of Logic, 1847 ; An Investigation into the Laws of Thought, 1854）が，今日その理論は確率論や解析学の諸方面（測度論等）にも用いられ，応用上では計算機の理論などにも利用されている．しかしここで深入りはできないので，次に簡単な応用の一例だけを挙げておくこととしよう．

例 3　ラジオ放送番組 A, B, C について聴取調査を行なったところ，n 人のうち A 番組を聴く人 a 人，B 番組を聴く人 b 人，C 番組を聴く人 c 人，A, B 両方とも聴く人 d 人，B, C 両方を聴く人 e 人，C, A 両方を聴く人 f 人という報告があった．A, B, C 三つとも聴く人は何人か．

解　A, B, C それぞれの番組を聴く人の集合をそのまま A, B, C で表わすこととし，一般に有限集合 M の元の個数を $|M|$ で表わすこととする．個数については明らかに，

$$M=M_1\cup M_2,\ M_1\cap M_2=\phi\Rightarrow|M|=|M_1|+|M_2|$$

が成り立つ．$M=M_1\cup M_2, M_1\cap M_2=\phi$（$M$ が M_1 と M_2 の直和）のとき，$M=M_1+M_2$ とも書くこととすれば，次のようになる．

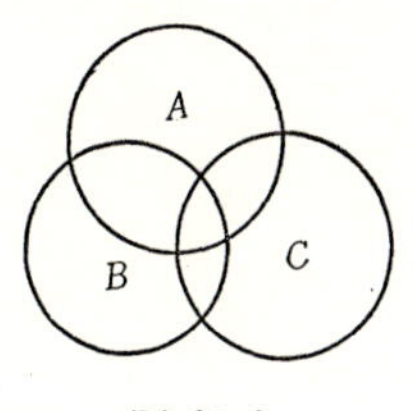

図 23.2

$$|M_1+M_2|=|M_1|+|M_2|.$$

$M=M_1\cup M_2$ であるが $M=M_1+M_2$ ではない場合には，$M_1\cap M_2{}^c=M_1'$，$M_2\cap M_1{}^c=M_2'$ とおけば明らかに

$$M_1=M_1'+(M_1\cap M_2),\quad M_2=M_2'+(M_1\cap M_2),$$

$$M_1 \cup M_2 = M_1' + M_2' + (M_1 \cap M_2).$$

したがって

$$|M_1 \cup M_2| = |M_1'| + |M_2'| + |M_1 \cap M_2|$$
$$= |M_1| + |M_2| - |M_1 \cap M_2|.$$

M_1'　M_2'　$M_1 \cap M_2$

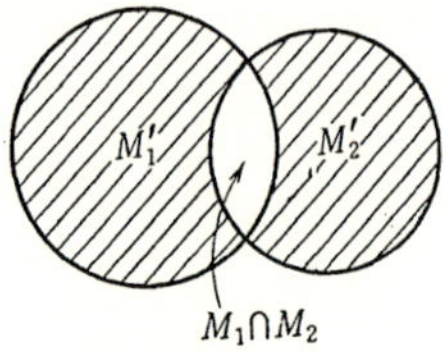

図 23.3

この公式から

$$|A \cup B \cup C| = |A \cup B| + |C| - |(A \cup B) \cap C|$$
$$= |A| + |B| - |A \cap B| + |C| - |(A \cap C) \cup (B \cap C)|$$
$$= |A| + |B| + |C| - |A \cap B| - (|A \cap C| + |B \cap C| - |A \cap B \cap C|)$$
$$= |A| + |B| + |C| - |A \cap B| - |B \cap C| - |C \cap A| + |A \cap B \cap C|.$$

ゆえに $|A \cap B \cap C| = g$ とおけば,

$$n = a + b + c - d - e - f + g.$$

この式から g が求められる.

§24　有限体

本節の目標とするのは次の定理4 (p. 151) であるが, その証明には, 初等整数論および代数学からの次のような事実 (i)〜(ix) を使わなければならない.

(i)　**初等整数論の基本定理**:　任意の自然数 n は素因数に分解される : $n = p_1^{e_1} \cdots p_r^{e_r}$ (p_i は素数, $e_i \geqq 0$). n' が今一つの自然数で $n' = p_1^{e_1'} \cdots p_r^{e_r'}$ と素因数分解されるならば, $e_i \geqq e_i'$ $(i = 1, \cdots, r)$ のとき, かつそのときに限って n は n' の倍数となる (n が n' の倍数—n' が n の約数—であることを $n'|n$ で表わす).

また, 上の n, n' に対して, その最大公約数—(n, n') で表わされる—は, $p_1^{\min(e_1, e_1')} \cdots p_r^{\min(e_r, e_r')}$ ($\min(e_i, e_i')$ は, e_i, e_i' のうち小さい方を表わす), n, n' の最小公倍数は, $p_1^{\max(e_1, e_1')} \cdots p_r^{\max(e_r, e_r')}$ ($\max(e_i, e_i')$ は, e_i, e_i' のうち大きい方を表わす) で与えられる.

(ii)　$(n, n') = 1$—そのとき n, n' は**互に素**という—ならば, $nx + n'x' = 1$ なる $x, x' \in \boldsymbol{Z}$ が存在する. またその逆も成り立つ.

(iii)　K を体とし, K の上の変数 X の多項式, すなわち

$$f(X) = a_0 + a_1 X + \cdots + a_k X^k, \quad a_i \in K,\ i = 1, \cdots, k \qquad (24.1)$$

の形の式全体の集合は, K の上の多元環 (§7) を作る. それを K の上の**多項式**

環といい, $K[x]$ で表わす. (24.1) において $a_k \neq 0$ ならば $f(X)$ は k 次の多項式である, あるいは $f(X)$ の**次数**は k であるという. 0 でない '定数' a_0 の次数は 0 であるが, 多項式 0 の次数は定義しない. 次数 k の多項式の集合を $K^k[X]$ で表わせば, $K[X]=\{0\}+K^0[X]+K^1[X]+\cdots$ (集合としての直和), $\{0\}+K^0[X]+\cdots+K^k[X]$ を $K_k[X]$ で表わし, $K_k[X]$ の元を**次数 k 以下**の多項式という. 次数 k 以下の多項式は, (24.1) の形に書かれる. $K_k[X]$ は K の上の $(k+1)$ 次元のベクトル空間, $K[X]$ は K の上の無限次元のベクトル空間をなす.

(iv) $f(X) \in K_k[X]$ とするとき, $K \ni \alpha$ に対し $f(\alpha)=0$ となるならば――すなわち $f(X)=0$ が K において根 α をもてば――$f(X)=(X-\alpha)g(X)$ となるような $g(X) \in K_{k-1}[X]$ がある. もし, $\alpha_1, \cdots, \alpha_\nu$ が $f(X)=0$ の相異る ν 個の根ならば, $f(X)=(X-\alpha_1)\cdots(X-\alpha_\nu)h(X)$ となるような $h(X) \in K_{k-\nu}[X]$ がある. したがって, 'k 次方程式' $f(X)=0$ の根の数は k をこえない.

(v) $K[X]$ の元に関して, 自然数に関する上の (i) と同様のことが成り立つ: $K[X]$ の元は K における '既約多項式' の積として一意的に表わされる: $f(X)=(p_1(x))^{e_1}\cdots(p_r(X))^{e_r}$. また, 二つの多項式 $f_1(X), f_2(X)$ が互に素ならば, すなわちその最大公約数 $(f_1(X), f_2(X))$ が 1 ならば, $f_1(X)g_1(X)+f_2(X)g_2(X)=1$ となるような K の上の多項式 $g_1(X), g_2(X)$ がある.

(vi) L が体 K を含む体――K の**拡大体**――ならば, L は K の上のベクトル空間となる. 特に L が K の上の有限次元のベクトル空間となるとき, その次元を L の K の上の**次数**といい $(L:K)$ で表わす.

(vii) $K[X]$ の元 $f(X)$ に対して K の適当な拡大体 L を作れば, $f(X)$ は L において 1 次因数に分解される. すなわち L においては

$$f(X)=c(X-\alpha_1)^{\nu_1}\cdots(X-\alpha_r)^{\nu_r} \qquad (\alpha_i \neq \alpha_j) \tag{24.2}$$

となる. したがって $f(X)=0$ のすべての根 $\alpha_1, \cdots, \alpha_r$ は L の中にある. このとき L を $f(X)$ の**分解体**といい, 分解体のうち K の上の次数の最小のものを**最小分解体**という. $f(X)$ の最小分解体の次数は $f(X)$ の次数をこえない. 特に $f(X)$ が既約のときは, 両方の次数は一致する. また, $f(X)$ の最小分解体は, 同型を除いて一意的に定まる (すなわち L, L' がともに $f(X)$ の最小分解体であ

るとすれば, L, L' は体として同型となる).

(viii)　$K_k[X]$ の元 $f(X)=\sum_{i=0}^{k} a_i X^i$ に対し, $K_{k-1}[X]$ の元 $f'(X)=\sum_{i=0}^{k-1} ia_i X^i$ を $f(X)$ の**導函数**という. 写像 $f(X)\to f'(X)$ は, K の上のベクトル空間 $K_k[X]$ から $K_{k-1}[X]$ への線型写像である. すなわち, $a, b\in K$, $f, g\in K_k[X]$ に対し,

$$(af+bg)'=af'+bg'.$$

また, 積の導函数について次の公式が成り立つ.

$$(fg)'=f'g+fg'.$$

(ix)　(*24.2*) において, ν_i を $f(X)$ の根 α_i の**重複度**といい, $\nu_i=1$ のとき α_i を $f(X)$ の**単根**という. $f(X)$ が単根のみをもつための必要十分条件は, $f(X)$ と $f'(X)$ が互に素となることである.

以上のうち, (vii) 以外は恐らく周知であろう. ((ix) は (viii) を用いて容易に示される.) (vii) は §14 にも引用したことがある. その証明については, 後に例4の解の中で示唆するが, 詳しくは同所で引用した正田・浅野氏の書物などによって見られたい.

以上が予備知識の復習であるが, 本論へ入ってから途中でさらにもどり道をしないために, 可換群に関する次の三つの補題をまず証明しておく.

補題 1　G を可換群とし, $G\ni x, y$; x, y の位数をそれぞれ m, n, $(m, n)=1$ とすれば, $xy=z$ の位数は mn となる.

証明　$z^{mn}=(xy)^{mn}=x^{mn}y^{mn}=(x^m)^n(y^n)^m=e$ (第2辺から第3辺へ移るとき, G の可換性を用いた) であるから, z の mn 乗はともかく e となる. したがって z の位数は mn の約数である. 逆に, $z^l=e \Rightarrow mn|l$ であることは, 次のように示される. $z^l=x^ly^l=e$ ならば, $e=(x^ly^l)^m=x^{ml}y^{ml}=y^{ml}$ したがって $n|ml$. しかるに $(m, n)=1$ であるから, (ii) によって $mh+nk=1$ となるような, $h, k\in \boldsymbol{Z}$ がある. ゆえに $l=mlh+nkl$ は n の倍数となる: $n|l$. 同様に $m|l$. $(m, n)=1$ であるから $mn|l$.

補題 2　前補題と同じく G を可換群, $G\ni x, y$; x, y の位数を m, n とし, $n\nmid m$ ($n|m$ の否定) とすれば, G は m より大きい位数の元 z をもつ.

証明 $(m,n)=1$ の場合は補題1から明らかである．ゆえに $(m,n)>1$ とする．m,n の素因数分解を

$$m=p_1^{e_1}\cdots p_{r_1}^{e_{r_1}}p_{r_1+1}^{e_{r_1+1}}\cdots p_r^{e_r},\quad n=p_1^{f_1}\cdots p_{r_1}^{f_{r_1}}\cdot p_{r_1+1}^{f_{r_1+1}}\cdots p_r^{f_r}$$

とし，$e_1\geqq f_1,\cdots,e_{r_1}\geqq f_{r_1},\ e_{r_1+1}<f_{r_1+1},\cdots,e_r<f_r$ となるものとする．$n\nmid m$ であるから $0\leqq r_1<r$．したがって

$$m_1=p_1^{e_1}\cdots p_{r_1}^{e_{r_1}},\quad n_1=p_{r_1+1}^{f_{r_1+1}}\cdots p_r^{f_r}$$

とおけば，$(m_1,n_1)=1,\ m_1|m,\ n_1|n,\ m_1n_1>m$ となる．$m=m_1m_1',\ n=n_1n_1',\ x^{m_1'}=x_1,\ y^{n_1'}=y_1$ とおけば．x_1,y_1 の位数は明らかに m_1,n_1 となり，補題1によって $x_1y_1=z$ の位数は $m_1n_1>m$ となる．

補題 3 Gを有限可換群とし，任意の自然数 n に対して，G の元 x で $x^n=e$ を満足するものの個数は n を超えないとすれば，G は巡回群である．

証明 Gの位数を g とし，G が位数 g の元をもつことをいえばよい．今 x_1 を G の任意の元とし，x_1 の位数を m_1 とする．$m_1=g$ ならばそれでよい．$m_1<g$ ならば，$G-\{e,x_1,x_1^2,\cdots,x_1^{m_1-1}\}=M_1\neq\phi$ であるから，M_1 から一つの元 y_1 をとることができる．y_1 の位数を n_1 とすれば，$n_1\nmid m_1$．実際，もし $n_1|m_1,\ m_1=n_1n_1'$ となったとすれば，$y_1^{m_1}=(y_1^{n_1})^{n_1'}=e$ となり，(m_1+1) 個の G の元 $e,x_1,\cdots,x_1^{m_1-1},y_1$ がいずれも $x^{m_1}=e$ を満足することとなって仮定に反する．ゆえに補題2によって，G は m_1 より大きい位数の元 x_2 をもつ．x_2 の位数 $m_2=g$ ならばそれでよい．もし $m_2<g$ ならば，上と同様にして m_2 より大きい位数の元 x_3 が得られる．数列 $m_1<m_2<\cdots$ は有限項(高々 g 項)で $m_k=g$ に達するから，これで補題は証明せられた．

以上を準備として本論に入る．

§22，例9で，自然数 m に対し $\boldsymbol{Z}$ の元の mod m の剰余類のなす群として $\boldsymbol{Z}_m$ を定義し，$\boldsymbol{Z}_m$ が(加法について)位数 m の巡回群をなすことを見た．$\boldsymbol{Z}_m$ の元の間にはまた次のようにして乗法も定義される．すなわち $x\equiv x'\pmod m$，$y\equiv y'\pmod m$ ならば明らかに $xy\equiv x'y'\pmod m$ となるから $(x)_m(y)_m=(xy)_m$ によって $\boldsymbol{Z}_m$ の元 $(x)_m,(y)_m$ の間の乗法が定義されるのである．そのとき $\boldsymbol{Z}_m$ は明らかに可換環(§7)をなすが，一般に体をなすとは限らない．体 K に

おいては, 0 と異なる元にはその乗法に関する逆元があるから, $K \ni a, b,\ ab = 0 \Rightarrow a = 0$ または $b = 0$ となる. もし $ab = 0, a \neq 0$ ならば $0 = a^{-1}0 = a^{-1}(ab) = 1 \cdot b = b$ となるからである. しかるにもし $m = m_1 m_2\ (m_1, m_2 > 1)$ のときは, $(m_1)_m, (m_2)_m$ はどちらも $(0)_m$ ではないが, $(m_1)_m \cdot (m_2)_m = (m_1 m_2)_m = (0)_m$ となるから $\boldsymbol{Z}_m$ は体ではあり得ない. しかし次の基本的な命題が成り立つ.

命題 1　p が素数ならば, $\boldsymbol{Z}_p$ は体である.

証明　$(x)_p \neq (0)_p$ すなわち $x \not\equiv 0 \pmod p$ のとき $(x)_p(y)_p = (1)_p$ すなわち $xy \equiv 1 \pmod p$ なる y があることをいえばよい. $x \not\equiv 0 \pmod p$ であるから, $(x, p) = 1$. ゆえに上記 (ii) によって $xy + pz = 1$ なる $y, z \in \boldsymbol{Z}$ がある. これがすなわち $xy \equiv 1 \pmod p$ を意味する.　　　　(証終)

$\boldsymbol{Z}_p$ のように, 有限個の元を有する体を**有限体**というのである.

例 1　$p = 2$ とすれば, $\boldsymbol{Z}_p = \{(0), (1)\}$. その元の間の加法, 乗法は,

$$(0)+(0) = (0),\quad (0)+(1) = (1)+(0) = (1),\quad (1)+(1) = (0),$$
$$(0)(0) = (0),\quad (0)(1) = (1)(0) = (0),\quad (1)(1) = (1)$$

によって与えられる.

命題 2　任意の有限体 K は, ある素数 p についての $\boldsymbol{Z}_p$ (と同型な体) の拡大体である.

証明　K の乗法の単位元 1 で生成される K の加法群の部分群を $K_0 = \{0, 1, 1+1, \cdots\}$ とし, K_0 の位数 (すなわち K の加法群における 1 の位数) を m とすれば,

$$\underbrace{1+1+\cdots+1}_{m\text{ 個}} = 0.$$

もし m が素数でなく, $m = m_1 m_2\ (m_1, m_2 > 1)$ となったとすれば, K における分配律から明らかに

$$(\underbrace{1+\cdots+1}_{m_1\text{ 個}})(\underbrace{1+\cdots+1}_{m_2\text{ 個}}) = \underbrace{1+\cdots+1}_{m\text{ 個}} = 0.$$

したがって命題 1 の上の注意によって $\underbrace{1+\cdots+1}_{m_1\text{ 個}} = 0$ または $\underbrace{1+\cdots+1}_{m_2\text{ 個}} = 0$ となって, m が 1 の位数であったという仮定に反する. ゆえに m は素数 p でなければならない. そうすれば $K_0 \cong \boldsymbol{Z}_p \subset K$ となる.　　　　(証終)

上の証明中に見られたように，任意の体K(有限体でなくてもよい)において，加法群における1の位数は素数pであるか，または無限である．この位数がpであるときKの**標数**はpであるといい，無限のときはKの標数は0であるという．標数pの体はすべて$\boldsymbol{Z}_p$(と同型な体)の拡大体である．同様に，標数0の体は有理数体(と同型な体)の拡大体である．このため$\boldsymbol{Z}_p$は標数pの**素体**，有理数体は標数0の素体とよばれる．

命題 3　標数pの有限体Kの元の個数はpのある乗ベキp^nに等しい．

証明　Kは$\boldsymbol{Z}_p$の拡大体であって，次数$(K:\boldsymbol{Z}_p)=n$はもちろん有限である．Kを体$\boldsymbol{Z}_p$上のベクトル空間と考えるとき，その基底を$e_1, \cdots, e_n$とすれば，Kの任意の元xは

$$x=\alpha_1 e_1+\cdots+\alpha_n e_n, \qquad \alpha_i \in \boldsymbol{Z}_p$$

の形に一意的に表わされる．おのおののα_iがp個の$\boldsymbol{Z}_p$の元を独立にとるから，xの個数はp^nとなる．

命題 4　$(K:\boldsymbol{Z}_p)=n$なる有限体Kから0だけを除いた集合$K^*=K-\{0\}$が乗法についてなす群は，位数p^n-1の巡回群である．

証明　K^*の位数は明らかにp^n-1である．また上に引用した(iv)によって，任意の自然数mに関し$x^m=1$を満足するKの元の個数はmを超えない．ゆえに補題3によってK^*は巡回群をなす．

系　Kのすべての元は方程式$x^{p^n}=x$を満足する．

例 2　$x \in \boldsymbol{Z}$, pを任意の素数とすれば，$x^p \equiv x \pmod{p}$. (FERMATの定理)

解　体$\boldsymbol{Z}_p$の元の個数はpであるから，その元(x)に対して，上の系により$(x)^p=(x)$が成り立つ．ゆえに$(x^p)=(x)$．これは，$x^p \equiv x \pmod{p}$を意味する．

例 3　$\boldsymbol{Z}_7{}^*$は(-2)で生成される．

解　$\boldsymbol{Z}_7{}^*$の位数は6であるから，その元の位数は，1, 2, 3のいずれかである．しかるに$(-2) \neq (1)$, $(-2)^2=(4) \neq (1)$, $(-2)^3=(-8)=(5) \neq (1)$．ゆえに(-2)の位数は6である．したがって$\boldsymbol{Z}_7{}^*$は(-2)で生成される．

定理 4　素数pと任意の自然数nに関し，p^n個の元をもつ有限体が存在し，それは同型を除いては一意的に定まる．

証明　$\boldsymbol{Z}_p$におけるp^n次の多項式$X^{p^n}-X=f(X)$の最小分解体をKとす

る．$f(X)$ の導函数 $f'(X)=-1$．したがって最大公約数 $(f(X), f'(X))=1$ であるから $f(X)$ は K において p^n 個の単根をもつ．$p^n=q$ とおき，これらの根を $\alpha_1, \alpha_2, \cdots, \alpha_q$ とすれば，K は実はちょうどこれらの q 個の元だけから成ることが示される．実際，$f(\alpha)=0$, $f(\beta)=0$, すなわち $\alpha^q=\alpha$, $\beta^q=\beta$ とすれば，(K は標数 p であること，したがって K の任意の元の p 倍は 0 であること，および 2 項係数 $\binom{q}{k}=\binom{p^n}{k}$ は $1\leqq k\leqq q-1$ に対して p の倍数であることを用いて)

$$(\alpha\pm\beta)^q=\alpha\pm\beta, \qquad (\alpha\beta)^q=\alpha\beta.$$

$$\alpha\neq 0 \quad \text{ならば} \qquad \left(\frac{\beta}{\alpha}\right)^q=\frac{\beta}{\alpha}.$$

すなわち $f(X)=0$ の根だけですでに体をなすのである．K は‘最小’分解体であるから $K=\{\alpha_1, \cdots, \alpha_q\}$．また，命題 4 の系と最小分解体の一意性によって，p^n 個の元をもつ有限体はこの K (と同型な体) のほかにない．　(証終)

上の $q=p^n$ 個の元を有する有限体 K は GALOIS が導入したので，DICKSON にしたがってしばしば $GF(q)$ と書かれる (GF は GALOIS Field の略)——以上で $GF(q)$ の一意的存在が示された．命題 3 の示すように，$GF(q)$ の加法群は $\boldsymbol{Z}_p$ の加法群の n 個の直和となり，命題 4 の示すように，乗法群 $(GF(q))^*$ は位数 $q-1$ の巡回群である．$GF(q)$ は代数的整数論とも関連深く，また $GL(n, GF(q))$ およびその部分群を考えることにより有限群の多くの興味ある実例が得られる．応用上では実験計画法に利用せられる．

$GF(q)$ に関する基本事項は，理論的には上記に尽きているが，実験計画法などで利用する際には，実際に $GF(q)$ の元の間の加法・乗法の表を作る必要が起るであろう．それは，方程式 $f(X)=0$ を $\boldsymbol{Z}_p$ において‘解く’ことに外ならない．次にその一例を示しておくこととする．

例 4　$GF(3^2)$ の加法・乗法の表を作ること．

解　$K=GF(3^2)$ は，$\boldsymbol{Z}_3=\{0,1,2\}$ (以下簡単のため，mod 3 の剰余類 (0), (1), (2) を 0, 1, 2 で表わす) の 2 次の拡大である．$f(X)=X^9-X=X(X^8-1)$ は 2 次の既約因数 $g(X)$ を有するはずで，K は $\boldsymbol{Z}_3$ に $g(X)=0$ の根を‘添加’して得られる ($f(X)$ の 2 次の既約因数がいくつかあれば，そのどれを $g(X)$ にとっても同型な K が得られるから，

どれでも一つを $g(X)$ とすればよい). $X^8-1=(X^4-1)(X^4+1)=(X^4+1)(X^2+1)(X^2-1)$ で X^2+1 は mod 3 で既約である (実際 $0^2+1=1,\ 1^2+1=2,\ 2^2+1=2$ で $X=0,1,2$ のどれにしても X^2+1 は0にならない). ゆえに K は $\boldsymbol{Z}_3$ に X^2+1 の根を'添加'して得られる.

ここで GALOIS は次のように考えた. 例えば複素数体 $\boldsymbol{C}$ は実数体 $\boldsymbol{R}$ に $\sqrt{-1}$ を'添加'して得られるが, 代数的に考えれば, $\boldsymbol{R}$ に $\sqrt{-1}$ を添加するとは, $\boldsymbol{R}[X]$ を mod (X^2+1) で計算することにほかならない ($\sqrt{-1}$ を'変数'のように考えて, $(\sqrt{-1})^2+1$ が現われたとき0とおくのである). 同様にどんな体でも——今の場合例えば $\boldsymbol{Z}_3$ でも——それに X^2+1 の根を'添加'するというのは, $\boldsymbol{Z}_3(X)$ を mod (X^2+1) で計算すればよいのである, と.——実際, そのようにして $\boldsymbol{Z}_3$ の拡大体が得られることは, $\boldsymbol{Z}_p$ が体であったことと同様にして証明されるのである. $\boldsymbol{Z}_3[X]$ を mod (X^2+1) で計算するときの X の類をかりに i で表わそう (このようにして得られる $\boldsymbol{Z}_p$ の拡大体の元は **GALOIS の虚数**とよばれることがある). そうすれば $i^2=-1$ で, われわれの K の元は $a+bi,\ a,b\in Z_3$ の形に書かれる. これですでに K の加法・乗法の表を作ることは容易にできるが, なお K^* の生成元を求めよう. K^* の位数は8であるから, 位数8の元が見出されればよいが, i のベキを書いてみると $1,\ i,\ i^2=-1,\ i^3=-i,\ i^4=1$ であるから i の位数は4である. この中にない K^* の元は, 補題3の証明中に示したように, 4乗しても1にならないはずである. 4乗して1にならなければ, その位数は8でなければならない. たとえば $1+i$ はそのような元である. 実際,

$$(1+i)^2=-i,\quad (1+i)^3=-i(1+i)=1-i,$$
$$(1+i)^4=-1,\quad (1+i)^5=-1-i,\quad (1+i)^6=i,$$
$$(1+i)^7=-1+i,\quad (1+i)^8=1.$$

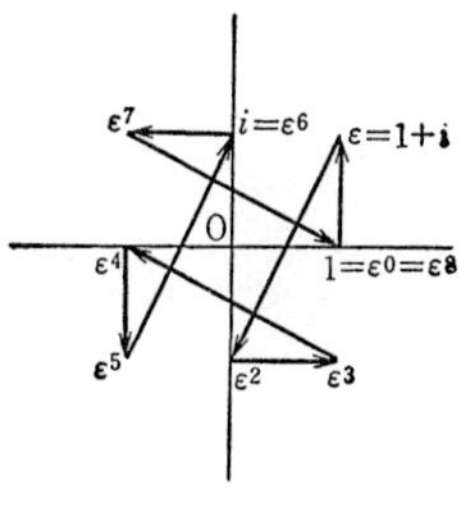

図 24.1

$GF(3^2)$ の計算を実行するときには, 右図のような diagram を利用すると便利であろう。

第 3 章　有限群の表現論

§25　表現空間と不変部分空間．可約表現と既約表現

本章で考えるベクトル空間はすべて有限次元で，複素数体 $\boldsymbol{C}$ の上のものとするから，いちいちそれを断わらない．n 次元ベクトル空間 V の自己同型写像全体のなす群 $GL(V)$ は，したがって $GL(n, \boldsymbol{C})$ と同型である．

群 G の表現とは，第 2 章 §22 で述べたように，G から $GL(n, \boldsymbol{C})$ への準同型写像である（同型写像である場合は，**同型表現**または**忠実**な表現とよばれる）．自然数 n をその表現の**次数**という．$\dim V = n$ とすれば $GL(V) \cong GL(n, \boldsymbol{C})$ であるから，G の表現 ρ は G から $GL(V)$ への準同型写像であるといってもよい．群 G から $GL(V)$ への準同型写像 ρ が与えられているとき，V を G の表現 ρ の**表現空間**とよぶのである（ρ は **V における表現**であるということもある）．そうすれば，表現の次数は表現空間の次元にほかならない．表現空間の考えは，群の表現論を幾何学的に述べるのに役立つ．

群 G の V における表現を ρ とすれば $G \ni a, b$ に対し $\rho(a), \rho(b), \rho(ab^{-1}) \in GL(V)$ であって

$$\rho(a)(\rho(b))^{-1} = \rho(ab^{-1}).$$

例 1　G を任意の群，V を任意のベクトル空間とするとき，G のすべての元に e_V（V の恒等写像）を対応させるのは，G の一つの表現を与える．これは‘自明な表現’であるが，G の表現全体を考えるときに無視することはできない．これを G の V における**恒等表現**という．（G が単位群でない限り，恒等表現は同型表現にはならない．）

例 2　V を任意のベクトル空間とするとき，$\{e_V, -e_V\}$（$-e_V$ は $V \ni x$ に $-x \in V$ を対応させる写像）は $GL(V)$ の位数 2 の部分群をなす．G が指数 2 の部分群（したがって正規部分群）H をもつとき，$G = H + Ha$ とし，H の元に e_V, Ha の元に $-e_V$ を対応させる写像は，G の V における表現を与える．これを G の（V における）**交代表現**という．

例 3　$G \subset GL(n, \boldsymbol{C})$ ならば，G の各元にそれ自身を対応させるのはむろん G の同型表現を与える．それを $G\,(\subset GL(n, C))$ の**自然な表現**という．

ρ_1, ρ_2 は G のそれぞれ V_1, V_2 における表現であるとき，V_1 から V_2 への同型写像 f があって，G の任意の元 a に対し

$$f \circ \rho_1(a) = \rho_2(a) \circ f$$

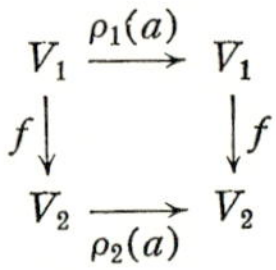

$$\begin{array}{ccc} V_1 & \xrightarrow{\rho_1(a)} & V_1 \\ f\downarrow & & \downarrow f \\ V_2 & \xrightarrow[\rho_2(a)]{} & V_2 \end{array}$$

となるならば, ρ_1, ρ_2 は**同値**なあるいは**相似**な表現であるといい, $\rho_1 \sim \rho_2$ と書く. 明らかに同値な表現は同じ次数をもち, この関係 $\sim$ は, 反射, 対称, 推移の3律をみたしている. (なおこのとき, 表現空間 V_1, V_2 も同値または同型であるという (p. 163 参照).

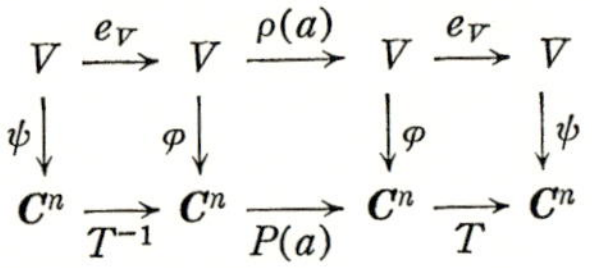

$$\begin{array}{ccccccc} V & \xrightarrow{e_V} & V & \xrightarrow{\rho(a)} & V & \xrightarrow{e_V} & V \\ \psi\downarrow & & \varphi\downarrow & & \downarrow\varphi & & \downarrow\psi \\ \boldsymbol{C}^n & \xrightarrow[T^{-1}]{} & \boldsymbol{C}^n & \xrightarrow[P(a)]{} & \boldsymbol{C}^n & \xrightarrow[T]{} & \boldsymbol{C}^n \end{array}$$

特に $\dim V = n$ ならば, V に座標 $(a_1, \cdots, a_n)$ をとれば, V の座標系 $\varphi = \varphi_{(a_1, \cdots, a_n)}$ が定まり, φ によって V は $\boldsymbol{C}^n$ へ同型に写される. したがって, G の表現 ρ は, G の $\boldsymbol{C}^n$ における表現 $a \to P(a) = \varphi \circ \rho(a) \circ \varphi^{-1}$ と同値となる. $P(a)$ は n 次元の正則行列である. $a \to P(a)$ を G の n 次の**行列表現**という. これを V の座標 φ による ρ の行列表現ということもある. V の座標を φ から ψ に変換すれば, '座標変換の行列' $\psi \circ e_V \circ \varphi^{-1} = T$ とするとき, 行列表現 $a \to TP(a)T^{-1}$ が得られる. これを $a \to P(a)$ と同値な, あるいは相似な行列表現という.

G の V における表現 ρ が与えられていれば,

$$\rho(G) = \{\rho(a)\,;\, a \in G\}$$

は $GL(V)$ の部分集合であるが, $\rho(G)$ の任意の元 $\rho(a)$ に対し

$$\rho(a)(W) \subset W$$

となるような V の部分空間 W を, ρ の**不変部分空間**という. ρ の不変部分空間全体の集合を $\mathfrak{W}(\rho)$ とすれば, 明らかに $\mathfrak{W}(\rho) \ni \{0\}, V$. また I §4 命題 1, 2 と全く同様に次の命題が得られる.

命題 1　$\mathfrak{W}(\rho) \ni W_\alpha \Rightarrow \bigcap_\alpha W_\alpha \in \mathfrak{W}(\rho)$.

命題 2　V の任意の部分集合 M があれば, M を含む '最小' の $\mathfrak{W}(\rho)$ の元 $W(M)$ が定まる. $W(M)$ を M で**生成**される ρ の不変部分空間という. 特に $M = \{x\}$ ならば,

$$W(\{x\}) = \left\{ \sum_{a \in G} \lambda_a \rho(a) x\,;\ \lambda_a \in \boldsymbol{C}, \quad (\lambda_a \text{ は有限個を除いて } 0) \right\}.$$

定理 1　ρ を群 G の n 次元ベクトル空間 V における表現とし, ρ が $\{0\}, V$ 以

外の不変部分空間 W をもつとする. そのとき V に適当な座標系 φ をとれば, 次のような形の行列による G の行列表現が得られる.

$$a \to P(a) = \begin{pmatrix} A(a) & B(a) \\ & \\ 0_{n_2, n_1} & C(a) \end{pmatrix} \begin{matrix} \updownarrow n_1 \\ \\ \updownarrow n_2 \end{matrix}, \quad n_1 = \dim W.$$
$$\qquad \leftarrow n_1 \rightarrow \quad \leftarrow n_2 \rightarrow$$

またその逆も成り立つ.

証明 $W \neq \{0\}, V$ であるから, $0 < \dim W = n_1 < n$. したがって $n_1 + n_2 = n$ とすれば, $0 < n_2 < n$. W の基底を $(a_1, \cdots, a_{n_1})$ とすれば, V の基底として $(a_1, \cdots, a_{n_1}, a_{n_1+1}, \cdots, a_n)$ の形のものをとることができる (§5, 定理5, 系4). そうすれば, $P(a) = (\alpha_{ij})$ とするとき, §8によって

$$P(a) \cdot a_j = \sum_{i=1}^{n} \alpha_{ij} a_i$$

であるが, $\rho(a)W \subset W$ であるから, $j = 1, \cdots, n_1$ とすれば, $\alpha_{ij} = 0$, $i = n_1 + 1, \cdots, n$. したがって, $P(a)$ は上の形となる.

逆に上の形の行列表現が得られるならば, その表現を与える V の基底の最初の n_1 個で生成される V の部分空間を W とすれば, W は明らかに ρ の不変部分空間となる.

系 群 G の表現 ρ の表現空間 V が, 不変部分空間 $W_1, \cdots, W_k$ の直和として表わされるならば, すなわち

$$V = W_1 \oplus \cdots \oplus W_k, \quad W_i \in \mathfrak{W}(\rho)$$

となるならば, V に適当な座標系をとれば, G の次の形の行列表現が得られる.

$$a \to P(a) = Q_1(a) \oplus \cdots \oplus Q_k(a).$$

ここに $Q_i(a)$ の次元は $\dim W_i$ に等しく, $a \to Q_i(a)$ は, G の W_i における表現 κ_i となる. (系終)

この系の場合, 表現 ρ が $\kappa_1, \cdots, \kappa_k$ の**直和**となるといい, 次のように書く.

$$\rho = \kappa_1 \oplus \cdots \oplus \kappa_k.$$

群 G の表現 ρ の表現空間 V が, $\{0\}$ および V と異なる不変部分空間をもつと

き——すなわち G が定理1に挙げた形の行列表現をもつとき——表現 ρ は**可約**であるといい，可約でない表現は**既約**であるという．ρ が可約であってさらにその表現空間 V が二つ以上の($\{0\}$でない)不変部分空間の直和となるとき——すなわち定理1系によって，ρ がいくつかの表現の直和となるとき——ρ は**直可約**であるという．

例 4　1次の表現はすべて既約である．

例 5　G の表現 ρ の表現空間 V の任意の二つの1次元部分空間 V_1, V_2 に対して，$\rho(a)(V_1)=V_2$ となるような $a\in G$ がいつもあれば，ρ は既約である．

解　W を $\{0\}$ とは異なる ρ の不変部分空間とし，$W\ni x\neq 0$ とすれば，命題2とわれわれの仮定によって，$W=V$.

例 6　$GL(n,\boldsymbol{C})$, $U(n,\boldsymbol{C})$ の自然な表現は既約である．

解　例5によって容易にわかる．

§26　SCHUR の補題

有限群の表現論は，前世紀末，FROBENIUS によって創始され，ほとんど完成されたが，1920年代 I. SCHUR の手によって著しく簡易化された．かれの方法の基礎となったのは，‘SCHUR の補題’とよばれる簡単な命題である．それは，群の表現論のみならず，外にも応用の広い有用な命題である．SCHUR はそれを行列算の1定理として与えたが，われわれは次にそれとは少し異なった形にこの命題を述べよう．

前節に，群 G の表現 ρ の不変部分空間，既約性，可約性を定義したが，これらの概念をここで少しく拡張しておく．一般にベクトル空間 V の線型写像環 $\mathfrak{L}(V)$ の任意の部分集合を $\mathfrak{L}(V)$ **集合**とよぶこととし，A を一つの $\mathfrak{L}(V)$ 集合とする．A の各元 ρ_α は V から V への線型写像であるが，V の部分空間 W がどの $\rho_\alpha\in A$ に対してもいつも $\rho_\alpha(W)\subset W$ となるならば，W は A の不変部分空間であるという（前節で考えたのは，$A=\{\rho(a);\,a\in G\}=\rho(G)$ の場合であった．$\rho(G)$ は G と準同型な群をなすが，一般の $\mathfrak{L}(V)$ 集合は群をなす必要はない)．A の不変部分空間 $\mathfrak{W}(A)$ について，前節命題1, 2, 定理1と全く同様の命題が成り立つことは明らかである．$\mathfrak{W}(A)=\{\{0\},V\}$ であるとき，A は既約であるという．

V_1, V_2 を二つの線型空間, A_1, A_2 をそれぞれ $\mathfrak{L}(V_1)$ 集合および $\mathfrak{L}(V_2)$ 集合とし, A_1, A_2 の元を一般に $\rho_\alpha^{(1)}, \rho_\beta^{(2)}$ で表わす. V_1 から V_2 への線型写像 f があって, 次の 2 条件 (S_1), (S_2) が満たされるとき, f を A_1 から A_2 への**共変変換**という.

$$\begin{array}{ccc} V_1 & \xrightarrow{\rho_\alpha^{(1)}} & V_1 \\ f\downarrow & & \downarrow f \\ V_2 & \xrightarrow[\rho_\beta^{(2)}]{} & V_2 \end{array}$$

(S_1) 任意の $\rho_\alpha^{(1)} \in A_1$ に対し,

$$f \circ \rho_\alpha^{(1)} = \rho_\beta^{(2)} \circ f \tag{25.1}$$

が成り立つような $\rho_\beta^{(2)} \in A_2$ が存在する.

(S_2) 任意の $\rho_\beta^{(2)} \in A_2$ に対し, *(25.1)* が成り立つような $\rho_\alpha^{(1)} \in A_1$ が存在する.

定理 2 (SCHUR の補題) V_1, V_2 を二つの線型空間, A_1, A_2 をそれぞれ既約な $\mathfrak{L}(V_1)$ 集合, 既約な $\mathfrak{L}(V_2)$ 集合とし, f を A_1 から A_2 への共変変換とすれば, (i) $f=0$ となるか, または (ii) f は同型写像となるかのいずれかである.

証明 $\mathrm{Im}\, f = V_2'$ は V_2 の部分空間であるが, $V_2' \in \mathfrak{W}(A_2)$ であることが示される. 実際, $y \in V_2'$ すなわち $y = f(x)$, $x \in V_1$ とすれば, (S_2) によって任意の $\rho_\beta^{(2)} \in A_2$ に対し, $\rho_\beta^{(2)}(y) = \rho_\beta^{(2)} \circ f(x) = f \circ \rho_\alpha^{(1)}(x)$ となるような $\rho_\alpha^{(1)} \in A_1$ がある. A_1 は $\mathfrak{L}(V_1)$ 集合であるからもちろん $\rho_\alpha^{(1)}(x) \in V_1$, したがって $\rho_\beta^{(2)}(y) \in \mathrm{Im}\, f = V_2'$.——これと全く同様に, $\mathrm{Ker}\, f = V_1' \in \mathfrak{W}(A_1)$ であることが示される.

A_1, A_2 の既約性の仮定によって, $V_1' = \{0\}$ または V_1, $V_2' = \{0\}$ または V_2 となるが, $V_1' = V_1$ ならば当然 $V_2' = \{0\}$, $f=0$ となる. いずれにしても $V_2' = \{0\}$ ならば $f=0$ で (i) の場合となる. そうでない場合は, $V_1' = \{0\}$, $V_2' = V_2$ すなわち f は全単射, したがって同型写像とならなければならない. すなわち (ii) の場合が起る.

系 ρ_1, ρ_2 が群 G の, それぞれ V_1, V_2 における既約表現で, 任意の $a \in G$ について

$$\rho_2(a) \circ f = f \circ \rho_1(a)$$

となるような $f \in \mathfrak{L}(V_1, V_2)$ があるとすれば, $f=0$ となるか, または $\rho_1 \sim \rho_2$ となる. (系終)

次の定理を述べるために, $\mathfrak{L}(V)$ 集合 A に対し, A の**交換子集合** A' を $\{\sigma;\ \sigma \in \mathfrak{L}(V), \rho \circ \sigma = \sigma \circ \rho,\ \forall \rho \in A\}$ として定義する. A' の元——すなわち A のすべ

ての元と可換な$\mathfrak{L}(V)$の元——をAの**交換子**という．

命題 3 Aを任意の$\mathfrak{L}(V)$集合とするとき，A'は$\boldsymbol{C}$の上の多元環(§7，例14参照)である．特にAが既約なるときには，A'は$\boldsymbol{C}$上の多元体となる．

証明 $A'\subset\mathfrak{L}(V)$であるから，A'の元σ,σ_1,σ_2および$\lambda\in\boldsymbol{C}$の間には，乗法$\sigma_1\circ\sigma_2$(写像としての結合)，加法$\sigma_1+\sigma_2$および$\lambda\sigma$($\mathfrak{L}(V)$の元として，§7の意味で)が定義されており，交換子の定義から明らかに$\sigma,\sigma_1,\sigma_2\in A'\Rightarrow\sigma_1\circ\sigma_2,\sigma_1+\sigma_2,\lambda\sigma\in A'$となる．$\lambda(\sigma_1\circ\sigma_2)=\lambda\sigma_1\circ\sigma_2=\sigma_1\circ(\lambda\sigma_2)$も明らかである．したがって$A'$は$\mathfrak{L}(V)$の部分環でかつ$\boldsymbol{C}$上の多元環をなす．$A$が既約ならば定理2により$\sigma\in A'$が0でなければ$\sigma\in GL(V)$であるから$\sigma^{-1}\in GL(V)$が存在するが，交換子の定義から明らかに$\sigma^{-1}\in A'$．ゆえに$A'$は$C$の上の多元体をなす．

定理 3 Vが有限次元でAは既約な$\mathfrak{L}(V)$集合ならば，A'は$\boldsymbol{C}$と同型な体をなす．

証明 A'の任意の元をσとし，σの固有値の一つをαとすれば，$\sigma-\alpha$は——Ker$(\sigma-\alpha)\neq0$であるから——同型写像でない．しかも既約なAの任意の元ρに対して$(\sigma-\alpha)\circ\rho=\rho\circ(\sigma-\alpha)$が成り立つから，定理2によって，$\sigma-\alpha=0$とならなければならない．

$$\begin{array}{ccc} V & \xrightarrow{\rho} & V \\ {\scriptstyle\sigma-\alpha}\downarrow & & \downarrow{\scriptstyle\sigma-\alpha} \\ V & \xrightarrow[\rho]{} & V \end{array}$$

系 1 $G\ni a\to P(a)$を群Gのn次の($\boldsymbol{C}$における)行列による既約な行列表現とし，$Q\in\mathfrak{M}(n,\boldsymbol{C})$とする．任意の$a\in G$について$P(a)\cdot Q=Q\cdot P(a)$となるならば，$Q=\alpha E_n$.(すなわち，$\mathfrak{L}(\boldsymbol{C}^n)$集合$\{P(a);\ a\in G\}$の交換子は$\alpha E_n$の形の元に限る.)

系 2 $GL(n,\boldsymbol{C})$(または$U(n,\boldsymbol{C})$)のすべての元と可換な$\mathfrak{M}(n,\boldsymbol{C})$の元は，$\alpha E_n$の形の行列に限る．

証明 p. 158, 例6による．

定理 4 可換群の有限次元の既約表現は，すべて1次である．

証明 Gを可換群，ρをその有限次元の既約表現，Vをρの表現空間とすれば，$\rho(G)=\{\rho(a);\ a\in G\}=A$は一つの既約な$\mathfrak{L}(V)$集合となる．$G$は可換であるから，明らかに$A\subset A'$．前定理によって$A'$の元は，——したがって今の場合す

べての A の元は—αE_r ($r=\dim V$) の形に表わされるから, $r>1$ は A の既約性に反する.

例 巡回群 $\boldsymbol{Z}_m$ の表現.

解 定理4により, $\boldsymbol{Z}_m$ の有限次元の既約表現 ρ は1次であるから, $\rho: \boldsymbol{Z}_m \to \boldsymbol{C}^* = \boldsymbol{C} - \{0\}$. $\boldsymbol{Z}_m$ の生成元—1の類—を a で表わせば, $\boldsymbol{Z}_m = \{0, a, 2a, \cdots, (m-1)a\}$, $ma=0$ となる. $\rho(a) = \alpha \in \boldsymbol{C}^*$ とすれば $\alpha^m = 1$. すなわち α は1の m 乗根でなければならない. また, 任意の1の m 乗根 $\exp 2\pi k \frac{\sqrt{-1}}{m}$ を α_k ($k=0,1,\cdots,m-1$) とし, $\rho_k(a)=\alpha_k$, $\rho_k(ja) = \alpha_k{}^j$ ($j=0,1,\cdots,m-1$) とおけば, ρ_k は明らかに $\boldsymbol{Z}_m$ の既約表現を与える. $\boldsymbol{Z}_m$ はこれら m 個の既約表現をもち, 他の任意の表現は, これらの既約表現の直和として得られる (次節参照).

§27 完全可約な表現

ρ を群 G の表現, V をその表現空間とする (§25参照). W が V の不変部分空間ならば, $a \in G$ に $\rho(a)|W$ を対応させる写像は, G の ($\dim W$ 次の) 表現を与える (定理1). これを ρ の W による**部分表現**とよび $\rho|W$ で表わすことにする. $\dim V = n$, $\dim W_1 = n_1$, $0<n_1<n=n_1+n_2$ とし, W の一つの基底を $(a_1, \cdots, a_{n_1})$, それを含む V の一つの基底 (§5, 定理5系4, p. 22) を $(a_1, \cdots, a_{n_1}, a_{n_1+1}, \cdots, a_n)$ とすれば, この基底によって G は

$$G \ni a \longrightarrow P(a) = \begin{pmatrix} A(a) & B(a) \\ 0_{n_2, n_1} & C(a) \end{pmatrix} \qquad (27.1)$$

の形に行列表現される. $a \to A(a)$ は, 部分表現 $\rho|W$ の行列表現である.

このとき, 剰余空間 V/W を表現空間とする G の表現が, 次のように構成される. すなわち, $V \ni x$ の mod W の剰余類 $(x)_W$ に対して $(\rho(a)(x))_W$ が確定する. (実際, $x \equiv y \bmod W$ ならば $\rho(a)(x) \equiv \rho(a)(y) \bmod W$ となることは, $\rho(a)(W) \subset W$ からただちにわかる.) $(x)_W \to (\rho(a)(x))_W$ が $GL(V/W)$ の元 (すなわち V/W の自己同型写像) であることも容易にわかる. この $GL(V/W)$ の元を $\rho_W(a)$ で表わせば $G \ni a \to \rho_W(a) \in GL(V/W)$ は明らかに V/W を表現空間とする G の表現となる. これを $\rho \bmod W$ の**剰余表現**という.

上の記法で, $(a_{n_1+1})_W, \cdots, (a_n)_W$ は V/W の一つの基底を与える. この基底による $\rho \bmod W$ の行列表現は $a \to C(a)$ [$C(a)$ は (27.1) の記法] となる.

特に $[a_{n_1+1}, \cdots, a_n] = W'$ も不変部分空間となるときは，ρ は直可約，$V = W \oplus W'$，$\rho = (\rho|W) \oplus (\rho|W')$ で，剰余表現 ρ_W は部分表現 $\rho|W'$ と一致する．

部分表現をもたない表現は，既約表現に外ならない．既約表現の表現空間——すなわち $\{0\}$ およびそれ自身のほか不変部分空間をもたない表現空間——は**既約**であるということにする．既約表現の直和として表わされる表現は，**完全可約**であるという．（既約表現自身も完全可約であるという.）

定理 5　次の三つの条件は同値である．

(C_1)　群 G の表現 ρ は完全可約である．

(C_2)　ρ の表現空間 V は既約な表現空間の直和となる．

(C_3)　V を ρ の表現空間，W を V の任意の不変部分空間とすれば，$V = W \oplus W'$ となるような V の不変部分空間 W' が存在する．

証明　$(C_1) \Leftrightarrow (C_2)$ は明らかである．

$(C_2) \Rightarrow (C_3)$ の証明．

$$V = V_1 \oplus \cdots \oplus V_r,\ V_i \text{ は既約不変部分空間},\ i = 1, \cdots, r \tag{27.2}$$

となったとする．W を V の不変部分空間とすれば，$W \cap V_i = W_i$ も V の不変部分空間となるが，$W_i \subset V_i$ で，V_i は既約であるから，$W_i = \{0\}$ または $W_i = V_i$ のいずれかが成り立つ．そこで，$W_i = V_i$, $i = 1, \cdots, \nu_1 - 1$, $W_{\nu_1} = \{0\}$ とすれば，（すなわち，$W \supset V_1, \cdots, V_{\nu_1 - 1}$, $W \cap V_{\nu_1} = \{0\}$ とすれば）$W \oplus V_{\nu_1}$ が定義されて，明らかに V の不変部分空間となる．また明らかに $W \oplus V_{\nu_1} \supset V_i$, $i = 1, \cdots, \nu_1$．$W \oplus V_{\nu_1}$ は V の不変部分空間であるから，今 W について考察したのと同様のことを $W \oplus V_{\nu_1}$ について考察すれば，$W \oplus V_{\nu_1} \supset V_i$, $i = \nu_1 + 1, \cdots, \nu_2 - 1$, $(W \oplus V_{\nu_1}) \cap V_{\nu_2} = \{0\}$ となる番号 ν_2 が定まり，$W \oplus V_{\nu_1} \oplus V_{\nu_2}$ は V の不変部分空間で，$\supset V_i$, $i = 1, \cdots, \nu_2$ となる．これを続ければ，遂には，$W \oplus V_{\nu_1} \oplus V_{\nu_2} \oplus \cdots \oplus V_{\nu_k} \supset V_i$, $i = 1, \cdots, r$ となる．$V \supset W \oplus V_{\nu_1} \oplus \cdots \oplus V_{\nu_k} \supset V_1 \oplus \cdots \oplus V_r = V$. ゆえに，$W \oplus V_{\nu_1} \oplus \cdots \oplus V_{\nu_k} = V$．そこで $W' = V_{\nu_1} \oplus \cdots \oplus V_{\nu_k}$ とすればよい．

$(C_3) \Rightarrow (C_2)$ の証明．V 自身が既約であれば，それでよい．V が可約ならば，V_1 を V の最小次元の不変部分空間とすれば，V_1 は明らかに既約となる．(C_3) を $W = V_1$ として用いれば，$V = V_1 \oplus V_1'$ なる不変部分空間 V_1' が得られる．

V_1' が既約ならばそれでよい．もし可約ならば，V_1' に含まれる最小次元の不変部分空間を V_2 とすれば，V_2 は既約となる．次に (C_3) を $W=V_1\oplus V_2$ として用いれば，$V=V_1\oplus V_2\oplus V_2'$ となる．この方法を続けて (27.2) のような直和分解が得られる．　(証終)

表現空間 V が上の条件 (C_2) または (C_3) を満足するとき，V は**完全可約**であるという．それは，V がある完全可約な表現の表現空間であるというに他ならない．次の系の証明は，上の定理の証明に含まれている．

系　V を群 G の完全可約な表現空間とし，

$$V=V_1\oplus V_2\oplus\cdots\oplus V_r$$

を V の既約不変部分空間への直和分解とすれば，V の任意の不変部分空間 W に対し，$V_1,\cdots,V_r$ のうちから適当に $V_{\nu_1},\cdots,V_{\nu_k}$ を選んで，$V=W\oplus V_{\nu_1}\oplus\cdots\oplus V_{\nu_k}$ となるようにすることができる．　(系終)

定理5とこの系から，次ページに示すように次の定理が導かれる．

定理 6　ρ を群 G の完全可約な表現とし，

$$\rho=\kappa_1\oplus\cdots\oplus\kappa_r=\kappa_1'\oplus\cdots\oplus\kappa_{r'}'$$

を ρ の2通りの既約表現への直和分解とする．そのとき $r=r'$ で，必要に応じて $\kappa_1',\cdots,\kappa_{r'}'=\kappa_r'$ を適当に並べかえれば，$\kappa_1\sim\kappa_1',\cdots,\kappa_r\sim\kappa_r'$ となる．($\sim$は表現としての同値(§25参照)を表わす.)　(定理6終)

ρ_1,ρ_2 が G の同値な表現であるとき，ρ_1 の表現空間 V_1 と ρ_2 の表現空間 V_2 とは**表現空間として同型**であるといい，$V_1\sim V_2$ で表わす．(V_1,V_2 が表現空間であるというときは，G から $GL(V_1),GL(V_2)$ への準同型写像──G の表現──ρ_1,ρ_2 があって V_1,V_2 はそれぞれ ρ_1,ρ_2 の表現空間となっているとするのである.) V_1,V_2 が G の同型な表現空間ならば，任意の $x\in G$ に対して

$$\begin{array}{ccc} V_1 & \xrightarrow{\rho_1(x)} & V_1 \\ f\downarrow & & \downarrow f \\ V_2 & \xrightarrow[\rho_2(x)]{} & V_2 \end{array}$$

$$f\circ\rho_1(x)=\rho_2(x)\circ f$$

となるような V_1 から V_2 への（ベクトル空間としての）同型写像 f がある．この f を V_1 から V_2 への**表現空間としての同型写像**という．(これらの述べ方で，‘表現空間として’という語は──V_1,V_2 が表現空間であることがわかっている

ときは――省略することもある.）定理6を表現空間について述べれば，次のようになる.

定理 6′　V を群 G の完全可約な表現空間とし，

$$V = V_1 \oplus \cdots \oplus V_r = V_1' \oplus \cdots \oplus V'_{r'} \tag{27.3}$$

を V の2通りの既約不変部分空間への直和分解とすれば，$r = r'$ で必要に応じて $V_1', \cdots, V'_{r'} = V_r'$ を適当に並べかえれば，$V_i \sim V_i'$ $(i = 1, \cdots, r)$ となる.

証明　定理 $6'$ の形で，r に関する帰納法で証明する.

$r = 1$ のとき $r' > 1$ とすれば，$V_1' \subsetneqq V = V_1$. これは V_1 が既約であるとの仮定に反する. よって $r' = 1$，したがって $V = V_1 = V_1'$. したがってもちろん $V_1 \sim V_1'$ である.

直和因子の数が $r-1$ のとき成り立つとして，r のときを証明する. $r' \geqq r$ と仮定してよい. $V_1' \oplus \cdots \oplus V'_{r'-1} = W'$ とすれば，定理5の系によって $V = W' \oplus W$ で，W は V_i のうちのいくつかの直和とすることができる. $W \sim V/W' \sim V'_{r'}$ で $V'_{r'}$ は既約であるから，W は V_i のいずれか一つと同型となる. $W \sim V_r$ とすれば，$W' = V_1' \oplus \cdots \oplus V'_{r'-1} \sim V/W \sim V/V_r \sim V_1 \oplus \cdots \oplus V_{r-1}$. この同型対応による $V_1, \cdots, V_{r-1}$ の W' 内への像を $V''_1, \cdots, V''_{r-1}$ とすれば，$W' = V_1' \oplus \cdots \oplus V'_{r'-1} = V''_1 \oplus \cdots \oplus V''_{r-1}$，$V''_i \sim V_i (i = 1, \cdots, r-1)$ となる. これは W' の，既約不変部分空間による2通りの直和分解で，$r-1 \leqq r'-1$ であるから，帰納法の仮定により $r-1 = r'-1$ で，適当に番号をつけかえれば，$V_i' \sim V''_i (i = 1, \cdots, r-1)$ となる. したがって $r = r'$ で，$V_i \sim V_i' (i = 1, \cdots, r)$ となる.　　（証終）

注意　実は，もっと一般に次の定理が成り立つ（JORDAN-HÖLDER-E. NOETHER）.

V を群 G の任意の表現空間とする.（必ずしも完全可約でなくてもよい.）そのとき V の不変部分空間の列

$$V_0 = \{0\} \subset V_1 \subset V_2 \subset \cdots \subset V_r = V \tag{1}$$

を作り，商空間 $W_i = V_i/V_{i-1}$, $i = 1, \cdots, r$ がすべて既約になるようにすることができる. (1) のほかに

$$V_0' = \{0\} \subset V_1' \subset V_2' \subset \cdots \subset V'_{r'} = V \tag{1'}$$

を (1) と同種の列（$W_j' = V_j'/V'_{j-1}$, $j = 1, \cdots, r'$ がすべて既約）とすれば $r = r'$ で，$1, \cdots, r$ の適当な順列 $\nu_1, \cdots, \nu_r$ をとれば，$W_1 \sim W'_{\nu_1}, \cdots, W_r \sim W'_{\nu_r}$ となる.

後に定理8系で示すように，有限群の表現はすべて完全可約となるから，われわれはこの一般の場合の証明は行わないで定理6だけを証明しておくこととする．

本章のはじめに断わったように，われわれの表現空間Vの基礎体は複素数体$\boldsymbol{C}$とするから，第1章§17に示したようにVに内積(x,y)を導入し，Vのユニタリ変換——内積を不変ならしめる変換——を考えることができる．Vのユニタリ変換の全体は$GL(V)$の部分群をなす(第2章§22例7, p. 136)．それを$U(V)$で表わす．Vを表現空間とする群Gの表現ρはGから$GL(V)$への準同型写像であるが，特にその像$\rho(G)$が$U(V)$に含まれているとき，すなわちρはGから$U(V)$への準同型写像になっているとき，ρはGの(Vを表現空間とし，内積(x, y)に関する)**ユニタリ表現**であるという．ρがユニタリ表現のとき，Vの正規直交座標系をとれば，それによって$\rho(a), a\in G$はユニタリ行列$P(a)$で表わされる(第1章§17, p. 94)．逆に，Vのある座標系に対して$\rho(a), a\in G$を表わす行列$P(a)$がすべてユニタリ行列になれば，ρは明らかにユニタリ表現となる．

定理 7 ユニタリ表現は完全可約である．

証明 ρをユニタリ表現，Vをその表現空間，WをVの任意のρの不変部分空間とするとき，$V=W\oplus W'$となるようなρの不変部分空間W'があることをいえばよい(定理5)．$W'=\{x';\ x'\perp W\}$とすれば，第1章§17定理21により$V=W\oplus W'$となる．またρはユニタリ表現であるから任意の$x\in W$, $x'\in W'$, $a\in G$に対して，$(x, \rho(a)(x'))=(\rho(a^{-1})(x), x')$．$W$が不変部分空間であるから，$\rho(a^{-1})(x)\in W, x'\perp W$であるから，$(\rho(a^{-1})(x), x')=0$．ゆえに$(x, \rho(a)(x'))=0$．すなわち$\rho(a)(x')\in W'$．ゆえに$W'$は不変部分空間である．

定理 8 有限群の表現は(表現空間の適当な内積に関する)ユニタリ表現である．

証明 Gを位数nの有限群，ρをGの一つの表現，Vをρの表現空間とする．$V\ni x, y$に対し，その内積(x, y)は$\boldsymbol{C}$の元であるが，

$$\langle x, y\rangle=\frac{1}{n}\sum_{a\in G}(\rho(a)(x), \rho(a)(y))$$

とおけば，$\langle x, y\rangle$はVにおける今一つの内積となることが容易に験証される．

(第1章§17の条件$U1\sim5$を験せばよい.) しかもGの任意の元bに対して

$$\langle\rho(b)(x),\rho(b)(y)\rangle=\frac{1}{n}\sum_{a\in G}(\rho(a)(\rho(b)(x)),\rho(a)(\rho(b)(y)))$$
$$=\frac{1}{n}\sum_{a\in G}(\rho(ab)(x),\ \rho(ab)(y))=\langle x,y\rangle.$$

(第2辺より第3辺に移るときは,ρが表現であるから $\rho(a)\rho(b)=\rho(ab)$ となることを用いた. また,第3辺より第4辺へ移るときは, Gが群であるから, 一定の$b\in G$に対しabはaとともにGの元を一つずつ全部動くことを用いた.)

すなわち, $\rho(b), b\in G$は内積$\langle x,y\rangle$を変えない. ゆえにρは (内積$\langle x,y\rangle$に関する) ユニタリ表現である.

系 有限群の表現は完全可約である.

証明 定理7と8による.

この系によって, 有限群Gの表現を全部求める問題は, Gのすべての既約表現を全部求める問題に帰着する. この問題は,後に解決されるのである(§33参照).

例 1 可換群の既約表現はすべて1次である (定理4) から, 有限可換群を表現する行列は,すべて対角線型に変換される.

例 2 対称群 $\mathfrak{S}_3=\mathfrak{S}(\{1,2,3\})$ の既約表現を求めること. (以後,対称群$\mathfrak{S}(\{1,2,\cdots,n\})$を簡単に$\mathfrak{S}_n$で表わすことにする.)

解 一般に $G=\mathfrak{S}_n$ の元$\begin{pmatrix}1 & 2 & \cdots & n\\ \nu_1 & \nu_2 & \cdots & \nu_n\end{pmatrix}$に$\pi(\nu_1,\cdots,\nu_n)\in GL(\boldsymbol{C}^n)$ (p. 28 例6) を対応させれば, Gの一つの忠実なn次の表現ρを得る. $\boldsymbol{C}^n$の自然基底$(e_1,\cdots,e_n)$を正規直交基底と考えるとき, $\boldsymbol{C}^n\ni x=\sum_{i=1}^{n}\xi_ie_i$, $y=\sum_{i=1}^{n}\eta_ie_i$ の内積は

$$(x,y)=\sum_{i=1}^{n}\xi_i\bar{\eta}_i,$$
$$(\pi(\nu_1,\cdots,\nu_n)x,\pi(\nu_1,\cdots,\nu_n)y)=\sum_{i=1}^{n}\xi_{\nu_i}\bar{\eta}_{\nu_i}=(x,y)$$

となるから,ρはユニタリ表現となっている.

$n=3$ の場合, この表現 ρ を既約表現の直和に分解してみよう. $\boldsymbol{C}^n=\boldsymbol{C}^3$ は明らかに, $e_1+e_2+e_3$ で生成される空間を不変部分空間としてもっている. 正規化するために$\frac{1}{\sqrt{3}}(e_1+e_2+e_3)=f_1$ とおき,

$$f_2=\frac{1}{\sqrt{3}}\left(\sqrt{2}\,e_1-\frac{1}{\sqrt{2}}e_2-\frac{1}{\sqrt{2}}e_3\right),\quad f_3=\frac{1}{\sqrt{2}}\left(e_2-e_3\right)$$

とすれば，(f_1, f_2, f_3) は $\boldsymbol{C}^3$ の正規直交基底となる．明らかに $\pi(v_1, v_2, v_3)(f_1)=f_1$ となるから，不変部分空間 $[f_1]$ による ρ の部分表現 ρ_1 は恒等表現となり，$[f_2, f_3]=\{x; x\perp f_1\}$ であるから $[f_2, f_3]$ も $\boldsymbol{C}^3$ の不変部分空間となる．この不変部分空間による ρ の部分表現を ρ_2 とすれば，$\rho=\rho_1\oplus\rho_2$.

表現 ρ_2 の，基底 (f_2, f_3) による表現行列を求めてみよう．

互換 $(1,2)=a$, $(1,3)=b$ とすれば，$G=\{e, a, b, ab, ba, aba\}$であるから，$\rho_2(a), \rho_2(b)$ がわかれば，$\rho_2(ab)=\rho_2(a)\rho_2(b)$ なども求められる．$\boldsymbol{C}^3$ の自然基底をとれば，$\rho(a), \rho(b)$ はそれぞれ

$$P(1\ 2)=\begin{pmatrix}0&1&0\\1&0&0\\0&0&1\end{pmatrix},\quad P(1\ 3)=\begin{pmatrix}0&0&1\\0&1&0\\1&0&0\end{pmatrix}$$

で表わされ，自然基底から (f_1, f_2, f_3) への座標変換の行列は

$$Q=\begin{pmatrix}\frac{1}{\sqrt{3}}&\sqrt{\frac{2}{3}}&0\\ \frac{1}{\sqrt{3}}&-\frac{1}{\sqrt{6}}&\frac{1}{\sqrt{2}}\\ \frac{1}{\sqrt{3}}&-\frac{1}{\sqrt{6}}&-\frac{1}{\sqrt{2}}\end{pmatrix}$$

であるから，$\rho(a), \rho(b)$ を座標系 (f_1, f_2, f_3) によって表わす行列は，

$$Q^{-1}P(1\ 2)Q=\begin{pmatrix}1&0&0\\0&-\frac{1}{2}&\frac{\sqrt{3}}{2}\\0&\frac{\sqrt{3}}{2}&\frac{1}{2}\end{pmatrix},\quad Q^{-1}P(1\ 3)Q=\begin{pmatrix}1&0&0\\0&-\frac{1}{2}&-\frac{\sqrt{3}}{2}\\0&-\frac{\sqrt{3}}{2}&\frac{1}{2}\end{pmatrix}.$$

したがって $\rho_2(a), \rho_2(b)$ を (f_2, f_3) によって表わす行列はそれぞれ，

$$\begin{pmatrix}-\frac{1}{2}&\frac{\sqrt{3}}{2}\\ \frac{\sqrt{3}}{2}&\frac{1}{2}\end{pmatrix},\quad \begin{pmatrix}-\frac{1}{2}&-\frac{\sqrt{3}}{2}\\ -\frac{\sqrt{3}}{2}&\frac{1}{2}\end{pmatrix}$$

となる．ρ_2 は2次の表現であるから，これは既約である．実際，もし ρ_2 が可約であるとすれば，二つの1次の表現 ρ_2', ρ_2'' の直和とならなければならない．しかるに1次の表現については，可換性 $\rho_2'(a)\rho_2'(b)=\rho_2'(b)\rho_2'(a)$, $\rho_2''(a)\rho_2''(b)=\rho_2''(b)\rho_2''(a)$ が成り立ち，したがって $\rho_2(a)\rho_2(b)=\rho_2(b)\rho_2(a)$ とならなければならないが，これは上の事実に反するからである．

$\mathfrak{S}_3$ の既約表現は，実は ρ_1, ρ_2 のほかにいま一つ交代表現 ρ_3 があり，ρ_3 は ρ_1, ρ_2 のどれとも同値でない．$\mathfrak{S}_3$ の既約表現がその三つに限ることは後に証明する（§33 例 1）．また一般の n について対称群 $\mathfrak{S}_n$ の既約表現を全部求める問題は，§§38～41 で完全に解決する．

§28 反傾表現．テンソル積表現

今まで通り ρ を群 G の表現とし，V を ρ の表現空間とする．V の双対空間を $\hat{V}$ とすれば，$GL(V)$ の元 $\rho(a)$ に対して $GL(\hat{V})$ の元 ${}^t\rho(a)$ が対応する（第1章§10）．ρ が表現であるから，

$$\rho(ab) = \rho(a)\rho(b)$$

となるが，${}^t\rho$ に関しては

$${}^t\rho(ab) = {}^t(\rho(a)\rho(b)) = {}^t\rho(b){}^t\rho(a)$$

となるから，G が可換群でなければ，${}^t\rho$ は一般に G の表現とはならない．

また，$a \in G$ に $\rho(a^{-1}) \in GL(V)$ を対応させれば，G から $GL(V)$ への写像が得られる．それを $\hat{\rho}$ で表わせば，

$$\hat{\rho}(ab) = \rho(b^{-1}a^{-1}) = \hat{\rho}(b)\hat{\rho}(a)$$

となって，$\hat{\rho}$ も一般には G の表現とはならない．しかし

$${}^t\hat{\rho}(a) = {}^t\rho(a^{-1}) = \rho^*(a)$$

とおくことにすれば，ρ^* は明らかに $\hat{V}$ を表現空間とする G の表現を与える：

$$\rho^*(ab) = {}^t\rho(b^{-1}a^{-1}) = \rho^*(a)\rho^*(b).$$

ρ^* を ρ の**反傾表現**という．$\hat{V}$ の座標として V の座標の双対座標をとれば，ρ^* の表現行列 $P^*(a)$ は，ρ の表現行列 $P(a)$ から次式によって得られる．

$$P^*(a) = {}^tP(a^{-1})$$

例 1 ρ が既約 $\Leftrightarrow$ ρ^* が既約

例 2 表現 ρ において，$\rho(a), a \in G$ がすべて直交変換であるとき，ρ を**直交表現**という．表現 ρ, ρ^* が双対座標系によって同じ行列で表現されるための必要十分条件は，ρ が直交表現であることである．

解 $P^*(a) = ({}^tP(a))^{-1}$．ゆえに $P(a) = P^*(a) \Leftrightarrow P(a){}^tP(a) = E$．これにより明らかである．

ρ_1, ρ_2 を群 G の二つの表現とし，その表現空間をそれぞれ V_1, V_2 とする．そうすれば，$a, b \in G$ に対し，$\rho_1(a)\otimes\rho_2(a), \rho_1(b)\otimes\rho_2(b)$ はともに $V_1\otimes V_2$ の自己同型写像であって，$(\rho_1(a)\otimes\rho_2(a))\cdot(\rho_1(b)\otimes\rho_2(b)) = \rho_1(a)\cdot\rho_1(b)\otimes\rho_2(a)\cdot$

$\rho_2(b)$ (第1章§20例8). したがって $\rho_1(a)\otimes\rho_2(a)=\rho(a)$ とおけば, $a\to\rho(a)$ は, $V_1\otimes V_2$ を表現空間とする G の表現となる. これを ρ_1, ρ_2 の**テンソル積表現**といい, $\rho=\rho_1\otimes\rho_2$ と書く.

例 3 $\rho_1\otimes\rho_2$ の次数は, ρ_1, ρ_2 の次数の積に等しい.

例 4 φ_1, φ_2 を V_1, V_2 の座標系とし, $P_1(a), P_2(a)$ をこれらの座標系によって $\rho_1(a)$, $\rho_2(a)$ を表わす行列とすれば, 第1章§20で見たように, $V_1\otimes V_2$ の座標系 $\varphi_1\otimes\varphi_2$ によって, $\rho_1(a)\otimes\rho_2(a)$ は行列 $P_1(a)\otimes P_2(a)$ で表わされる. その意味で, テンソル積表現の表現行列は, 各因子の表現行列のテンソル積となる.

例 5 表現のテンソル積について結合法則が成り立つ. すなわち

$$(\rho_1\otimes\rho_2)\otimes\rho_3\sim\rho_1\otimes(\rho_2\otimes\rho_3).$$

これを単に $\rho_1\otimes\rho_2\otimes\rho_3$ と書く. 四つ以上の表現についても同様に $\rho_1\otimes\rho_2\otimes\cdots\otimes\rho_n$ が定義される (第1章§20, 命題63, p. 119参照).

例 6 直和表現とテンソル積表現との間には, 次の意味で分配法則が成り立つ (第1章§20, 例7, p. 120).

$$\rho_1\otimes(\rho_2\oplus\rho_3)\sim(\rho_1\otimes\rho_2)\oplus(\rho_1\otimes\rho_3),$$
$$(\rho_1\oplus\rho_2)\otimes\rho_3\sim(\rho_1\otimes\rho_3)\oplus(\rho_2\otimes\rho_3).$$

§29 群多元環と正則表現

G を群とするとき, G を定義域とし, $\boldsymbol{C}$ を値域とする函数 (§6参照) 全体の集合 $A(G)$ に, 次のようにして, $\boldsymbol{C}$ の上の多元環 (§7, p. 31) の構造を導入することができる.

まず, $A(G)\ni f, g$, $G\ni a$, $\lambda\in\boldsymbol{C}$ に対して

$$(f+g)(a)=f(a)+g(a),$$
$$(\lambda f)(a)=\lambda f(a)$$

によって, $f+g, \lambda f\in A(G)$ を定義すれば, $A(G)$ は明らかに $\boldsymbol{C}$ の上のベクトル空間となる (p. 29命題5の証明参照). 特に G が位数 n の有限群ならば, このベクトル空間の次元は n であって, G の各元 a に対し

$$f_a(x)=\begin{cases}1, & a=x \text{ のとき},\\ 0, & a\neq x\in G \text{ のとき}\end{cases} \tag{29.1}$$

によって定義される $A(G)$ の n 個の元の集合 $\{f_a; a\in G\}$ は $A(G)$ の一つの基底をなす. 実際, 任意の $f\in A(G)$ は

$$f=\sum_{a\in G}f(a)f_a \tag{29.2}$$

と書かれ，逆に $f=\sum_{a\in G}\lambda_a f_a$ とすれば，$\lambda_a=f(a)$ でなければならないことは (29.1) からただちにわかる．

次に，これらの基底の元 $f_a, f_b, a, b\in G$ の間の乗法を

$$f_a\cdot f_b=f_{ab} \tag{29.3}$$

によって定義しよう．(ここで群の公理1を用いた.) そうすれば，(29.2) によって定められた f と

$$g=\sum_{a\in G}g(a)f_a \tag{29.4}$$

との積は，($A(G)$ が多元環となるようにするためには) 当然

$$\begin{aligned} fg&=\left(\sum f(a)f_a\right)\left(\sum g(b)f_b\right)\\ &=\sum_{a,\,b\in G}f(a)g(b)f_{ab}\\ &=\sum_{a\in G}\left(\sum_{b\in G}f(ab^{-1})g(b)\right)f_a \end{aligned} \tag{29.5}$$

と定めなければならない．また，このように定めれば，$A(G)$ が $\boldsymbol{C}$ の上の多元環となることは容易に験証される．(特に，$A(G)$ の乗法が結合律を満足することは，G が群の公理3を満足することから導かれる.) このようにして，多元環の構造の考えられた $A(G)$ を，G の上の**群多元環**という．

なお，K を任意の体とするとき，$\boldsymbol{C}$ の代りに K を用い，上と全く同様にして，K の上の (G の上の) 群多元環 $A(G, K)$ が定義される．それも代数学上有用な概念であるが，以下では簡単のため，断わらない限り，基礎体は $\boldsymbol{C}$ であるものとする．

例 1 f_e (e は G の単位元) は，$A(G,K)$ における乗法の単位元となる：$f_ef=ff_e=f$.

例 2 (29.5) の右辺は次のようにも書かれる．

$$\sum_{b\in G}\left(\sum_{a\in G}f(a)g(a^{-1}b)\right)f_b.$$

例 3 二つの多元環 A, B のベクトル空間としての直和に，法則 $(a_1\oplus b_1)(a_2\oplus b_2)=(a_1a_2\oplus b_1b_2)$ によって乗法を導入すれば多元環となる．それを多元環 A, B の直和といい，$A\oplus B$ で表わす．G を4次の巡回群とし，$K=\boldsymbol{R}$ とすれば，$A(G,\boldsymbol{R})$ は直和 $\boldsymbol{R}\oplus\boldsymbol{R}\oplus\boldsymbol{C}$ と同型となる．

例 4 G を8個の元 $\{\pm1, \pm i, \pm j, \pm k\}$ より成る群とし，その乗法は $i^2=j^2=k^2=-1$, $ij=-ji=k$, $jk=-kj=i$, $ki=-ik=j$ (1 は単位元) で与えられるものとする．この

群を**4元数群** (quaternion group) という．$\boldsymbol{R}$ の上の4元数環 (p. 32) を $Q(\boldsymbol{R})$ とすれば，$A(G, \boldsymbol{R})$ は $\boldsymbol{R}\oplus\boldsymbol{R}\oplus\boldsymbol{R}\oplus\boldsymbol{R}\oplus Q(\boldsymbol{R})$ と同型になることが証せられる (§36 例9参照)．

一般に，単位元を有する多元環 A において，乗法に関する逆元を有する元を**正則元**という．A の正則元全体の集合を A^* とすれば，A^* は明らかに乗法について群をなす．特に $A(G)$ の正則元より成る群を $A^*(G)$ で表わす．

命題 4　$f_a \in A^*(G)$.

証明　$f_a f_{a^{-1}} = f_e$ であるから，$f_a^{-1} = f_{a^{-1}}$．すなわち f_a は逆元 $f_{a^{-1}}$ を有するから正則元である．

命題 5　$G \ni a$ に $A^*(G) \ni f_a$ を対応させる写像 ι は，G から $A^*(G)$ の中への同型写像 (単射で準同型写像) である．

証明　定義 (*29.1*), (*29.3*) より明らか．　(証終)

この命題5によって a と $\iota(a) = f_a$ とを同一視し，$f = \sum f(a) f_a$ を $f = \sum f(a) a$ と書くこともある．

例 5　ρ を G の任意の表現とし，V をその表現空間とすれば，任意の $a \in G$ に対して $\rho(a) \in \mathfrak{L}(V)$ であるが，$A(G)$ の元 f_a を a と同一視して $A(G) \ni a$ に対して $\rho(a) \in \mathfrak{L}(V)$ と考えることもできる．そのとき $A(G)$ の任意の元 $f = \sum f(a) a$ に対して $\rho(f) = \sum_{a \in G} f(a)\rho(a) \in \mathfrak{L}(V)$ と定義すれば，ρ は，$A(G)$ から $\mathfrak{L}(V)$ への多元環としての準同型写像となる．(後の ρ は，定義域が (初めの ρ の定義域が G であったのに対して) $A(G)$ に拡張されているが，ふつう紛れるおそれはないので同じ文字 ρ で表わされる．)

定理 9　G を有限群，A を $\boldsymbol{C}$ の上の任意の単位元をもつ多元環とし，φ を G から A の正則元のなす群 A^* への準同型写像とする．そのとき，G の上の群多元環 $A(G)$ から A への多元環としての準同型写像 Φ で，次の条件を満たすものが存在する．

$$\begin{array}{ccc} G & \xrightarrow{\ \varphi\ } & A^* \\ & \searrow^{\iota} & \uparrow \Phi^* \\ & & A^*(G) \end{array}$$

Φ の $A^*(G)$ への縮少を Φ^* とするとき

$$\varphi = \Phi^* \circ \iota. \qquad (29.6)$$

証明　Φ を次のようにして構成すればよい．$\{f_a;\ a \in G\}$ は $A(G)$ の基底をなすから，$\Phi(f_a) \in A$ を任意に定め，$f = \sum f(a) f_a$ に対しては $\Phi(f) = \sum f(a) \cdot \Phi(f_a)$ を対応させれば，$A(G)$ から A へのベクトル空間としての準同型

写像が得られる．そのとき $\Phi(fg)=\Phi(f)\Phi(g)$ ならば，Φ は多元環としての準同型をも与えるが，それには基底 $\Phi(f_a),\Phi(f_b),\cdots$ の間の乗法に関する準同型関係

$$\Phi(f_a)\Phi(f_b)=\Phi(f_{ab}) \tag{29.7}$$

だけが成り立てばよいことが容易にわかる．ところで今 $\Phi(f_a)=\varphi(a)$ とおけば，φ が準同型写像であるという仮定から (29.7) が成り立つのは明らかである．また $f_a=\iota(a)$ であるから，(29.6) ももちろん成り立つ． （証終）

G の位数を n とするとき，$A(G)$ は $\boldsymbol{C}$ の上の n 次元ベクトル空間であるが，$a\in G, f\in A(G)$ に対し

$$(\rho(a)f)(x)=f(a^{-1}x),$$
$$(\sigma(a)f)(x)=f(xa)$$

によって $\rho(a)$: $A(G)\to A(G)$, $\sigma(a)$: $A(G)\to A(G)$ を定義すれば*明らかに $\rho(a),\sigma(a)\in\mathfrak{L}(A(G))$，かつ

$$(\rho(a)\rho(b^{-1})f)(x)=(\rho(b^{-1})f)(a^{-1}x)=f(ba^{-1}x),$$
$$(\rho(ab^{-1})f)(x)=f((ab^{-1})^{-1}x)=f(ba^{-1}x).$$

したがって $\rho(a)\rho(b^{-1})=\rho(ab^{-1})$ となるから，ρ は $A(G)$ を表現空間とする G の表現となる．σ も同様に，$A(G)$ を表現空間とする G の今一つの表現となる．ρ を G の**左正則表現**，σ を G の**右正則表現**という．

定理 10 有限群 G の左正則表現 ρ と右正則表現 σ はともに忠実な表現であって，かつたがいに同値である．

証明 $\rho(a)=e_{A(G)}$ とすれば，任意の $f\in A(G)$ に対して $f(a^{-1}x)=f(x)$．もし $a\neq e$ ならば，f として f_e，x として a をとれば，$1=0$ なる不合理を生ずる．ゆえに $a=e$．すなわち $\mathrm{Ker}\,\rho=\{e\}$．ゆえに ρ は忠実である．σ についても同様である．

次に，ρ,σ の同値を示すために，

$$\pi\colon A(G)\to A(G)$$

を

$$\pi f(x)=f(x^{-1})$$

$$\begin{array}{ccc} A(G) & \xrightarrow{\rho(a)} & A(G) \\ \pi\downarrow & & \downarrow\pi \\ A(G) & \xrightarrow[\sigma(a)]{} & A(G) \end{array}$$

---

* $\rho(a)f$ の定義は，$f(x)$ の x に $a^{-1}x$ を代入したものを $(\rho(a)f)(x)$ とするというのではなく，'$\rho(a)f$ の x における値は，f の $a^{-1}x$ における値に等しい' という意味である．したがって後の変形に見られるように，$(\rho(a)f)(bx)=f(a^{-1}bx)$．$\sigma$ についても同様である．

で定義する．π が同型写像となることは明らかである．このときさらに上の diagram が可換となる．すなわち，

$$\pi\circ\rho(a)=\sigma(a)\circ\pi. \qquad (29.8)$$

実際　$(\pi\circ\rho(a)f)(x)=(\pi(\rho(a)f))(x)=(\rho(a)f)(x^{-1})=f(a^{-1}x^{-1})$,

$$((\sigma(a)\circ\pi)f)(x)=(\sigma(a)(\pi f))(x)$$
$$=(\pi f)(xa)=f((xa)^{-1})=f(a^{-1}x^{-1}),$$

したがって $\rho\sim\sigma$.

例 6　命題5に従って，f_a を a と書くことにすれば，$\{e, a, b, \cdots, x, \cdots\}$ が $A(G)$ の基底となる．明らかに $\rho(a)f_x=f_{ax}$ となるから，この基底を用いるとき，$\rho(a)$ を表わす行列は，順列 $\begin{pmatrix} e & a & b & \cdots & x & \cdots \\ a^{-1} & e & a^{-1}b & \cdots & a^{-1}x & \cdots \end{pmatrix}$ を表わす n 次の行列 (p. 35) となる．同様に $\sigma(a)$ は，順列 $\begin{pmatrix} e & a & b & \cdots & x & \cdots \\ a & e & ba & \cdots & xa & \cdots \end{pmatrix}$ を表わす行列で表わされる．また，上の $\pi\in\mathfrak{L}(A(G), A(G))$ は，順列 $\begin{pmatrix} e & a & b & \cdots & x & \cdots \\ e & a^{-1} & b^{-1} & \cdots & x^{-1} & \cdots \end{pmatrix}$ を表わす行列で表わされる，これらの順列(またはそれを表わす行列)を簡単にそれぞれ $\begin{pmatrix} x \\ a^{-1}x \end{pmatrix}, \begin{pmatrix} x \\ xa \end{pmatrix}, \begin{pmatrix} x \\ x^{-1} \end{pmatrix}$ で表わすことにする．(上の (29.8) はこの記法では

$$\begin{pmatrix} x \\ x^{-1} \end{pmatrix}\begin{pmatrix} x \\ a^{-1}x \end{pmatrix}=\begin{pmatrix} x \\ xa \end{pmatrix}\begin{pmatrix} x \\ x^{-1} \end{pmatrix}$$

を意味するが，これは直接にも容易に示される.)

$$\begin{matrix} e & a^{-1} & b^{-1} & \cdots & x^{-1} & \cdots \\ a & e & ab^{-1} & \cdots & ax^{-1} & \cdots \\ b & ba^{-1} & e & \cdots & bx^{-1} & \cdots \\ \vdots & \vdots & \vdots & & \vdots & \\ x & xa^{-1} & xb^{-1} & \cdots & e & \cdots \\ \vdots & \vdots & \vdots & & \vdots & \end{matrix}$$

(a)

$$\begin{matrix} e & a^{-1} & b^{-1} & \cdots & x^{-1} & \cdots \\ a & e & b^{-1}a & \cdots & x^{-1}a & \cdots \\ b & a^{-1}b & e & \cdots & x^{-1}b & \cdots \\ \vdots & \vdots & \vdots & & \vdots & \\ x & a^{-1}x & b^{-1}x & \cdots & e & \cdots \\ \vdots & \vdots & \vdots & & \vdots & \end{matrix}$$

(b)

群 G の元から成る上の (a), (b) のような行列を G の**群表**といい, (a) を**左群表**, (b) を**右群表**という．(群 G における‘掛け算’の表ともいうべきものである.) $\rho(a)$ を表わす行列は，左群表で a のところに 1，他のところに 0 をおいて得られる．$\sigma(a)$ を表わす行列は，右群表で a^{-1} のところに 1, 他のところに 0 をおいて得られる.

例 7　例6の基底をとるとき, n 次の巡回群の正則表現は次の行列より成る.

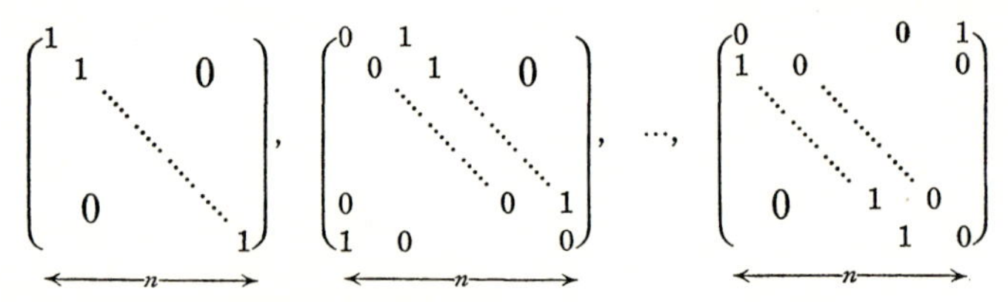

(可換群では，左右の正則表現は一致する)．

例 8　3次の対称群 $\mathfrak{S}_3$ の正則表現．

解　$a=(1\ 2)$, $b=(1\ 3)$ とおけば，$\mathfrak{S}_3=\{e, a, b, ab, ba, aba\}$.

左群表

	a^{-1} ‖ e	b^{-1} ‖ a	$(ab)^{-1}$ ‖ b	$(ba)^{-1}$ ‖ ba	$(aba)^{-1}$ ‖ ab	aba
e	a	b	ba	ab	aba	
a	e	ab	aba	b	ba	
b	ba	e	a	aba	ab	
ab	aba	a	e	ba	b	
ba	b	aba	ab	e	a	
aba	ab	ba	b	a	e	

右群表

	a^{-1} ‖ e	b^{-1} ‖ a	$(ab)^{-1}$ ‖ b	$(ba)^{-1}$ ‖ ba	$(aba)^{-1}$ ‖ ab	aba
e	a	b	ba	ab	aba	
a	e	ba	b	aba	ab	
b	ab	e	aba	a	ba	
ab	b	aba	e	ba	a	
ba	aba	a	ab	e	b	
aba	ba	ab	a	b	e	

左正則表現．（順に e, a, b, ab, ba, aba を表わす.）

$$
\begin{pmatrix} 1 &&&&& \\ & 1 &&&& \\ && 1 &&& \\ &&& 1 && \\ &&&& 1 & \\ &&&&& 1 \end{pmatrix},
\left(\begin{array}{cc|cc|cc} & 1 &&&& \\ 1 &&&&& \\ \hline &&& 1 && \\ && 1 &&& \\ \hline &&&&& 1 \\ &&&& 1 & \end{array}\right),
\left(\begin{array}{cc|cc|cc} && 1 &&& \\ &&&& 1 & \\ \hline 1 &&&&& \\ &&&&& 1 \\ \hline & 1 &&&& \\ &&& 1 && \end{array}\right),
\left(\begin{array}{cc|cc|cc} &&&& 1 & \\ && 1 &&& \\ \hline &&&&& 1 \\ 1 &&&&& \\ \hline &&& 1 && \\ & 1 &&&& \end{array}\right),
$$

$$
\left(\begin{array}{cc|cc|cc} &&& 1 && \\ &&&&& 1 \\ \hline & 1 &&&& \\ &&&& 1 & \\ \hline 1 &&&&& \\ && 1 &&& \end{array}\right),
\left(\begin{array}{cc|cc|cc} &&&&& 1 \\ &&& 1 && \\ \hline &&&& 1 & \\ & 1 &&&& \\ \hline && 1 &&& \\ 1 &&&&& \end{array}\right)
$$

（空白の部分は 0 を表わす.）

右正則表現．（同上）

$$
\left(\begin{array}{cc|cc|cc} 1 &&&&& \\ & 1 &&&& \\ \hline && 1 &&& \\ &&& 1 && \\ \hline &&&& 1 & \\ &&&&& 1 \end{array}\right),
\left(\begin{array}{cc|cc|cc} & 1 &&&& \\ 1 &&&&& \\ \hline &&&& 1 & \\ &&&&& 1 \\ \hline && 1 &&& \\ &&& 1 && \end{array}\right),
\left(\begin{array}{cc|cc|cc} && 1 &&& \\ &&& 1 && \\ \hline 1 &&&&& \\ & 1 &&&& \\ \hline &&&&& 1 \\ &&&& 1 & \end{array}\right),
\left(\begin{array}{cc|cc|cc} &&& 1 && \\ && 1 &&& \\ \hline &&&&& 1 \\ &&&& 1 & \\ \hline 1 &&&&& \\ & 1 &&&& \end{array}\right),
$$

$$
\left(\begin{array}{cc|cc|cc} &&&& 1 & \\ &&&&& 1 \\ \hline & 1 &&&& \\ 1 &&&&& \\ \hline &&& 1 && \\ && 1 &&& \end{array}\right),
\left(\begin{array}{cc|cc|cc} &&&&& 1 \\ &&&& 1 & \\ \hline &&& 1 && \\ && 1 &&& \\ \hline & 1 &&&& \\ 1 &&&&& \end{array}\right)
$$

例 9 上の $\begin{pmatrix} x \\ a^{-1}x \end{pmatrix}$ または $\begin{pmatrix} x \\ xa \end{pmatrix}$ は，G の n 個の元の置換 (p. 124) と考えられ，a を G の中で動かすとき，これらの置換は，G と同型な置換群をなす．一般に群 G から有限集合 S の対称群 $\mathfrak{S}(S)$ の中への準同型写像を，G の**置換群による表現**という．左右の正則表現は，置換群による表現の例であるが，H を G の任意の部分群とし，G の H による左剰余類の集合 $\{xH; x\in G\}=S$ とすれば，$a\in G$ に $\begin{pmatrix} xH \\ axH \end{pmatrix}\in\mathfrak{S}(S)$ を対応させても，G の置換群による表現が得られる．また H の右剰余類の集合 $\{Hx; x\in G\}$ に対して，a に $\begin{pmatrix} Hx \\ Hxa^{-1} \end{pmatrix}$ を対応させてもまた G の置換群による表現が得られる．($H=\{e\}$ の場合に，左右の正則表現が得られる.) G の置換群による表現は，すべてこのようにして得られることが証明される.—たとえば $G=\mathfrak{S}_3$ ならば，$H=G$ とすればむろん恒等表現；$H=\{1, (1\,2\,3), (1\,3\,2)\}$ とすれば交代表現；$H=\{1, (1\,2)\}$ とすれば次の表現が得られる．

$$e\longleftrightarrow\begin{pmatrix} H & H_1 & H_2 \\ H & H_1 & H_2 \end{pmatrix}=E,\quad a\longleftrightarrow(H_1\ H_2),\quad b\longleftrightarrow(H\ H_1),$$

$$ab\longleftrightarrow(H\ H_2\ H_1),\quad ba\longleftrightarrow(H\ H_1\ H_2),\quad aba\longleftrightarrow(H\ H_2),$$

ただし

$$e=1,\quad a=(1\ 2),\quad b=(1\ 3)$$

$$H_1=bH=\{b, ba\},\quad H_2=abH=\{ab, aba\}$$

§30 内部自己同型と随伴表現

群 G の元 x に axa^{-1} (ただし $a\in G$)を対応させる写像を φ_a とすれば明らかに

$$\varphi_a(x)\varphi_a(y)^{-1}=\varphi_a(xy^{-1}), \tag{30.1}$$

$$\left.\begin{aligned} &\varphi_e(x)=x, \\ &\varphi_a\circ\varphi_b(x)=\varphi_{ab}(x), \\ &\varphi_{a^{-1}}(x)=\varphi_a^{-1}(x). \end{aligned}\right\} \tag{30.2}$$

このうち (*30.1*) は，φ_a が G からそれ自身への同型写像すなわち G の自己同型であることを表わしている．G の自己同型の全体は G の自己同型群を作る (p. 136 例 4)．それを $\mathfrak{A}(G)$ で表わす．(*30.2*) は，$\{\varphi_a; a\in G\}=\mathfrak{A}_0(G)$ が $\mathfrak{A}(G)$ の部分群を作ることを示している．これを G の**内部自己同型群**といい，その元 φ_a を G の**内部自己同型**という．(それに対して $\mathfrak{A}(G)-\mathfrak{A}_0(G)$ の元を G の**外部自己同型**という.)

$G\ni x, y$ に対して $\varphi_a(x)=y$ となるような $a\in G$ が存在するとき $x\sim y$ と書くならば，$\sim$ は明らかに同値関係である．$x\sim y$ のとき x, y は G で同じ類 (または**共役類**)に属するという．$\{y;\ x\sim y\}$ を x の類といい，$C(x)$ で表わす．

例 1　単位元 e の類は e ただ一つより成る．可換群においては，各元はそれ自身のみで類を作る．

命題 6　$C(x)$ がただ一つの元 $\{x\}$ より成るような G の元 x は，G のすべての元と可換であり，またその逆も成り立つ．これらの元全体の集合は，G の可換な正規部分群を作る．(この正規部分群を G の**核心**という.)

証明　$C(x)=\{x\}$ は，任意の $a\in G$ に対して $axa^{-1}=x$, すなわち $ax=xa$ と同値である．また，これらの元が G の部分群 Z をなすことは，次の関係から容易にわかる：

(i)　任意の $a\in G$ に対して $ae=ea$.

(ii)　$ax=xa,\ ay=ya$ ならば $axy=xay=xya$.

(iii)　$ax=xa$ ならば $xa^{-1}=a^{-1}x$.

Z の元は G のすべての元と可換であるから，Z は明らかに G の可換な正規部分群となる．

例 2　$G=\mathfrak{S}_3$ の核心は単位元 e のみより成る．G を上の意味で類別すれば，

$$\{1\},\ \{(1\,2),(2\,3),(3\,1)\},\ \{(1\,2\,3),(1\,3\,2)\}.$$

例 3　対称群の類別.

上の例2では $\mathfrak{S}_3$ を類別したが，一般に $\mathfrak{S}_n$ を類別することを考えよう．

$\mathfrak{S}_n$ の元 $\pi=\begin{pmatrix}1 & 2 & \cdots & n\\ \nu_1 & \nu_2 & \cdots & \nu_n\end{pmatrix}$ は，次のようにして共通の文字を含まない巡回置換の積として表わされる．たとえば，$\pi=\begin{pmatrix}1&2&3&4&5&6\\6&1&4&3&5&2\end{pmatrix}$ ならば $\pi=(1\,6\,2)(3\,4)(5)$ (一般には，n に関する数学的帰納法によって証明される.) これらの巡回置換どうしは明らかに可換であり，π のこのような‘分解’は，因数の順序を除いて一意的に定まる．これらの巡回置換の個数を $k=k(\pi)$, 次数(r 個の文字の巡回置換は**次数** r であるという)を $r_1(\pi), r_2(\pi), \cdots, r_k(\pi)\,(r_1(\pi)\geqq\cdots\geqq r_k(\pi))$ とする．そうすれば，

$$\pi\sim\pi' \Longleftrightarrow k(\pi)=k(\pi'),\ r_1(\pi)=r_1(\pi'),\ \cdots,\ r_k(\pi)=r_k(\pi'). \tag{30.3}$$

実際，$\pi=\begin{pmatrix}1&\cdots&n\\ \nu_1&\cdots&\nu_n\end{pmatrix}$, $\pi\sim\pi'$ ならば，p. 125 例2によって $\pi'=\begin{pmatrix}\mu_1&\cdots&\mu_n\\ \mu_{\nu_1}&\cdots&\mu_{\nu_n}\end{pmatrix}$ と表わされるから π の分解の各数字 i の代りに μ_i をおけば π' の分解が得られる．逆に，$k(\pi)=k(\pi')$, $r_j(\pi)=r_j(\pi')$, $j=1,\cdots,k$ ならば，π,π' の分解において対応する位置にある数字をそれぞれ i,μ_i とし，$\kappa=\begin{pmatrix}1&\cdots&n\\ \mu_1&\cdots&\mu_n\end{pmatrix}$ とすれば $\pi'=\kappa\pi\kappa^{-1}$ となる．

$I(\pi)=(r_1(\pi),\cdots,r_k(\pi))$ を π の**不変系**という．(30.3)により，π の類は，その不変系

によって決定される．ゆえに $\mathfrak{S}_n$ の類の数は，不定方程式

$$x_1+x_2+\cdots+x_n=n, \qquad x_1\geqq x_2\geqq\cdots\geqq x_n\geqq 0$$

の整数解の個数に等しい．

i を $1\leqq i\leqq n$ なる整数とし，$r_1(\pi),\cdots,r_k(\pi)$ のうち i に等しいものの数を $\lambda_i(\pi)$ とすれば，

$$J(\pi)=(\lambda_1(\pi),\cdots,\lambda_n(\pi))$$

によって $I(\pi)$ は決定される．ゆえに π の類は $J(\pi)$ によっても定まる．このとき明らかに

$$\lambda_1(\pi)+2\lambda_2(\pi)+\cdots+n\lambda_n(\pi)=n,$$

また，$\lambda_1,\lambda_2,\cdots,\lambda_n$ が，$\lambda_1+2\lambda_2+\cdots+n\lambda_n=n$ を満足する負でない整数ならば，$J(\pi)=(\lambda_1,\lambda_2,\cdots,\lambda_n)$ となるような π が存在し，そのような π の数 $n(\lambda_1,\cdots,\lambda_n)$ は，

$$n(\lambda_1,\cdots,\lambda_n)=\frac{n!}{\prod_{k=1}^{n}\lambda_k!\,k^{\lambda_k}}$$

で与えられる．なぜならば，n 個の文字の任意の順列に

$$\underbrace{(\nu_1)(\nu_2)\cdots(\nu_{\lambda_1})}_{\lambda_1\text{ 個}}\underbrace{(\nu_{\lambda_1+1}\nu_{\lambda_1+2})\cdots(\nu_{\lambda_1+2\lambda_2-1}\nu_{\lambda_1+2\lambda_2})}_{\lambda_2\text{ 個}}\cdots$$

群	類の記号	不変系 $I(C)$	$J(C)$	代表元	元の数 $n(C)$
$\mathfrak{S}_2$	C_1	(1, 1)	(2, 0)	1	1
	C_2	(2)	(0, 1)	(1 2)	1
$\mathfrak{S}_3$	C_1	(1, 1, 1)	(3, 0, 0)	1	1
	C_2	(2, 1)	(1, 1, 0)	(1 2)	3
	C_3	(3)	(0, 0, 1)	(1 2 3)	2
$\mathfrak{S}_4$	C_1	(1, 1, 1, 1)	(4, 0, 0, 0)	1	1
	C_2	(2, 1, 1)	(2, 1, 0, 0)	(1 2)	6
	C_3	(2, 2)	(0, 2, 0, 0)	(1 2)(3 4)	3
	C_4	(3, 1)	(1, 0, 1, 0)	(1 2 3)	8
	C_5	(4)	(0, 0, 0, 1)	(1 2 3 4)	6
$\mathfrak{S}_5$	C_1	(1, 1, 1, 1, 1)	(5, 0, 0, 0, 0)	1	1
	C_2	(2, 1, 1, 1)	(3, 1, 0, 0, 0)	(1 2)	10
	C_3	(2, 2, 1)	(1, 2, 0, 0, 0)	(1 2)(3 4)	15
	C_4	(3, 1, 1)	(2, 0, 1, 0, 0)	(1 2 3)	20
	C_5	(3, 2)	(0, 1, 1, 0, 0)	(1 2 3)(4 5)	20
	C_6	(4, 1)	(1, 0, 0, 1, 0)	(1 2 3 4)	30
	C_7	(5)	(0, 0, 0, 0, 1)	(1 2 3 4 5)	24

というように括弧を入れることによってこの不変系に属する π がすべて得られ，そのうち同じ長さの巡回置換の並べかえによって $\prod_{k=1}^{n}\lambda_k!$ 個が，また一つの巡回置換の中で文字を巡回的に入れかえることによって $\prod_{k=1}^{n}k^{\lambda_k}$ 個が，同じ置換を与えるからである．

5次以下の対称群の共役類の表を前頁に掲げた．

命題 7 G の一つの共役類に属する元の数は，G の位数の約数である．

この命題の証明には，'正規化群' の概念を用いる．G の任意の部分集合を M とするとき，M と（全体として）可換な G の元全体の集合 $\{x;\ xM=Mx\}$ は，G の部分群を作ることが容易にわかる．それを（G における）M の**正規化群** (normalizer) といい，$N(M)$ で表わすのである．（M が G の正規部分群ならば，$G=N(M)$ となる．また，M が G の任意の部分群ならば，M は $N(M)$ の正規部分群となる．そのためにこの名があるのである．）

明らかに $xMx^{-1}=M \Leftrightarrow xM=Mx \Leftrightarrow x\in N(M)$ であるが，さらに一般に

$$\begin{aligned} xMx^{-1}=yMy^{-1} &\Leftrightarrow y^{-1}xM=My^{-1}x \\ &\Leftrightarrow y^{-1}x\in N(M) \Leftrightarrow xN(M)=yN(M) \end{aligned}$$

であるから，これは x, y が $\mathrm{mod}\, N(M)$ の同じ左剰余類に属することと同値となる．したがって x を G の中で動かすとき，xMx^{-1} の形の G の部分集合としてできるものの個数は，$G \bmod N(M)$ の左剰余類の個数，すなわち $(G:N(M))$ に等しい．それはむろん $(G:\{e\})=n$ の約数である．

特に M がただ一つの G の元 a より成る場合を考えよう: $M=\{a\}$．その場合 xMx^{-1} もただ一つの元 xax^{-1} より成る．ここで x が G の元を動くとき xax^{-1} としてできるものは a と共役な元に他ならない．その個数は $M=\{a\}$ の正規化群 $N(a)$ の指数であるから n の約数である．（命題7の証終）

群多元環 $A(G)$ を表現空間として，正則表現の他に次のような表現を作ることができる．すなわち，$A(G)$ の基底 $f_x\in A(G)$ に対して $f_{\varphi_a(x)}$ を対応させる $\mathfrak{L}(A(G))$ の元を $\tau(a)$ とし，$a\in G$ に $\tau(a)\in GL(A(G))$ を対応させる $\tau: G\to GL(A(G))$ を考えるのである．τ は明らかに G の表現をなす．それを G の**随伴表現**という．随伴表現の核 $\tau^{-1}(e)$ は明らかに G の核心である．

例 4　$\mathfrak{S}(\{1,2,3\})$ の随伴表現　$(e=1,\ a=(1\ 2),\quad b=(1\ 3))$

f_x	e	a	b	ab	ba	aba
$\tau(e)f_x$	e	a	b	ab	ba	aba
$\tau(a)f_x$	e	a	aba	ba	ab	b
$\tau(b)f_x$	e	aba	b	ba	ab	a
$\tau(ab)f_x$	e	b	aba	ab	ba	a
$\tau(ba)f_x$	e	aba	a	ab	ba	b
$\tau(aba)f_x$	e	b	a	ba	ab	aba

e, a, b, ab, ba, aba はそれぞれ次の行列で表わされる．

$$\begin{pmatrix} 1 &&&&& \\ & 1 &&&& \\ && 1 &&& \\ &&& 1 && \\ &&&& 1 & \\ &&&&& 1 \end{pmatrix},\ \left(\begin{array}{cc|cc|cc} 1 &&&&& \\ & 1 &&&& \\ \hline &&&&& 1 \\ &&&& 1 & \\ \hline &&& 1 && \\ && 1 &&& \end{array}\right),\ \left(\begin{array}{cc|cc|cc} 1 &&&&& \\ &&&&& 1 \\ \hline && 1 &&& \\ &&&& 1 & \\ \hline &&& 1 && \\ & 1 &&&& \end{array}\right),\ \left(\begin{array}{cc|cc|cc} 1 &&&&& \\ &&&&& 1 \\ \hline & 1 &&&& \\ &&& 1 && \\ \hline &&&& 1 & \\ && 1 &&& \end{array}\right),$$

$$\left(\begin{array}{cc|cc|cc} 1 &&&&& \\ && 1 &&& \\ \hline &&&&& 1 \\ &&& 1 && \\ \hline &&&& 1 & \\ & 1 &&&& \end{array}\right),\ \left(\begin{array}{cc|cc|cc} 1 &&&&& \\ && 1 &&& \\ \hline & 1 &&&& \\ &&&& 1 & \\ \hline &&& 1 && \\ &&&&& 1 \end{array}\right)$$

§31　直交関係

SCHUR の補題から次の基本的な定理が導かれる．

定理 11　ρ_1, ρ_2 は有限群 G の二つの既約表現とし，V_1, V_2 をそれぞれ ρ_1, ρ_2 の表現空間とする．また ψ は V_1 から V_2 への一つの線型写像とする．そのとき

$$\begin{array}{ccc} V_1 & \xrightarrow{\rho_1(a)} & V_1 \\ \psi\downarrow & & \downarrow\varphi \\ V_2 & \xrightarrow[\rho_2(a)]{} & V_2 \end{array}$$

$$\varphi = \sum_{a\in G} \rho_2(a)\circ\psi\circ\rho_1(a^{-1}) \tag{31.1}$$

とおけば，φ は V_1 から V_2 への線型写像となるが，$\rho_1 \nsim \rho_2$ ならば $\varphi=0$. また $\rho_1 \sim \rho_2$ ならば，$\dim V_1 = \dim V_2 = m$, G の位数 $= n$ とし，$x \in V_1$ と $\psi(x) \in V_2$, $\rho_1(a)$ と $\rho_2(a)$ を同一視すれば，$\varphi = \dfrac{n}{m} S(\psi)$.

ここで $S(\psi)$ は次の意味である．V_1 の任意の座標系をとれば ψ は行列で表わされる．その行列の Spur (p. 68 例 3) は座標系のとり方に関係しない．そこでその Spur を $S(\psi)$ で表わすのである (p. 70 上方参照).

証明　(31.1) からただちに

$$\varphi\circ\rho_1(a) = \rho_2(a)\circ\varphi,$$

ゆえに $\rho_1 \sim \rho_2$ でなければ, SCHUR の補題の系から $\varphi=0$. $\rho_1 \sim \rho_2$ のときは, $x \in V_1$ と $\psi(x) \in V_2$, $\rho_1(a)$ と $\rho_2(a)$ を同一視すれば定理3から $\varphi=\alpha \in \boldsymbol{C}$ となる. この式の両辺の Spur をとれば, $m\alpha=S(\varphi)=\sum S(\rho_1(a)\circ\psi\circ\rho_1(a^{-1}))$ $=\sum S(\psi)=nS(\psi)$. ゆえに $\alpha=\dfrac{n}{m}S(\psi)$. (証終)

ここで φ を特殊化して, 次の定理が得られる.

定理 12 有限群 G の二つの既約行列表現 $A(x)=(a_{ij}(x))$, $B(x)=(b_{kl}(x))$ に対し, 次の関係が成り立つ.

$A \sim B$ でなければ $\displaystyle\sum_{x \in G} a_{ij}(x) b_{kl}(x^{-1})=0$, *(31. 2)*

$A \sim B$ でその次数 m, G の位数 n ならば

$$\sum_{x \in G} a_{ij}(x) b_{kl}(x^{-1})=\frac{n}{m}\delta_{jk}\delta_{il}. \quad (31.3)$$

証明 A, B はそれぞれ G の既約表現 ρ_1, ρ_2 の行列表現とし, それらの表現空間を V_1, V_2 とする. V_1, V_2 にそれぞれ適当な座標系をとれば, $\rho_1(x), \rho_2(x)$ がそれぞれ行列 $A(x), B(x)$ で表わされるのである. 今そのような座標系がとってあるものとし, 定理 11 の $\psi: V_2 \to V_1$ としては, その座標系に関し, p. 37, 1 行目の意味の行列 E_{jk} で表わされる線型写像をとる. そして定理 11 の結果を書き直せば, ただちに *(31. 2)*, *(31. 3)* が得られる.

系 1 a_{ij}, b_{kl} を, $x \in G$ なる‘変数’の値に対し $a_{ij}(x), b_{kl}(x)$ なる $\boldsymbol{C}$ の値をとる $A(G)$ の元と考えれば, $A(G)$ における乗法 (§29) の意味で

$A \sim B$ でなければ $b_{kl}\cdot a_{ij}=0$, *(31. 4)*

一般に $a_{kl}a_{ij}=\dfrac{n}{m}\delta_{li}a_{kj}$. *(31. 5)*

(31. 2), *(31. 3)*, *(31. 4)*, *(31. 5)* を既約表現における**直交関係**という.

いま, $A(G) \ni f, g$ に対し

$$(f, g)=\frac{1}{n}\sum_{a \in G} f(a)\overline{g(a)} \quad (31.6)$$

とすれば, (f, g) は明らかに §17 の $U1 \sim 5$ を満たし, したがって $A(G)$ はこの‘内積’をもつユニタリ空間と考えられる.

§27 定理 8 によって, 有限群 G の任意の表現 ρ は, ユニタリ表現と同値であ

り，したがって表現空間 V の基底を適当にとれば，ユニタリ行列 $P(a)=(p_{ij}(a))$ によって表わされる．$P(a)$ はユニタリ行列であるから，${}^t\overline{P(a)}=P(a^{-1})$ ここで p_{ij}: $a\to p_{ij}(a)$ は $A(G)$ の元と考えられる．(*31.6*) の内積を用いれば，(${}^t\overline{P(a)}=P(a^{-1})$ によって) 上の系は次のように書き直される．

系 2 ρ_1,ρ_2 を有限群 G の二つの既約表現，$P_1=(p^{(1)}_{ij})$ および $P_2=(p^{(2)}_{kl})$ をそれらのユニタリ行列による表現とすれば，(*31.6*) の内積の意味で，

$$(p^{(1)}_{ij},p^{(2)}_{kl})=\begin{cases}0, & \rho_1\nsim\rho_2,\\ \dfrac{1}{m}\delta_{ik}\delta_{jl}, & P_1=P_2\ (m\text{ は }\rho_1,\rho_2\text{ の次数})\end{cases}$$

——この系からさらに，次の重要な事実が導かれる．

定理 13 (Burnside) $P=(p_{ij})$ を有限群 G の m 次の行列による既約表現とすれば，m^2 個の $A(G)$ の元 p_{ij} は $\boldsymbol{C}$ の上で1次独立である．また，$Q=(q_{kl})$ を G の m' 次の既約行列表現で P と同値でないものとすれば，$m^2+m'^2$ 個の $A(G)$ の元 p_{ij},q_{kl} は $\boldsymbol{C}$ の上で1次独立である．

証明 $P(a)$ は，(a に無関係な) m 次の正則行列 T で，ユニタリ行列 $P_0(a)$ に変換される：$T^{-1}P(a)T=P_0(a)$．ゆえに $P_0(a)=(p^0_{ij}(a))$ とすれば，$p^0_{ij}(a)$ は，$p_{ij}(a)$, $i,j=1,\cdots,m$ の1次結合となる．逆に，$P(a)=TP_0(a)T^{-1}$ であるから，$p_{ij}(a)$ は，$p^0_{ij}(a), i,j=1,\cdots,m$ の1次結合ともなる．ゆえに $[p_{11},p_{12},\cdots,p_{mm}]=[p^0_{11},p^0_{12},\cdots,p^0_{mm}]$．$p_{11},p_{12},\cdots,p_{mm}$ が1次独立であるとは，$A(G)$ の部分空間 $[p_{11},p_{12},\cdots,p_{mm}]$ の次元が m^2 であることを意味する．それには，$\dim[p^0_{11},p^0_{12},\cdots,p^0_{mm}]=m^2$ であることをいえばよいから，はじめから P がユニタリ表現であったと仮定しても一般性を失わない．そのときは，前定理の系2により

$$(p_{ij},p_{kl})=\frac{1}{m}\delta_{ik}\delta_{jl}$$

すなわち $p_{11},p_{12},\cdots,p_{mm}$ は $A(G)$ における直交系をなす．ゆえに p. 87 命題48系1により，これらは1次独立である．後半も同様に証明される．

§32 指　標

ρ を有限群 G の m 次の表現とし，$a\in G$ に対し，$\rho(a)$ の Spur (p. 70, 8行目)

$S(\rho(a))$ を対応させる函数を $\chi_\rho(a)$ で表わす. χ_ρ は $A(G)$ の元と考えられる. χ_ρ を ρ の**指標**という. 明らかに $\chi_\rho(e)=(\rho$ の次数).

例 1　正則表現 ρ の指標. $a\neq e$ ならば $\chi_\rho(a)=0$.

解　左正則表現では, $\rho(a)$ を表わす行列は, 順列 $\begin{pmatrix} x \\ a^{-1}x \end{pmatrix}$ を表わす行列である. $a\neq e$ ならば $x\neq a^{-1}x$. ゆえに, この行列の主対角線元素はすべて 0 である. ゆえに $\chi_\rho(a)=0$. 右正則表現についても同様である.

特に ρ が既約ならば, χ_ρ を**単純指標**という. 定理8系によって, 有限群 G の任意の表現 ρ は, 既約表現 $\rho_1, \cdots, \rho_r$ の直和 $\rho_1 \oplus \cdots \oplus \rho_r$ として表わされる. そのときは p. 69 命題 39 からただちに

$$\chi_\rho=\chi_{\rho_1}+\cdots+\chi_{\rho_r}$$

が得られるから, 次の命題が得られる.

命題 8　有限群の任意の表現の指標は, 単純指標の和として表わされる.

例 2　1次の既約表現の指標は表現自身と一致する. すなわち, ρ を群 G の1次の既約表現 $\chi=\chi_\rho$ を ρ の指標とすれば, すべての $x\in G$ に対し $\chi(x)=\rho(x)$. (詳しくは, $\chi(x)e_c=\rho(x)$ を意味する.) また, $x, y\in G$ に対し $\chi(xy^{-1})=\chi(x)\chi(y)^{-1}$. さらに G が有限群ならば, x の位数 m は有限 (G の位数 n の約数) となり, $x^m=e$ であるから, $\chi(x)$ は1の m 乗根 (したがって n 乗根) となる. 特に G が可換群ならば, その既約表現はすべて1次であるから, 上述のことがすべての単純指標について成り立つ.

例 3　一般に G を有限群 (位数 n), $x\in G$, m を x の位数とし, ρ を G の表現, P をその行列表現とすれば, $\chi_\rho(x)=S(P(x))$ であるが, $x^m=e$ であるから $(P(x))^m=E$, ゆえに行列 $P(x)$ は方程式 $X^m=E$ を満足し, したがって $P(x)$ の固有値は1の m 乗根 (したがって n 乗根) となる. ((r, r) 型の行列 X の固有値が $\alpha_1, \cdots, \alpha_r$ ならば, JORDAN の標準形になおしてみれば容易にわかるように, X^m の固有値は ${\alpha_1}^m, \cdots, {\alpha_r}^m$ となる. したがって $X^m=E$ ならば ${\alpha_i}^m=1$.) ゆえに $\chi_\rho(x)$ のとる値はすべて1の n 乗根の和となる.

Spur の性質として, p. 69 命題 38 系, 命題 39 の

(i)　$S(TFT^{-1})=S(F)$,

(ii)　$S(F_1\oplus F_2)=S(F_1)+S(F_2)$

を上にも用いたが, なお

(iii)　$F_1\in\mathfrak{M}(m_1, \boldsymbol{C})$, $F_2\in\mathfrak{M}(m_2, \boldsymbol{C})$　のとき　$S(F_1\otimes F_2)=S(F_1)\cdot S(F_2)$

に注意しよう. これは次のように示される.

$F_1=(a_{ij})$, $F_2=(b_{kl})$ とすれば, $S(F_1\otimes F_2)=\sum_{i,k} a_{ii}b_{kk}=S(F_1)\cdot S(F_2)$.

これらを用いて次の命題がただちに得られる.

命題 9 (i) $\rho_1\sim\rho_2$ ならば $\chi_{\rho_1}=\chi_{\rho_2}$.

(ii) $\chi_\rho(a)=\chi_\rho(bab^{-1})$, $\quad a, b\in G$.

(iii) $\chi_{\rho_1\oplus\rho_2}(a)=\chi_{\rho_1}(a)+\chi_{\rho_2}(a)$.

(iv) $\chi_{\rho_1\otimes\rho_2}(a)=\chi_{\rho_1}(a)\chi_{\rho_2}(a)$.

さらに, 定理12系2から

定理 14 ρ_1, ρ_2 が既約表現ならば,

$$(\chi_{\rho_1}, \chi_{\rho_2})=\begin{cases}0, & \rho_1\nsim\rho_2, \\ 1, & \rho_1\sim\rho_2.\end{cases}$$

これを, **単純指標の直交関係**という.

これから, 前節定理13と同様に, 次の系を得る.

系 1 $\rho_1, \cdots, \rho_r$ が, 有限群 G の同値でない既約表現ならば, 単純指標 $\chi_{\rho_1}, \cdots, \chi_{\rho_r}$ は $\boldsymbol{C}$ の上で1次独立である. (系1終)

χ_{ρ_i} はすべて $A(G)$ の元であり, $A(G)$ は ($\boldsymbol{C}$ の上の) n 次元のベクトル空間であるから, さらに次の系が得られる.

系 2 位数 n の有限群の同値でない既約表現の数は n をこえない. (後の定理21参照).

上述のように, G の任意の表現 ρ は, 既約表現 $\rho_1, \cdots, \rho_r$ によって直和

$$\rho=\rho_1\oplus\cdots\oplus\rho_r$$

の形で表わされるが, この表現では $\rho_1, \cdots, \rho_r$ のうちに同値なものがあるかもしれない. 同値なものをそれぞれまとめて, ρ_i の m_i 個の直和を $m_i\rho_i$ で表わす.

$$\rho=m_1\rho_1\oplus\cdots\oplus m_k\rho_k \qquad (m_i \text{ は自然数})$$

とし, $\rho_1, \cdots, \rho_k$ のうちには同値のものがないようにするとき, m_i を ρ_i の ρ における**重複度**といい, $(\rho:\rho_i)$ で表わす.

上式からただちに

$$\chi_\rho=m_1\chi_{\rho_1}+\cdots+m_k\chi_{\rho_k}$$

が得られ, 定理14からさらに次の命題が得られる.

命題 10 $(\rho:\rho_i)=(\chi_\rho,\chi_{\rho_i})$.

次の事実もほとんど定理14の系であるが，指標の性質として重要なものであるから，定理として掲げる．

定理 15 有限群 G の二つの表現 ρ,σ が同値であるためには，$\chi_\rho=\chi_\sigma$ となることが必要十分である．

証明 $\rho\sim\sigma\Rightarrow\chi_\rho=\chi_\sigma$ はすでに命題9(i)に示した．逆に $\chi_\rho=\chi_\sigma$ ならば，上の命題10によって，任意の G の既約表現 ρ_i に対して $(\rho:\rho_i)=(\sigma:\rho_i)$ となる．ゆえに $\rho\sim(\rho:\rho_1)\rho_1\oplus\cdots\oplus(\rho:\rho_k)\rho_k=(\sigma:\rho_1)\rho_1\oplus\cdots\oplus(\sigma:\rho_k)\rho_k\sim\sigma$.

(証終)

定理14からさらに次の定理がただちに得られる．

定理 16 $\rho_1,\cdots,\rho_r$ が互に同値でない既約表現で $\rho=m_1\rho_1\oplus\cdots\oplus m_r\rho_r$ ならば，$(\chi_\rho,\chi_\rho)=m_1{}^2+\cdots+m_r{}^2$.

系 1 ρ が既約表現であるために必要十分な条件は $(\chi_\rho,\chi_\rho)=1$ であることである．

この最後の系により，ρ が既約表現であるか否かは，指標 χ_ρ のみによって簡単に判定できるのである．

系 2 有限群 G の二つの既約表現 ρ_1,ρ_2 において，ρ_2 が1次の表現ならば，テンソル積表現 $\rho=\rho_1\otimes\rho_2$ もまた既約である．($\rho_1\sim\rho_2$ でもよい．)

証明 $(\chi_\rho,\chi_\rho)=\dfrac{1}{n}\displaystyle\sum_{a\in G}\chi_\rho(a)\overline{\chi_\rho(a)}=\dfrac{1}{n}\sum_{a\in G}\chi_{\rho_1}(a)\chi_{\rho_2}(a)\overline{\chi_{\rho_1}(a)}\,\overline{\chi_{\rho_2}(a)}$.

ここで，ρ_2 は1次の既約表現であるから $\chi_{\rho_2}(a)$ は1の n 乗根である．従って

$$\chi_{\rho_2}(a)\overline{\chi_{\rho_2}(a)}=1,$$

ゆえに

$$(\chi_\rho,\chi_\rho)=\frac{1}{n}\sum_{a\in G}\chi_{\rho_1}(a)\overline{\chi_{\rho_1}(a)}=(\chi_{\rho_1},\chi_{\rho_1})=1.$$

例 4 ρ を有限群 G の次数 d の任意の(必らずしも既約でなくてもよい)表現とし，$\chi_\rho=\chi$ とすれば，任意の $a\in G$ に対し

(1) $\chi(a^{-1})=\overline{\chi(a)}$,

(2) $|\chi(a)|\leqq d$,

(3) $\chi(a)=d$ ならば, $\rho(a)=e_V$.

解 $\rho\sim\rho'$ ならば $\chi_\rho=\chi_{\rho'}$ で, ρ と同値なユニタリ表現があるから, ρ は初めからユニタリとして一般性を失わない. ρ のユニタリ行列による表現を $a\to P(a)=(p_{ij}(a))$ とすれば $\chi(a)=\sum_{i=1}^{d}p_{ii}(a)$. $P(a)$ はユニタリであるから,

(1) $P(a^{-1})=(P(a))^{-1}={}^t\overline{P(a)}$. ゆえに $\chi(a^{-1})=\sum_{i=1}^{d}\overline{p_{ii}(a)}=\overline{\chi(a)}$.

(2) $P(a)\,{}^t\overline{P(a)}=E_d$ から $\sum_{j=1}^{d}|p_{ij}(a)|^2=1$, $|p_{ii}(a)|\leqq 1$, したがって $|\chi(a)|\leqq d$.

(3) $\chi(a)=d$ となるのは $p_{ii}(a)=1$, $i=1,\cdots,d$ すなわち $P(a)=E_d$ となる場合に限る.

例 5 G において $a\sim a^{-1}$ (a と a^{-1} が同じ共役類に属する) ならば, $\chi(a)\in\boldsymbol{R}$. すべての $x\in G$ について $x\sim x^{-1}$ ならば, 指標のとる値はすべて実数となる. 特に $\mathfrak{S}_n$ の指標はすべて実数値をとる.

解 例4(1) より明らかである.

注意 $\mathfrak{S}_n$ の指標は実は有理整数であることが後に示される (§41).

§33 群多元環 $A(G)$ の構造

有限群 G のたがいに同値でない既約表現の数は有限であることを上の定理14系2に示した. その数を $q(G)=q$ とし, $\rho_1,\cdots,\rho_q$ を各既約表現類から一つずつとった既約表現—既約表現の '代表系'—とする. そのとき次の重要な定理が成り立つ.

定理 17 ρ を有限群 G の正則表現, $\rho_1,\cdots,\rho_q$ を G の既約表現の代表系とし, ρ_ν の次数を d_ν とすれば, $(\rho:\rho_\nu)=d_\nu$.

証明 $\rho=m_1\rho_1\oplus\cdots\oplus m_q\rho_q$ として, $m_\nu=d_\nu$ であることを示せばよい. 命題10によって $m_\nu=(\chi_\rho,\chi_{\rho_\nu})=\frac{1}{n}\sum_{x\in G}\chi_\rho(x)\overline{\chi_{\rho_\nu}(x)}$ (n は G の位数). しかるに§32例1, 例2により $\chi_\rho(e)=n$, $\chi_{\rho_\nu}(e)=d_\nu$. $x\neq e$ ならば $\chi_\rho(x)=0$. ゆえに $m_\nu=\frac{1}{n}\cdot n\cdot d_\nu=d_\nu$. (証終)

次の二つの系も重要である.

系 1 $n=d_1{}^2+\cdots+d_q{}^2$.

証明 $n=\chi_\rho(e)=d_1\chi_{\rho_1}(e)+\cdots+d_q\chi_{\rho_q}(e)$ から明らかである.

系 2 有限群のすべての既約表現は, 正則表現の部分表現となる.

例 1 $G=\mathfrak{S}_3$ の既約表現として, 恒等表現 ρ_1, 交代表現 ρ_2, 2次の表現 ρ_3 の三つがあったが, G の位数は6で, $6=1^2+1^2+2^2$ であるから, G の既約表現は ρ_1,ρ_2,ρ_3 のいずれ

かと同値である．(§27, 例2. ただし同所の記法—ρ_i の番号—は，ここと同じではない.)

有限群 G の既約表現の代表系を $\rho_1, \cdots, \rho_q$, それらの次数をそれぞれ $d_1, \cdots, d_q$ とし，ρ_ν の行列表現を $x \to P_\nu(x) = (p_{ij}^{(\nu)}(x))$ とすれば，$p_{ij}^{(\nu)}(x) \in A(G)$. ここで i, j は1から d_ν までを動くから，全部で $\sum_{\nu=1}^{q} d_\nu^2$ 個の $A(G)$ の元が得られる．これらを既約行列表現の代表系 $P_1, \cdots, P_q$ によって定まる**基本函数系**という．

定理 18 基本函数系は，$A(G)$ の基底をなす．

証明 BURNSIDE の定理によって，基本函数系は $\boldsymbol{C}$ の上で1次独立である．しかもその個数 $\sum_{\nu=1}^{q} d_\nu^2$ は前定理系1によって $A(G)$ の次元数 n に等しい．ゆえに§5によって定理が得られる．

定理 19 有限群 G の既約表現の代表系 $\rho_1, \cdots, \rho_q$ の次数をそれぞれ $d_1, \cdots, d_q$ とすれば，G の群多元環 $A(G)$ は，q 個の行列環の直和 $\mathfrak{M}(d_1, \boldsymbol{C}) \oplus \cdots \oplus \mathfrak{M}(d_q, \boldsymbol{C})$ に多元環として同型である．

証明 ρ_ν の行列表現を $P_\nu = (p_{ij}^{(\nu)})$ とするとき，前定理は，$p_{ij}^{(\nu)}, i, j = 1, \cdots, d_\nu$; $\nu = 1, \cdots, q$ が $A(G)$ の基底となることを示すが，定理12系1の直交関係式によれば，$\dfrac{d_\nu}{n} p_{ij}^{(\nu)} = e_{ij}^{(\nu)}$ とおくとき，

$$\begin{cases} e_{ij}^{(\nu)} \cdot e_{kl}^{(\mu)} = 0, \quad \nu \neq \mu, \\ e_{ij}^{(\nu)} \cdot e_{kl}^{(\nu)} = \delta_{jk} e_{il}^{(\nu)} \end{cases} \tag{33.1}$$

となる．これらの $e_{ij}^{(\nu)}$, $i, j = 1, \cdots, d_\nu$; $\nu = 1, \cdots, q$ も明らかに $A(G)$ の基底となり，$A(G) \ni x = \sum_{i,j,\nu} \alpha_{ij}^{(\nu)} e_{ij}^{(\nu)}$ に対して

$$Q^{(\nu)}(x) = \begin{pmatrix} \alpha_{11}^{(\nu)} & \cdots & \alpha_{1d_\nu}^{(\nu)} \\ \vdots & & \vdots \\ \alpha_{d_\nu 1}^{(\nu)} & \cdots & \alpha_{d_\nu d_\nu}^{(\nu)} \end{pmatrix},$$

$$Q(x) = Q^{(1)}(x) \oplus \cdots \oplus Q^{(q)}(x)$$

とおけば，$x \to Q(x)$ は明らかに $A(G)$ から $\mathfrak{M}(d_1, \boldsymbol{C}) \oplus \cdots \oplus \mathfrak{M}(d_\nu, \boldsymbol{C})$ の上への同型表現を与える．(証終)

§30 で群の核心を定義したが，多元環 A においても，次のようにしてその核心が定義できる．すなわち，

$$C(A) = \{x;\ ax = xa,\ \forall a \in A\}$$

(A のすべての元と可換な A の元の集合) は A の部分多元環をなすことが容易に験証される．$C(A)$ を多元環 A の**核心**というのである．

例 2　$C(A_1\oplus\cdots\oplus A_k)=C(A_1)\oplus\cdots\oplus C(A_k)$.

定理 20　有限群 G の単純指標の全体は，群多元環 $A(G)$ の核心 $C(A(G))$ の基底をなす．

証明　G の既約表現の代表系を $\rho_1,\cdots,\rho_q$ とし，指標 $\chi_{\rho_1},\cdots,\chi_{\rho_q}$ が $C(A(G))$ の基底をなすことを示そう．

前定理により，$A(G)\cong\mathfrak{M}(d_1,\boldsymbol{C})\oplus\cdots\oplus\mathfrak{M}(d_q,\boldsymbol{C})$．$A(G)\ni x$ より右辺 $\mathfrak{M}(d_1,\boldsymbol{C})\oplus\cdots\oplus\mathfrak{M}(d_q,\boldsymbol{C})$ への同型写像を，前定理の証明のように Q で示す．§26 定理 3 系 1 により $\mathfrak{M}(d_\nu,\boldsymbol{C})$ の核心は $\alpha E_{d_\nu},\alpha\in\boldsymbol{C}$ の形の行列より成る．$Q^{-1}(E_{d_\nu})$ は，前定理の証明から $\sum_{i=1}^{d_\nu}e_{ii}^{(\nu)}=\dfrac{d_\nu}{n}\chi_{\rho_\nu}$．ゆえに $Q^{-1}(\mathfrak{M}(d_\nu,\boldsymbol{C}))$ の核心は χ_{ρ_ν} で生成される．したがってその直和である $C(A(G))$ は $\chi_{\rho_1},\cdots,\chi_{\rho_q}$ で生成される．$\chi_{\rho_1},\cdots,\chi_{\rho_q}$ が独立であることは明らかであるから，これらは $C(A(G))$ の基底をなす．

例 3　f を $C(A(G))$ の任意の元とすれば，

$$f=\sum_{\nu=1}^{q}(f,\chi_{\rho_\nu})\chi_{\rho_\nu}.$$

解　$(\chi_{\rho_\nu},\chi_{\rho_\mu})=\delta_{\nu\mu}$ から明らかである．

$A(G)$ の元 f で G の共役類の上で一定の値をとるもの，すなわち任意の $x,y\in G$ について $f(x)=f(yxy^{-1})$ あるいは $f(yx)=f(xy)$ を満足するものを G の**類函数**という．たとえば指標は類函数である．G を共役類に分けて $C_1,\cdots,C_r$ とし，$C_\lambda(\lambda=1,\cdots,r)$ に含まれる元の数を n_λ としよう．(そうすれば $\sum_{\lambda=1}^{r}n_\lambda=n$ (G の位数))．$f\in A(G)$ を§29 命題 5 の後のように $f=\sum_{x\in G}f(x)x$ と書くことにすれば，類函数 f に対しては各類 C_λ から代表元 x_λ を選び，また $\sum_{x\in C_\lambda}x=X_\lambda$ とおくとき $f=\sum_{\lambda=1}^{r}f(x_\lambda)X_\lambda$．類函数全部の集合は明らかに $\boldsymbol{C}$ 上のベクトル空間としての $A(G)$ の部分空間 $C'(A(G))$ をなすが，X_λ がその基底となるからその次元数は r に等しい．

$A(G)$ の核心 $C(A(G))$ の元は明らかに類函数であるから $C(A(G))\subset$

$C'(A(G))$. 他方, 任意の X_λ と任意の $a \in G$ に対して $aX_\lambda = \sum_{x \in C_\lambda} ax = \sum_{x \in C_\lambda} xa = X_\lambda a$. G の元は $A(G)$ の元と考えるとき $A(G)$ の基底をなすから, $X_\lambda \in C(A(G))$. ゆえに $C'(A(G)) \subset C(A(G))$. したがって $C(A(G)) = C'(A(G))$. しかも $\dim C(A(G))$ は前定理によって q に等しい. ゆえに $q = r$. ──以上によって次の定理が証明せられた.

定理 21 有限群 G の同値でない既約表現の個数は, G の共役類の個数に等しい.

例 4 $\mathfrak{S}_3$ の同値でない既約表現の個数は 3 (例 1) で, これは $\mathfrak{S}_3$ の共役類の個数 (p. 176 例 2) に等しい.

本節の定理 19, 20 によって $A(G), C(A(G))$ の構造が明らかにされた. また, 前節および本節によって, 有限群の表現は指標によってかなりよく規制されることが示された. 特に最後の定理 21 によれば, G には q 個の類

$$C_1, \ \cdots, \ C_q$$

と, q 個の単純指標

$$\chi_{\rho_1}, \ \cdots, \ \chi_{\rho_q}$$

指標＼類	C_1	$\cdots$	C_λ	$\cdots$	C_q
χ_{ρ_1}	α_{11}	$\cdots$	$\alpha_{1\lambda}$	$\cdots$	α_{1q}
$\vdots$	$\vdots$		$\vdots$		$\vdots$
χ_{ρ_ν}	$\alpha_{\nu 1}$	$\cdots$	$\alpha_{\nu\lambda}$	$\cdots$	$\alpha_{\nu q}$
$\vdots$	$\vdots$		$\vdots$		$\vdots$
χ_{ρ_q}	α_{q1}	$\cdots$	$\alpha_{q\lambda}$	$\cdots$	α_{qq}

があり, χ_{ρ_ν} が C_λ の上でとる値を $\alpha_{\nu\lambda}$ とすれば, (q, q) 型の正方行列 $(\alpha_{\nu\lambda})$ が得られる. しかも

$$\sum_{\lambda=1}^{q} n_\lambda \alpha_{\nu\lambda} \bar{\alpha}_{\mu\lambda} = n\delta_{\nu\mu} \tag{33.2}$$

となるから, $\sqrt{\frac{n_\lambda}{n}}\alpha_{\nu\lambda} = \beta_{\nu\lambda}$ とおくならば, $(\beta_{\nu\lambda})$ はユニタリ行列となる. したがってまた

$$\sum_{\nu=1}^{q} \beta_{\nu\lambda}\bar{\beta}_{\nu\kappa} = \delta_{\lambda\kappa}, \quad \text{ゆえに} \quad \sum_{\nu=1}^{q} \alpha_{\nu\lambda}\bar{\alpha}_{\nu\kappa} = \frac{n}{n_\lambda}\delta_{\lambda\kappa}.$$

$G \ni x, y$ に対して, $n_x =$ (x の属する共役類の元の数), $x \sim y$ ならば $\delta_{xy} = 1$, $x \nsim y$ ならば $\delta_{xy} = 0$ とおくことにすれば

$$\sum_{\nu=1}^{q} \chi_{\rho_\nu}(x)\chi_{\rho_\nu}(y^{-1}) = \sum_{\nu=1}^{q} \chi_{\rho_\nu}(x^{-1})\chi_{\rho_\nu}(y) = \frac{n}{n_x}\delta_{xy}. \tag{33.3}$$

第2式で特に $x=e$ とおけば

$$\sum_{\nu=1}^{q} d_\nu \chi_{\rho_\nu}(y) = \begin{cases} n, & y=e, \\ 0, & y \neq e. \end{cases}$$

(*33. 3*) を指標の**第2直交関係**といい，それに対して§32の定理14を**第1直交関係**ということもある．有限群の単純指標の間には，このように美しい関係が成り立つのである．

例 5　$\mathfrak{S}_3$ について $\alpha_{\nu\lambda}$ の表を作れば次の通り．指標の第2直交関係がこれから容易にたしかめられる．

			C_1	C_2	C_3
			(1)	(1, 2), (1, 3), (2, 3)	(1 2 3), (1 3 2)
			$n_1=1$	$n_2=3$	$n_3=2$
恒等表現 ρ_1	$d_1=1$	χ_{ρ_1}	1	1	1
交代表現 ρ_2	$d_2=1$	χ_{ρ_2}	1	−1	1
2次の既約表現 ρ_3	$d_3=2$	χ_{ρ_3}	2	0	−1

例 6　$\mathfrak{S}_4$ のすべての単純指標を求めること．

解　p. 177の表に示すように，$\mathfrak{S}_4$ は五つの共役類に分けられるから，五つの既約表現がある．まず，恒等表現 ρ_1 および交代表現 ρ_2 の指標はすぐ求められる．一般に，ある表現 σ の指標 χ_σ が，p. 177の表の記号で，類 C_1, C_2, C_3, C_4, C_5 でとる値をそれぞれ $\alpha_1, \alpha_2, \alpha_3, \alpha_4, \alpha_5$ とするとき，$\chi_\sigma=(\alpha_1, \alpha_2, \alpha_3, \alpha_4, \alpha_5)$ と書き表わすことにすれば，明らかに

$$\chi_{\rho_1}=(1, 1, 1, 1, 1), \quad \chi_{\rho_2}=(1, -1, 1, 1, -1).$$

次に，§27例2のはじめに述べた表現 ρ (すなわち，$G \ni \begin{pmatrix} 1 & 2 & \cdots & n \\ \nu_1 & \nu_2 & \cdots & \nu_n \end{pmatrix}$ に行列 $\pi(\nu_1, \nu_2, \cdots, \nu_n)$ を対応させる n 次の忠実な表現) を $n=4$ の場合に作れば，

$$\chi_\rho=(4, 2, 0, 1, 0)$$

となる．§27例2と同様の考察によって，$\rho=\rho_1 \oplus \rho_3$ と分解される．$\chi_\rho=\chi_{\rho_1}+\chi_{\rho_3}$ であるから，

$$\chi_{\rho_3}=(3, 1, -1, 0, -1)$$

となる．$(\chi_{\rho_3}, \chi_{\rho_3})=\dfrac{1}{4!}(1\times3^2+6\times1^2+3(-1)^2+8\times0^2+6(-1)^2)=1$ であるから，ρ_3 は既約である．ρ_2 は1次の表現であるから，§32定理16系2によって，$\rho_4=\rho_3 \otimes \rho_2$ もまた既約表現となり，

$$\chi_{\rho_4}=\chi_{\rho_3}\chi_{\rho_2}=(3, -1, -1, 0, 1).$$

したがって，ρ_4 は，ρ_1, ρ_2, ρ_3 のいずれとも同値でない．五つの単純指標のうち四つが求められたから，最後の一つは第2直交関係によって求められる．

表現	次数 d_ν	指標 ＼ 類	C_1	C_2	C_3	C_4	C_5
		代表元	(1)	(1 2)	(1 2)(3 4)	(1 2 3)	(1 2 3 4)
		元の数 n_λ	1	6	3	8	6
ρ_1	1	χ_{ρ_1}	1	1	1	1	1
ρ_2	1	χ_{ρ_2}	1	-1	1	1	-1
ρ_3	3	χ_{ρ_3}	3	1	-1	0	-1
ρ_4	3	χ_{ρ_4}	3	-1	-1	0	1
ρ_5	2	χ_{ρ_5}	2	0	2	-1	0

§34 群の直積の表現

有限群 G が $G_1, \cdots, G_r$ の直積 $G_1 \otimes \cdots \otimes G_r$ の形に表わされるとき，G_i を G の**直積因子**という．このとき G の表現を求める問題は，次の定理22によって各直積因子 G_i に関する問題に帰着される．定理の証明を途中で切らないため，はじめに次の命題11を準備しておく．

命題 11 G が有限群 G_1, G_2 の直積で，G, G_i の共役類の数をそれぞれ q, q_i $(i=1,2)$ とすれば，$q = q_1 q_2$．

証明 G の元 x は $(x_1, x_2)(x_i \in G_i)$ の形に書かれる．$y=(y_1, y_2)$ ならば $yxy^{-1} = (y_1 x_1 y_1^{-1}, y_2 x_2 y_2^{-1})$ であるから，$\sim$ が同じ共役類に属することを意味するものとすれば $(x_1, x_2) \sim (x_1', x_2') \Leftrightarrow x_1 \sim x_1', x_2 \sim x_2'$．このことからただちに $q = q_1 q_2$ が得られる．

定理 22 G_1, G_2 は有限群，G はその直積 $G_1 \otimes G_2$ で，ρ_i は G_i の表現，V_i を ρ_i の表現空間とする $(i=1,2)$．そのとき G の元 x は (x_1, x_2) $(x_i \in G_i)$ の形に書かれるが，$V = V_1 \otimes V_2$, $\rho(x) = \rho_1(x_1) \otimes \rho_2(x_2) \in GL(V)$ とすれば，$x \to \rho(x)$ は G の V における表現となる．このとき，

(1) $\chi_\rho(x) = \chi_{\rho_1}(x_1) \cdot \chi_{\rho_2}(x_2)$．

(2) ρ が既約であるための必要十分条件は，ρ_1, ρ_2 がともに既約であることである．

が成り立ち，G_i の既約表現の代表系を $\rho_i^{(1)}, \cdots, \rho_i^{(q_i)}$ とすれば，q_1q_2 個の G の表現 $\rho_1^{(j_1)}\otimes\rho_2^{(j_2)}$ $(j_i=1, \cdots, q_i)$ は，G の既約表現の代表系となる．

証明 $x\to\rho(x)$ が G の表現となることおよび (1) は，テンソル積の性質 p. 120 例 8, p. 183 から明らかである．

(2) を証明するために，まず次のことを示そう．ρ_i' を G_i の今一つの表現，$\rho_1'\otimes\rho_2'=\rho'$ とし，簡単のため $\chi_\rho=\chi$, $\chi_{\rho_i}=\chi_i$, $\chi_{\rho'}=\chi'$, $\chi_{\rho_i'}=\chi_i'$ とおくことにすれば，χ, χ' の $A(G)$ における内積 (χ, χ') は，χ_i, χ_i' の $A(G_i)$ における内積 (χ_i, χ_i') の積となる．すなわち

$$(\chi, \chi')=(\chi_1, \chi_1')(\chi_2, \chi_2') \tag{34.1}$$

が成り立つのである．実際，G_i の位数を n_i とすれば，G の位数 $n=n_1n_2$ となるから

$$\begin{aligned}(\chi, \chi') &= \frac{1}{n}\sum_{x\in G}\chi(x)\overline{\chi'(x)}\\ &= \frac{1}{n_1n_2}\sum_{\substack{x_1\in G_1\\ x_2\in G_2}}\chi_1(x_1)\chi_2(x_2)\overline{\chi_1'(x_1)\chi_2'(x_2)}\\ &= \left(\frac{1}{n_1}\sum_{x_1\in G_1}\chi_1(x_1)\overline{\chi_1'(x_1)}\right)\left(\frac{1}{n_2}\sum_{x_2\in G_2}\chi_2(x_2)\overline{\chi_2'(x_2)}\right)\\ &= (\chi_1, \chi_1')(\chi_2, \chi_2').\end{aligned}$$

これを用いて (2) がただちに示される．定理16系1により，'ρ が既約 $\Leftrightarrow$ $(\chi, \chi)=1$'，'ρ_i が既約 $\Leftrightarrow$ $(\chi_i, \chi_i)=1$' であった．ゆえに (*34.1*) において $\chi=\chi'$, $\chi_i=\chi_i'$ とおけば，'ρ_1, ρ_2 が既約 $\Rightarrow$ ρ が既約' が得られる．また，ρ_1 または ρ_2 が可約ならば (χ_1, χ_1) または (χ_2, χ_2) が >1 となるから ρ も可約になる．これで (2) が得られる．

したがって $\rho_1^{(j_1)}\otimes\rho_2^{(j_2)}$ はいずれも G の既約表現となるが，これらが G の既約表現の代表系をつくすことを示すために，次のことに注意しよう．ρ_i', ρ' を上と同じ意味とし，ρ_i, ρ_i' は既約とするとき，

$$\rho\sim\rho' \Leftrightarrow \rho_1\sim\rho_1',\ \ \rho_2\sim\rho_2'$$

が成り立つのである．これは(34. 1)と指標の直交性(定理14)から明らかである．—ゆえに q_1q_2 個の G の既約表現 $\rho_1^{(j_1)}\otimes\rho_2^{(j_2)}$ はすべて異なる表現類に属する．しかるに命題11と定理21によって，G の相異なる既約表現類の個数はちょうど q_1q_2 個であるから，これらがその全部をつくすことになる．

系 有限群 G が $G_1\otimes\cdots\otimes G_r$ の形に直積分解されるときは，G の既約表現の代表系は，各因子 G_i の既約表現の代表系からテンソル積を作ることによって得られる．(系終)

§22 例10にあげた‘可換群の基本定理’を用いれば，有限可換群の表現を全部求める問題は，上の定理によってただちに解決されるが，この基本定理の証明を述べなかったから，有限群の場合についてここで補っておこう．まず次の命題からはじめる．

命題 12 G が位数 n の有限可換群で．$n=n_1n_2$，$(n_1,n_2)=1$ となったとすれば，位数が n_i の約数となるような G の元全体の集合 H_i は G の部分群となり，$G=H_1\otimes H_2$ となる．

証明 H_i が G の部分群となることを示そう．$x_1,y_1\in H_1$，すなわち x_1,y_1 の位数がともに n_1 の約数であるとすれば $(x_1y_1^{-1})^{n_1}=x_1^{n_1}(y_1^{n_1})^{-1}=e$ となるから $x_1y_1^{-1}$ の位数も n_1 の約数となる．ゆえに $x_1y_1^{-1}\in H_1$．H_2 についても同様であるから，$H_i(i=1,2)$ は G の部分群となる．G 全体が可換群であるから H_i は G の正規部分群で，H_1 の元と H_2 の元が可換であることはいうまでもない．ゆえに G の任意の元 x が $x=x_1x_2,\ x_i\in H_i$ の形に一意的に書かれることだけを示せばよい．$(n_1,n_2)=1$ であるから $n_1h_1+n_2h_2=1$ となるような $h_1,h_2\in \boldsymbol{Z}$ がある(§24. p. 146(ii))．したがって $x=x^{n_2h_2}x^{n_1h_1}$ と書けるが，$(x^{n_2h_2})^{n_1}=x^{n_1n_2h_2}=x^{nh_2}=e$ であるから $x^{n_2h_2}=x_1$ とおけば $x_1\in H_1$．同様に $x^{n_1h_1}=x_2\in H_2$．すなわち任意の $x\in G$ は $x_1x_2,\ x_i\in H_i$ の形に表わされる．次に $x_1x_2=y_1y_2,\ x_i,y_i\in H_i$ となったとすれば，$x_iy_i^{-1}=z_i$ とおけば $z_i\in H_i$，$z_1z_2=e$．z_1,z_2 の位数をそれぞれ m_1,m_2 とすれば $m_i|n_i$ したがって $(m_1,m_2)=1$．ゆえに z_1z_2 の位数は m_1m_2 となる(§24 補題1, p. 148)．今 $m_1m_2=1$ であるから $m_1=m_2=1$．すなわち $z_1=z_2=e$．これで，$x=x_1x_2$ なる表わし方の一意性が

示された. ゆえに $G=H_1\otimes H_2$.

系 有限可換群 G の位数 n を素因数に分解するとき $n=p_1^{\nu_1}\cdots p_r^{\nu_r}$ となるとすれば, G は $H_1\otimes\cdots\otimes H_r$ の形に直積分解される. ただし H_i は G の元のうち, その位数が $p_i^{\nu_i}$ の約数となるもの全体から成る G の部分群である.

命題 13 G が有限可換群で, G の e 以外の任意の元の位数がすべて素数 p であるとすれば, G は次数 p の巡回群の直積となり, G の位数は p^r の形となる.

証明 この命題の証明のはじめの間だけは, G の基本算法を加減法の形で書くことにしよう. $G\ni x$ に対し $x+x=2x$, $2x+x=3x, \cdots$ と書けば, $px=0$ (G の単位元). そこで $\boldsymbol{Z}_p\ni\lambda, G\ni x$ に対し $\lambda x\in G$ が一意的に定義され, p. 8, B 1～5 が明らかに満たされる. $\boldsymbol{Z}_p$ は体である (§24, p. 150) から, G は $\boldsymbol{Z}_p$ の上のベクトル空間となる. しかも G は有限であるから, このベクトル空間の次元は有限となり, それを r とすれば r 個の基底 $a_1, \cdots, a_r$ をもつ (p. 21 定理 5). すなわち G の任意の元 x は $\lambda_1a_1+\cdots+\lambda_ra_r$, $\lambda_i\in\boldsymbol{Z}_p$ の形に一意的に書き表わされる. ――ここでふたたび乗法の記法に移れば x は $a_1^{\lambda_1}\cdots a_r^{\lambda_r}$ の形に一意的に表わされる. $H_i=\{e, a_i, a_i^2, \cdots, a_i^{p-1}\}$ は明らかに G の p 次の巡回部分群をなし, $G=H_1\otimes\cdots\otimes H_r$ となる. H_i の位数は p であるから G の位数は p^r となる.

命題 14 有限可換群 G のすべての元の位数がある素数ベキ p^ν の約数ならば, G は p の累乗を次数とする巡回群の直積となる. (したがって G の位数も p の累乗となる.)

証明 $\nu=1$ ならば前命題そのものであるから, ν に関する帰納法により, $\nu-1$ については命題が証明されているものとして, $\nu(\geqq 2)$ の場合に証明する.

G の各元の p 乗の集合 $\{x^p; x\in G\}$ を G^p で表わせば, G^p は G の部分群となる. 実際 $x, y\in G$ のとき $x^p(y^p)^{-1}=(xy^{-1})^p\in G^p$. かつ G^p の各元の位数は明らかに $p^{\nu-1}$ の約数である. ゆえに帰納法の仮定で G^p は p の累乗を位数とする巡回群の直積となる. 今 $G^p=H_1\otimes\cdots\otimes H_k$, $H_i=\{e, a_i^p, a_i^{2p}, \cdots, a_i^{p(p^{r_i}-1)}\}$ としよう ($r_i\geqq 1$). ここで p^{r_i} は a_i^p の位数とする. a_i の位数はしたがって p^{r_i+1} となる. $A_i=\{e, a_i, a_i^2, \cdots, a_i^{p^{r_i+1}-1}\}$, $A=A_1\cdots A_k$ とおけば, 明らかに $A_i^p=H_i$, $A^p=G^p$ となる. A は $a_1, \cdots, a_k$ で生成された G の部分群である

が，$A=A_1\otimes\cdots\otimes A_k$ となることを示そう．それには

$$a_1^{\nu_1}\cdots a_k^{\nu_k}=a_1^{\nu'_1}\cdots a_k^{\nu'_k}\Rightarrow \nu_i\equiv\nu'_i \pmod{p^{r_i+1}}$$

を示せばよい．仮設から $a_1^{p\nu_1}\cdots a_k^{p\nu_k}=a_1^{p\nu'_1}\cdots a_k^{p\nu'_k}\in H_1\otimes\cdots\otimes H_k$．ゆえに $\nu_i\equiv\nu_i' \pmod{p^{r_i}}$．今 $r_i\geqq 1$ であるから $\nu_i-\nu_i'=p\rho_i$ となるような $\rho_i\in\boldsymbol{Z}$ がある．よって上式から $a_1{}^{p\rho_1}\cdots a_k{}^{p\rho_k}=e$ が得られるが，$a_i^p\in H_i$ で $H_1\otimes\cdots\otimes H_k$ が直積であることを再び用いれば，$\rho_i\equiv 0 \pmod{p^{r_i}}$．ゆえに $\nu_i-\nu_i'=p\rho_i\equiv 0 \pmod{p^{r_i+1}}$．

そこで $G/A=H$ とおけば，$G\supset A\supset A^p=G^p$ であるから，G の任意の元は p 乗すれば A に入り，したがって，H の任意の元は p 乗すれば H の単位元 $E=A$ となる．ゆえに $H=E$ となるか，または H は命題13の仮設を満たす(単位群でない)群となる．$H=E$ の場合は，$G=A=A_1\otimes\cdots\otimes A_k$ となるからそれでよい．後の場合は $H=K_1\otimes\cdots\otimes K_l$，$K_j=\{E,B_j,B_j^2,\cdots,B_j^{p-1}\}$ $(j=1,\cdots,l)$ とし，$b_j\in B_j$ とする．$b_j^p\in G^p=A^p$ であるから，適当な $c_j\in A$ をとれば $b_j^p=c_j^p$．ゆえに $d_j=b_jc_j^{-1}$ とおけば，$d_j\in B_j$，$d_j^p=e$ となる．$B_j=d_jA$ であるから G の任意の元 x は明らかに

$$x=a_1{}^{\lambda_1}\cdots a_k^{\lambda_k}d_1{}^{\mu_1}\cdots d_l^{\mu_l}\ (\lambda_i=0,1,\cdots,p^{r_i+1}-1\,;\ \mu_j=0,1,\cdots,p-1) \qquad (34.2)$$

の形に書かれる．また λ_i，μ_j を上の範囲で動かせば，ちょうど p の $(\sum_{i=1}^{k}(r_i+1)+l)$ 乗，すなわち $(A:1)\cdot(H:1)=(G:1)$ だけの元が得られるから，G の元の *(34.2)* のような表わし方は一意的である．ゆえに $D_j=\{e,d_j,\cdots\cdots,d_j{}^{p-1}\}$ とすれば，$G=A_1\otimes\cdots\otimes A_k\otimes D_1\otimes\cdots\otimes D_l$ となる．　　(証終)

命題12の系と上の命題14から，次の‘有限可換群に関する基本定理’が得られる．

定理 23　有限可換群は巡回群の直積として表わされる．

例 1　(1)　命題12の H_i の位数は n_i．

(2)　命題12系の H_i の位数は $p_i^{\nu_i}$．

解　(2) の方が示されればよい．命題14により H_i の位数は p_i の累乗 $p_i^{\nu_i'}$ である．$G=H_1\otimes\cdots\otimes H_k$ であるから G の位数 $n=p_1^{\nu_1'}\cdots p_k^{\nu_k'}=p_1^{\nu_1}\cdots p_k^{\nu_k}$．素因数分解の一意性により $\nu_i'=\nu_i$ $(i=1,\cdots,k)$．

定理23により，任意の有限可換群 G は巡回群 $G_1, \cdots, G_r$ の直積 $G_1\otimes\cdots\otimes G_r$ の形で書かれる．したがって G_i の生成元を a_i，その位数を n_i とすれば，G の任の元 x は

$$x = a_1^{\nu_1}a_2^{\nu_2}\cdots a_r^{\nu_r}$$

の形に一意的に表わされる．$\{a_1, \cdots, a_r\}$ を G の**基底**といい，上の定理23を可換群の**基底定理**とよぶことがある．

例 2　4元群．(KLEIN の Vierergruppe)

$\mathfrak{S}_4$ の部分群 G で，1, $a=(1\,2)(3\,4)$, $b=(1\,3)(2\,4)$, $c=(1\,4)(2\,3)$ の四つの元よりなるものを**4元群**という．この群 G の群表は右のようである．これは明らかに可換群である．$G_1=\{1,a\}$, $G_2=\{1,b\}$, $G_3=\{1,c\}$ とすれば，これらはいずれも G の位数2の巡回部分群で，$G=G_1\otimes G_2=G_2\otimes G_3=G_3\otimes G_1$ となる．G の基底としては $\{a,b\}, \{b,c\}, \{c,a\}$ のいずれをもとることができる．(このように，基底のとり方は一般に一意的でない.)

	1	a	b	c
1	1	a	b	c
a	a	1	c	b
b	b	c	1	a
c	c	b	a	1

§26, 例 (p.161) と上の定理22系，定理23とからただちに，有限可換群の既約表現に関する次の結果が得られる．

定理 24　G を有限可換群とし，$G=G_1\otimes\cdots\otimes G_r$ を G の巡回群 $G_i(i=1, \cdots, r)$ への直積分解とする．G_i の位数を n_i，その生成元を a_i とし，$\zeta_i=\exp(2\pi\sqrt{-1}/n_i)$ とすれば，G の既約表現はすべて1次であり

$$G\ni x=a_1^{m_1}\cdots a_r^{m_r}\to\chi_{m_1,\cdots,m_r}(x)=\zeta_1^{m_1}\cdots\zeta_r^{m_r}$$

で与えられる．ここに m_i は $\mathrm{mod}\, n_i$ の剰余類の上を動く $(i=1, \cdots, r)$．

注意　m_i がたとえば $0, 1, \cdots, n_i-1$ の値をそれぞれとれば，G のすべての既約表現が得られる．G の既約表現の個数はしたがって $n_1n_2\cdots n_r=n$ (G の位数) となる．(これは§30 例1, §33 定理21 からも明らかである.) §32 でも注意したように，この場合 G の既約表現は G の指標と一致する．G の指標の集合を G^* で表わし，$G^*\ni\chi_{m_1,\cdots,m_r}\chi_{m_1',\cdots,m_r'}$ の積を $\chi_{m_1+m_1',\cdots,m_r+m_r'}$ で定義すれば，G^* も可換群となり，G^* は明らかに G と同型となる．G^* を G の**指標群**といい，$G\cong G^*$ なる事実を，可換群の指標群に関する**双対定理**という．

§35　誘導表現

G を任意の群，H をその部分群とし，H の一つの表現 σ が与えられているものとする．そのとき次のようにして G の表現 ρ を作ることができる．

σ の表現空間を U とする．G を定義域とし，U の値をとる函数 $f, g, \cdots$ の集合 W に

$$(f+g)(a)=f(a)+g(a) \quad (a \in G),$$
$$(\lambda f)(a)=\lambda f(a) \quad (a \in G,\ \lambda \in \boldsymbol{C})$$

によって線型算法を導入すれば，W は（$\boldsymbol{C}$ の上の）ベクトル空間となる．W の元 f で，任意の $a \in G, b \in H$ に対し

$$f(ba)=\sigma(b)f(a) \tag{35.1}$$

を満足するものの集合を V とすれば，Vは明らかに W の部分空間をなす．今 $x \in G$ に対し $f(ax)=f_x(a)$ と書くことにすれば，もちろん $f_x \in W$ であるが，もし $f \in V$ ならば，$f_x(ba)=f(bax)=\sigma(b)f(ax)=\sigma(b)f_x(a)$ となるから $f_x \in V$，ゆえに $\rho(x)f=f_x$ によって $\rho(x)$ を定義すれば，$\rho(x): V \to V$ であって，$\rho(x) \in GL(V)$，かつ

$$\rho(xy^{-1})=\rho(x)\rho(y)^{-1}$$

となることがただちにわかる．ゆえに ρ は V を表現空間とする G の表現となる．この ρ を H の表現 σ によって誘導された G の**誘導表現**というのである．

今 G を位数 n の有限群，H はその位数 h の部分群とし，$n=hk$，したがって $(G:H)=k$ としよう．G を $\bmod H$ の右剰余類に分けて

$$G=Ha_1+\cdots+Ha_k$$

とし，また $\dim U\,(=\sigma$ の次数$)=m$ として，U の一つの基底を $u_1, \cdots, u_m$ としよう．そのとき

$$\begin{cases} f_{ij}(a_l)=\delta_{il}u_j, \\ b \in H \text{ に対し } f_{ij}(ba_l)=\sigma(b)f_{ij}(a_l) \end{cases}$$

とおけば，$f_{ij}(x), x \in G$ が定義されて，$f_{ij} \in V$ となることが容易にわかる．しかもこれらの f_{ij}, $i=1, \cdots, k, j=1, \cdots, m$ は V の基底をなす．実際，f を V の任意の元とし，

$$f(a_l)=\sum_{j=1}^{m} \lambda_{lj}u_j$$

とすれば明らかに $f=\sum_{l,j} \lambda_{lj}f_{lj}$ となるから V は f_{ij} で生成され，また $\sum \lambda_{lj}f_{lj}$

$=0 \Rightarrow \lambda_{lj}=0$ となるから f_{ij} は独立となる，ゆえに ρ の次数 $=\dim V=mk$ となる．

いま U の基底として $\{u_1, \cdots, u_m\}$ をとるとき，$\sigma(b)$ を表わす行列を $\sum(b)=(s_{\mu\nu}(b))$ とし，上の V の基底 $f_{11}, \cdots, f_{km}$ をとるとき，$\rho(x)$ を表わす行列 $P(x)$ がどのような形になるかを考えよう．

$x \in G$ に対して，$a_l x$ は $\mathrm{mod}\, H$ の右剰余系のいずれかに属するからそれを $Ha_{l'}$ とする．$l'=l'(x,l)$ は x と l との函数であって，$l'(x,1), \cdots, l'(x,k)$ は $1, 2, \cdots, k$ の一つの順列となる．今 $a_l x=b_l a_{l'} (b_l \in H)$ とおくことにしよう．$\rho(x), f_{ij}$ の定義により，

$$\rho(x)f_{ij}(a_l)=f_{ij}(a_l x)=f_{ij}(b_l a_{l'})$$
$$=\sigma(b_l)f_{ij}(a_{l'})=\delta_{il'}\sigma(b_l)u_j=\delta_{il'}\sum_{\mu=1}^{m} s_{\mu j}(b_l)u_\mu,$$

したがって

$$\rho(x)f_{ij}=\sum_{l=1}^{k}\sum_{\mu=1}^{m}\delta_{il'}s_{\mu j}(b_l)f_{l\mu}, \quad \begin{array}{l} i=1, \cdots, k, \\ j=1, \cdots, m. \end{array}$$

ここで $(\delta_{il'})$ なる (k,k) 型の行列は，置換 $(1, 2, \cdots, k) \to (l'(x, 1), \cdots, l'(x, k))$ を表わす行列であり，$(s_{\mu j}(b_l))=(s_{\mu j}(a_l x a_{l'}^{-1}))$ なる (m,m) 型の行列は $\sum(b_l)$ に外ならないから $P(x)$ は $(\delta_{il'})$ なる行列の 0 を $0_{m,m}$ で，第 l 行第 l' 列にある 1 を $\sum(b_l)=\sum(a_l x a_{l'}^{-1})$ でおきかえることによって得られることが容易にわかる．

上の $s_{\mu\nu}$ は $A(H)$ の元で，$H \ni b$ に対して定義され，$\boldsymbol{C}$ の値をとる函数と考えられるが，いま一般に $g \in A(H), x \in G$ に対し

$$g^0(x)=\begin{cases} g(x), & x \in H, \\ 0, & x \notin H \end{cases}$$

によって $g^0 \in A(G)$ を定義することとし，

$$P_{\kappa\lambda}(x)=(s_{\mu\nu}^0(a_\kappa x a_\lambda^{-1})), \quad \kappa, \lambda=1, \cdots, k$$

とおけば，

$$P(x)=\begin{pmatrix} P_{11}(x) & \cdots & P_{1k}(x) \\ \vdots & & \vdots \\ P_{k1}(x) & \cdots & P_{kk}(x) \end{pmatrix}$$

となる．実際，$\lambda \neq l'$ ならば $P_{l\lambda}(x)=(s^0_{\mu\nu}(a_l x a_\lambda^{-1}))=0_{m,m}$，$P_{ll'}(x)=(s_{\mu\nu}(a_l x a_{l'}^{-1}))=\sum(b_l)$ であるから上記の通りとなる．

特に
$$\chi_\rho(x)=\mathrm{SP}(x)=\sum_{\kappa=1}^{k}\mathrm{SP}_{\kappa\kappa}(x)=\frac{1}{h}\sum_{a\in G}\chi_{\sigma^0}(axa^{-1}). \qquad (35.2)$$

例 1　$H=\{e\}$ ならば ρ は右正則表現，$G=H$ ならば $\rho\sim\sigma$ となる．

例 2　$G=\mathfrak{S}_3$ の部分群 $H=\{1,(12)\}$ の既約表現は恒等表現，交代表現の二つであるが，これらからそれぞれ誘導せられた G の表現 $\rho^{(1)},\rho^{(2)}$ を求めよう．$G=H\cdot 1+H\cdot(13)+H\cdot(23)$ とし，H の交代表現から誘導せられた G の行列表現を求めれば次の結果が得られる．

$$P^{(2)}(1)=\begin{pmatrix}1&0&0\\0&1&0\\0&0&1\end{pmatrix},\qquad P^{(2)}((12))=\begin{pmatrix}-1&0&0\\0&0&-1\\0&-1&0\end{pmatrix},$$

$$P^{(2)}((13))=\begin{pmatrix}0&1&0\\1&0&0\\0&0&-1\end{pmatrix},\qquad P^{(2)}((23))=\begin{pmatrix}0&0&1\\0&-1&0\\1&0&0\end{pmatrix},$$

$$P^{(2)}((123))=\begin{pmatrix}0&0&-1\\-1&0&0\\0&1&0\end{pmatrix},\qquad P^{(2)}((132))=\begin{pmatrix}0&-1&0\\0&0&1\\-1&0&0\end{pmatrix}.$$

$P^{(1)}$ は，明らかに $P^{(2)}$ の -1 をすべて 1 でおきかえて得られる．したがって
$$\chi_{\rho^{(1)}}=(3,1,0),\quad \chi_{\rho^{(2)}}=(3,-1,0).$$
これを§33例5の表と比較すれば，次の関係がわかる．
$$\rho^{(1)}=\rho_1\oplus\rho_3,\quad \rho^{(2)}=\rho_2\oplus\rho_3.$$
ただし，ρ_1,ρ_2,ρ_3 はそれぞれ G の恒等表現，交代表現，2次の既約表現である．

上の $g\in A(H)$ に $g^0\in A(G)$ を対応させるのは，$A(H)$ から $A(G)$ の中への同型写像であるが，$A(G)\ni f$ にその H への縮少 $f|H=\hat{f}$ を対応させるのは，$A(G)$ から $A(H)$ の上への準同型写像となる．

例 3　ρ を G の任意の表現とすれば，ρ の H への縮少 $\rho|H=\hat{\rho}$ は，H の表現を与える．($\hat{\rho}$ の表現空間は ρ のそれと同じである．ただし ρ が既約であっても $\hat{\rho}$ は必らずしも既約ではない．) ρ の行列表現を $G\ni x\to P(x)=(p_{ij}(x))$ とすれば，$\hat{\rho}$ の一つの行列表現は $H\ni y\to\hat{P}(y)=(\hat{p}_{ij}(y))$ で与えられる．したがって特に $\chi_{\hat{\rho}}=\hat{\chi}_\rho$．

$A(H)\ni g$ に対し $g^0=f$ とおけば明らかに $\hat{f}=\hat{g^0}=g$．しかし $A(G)\ni f$

に対し $\hat{f}=g$ とおけば，一般には $g^0=\hat{f}^0$ と f とは同じでない．f と $\hat{f}^0$ は H の元に対しては同じ値をとるが，$x \notin H$ なる x に対しては，$\hat{f}^0(x)=0$ となるが，$f(x)$ は一般に 0 とはならないからである．($x \notin H \Rightarrow f(x)=0$ のとき，かつそのときに限って $f=\hat{f}^0$ となる.) しかし次の命題が成り立つ．

命題 15　$g_1 \in A(H)$ のとき，任意の $x \in G$ に対して $f(x)g_1{}^0(x)=\hat{f}^0(x)g_1{}^0(x)$

証明　$x \notin H$ ならば $f(x)g_1{}^0(x)=\hat{f}^0(x)g_1{}^0(x)=0$, $y \in H$ ならば $f(y)g_1{}^0(y)=\hat{f}^0(y)g_1{}^0(y)=f(y)g_1(y)$.　(証終)

G, H の類函数 (§33) の全体をそれぞれ $C(G)$, $C(H)$ で表わせば，$C(G)$, $C(H)$ はそれぞれ $A(G)$, $A(H)$ の可換な部分環となっている．$g \in C(H)$ ならば必ずしも $g^0 \in C(G)$ とはならないが，

$$g^*(a)=\frac{1}{h}\sum_{x \in G} g^0(xax^{-1})$$

は $C(G)$ の元となる．$g \to g^*$ は $C(H)$ から $C(G)$ の中への線型写像となっている．

例 4　この記法によれば，上の式 (35.2) は次のように書かれる．H の表現 σ で誘導された G の表現を ρ とすれば

$$\chi_\rho=\chi_\sigma{}^*.$$

$A(G)$ には，$f_1, f_2 \in A(G)$ に対し

$$(f_1, f_2)=\frac{1}{n}\sum_{x \in G} f_1(x)\overline{f_2(x)}$$

によって内積が定義されている (§31)．それと同様の意味で $A(H)$ に定義される内積を

$$\langle g_1, g_2\rangle=\frac{1}{h}\sum_{y \in H} g_1(y)\overline{g_2(y)}, \qquad g_1, g_2 \in A(H)$$

で表わそう．このとき次の定理が成り立つ．

定理 25　f, g をそれぞれ $C(G)$, $C(H)$ の任意の 2 元とするとき，

$$(f, g^*)=\langle \hat{f}, g\rangle$$

が成り立つ．

これを **FROBENIUS の相互律**という．

証明には次の補題を用いる.

補題　G の任意の元 y に対し, $xax^{-1}=y$ となるような G の元 a, x の組 (a, x) はちょうど n ($=G$ の位数) だけある.

証明　x を G から任意にとり, $a=x^{-1}yx$ とすれば, $xax^{-1}=y$ となる. また, $xax^{-1}=y$ となるためには, $a=x^{-1}yx$ とせねばならない.

定理25の証明　g^* の定義, f が類函数であること, および命題15を用いて

$$f(a)\overline{g^*(a)}=\frac{1}{h}\sum_{x\in G}f(a)\overline{g^0(xax^{-1})}$$

$$=\frac{1}{h}\sum_{x\in G}f(xax^{-1})\overline{g^0(xax^{-1})}=\frac{1}{h}\sum_{x\in G}\hat{f}^0(xax^{-1})\overline{g^0(xax^{-1})},$$

ゆえに

$$(f, g^*)=\frac{1}{nh}\sum_{a\in G}\sum_{x\in G}\hat{f}^0(xax^{-1})\overline{g^0(xax^{-1})}. \tag{35.3}$$

この右辺の各項は, $xax^{-1}\notin H$ ならば 0 であり, $xax^{-1}=y\in H$ ならば, $\hat{f}(y)\overline{g(y)}$ と同じ値をとる. かつ与えられた $y\in H$ に対し $xax^{-1}=y$ となるような組 (a, x) の数は補題によってちょうど n だけある. これらの n 個の (a, x) の組について (35.3) の右辺の項をまず平均すれば,

$$(f, g^*)=\frac{1}{h}\sum_{y\in H}\hat{f}(y)\overline{g(y)}=\langle\hat{f}, g\rangle.$$

系1　H の表現 σ で誘導された G の表現を ρ とし, f を $C(G)$ の任意の元とすれば

$$(f, \chi_\rho)=\langle\hat{f}, \chi_\sigma\rangle.$$

系2　ρ_i を G の既約表現, σ を H の既約表現とし, σ で誘導される G の表現を ρ とすれば,

$$(\rho:\rho_i)=(\hat{\rho}_i:\sigma).$$

すなわち, G の既約表現 ρ_i を部分群 H に縮少して得られる表現 $\hat{\rho}_i$ における, H の既約表現 σ の重複度は, σ で誘導される G の表現 ρ における ρ_i の重複度に等しい. (この系を FROBENIUS の相互律ということもある.)

証明　系1と§32命題10および $\hat{\chi}_{\rho_i}=\chi_{\hat{\rho}_i}$ による.

例5　G の共役類を $C_1, \cdots, C_q$ とし, H を G の部分群とする. H の2元 y_1, y_2 が H において共役ならば——すなわち $y_1=yy_2y^{-1}$, $y\in H$ なる y があれば——もちろん y_1, y_2 は G

においても共役で同じ共役類に属するが，逆に H の2元が G において共役であっても H において共役であるとは限らない．したがって H における共役類を $D_1, \cdots, D_r$ とすれば，$C_i \cap H$ は D_j のうちのいくつかの和集合となる．今 $C_i \cap H = D_{j_1^{(i)}} + \cdots + D_{j_{l_i}^{(i)}}$ としよう．φ_i を C_i の定義函数，すなわち

$$\varphi_i(x) = \begin{cases} 1, & x \in C_i, \\ 0, & x \notin C_i \end{cases}$$

なる $A(G)$ の元とし，C_i の元の個数を n_i，H の表現 σ から誘導された G の表現を ρ とすれば，$x_i \in C_i$ に対し

$$\chi_\rho(x_i) = \frac{n}{n_i}(\chi_\rho, \varphi_i) = \frac{n}{n_i}\langle \chi_\sigma, \hat{\varphi}_i \rangle.$$

D_j の元の数を m_j，$D_j \ni y_j$ とすれば，これから

$$\chi_\rho(x_i) = \frac{n}{n_i h}(m_{j_1^{(i)}}\chi_\sigma(y_{j_1^{(i)}}) + \cdots + m_{j_{l_i}^{(i)}}\chi_\sigma(y_{j_{l_i}^{(i)}}))$$

が得られる．

例 **6** 5次の交代群．

5次の交代群を $\mathfrak{A}_5$ で表わそう．($\mathfrak{A}_5$ は正20面体をそれ自身に重ねる運動のなす群 (p. 133) と同型であるから**正20面体群**ともよばれる.) $\mathfrak{A}_5$ は次の60個の置換から成る．(以下共役類に分類して示す．C_i, $i = 1, \cdots, 5$ は類の記号である.)

		元の個数
C_1;	1	1
C_2:	$(1\,2)(3\,4), \cdots$	15
C_3:	$(1\,2\,3), \cdots$	20
C_4:	$(1\,2\,3\,4\,5), \cdots$	12
C_5:	$(1\,3\,5\,2\,4), \cdots$	12

(以上のうち C_4, C_5 は5次の対称群 $\mathfrak{S}_5$ の中では同じ類に属するが，$\mathfrak{A}_5$ では異なる類をなす．$\mathfrak{S}_5 = \mathfrak{A}_5 + \mathfrak{A}_5(1\ 2)$ であるから，$\mathfrak{A}_5 \ni x, y$ が $\mathfrak{S}_5$ では同じ類に属しても，$y = (1\ 2)x(1\ 2)$ となっている場合には，$\mathfrak{A}_5$ では同じ類に属するとは限らない.)

$\mathfrak{A}_5$ はこのように五つの共役類に分けられるから，五つの異なる既約表現類がある．その代表系を ρ_i, $i = 1, \cdots, 5$ とし，特に ρ_1 を恒等表現としよう．

$$\chi_{\rho_1} = (1, 1, 1, 1, 1).$$

第2の既約表現 ρ_2 は，$\mathfrak{S}_3, \mathfrak{S}_4$ の場合 (p. 166, p.189) と同様に求められる．すなわち，$\mathfrak{A}_5 \ni \begin{pmatrix} 1 & 2 & 3 & 4 & 5 \\ \nu_1 & \nu_2 & \nu_3 & \nu_4 & \nu_5 \end{pmatrix}$ に $\pi(\nu_1, \nu_2, \nu_3, \nu_4, \nu_5)$ を対応させる表現を ρ とすれば，

$$\chi_\rho = (5, 1, 2, 0, 0).$$

p. 189と同様の考察により，ρ は ρ_1 を含むことがわかるから，$\rho = \rho_1 \oplus \rho_2$ とすれば，

$$\chi_{\rho_2}=(4,0,1,-1,-1).$$

$(\chi_{\rho_2},\chi_{\rho_2})=1$ となるから，ρ_2 は第2の既約表現である．

残る三つの既約表現を求めるために，$\mathfrak{A}_5\ni a=(1\,2\,3\,4\,5)$ で生成される $\mathfrak{A}_5$ の部分群を H とすれば，$H=\{1,a,a^2,a^3,a^4\}$ は5次の巡回群であるから，$\varepsilon=e^{\frac{2\pi\sqrt{-1}}{5}}$ とするとき，

$$\sigma_\mu(a)=\varepsilon^\mu,\quad \sigma_\mu(a^\nu)=\varepsilon^{\mu\nu}\qquad(\mu,\nu=0,1,2,3,4)$$

によって H のすべての既約表現が得られる．これらの表現によって誘導された $\mathfrak{A}_5$ の表現をそれぞれ $\rho^{(\mu)}$ とすれば，$\rho^{(\mu)}$ は12次の表現である．$\rho^{(\mu)}$ の指標を次に求めよう．

H は可換群であるから，その共役類はすべてただ一つの元から成る．したがって H は五つの共役類に分れ，C_i との関係は下に示す通りである．

$$\begin{array}{llllll}
\mathfrak{A}_5= C_1+C_2+C_3 & +C_4 & & +C_5 & \\
\cup \quad \cup & \cup\!\cup & & \cup\!\cup & \\
H=\{1\} & +\{a\}+\{a^4\} & & +\{a^2\}+\{a^3\} & \\
\chi_{\sigma_\mu}\quad 1 & \varepsilon^\mu\quad \varepsilon^{4\mu} & & \varepsilon^{2\mu}\quad \varepsilon^{3\mu} &
\end{array}$$

したがって例5により，

$$\begin{aligned}\chi_{\rho(\mu)}&=\left(\frac{60}{1\times 5}\times 1,0,0,\frac{60}{12\times 5}(\varepsilon^\mu+\varepsilon^{4\mu}),\frac{60}{12\times 5}(\varepsilon^{2\mu}+\varepsilon^{3\mu})\right)\\&=(12,0,0,\varepsilon^\mu+\varepsilon^{-\mu},\varepsilon^{2\mu}+\varepsilon^{-2\mu})\end{aligned}$$

が得られる．$\mu=0,1,2,3,4,5$ とおくと $\chi_{\rho(1)}=\chi_{\rho(4)}$，$\chi_{\rho(2)}=\chi_{\rho(3)}$ となるから，次の三つの指標が得られる．

$$\begin{aligned}\chi_{\rho(0)}&=(12,0,0,2,2),\\ \chi_{\rho(1)}&=\left(12,0,0,\frac{-1+\sqrt{5}}{2},\frac{-1-\sqrt{5}}{2}\right),\\ \chi_{\rho(2)}&=\left(12,0,0,\frac{-1-\sqrt{5}}{2},\frac{-1+\sqrt{5}}{2}\right).\end{aligned}$$

これらは単純指標ではない．そこで，これらの表現における，既に得られた既約表現 ρ_1,ρ_2 の重複度を計算して $\rho^{(0)},\rho^{(1)},\rho^{(2)}$ を更に分解しよう．

$$(\rho^{(0)}:\rho_1)=(\chi_{\rho(0)},\chi_{\rho_1})=\frac{1}{60}(1\times 12\times 1+1\times 2\times 12+1\times 2\times 12)=1,$$

$$(\rho^{(0)}:\rho_2)=(\chi_{\rho(0)},\chi_{\rho_2})=\frac{1}{60}(4\times 12\times 1+(-1)\times 2\times 12+(-1)\times 2\times 12)=0.$$

ゆえに，$\rho^{(0)}=\rho_1\oplus\rho_1'$ と分解され，

$$\chi_{\rho_1'}=\chi_{\rho(0)}-\chi_{\rho_1}=(11,-1,-1,1,1).$$

ρ_1' はもはや ρ_1,ρ_2 を含まない．かつ，$(\chi_{\rho_1'},\chi_{\rho_1'})=3$ となるから，ρ_1' は残る三つの既約表現 ρ_3,ρ_4,ρ_5 の一つずつの直和となる．（$\rho_1'=m_1\rho_3\oplus m_2\rho_4\oplus m_3\rho_5$ とすれば $(\chi_{\rho_1'},\chi_{\rho_1'})$

$=m_1^2+m_2^2+m_3^2$. m_i は負でない整数であるから，$m_1=m_2=m_3=1$ でなければならない.) また，$(\rho^{(1)}:\rho_1)=0$, $(\rho^{(1)}:\rho_2)=1$ となるから，$\rho^{(1)}=\rho_2\oplus\rho_2'$ と分解され，ρ_2' は ρ_1, ρ_2 を含まない.

$$\chi_{\rho_2'}=\chi_{\rho^{(1)}}-\chi_{\rho_2}=\left(8, 0, -1, \frac{1+\sqrt{5}}{2}, \frac{1-\sqrt{5}}{2}\right).$$

$(\chi_{\rho_2'}, \chi_{\rho_2'})=2$ となるから，ρ_2' は，ρ_3, ρ_4, ρ_5 のうちの二つの直和となる．たとえば $\rho_2'=\rho_4\oplus\rho_5$ とすれば，

$$\chi_{\rho_3}=\chi_{\rho_1'}-\chi_{\rho_2'}=\left(3, -1, 0, \frac{1-\sqrt{5}}{2}, \frac{1+\sqrt{5}}{2}\right).$$

同様に，$(\rho^{(2)}:\rho_1)=0$, $(\rho^{(2)}:\rho_2)=1$ から $\rho^{(2)}=\rho_2\oplus\rho_2''$ とすると，

$$\chi_{\rho_2''}=\left(8, 0, -1, \frac{1-\sqrt{5}}{2}, \frac{1+\sqrt{5}}{2}\right).$$

$(\chi_{\rho_2''}, \chi_{\rho_2''})=2$ から，

$$\chi_{\rho_1'}-\chi_{\rho_2''}=\left(3, -1, 0, \frac{1+\sqrt{5}}{2}, \frac{1-\sqrt{5}}{2}\right)$$

がまた単純指標である．これは ρ_3 とも違うから第4の既約表現 ρ_4 の指標である.

最後の一つの指標は，第2直交関係によって求められる.

類 / 元の数 / 指標	C_1	C_2	C_3	C_4	C_5
	1	15	20	12	12
χ_{ρ_1}	1	1	1	1	1
χ_{ρ_2}	4	0	1	-1	-1
χ_{ρ_3}	3	-1	0	$\frac{1-\sqrt{5}}{2}$	$\frac{1+\sqrt{5}}{2}$
χ_{ρ_4}	3	-1	0	$\frac{1+\sqrt{5}}{2}$	$\frac{1-\sqrt{5}}{2}$
χ_{ρ_5}	5	1	-1	0	0

§36　指標の間の諸関係

位数 n の有限群 G を共役類 $C_1, \cdots, C_q$ に分け，C_i の代表を a_i, C_i の元の個数を n_i とすれば，G は q 個の既約表現類をもち，その代表系を $\rho_1, \cdots, \rho_q$, $\sqrt{\frac{n_i}{n}}\chi_{\rho_\nu}(a_i)=\beta_{\nu i}$ とおけば，$(\beta_{\nu i})$ は (q, q) 型のユニタリ行列をなすことを §33 に見た．$\chi_{\rho_\nu}(a_i)$ または $\beta_{\nu i}$ の間には，なお次のような諸関係が成立する.

(1) $x\in G$ に対し, f_x は§29に定義した $A(G)$ の元(すなわち $f_x(x)=1$; $x\neq y \Rightarrow f_x(y)=0$) とし, 各 C_i に対し $X_i=\sum_{x\in C_i} f_x$ ($\in A(G)$) とおく. (§29 命題5の意味で x と f_x を同一視すれば $X_i=\sum_{x\in C_i} x$ とも考えられる. 以下の考察ではその方が考え易い.) そうすれば, $X_i\cdot X_j$ ($A(G)$ の元としての積) は $\sum_{x\in G}\alpha_x x$ の形となるが, このとき α_x は明らかに自然数または0で, $x\sim y$ (x,y が共役) ならば $\alpha_x=\alpha_y$ であることが容易にわかる. ゆえに

$$X_i\cdot X_j=\sum_{k=1}^{q} a_{ijk}X_k \tag{36.1}$$

の形となる. ここで a_{ijk} は自然数または0である.

今 ρ_ν の行列表現を P_ν とするとき, $\sum_{x\in C_i} P_\nu(x)=T_{\nu i}\in\mathfrak{M}(d_\nu,\boldsymbol{C})$ (d_ν は ρ_ν の次数) は $P_\nu(y), y\in G$ のいずれとも可換である. 実際, x が C_i の元を動くとき, yx と xy は全体として同じ元を動くから, $P_\nu(y)T_{\nu i}=\sum_{x\in C_i}P_\nu(y)P_\nu(x)=\sum_{x\in C_i}P_\nu(yx)$ $=\sum_{x\in C_i}P_\nu(xy)=T_{\nu i}P_\nu(y)$ となるからである. ゆえに§26 定理3系1によって, $T_{\nu i}=\tau_{\nu i}E_{d_\nu}$ ($\tau_{\nu i}\neq 0$) となる. $\chi_{\rho_\nu}(x)=SP_\nu(x)$ で, χ_{ρ_ν} は類函数であるから,

$$\sum_{x\in C_i}\chi_{\rho_\nu}(x)=n_i\chi_{\rho_\nu}(a_i)=d_\nu\tau_{\nu i}. \tag{36.2}$$

また $P_\nu(xy)=P_\nu(x)P_\nu(y)$ であるから, (36.1) から

$$T_{\nu i}\cdot T_{\nu j}=\sum_{k=1}^{q}a_{ijk}T_{\nu k},$$

したがって

$$\tau_{\nu i}\cdot\tau_{\nu j}=\sum_{k=1}^{q}a_{ijk}\tau_{\nu k}. \tag{36.3}$$

これは (36.2) によって, $\chi_{\rho_\nu}(a_i)$ あるいは $\beta_{\nu i}$ の間の関係にただちに書きかえられる. それはユニタリ行列 $(\beta_{\nu i})$ の列の間の関係である.

(36.3) からまた, $\tau_{\nu i}$ は (q,q) 型の行列 $(a_{ijk})_{j,k=1,\cdots,q}$ の固有値であることがわかる. そのことと $a_{ijk}\in\boldsymbol{Z}$ であることから数論的考察によって次の定理を導くことができる.

定理 26 有限群の既約表現の次数は, その位数の約数である.

この定理の証明には，代数的整数の概念と，それに関する簡単な性質をも必要とする．少し話が横道へそれるが，定理26も美しい定理であり，この証明も興味のあるものであるから，次に述べることとする．（表現論だけの立場からは，このように‘横道へそれ’ないですむ証明があることが望ましいが，それはまだ得られていない．）

まず代数的整数の定義であるが，最高次の係数が1で，他の係数がすべて $\in \boldsymbol{Z}$ であるような代数方程式の根を**代数的整数**とよぶのである．代数的整数全体の集合を $\boldsymbol{A}$ で表わす．明らかに $\boldsymbol{C}\supset\boldsymbol{A}\supset\boldsymbol{Z}$.

例 1 $\boldsymbol{Z}$ の元の累乗根は代数的整数である．たとえば $\sqrt{2}$, $\sqrt{3}$, $\sqrt{-1}$, $\dfrac{-1+\sqrt{-3}}{2}$ (1の3乗根) $\in \boldsymbol{A}$.

例 2 $\alpha\in\boldsymbol{A}$ ならば $\bar{\alpha}\in\boldsymbol{A}$.

解 α を根とする実係数代数方程式は，$\bar{\alpha}$ をも根としてもつ（p. 103 末行から p. 104 第1行を参照）ことから，明らかである．

命題 16 ξ が有理数でしかも代数的整数ならば，$\xi\in\boldsymbol{Z}$.（このため $\boldsymbol{Z}$ の元を**有理整数**ともよぶ．）

証明 $\xi^n+a_1\xi^{n-1}+\cdots+a_n=0$, $a_i\in\boldsymbol{Z}$ かつ ξ は有理数であるとする．有理数 ξ は $\xi=\dfrac{b}{a}$, $a, b\in\boldsymbol{Z}$, $(a, b)=1$, $a>0$ の形に書かれる．そのとき $a=1$ であることをいえばよい．$\xi=\dfrac{b}{a}$ を上の方程式に代入して分母を払えば

$$b^n+a_1ab^{n-1}+\cdots+a_na^n=0, \tag{36.4}$$

$a\neq1$ とすれば，$p|a$ となるような素数 p がある．$(a, b)=1$ であるから，$p\nmid b$. しかるに (36.4) から

$$b^n=-a(a_1b^{n-1}+\cdots+a_na^{n-1})$$

が得られ，この右辺は p でわりきれ，しかも左辺は p でわりきれないこととなる．これは不合理であるから $a=1$ でなければならない．

命題 17 $\boldsymbol{Z}$ の元から成る正方行列の固有値は代数的整数である．

証明 $a_{ij}\in\boldsymbol{Z}$, $i, j=1, \cdots, r$ とすれば，$\boldsymbol{Z}$ は環をなすから，行列 $A=(a_{ij})$ の固有多項式 $\Phi_A(X)$ (p. 68) の最高次の係数は1で，他の係数は $\boldsymbol{Z}$ の元である（p. 68 例3参照）．ゆえに A の固有値，すなわち $\Phi_A(X)=0$ の根は代数的整数である．

系　(*36.3*) の $\tau_{\nu i}$ は代数的整数である．

命題 18　代数的整数の和・差・積はまた代数的整数となる．

証明　$\xi, \eta \in \boldsymbol{A} \Rightarrow \xi+\eta \in \boldsymbol{A}$ を示そう．$\xi, \eta \in \boldsymbol{A}$ であるから，

$$\xi^n + a_1\xi^{n-1} + \cdots + a_n = 0, \tag{36.5}$$

$$\eta^m + b_1\eta^{m-1} + \cdots + b_m = 0 \tag{36.6}$$

なる $a_i, b_i \in \boldsymbol{Z}$ がある．今 $\nu = 0, 1, \cdots, n-1$, $\mu = 0, 1, \cdots, m-1$ に対し $\xi^\nu\eta^\mu$ なる mn 個の積を作り，$\xi+\eta = \zeta$ とおけば $\nu < n-1$, $\mu < m-1$ に対しては，

$$\xi^\nu\eta^\mu\zeta = \xi^{\nu+1}\eta^\mu + \xi^\nu\eta^{\mu+1},$$

$\nu = n-1$, $\mu < m-1$ に対しては (*36.5*) を用いて

$$\begin{aligned}\xi^{n-1}\eta^\mu\zeta &= \xi^n\eta^\mu + \xi^{n-1}\eta^{n+1} \\ &= -a_1\xi^{n-1}\eta^\mu - \cdots - a_n\eta^\mu + \xi^{n-1}\eta^{\mu+1}.\end{aligned}$$

$\mu = m-1$ のときも (*36.6*) を用いて同様に書き直されるから，$1, \xi, \eta, \xi\eta, \cdots, \xi^{n-1}\eta^{m-1}$ なる mn 個の積を(任意の，しかし一定の順序で) $\omega_1, \omega_2, \cdots, \omega_l$ $(l = mn)$ とおけば

$$\omega_i\zeta = \sum_{j=1}^{l} a_{ij}\omega_j$$

なる $a_{ij} \in \boldsymbol{Z}$ がある．ゆえに ζ は $\boldsymbol{Z}$ の元から成る正方行列 (a_{ij}) の固有値となり，命題 16 によって $\zeta \in \boldsymbol{A}$ となる．

$\xi - \eta \in \boldsymbol{A}$, $\xi\eta \in \boldsymbol{A}$ も全く同様に示される．

系　$\boldsymbol{A}$ は $\boldsymbol{C}$ の部分環となる．

例 3　有限群の任意の指標 χ のとる値は代数的整数である．

解　χ のとる値は 1 の累乗根の和である (p. 182 例 4)．よって，上の例 1 と命題 18 により明らかである．

定理 26 の証明　p. 188 (*33.2*) により $\sum_{i=1}^{q} n_i\chi_{\rho_\nu}(a_i)\overline{\chi_{\rho_\nu}(a_i)} = n$, ゆえに (*36.2*) によって $\sum_{i=1}^{q} \tau_{\nu i}\overline{\chi_{\rho_\nu}(a_i)} = \dfrac{n}{d_\nu}$. しかるに，命題 17 系によって $\tau_{\nu i} \in \boldsymbol{A}$, また，例 3, 例 2 によって $\overline{\chi_{\rho_\nu}(a_i)} \in \boldsymbol{A}$. ゆえに命題 18 により $\dfrac{n}{d_\nu} \in \boldsymbol{A}$. $\dfrac{n}{d_\nu}$ は有理数であるから，命題 16 によって $\dfrac{n}{d_\nu} \in \boldsymbol{Z}$. すなわち $d_\nu | n$.

	n	q	d_ν				
$\mathfrak{S}_3$	6	3	1	1	2		
$\mathfrak{S}_4$	24	5	1	1	2	3	3
$\mathfrak{A}_5$	60	5	1	3	3	4	5

例 4 $\mathfrak{S}_3, \mathfrak{S}_4, \mathfrak{A}_5$ においても，既約表現の次数はすべて位数の約数であった．d_ν の間にはなお $\sum_{\nu=1}^{q} d_\nu^2 = n$ なる関係がある（定理17系1）．また，d_ν のうち少くとも一つ（恒等表現の次数）は1であることが知られている．このことと q がそれぞれの場合 3, 5, 5 であることを用いれば，d_ν の値が表に示されているもの以外にあり得ないことが，試行錯誤の方法で容易にわかる．このようにして，（n があまり大きくないときは）d_ν を求めることができる．

例 5 *(36.1)* において明らかに $X_iX_j = X_jX_i$ であるから，$a_{ijk} = a_{jik}$. また共役類 $\{e\}$ を C_1 で表わすこととし，C_i に対して C_i の元の逆元から成る共役類（明らかに，$x \sim y \Rightarrow x^{-1} \sim y^{-1}$ であるから，C_i の元の逆元は一つの共役類を作る．）を $C_{i'}$ で表わすこととすれば，*(36.1)* から明らかに $a_{ij1} = n_i\delta_{i'j}$, $a_{1jk} = a_{j1k} = \delta_{jk}$. なお結合律 $(X_iX_j)X_l = X_i(X_jX_l)$ から $\sum_{k=1}^{q} a_{ijk}a_{klm} = \sum_{k=1}^{q} a_{ikm}a_{jlk}$ が得られる．

(2) $(\rho_\lambda \otimes \rho_\mu : \rho_\nu) = b_{\lambda\mu\nu}$ とおけば，$b_{\lambda\mu\nu}$ はもちろん自然数または0で

$$\rho_\lambda \otimes \rho_\mu = \sum_{\nu=1}^{q} b_{\lambda\mu\nu}\rho_\nu.$$

したがって p. 183 命題9 (iv) により，$\chi_{\rho_\nu}(a_i)$ に関して

$$\chi_{\rho_\lambda}(a_i)\chi_{\rho_\mu}(a_i) = \sum_{\nu=1}^{q} b_{\lambda\mu\nu}\chi_{\rho_\nu}(a_i) \tag{36.7}$$

なる関係が得られる．これはユニタリ行列 $(\beta_{\nu i})$ の行の間の関係である．

例 6 ρ_1 は恒等表現とし，ρ_ν の反傾表現を $\rho_{\nu'}$ で表わせば，$b_{\lambda\mu\nu}$ の間にも例5と同様に

$$b_{\lambda\mu\nu} = b_{\mu\lambda\nu}, \quad b_{1\mu\nu} = b_{\mu 1\nu} = \delta_{\mu\nu}, \quad b_{\lambda\mu 1} = \delta_{\lambda'\mu},$$

$$\sum_{\kappa=1}^{q} b_{\lambda\mu\kappa}b_{\kappa\nu\sigma} = \sum_{\kappa=1}^{q} b_{\lambda\kappa\sigma}b_{\mu\nu\kappa}.$$

が成り立つ．証明も例5の場合と同様である．

例 7 $\mathfrak{S}_3$ の場合は次のようになる．

$$\rho_1 \otimes \rho_\nu = \rho_\nu \otimes \rho_1 = \rho_\nu, \quad (\nu = 1, 2, 3)$$

$$\rho_2 \otimes \rho_2 = \rho_1, \quad \rho_2 \otimes \rho_3 = \rho_3 \otimes \rho_2 = \rho_3,$$

$$\rho_3 \otimes \rho_3 = \rho_1 \oplus \rho_2 \oplus \rho_3.$$

ただし，ρ_1, ρ_2, ρ_3 は p. 189 例5の記法による．

(3) d_ν のうち1に等しいものの個数を G の群論的構造から定めるのに，次

の定理27がある．この定理は‘交換子群’の概念を用いて述べられるから，まずそれについて説明しておこう．

$G \ni x, y$ に対し $xyx^{-1}y^{-1}$ なる G の元を x, y の**交換子** (commutator) とよび，$C(x, y)$ で表わす．$C(x, y) = e$ は，x, y が可換 ($xy = yx$) であるための必要十分条件であり，一般に $xy = C(x, y)yx$ であるから，$C(x, y)$ は x, y が‘どのくらい可換でないか’を表わすものと考えられる．

例 8　$C(x, y)C(y, x) = e$,　$C(zxz^{-1}, zyz^{-1}) = zC(x, y)z^{-1}$.

x, y が G の元を動くとき，$C(x, y)$ で生成される G の部分群を G の**交換子群**といい，G' で表わすのである．例8の第2式から見られるように，交換子 $C(x, y)$ の共役元 $zC(x, y)z^{-1}$ は，zxz^{-1} と zyz^{-1} との交換子であるから，G' は G の正規部分群である．

命題 19　G/G' は可換群である．また，H が G の正規部分群で G/H が可換群ならば，$H \supset G'$.

証明　$xy = C(x, y)yx$, $C(xy) \in G'$ であるから $xy \equiv yx \pmod{G'}$. ゆえに G/G' は可換群である．また，G/H が可換群ならば，$xy \equiv yx \pmod{H}$. したがって $C(x, y) \in H$ がすべての $x, y \in G$ に対して成り立つ．ゆえに $G' \subset H$.

定理 27　有限群 G の既約表現でその次数 $d_\nu = 1$ なるものの個数は，G の交換子群 G' の指数 $(G : G')$ に等しい．

証明　G の既約表現類の代表系 $\rho_1, \cdots, \rho_q$ のうち，ρ_ν, $\nu = 1, \cdots, k$ は1次，その他の $(q-k)$ 個の次数は $\geqq 2$ とする．$\rho_\nu(G)$, $\nu = 1, \cdots, k$ は可換であるから，上の命題により $\mathrm{Ker}\,\rho_\nu \supset G'$. したがって G を G' の剰余類に分けて $G = a_1G' + \cdots + a_mG'$ とするとき，$x \in a_iG'$ ならば $\rho_\nu(x) = \rho_\nu(a_i)$. そこで $\bar{\rho}_\nu(a_iG') = \rho_\nu(a_i)$ によって $\bar{\rho}_\nu : G/G' \to GL(V)$ (ただし V は G の表現空間) を定義すれば，$\bar{\rho}_\nu$ は可換群 G/G' の既約表現となる．逆に可換群 G/G' の任意の既約表現 $\bar{\rho}$ は1次であって，その核は，$G \supset H \supset G'$ を満足する G の適当な正規部分群 H を用いて，H/G' の形に表わされる．したがって $x \in G$ に対し $\rho(x) = \bar{\rho}(xG')$ とすれば，ρ は G の1次の既約表現となる．G の1次の既約表現 ρ と G/G' の既約表現 $\bar{\rho}$ の間の以上の対応は明らかに1対1であるから両者の個数は等しい．

G/G' は可換であるから，その個数は G/G' の位数 $(G:G')$ に等しい．

例 9　4 元数群 $Q=\{\pm1, \pm i, \pm j, \pm k\}$ (§ 29 例 4) では，$iji^{-1}j^{-1}=-1$ 等となるから，Q の交換子群 Q' は核心 $\{1,-1\}$ に一致することが容易にわかる．また共役類は，$C_1=\{1\}$，$C_2=\{-1\}$，$C_3=\{i,-i\}$，$C_4=\{j,-j\}$，$C_5=\{k,-k\}$ の 5 個となる．

$Q/Q'=\{Q', iQ', jQ', kQ'\}$ で，これは明らかに 4 元群 (§ 34 例 2) と同型となる．ゆえに Q は 4 個の 1 次の既約表現 $\rho_1, \rho_2, \rho_3, \rho_4$ を有し，その指標（あるいは表現自身）は，4 元群のそれと同じである．Q 自身は可換ではないから，第 5 の既約表現 ρ_5 の次数 d_5 は >1 であるが，$8=1^2+1^2+1^2+1^2+2^2$ であるから $d_5=2$ でなければならない．χ_{ρ_5} は指標の第 2 直交関係から求められる．結果は右のようになる．

	C_1	C_2	C_3	C_4	C_5
χ_{ρ_1}	1	1	1	1	1
χ_{ρ_2}	1	1	1	−1	−1
χ_{ρ_3}	1	1	−1	1	−1
χ_{ρ_4}	1	1	−1	−1	1
χ_{ρ_5}	2	−2	0	0	0

(4)　ρ を位数 n の群 G の d 次の既約表現とし，$G\ni x\to P(x)$ を ρ の行列表現とする．$P(x)=(\alpha_{ij}(x))$ とすれば，定理 12 (p. 180) により，

$$\sum_{x\in G}\alpha_{ij}(ax)\alpha_{ji}(bx^{-1})=\sum_{x\in G}\left\{\left(\sum_{k=1}^{d}\alpha_{ik}(a)\alpha_{kj}(x)\right)\left(\sum_{l=1}^{d}\alpha_{jl}(b)\alpha_{li}(x^{-1})\right)\right\}$$

$$=\sum_{k=1}^{d}\sum_{l=1}^{d}\left(\sum_{x\in G}\alpha_{kj}(x)\alpha_{li}(x^{-1})\right)\alpha_{ik}(a)\alpha_{jl}(b)$$

$$=\frac{n}{d}\alpha_{ii}(a)\alpha_{jj}(b).$$

ここで第 1 辺と最右辺とを $i,j=1,\cdots,d$ について加え合わせ，両辺に d を掛ければ

$$d\sum_{x\in G}\chi_\rho(axbx^{-1})=n\chi_\rho(a)\chi_\rho(b). \qquad (36.8)$$

この左辺を変形するために，b の正規化群 $N(b)$ を考え，G を $\bmod N(b)$ の左剰余類に分けて $G=y_1N(b)+\cdots+y_mN(b)$ とする．$m=(G:N(b))$ は G において b と共役な元の個数に等しい．b と共役な元を $b_1,\cdots,b_m$ $(b_1=b)$ で表わすこととしよう．また，$z\in N(b)\Leftrightarrow zbz^{-1}=b$ であるから，$N(b)$ の 位数 $=\dfrac{n}{m}$ を用いて，(36.8) の左辺は次のように変形される．

$$d\sum_{i=1}^{m}\sum_{z\in N(b)}\chi_\rho(ay_izbz^{-1}y_i^{-1})=d\frac{n}{m}\sum_{i=1}^{m}\chi_\rho(ay_iby_i^{-1})=\frac{dn}{m}\sum_{i=1}^{m}\chi_\rho(ab_i).$$

そこで(*36.8*)から次の関係が得られる。

$$m\chi_\rho(a)\chi_\rho(b)=d\sum_{i=1}^{m}\chi_\rho(ab_i). \qquad (36.9)$$

これは行列$(\chi_{\rho_\nu}(a_i))$あるいは$(\beta_{\nu i})$の列の間のいま一つの関係である.

以上を準備として次の定理を証明しよう.

定理 28 Gを有限群, $A(G)$をその群多元環, $C(A(G))=C(G)$ を$A(G)$の核心,すなわちGの類函数の集合とする. $A(G)\ni\chi$ が次の条件 (i)〜(v) を満足することは,χがGの単純指標となるために必要かつ十分である.

(i) $\chi\in C(G)$, (ii) $(\chi,\chi)=1$, (iii) $\chi(e)\in\boldsymbol{R}$, $\chi(e)>0$, (iv) $\chi(x^{-1})=\overline{\chi(x)}$.

(v) a,bをGの任意の2元とし, bと共役な元全体の集合を$\{b_1,\cdots,b_m\}$とするとき,

$$m\chi(a)\chi(b)=\chi(e)(\chi(ab_1)+\cdots+\chi(ab_m)). \qquad (36.10)$$

証明 これらの条件が必要であること. χがGのある既約表現ρの指標χ_ρであるとすれば, (i), (ii), (iv) の成り立つことは, すでに§33, §32 で示した. $\chi(e)=(\rho$の次数$)$ であるから(iii)も明らかである. また(v)の成り立つことも上に証明した.

(i)〜(v)が十分であることを次に示そう. いまρをGの任意の既約表現とすれば,

$$m\chi_\rho(a)\chi_\rho(b)=\chi_\rho(e)(\chi_\rho(ab_1)+\cdots+\chi_\rho(ab_m)) \qquad (36.10')$$

が成り立つ. Gを共役類$C_1,\cdots,C_q$に分け, 各類C_iから代表$b^{(i)}$をとり, C_iの元の個数をn_iとする. (*36.10*)において $b=b^{(i)}$ とおけば,

$$n_i\chi(a)\chi(b^{(i)})=\chi(e)(\chi(ab_1^{(i)})+\cdots+\chi(ab_{n_i}^{(i)})).$$

この式の両辺に$\chi_\rho((b^{(i)})^{-1})$を乗じ, $i=1,\cdots,q$ について加え合わせれば

$$n\chi(a)(\chi,\chi_\rho)=\chi(e)(\chi\cdot\chi_\rho)(a), \qquad (36.11)$$

ただし(χ,χ_ρ)は$A(G)$における内積(§31), $\chi\cdot\chi_\rho$は$A(G)$の2元χ,χ_ρの積(§29)の意味である. (*36.10′*)を用い,χ,χ_ρの役割をとりかえれば全く同様にして

$$n\chi_\rho(a)(\chi_\rho,\chi)=\chi_\rho(e)(\chi_\rho\cdot\chi)(a) \tag{36.11'}$$

が得られる．ここで $\chi\in C(G)$ であるから $\chi\cdot\chi_\rho=\chi_\rho\cdot\chi$. ゆえに (36.11), (36.11′) から [(iii) を用いて]

$$\frac{\chi(a)}{\chi(e)}(\chi,\chi_\rho)=\frac{\chi_\rho(a)}{\chi_\rho(e)}(\chi_\rho,\chi).$$

しかるに $(\chi_\rho,\chi)=\dfrac{1}{n}\sum_{x\in G}\chi_\rho(x^{-1})\overline{\chi(x^{-1})}=\dfrac{1}{n}\sum_{x\in G}\chi(x)\overline{\chi_\rho(x)}=(\chi,\chi_\rho)$. ゆえに

$$\left(\frac{\chi(a)}{\chi(e)}-\frac{\chi_\rho(a)}{\chi_\rho(e)}\right)(\chi,\chi_\rho)=0 \tag{36.12}$$

がすべての $a\in G$ に対して成り立つ．しかるに ρ を既約表現の代表系 $\{\rho_1,\cdots,\rho_q\}$ の上で動かすとき，χ_{ρ_i} は $C(G)$ の基底をなすから，(i) によって

$$\chi=\sum_{i=1}^{q}\lambda_i\chi_{\rho_i}$$

となり，$(\chi_{\rho_i},\chi_{\rho_j})=\delta_{ij}$ であるから $(\chi,\chi)=\sum|\lambda_i|^2$, $(\chi,\chi_{\rho_i})=\lambda_i$ となる．(ii) によって $\lambda_i=(\chi,\chi_{\rho_i})$ のうちには 0 でないものがなければならない．(36.12) の ρ として $(\chi,\chi_\rho)\neq0$ となるものをとれば

$$\frac{\chi(a)}{\chi(e)}=\frac{\chi_\rho(a)}{\chi_\rho(e)}$$

がすべての $a\in G$ に対して成り立つ．すなわち $\chi=c\chi_\rho$ $\left(c=\dfrac{\chi(e)}{\chi_\rho(e)}\right)$ となるが，(ii) によって $|c|^2=1$. さらに (iii) によって $c=1$ となならなければならない．

(証終)

構造の簡単な群においては，定理 28 を利用して――函数方程式 **(i)**～(v) の解として――単純指標を求めることができる．

例 10 4次の2面体群 D_4.

一般に空間内に正 n 角形 P_n があるとき，P_n をそれ自身に重ねる空間の運動のなす群を n 次の **2 面体群** (dihedral group) といい，D_n で表わす．P_n の平面を α, その中心を O, O を通って α に垂直な直線を l, O と一つの (定った) 頂点 A とを結ぶ直線を m とすれば，D_n は，l のまわりの $\dfrac{2\pi}{n}$ だけの回転 a, および

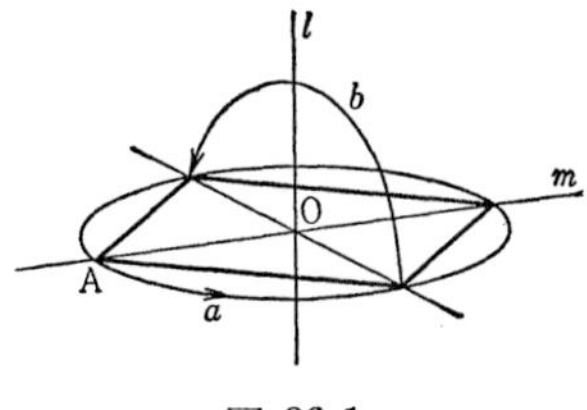

図 36.1

m のまわりの π だけの回転 b によって生成せられ，$e, a, a^2, \cdots, a^{n-1}, b, ab, \cdots, a^{n-1}b$ なる $2n$ 個の元をもち，生成元の間には $a^n = e,\ b^2 = e,\ bab = a^{-1}$ なる関係が成り立つ．(ここで，たとえば ab は，まず運動 b を，次に運動 a を行った結果を表わす．)

特に D_4 の場合を考えよう．D_4 の 8 個の元を共役類に分ければ，$C_1 = \{e\}$, $C_2 = \{a^2\}$, $C_3 = \{a, a^{-1} = a^3\}$, $C_4 = \{b, a^2b = ba^2\}$, $C_5 = \{ab = ba^{-1}, a^{-1}b = ba\}$ の五つとなる．χ を単純指標とする．ここで各元とその逆元とは必ず同じ共役類に属しているから，p. 185 例 6 と定理 28 (ii) により，

$$8(\chi, \chi) = \chi(e)^2 + \chi(a^2)^2 + 2(\chi(a)^2 + \chi(b)^2 + \chi(ab)^2) = 8 \tag{1}$$

が成り立つ．また，$\chi(e) = d$ とおけば，(iii) により $d > 0$，かつ (v) によって

$$\chi(a^2)^2 = d^2, \quad 2\chi(a)^2 = d(\chi(a^2) + d), \quad 2\chi(b)^2 = d(d + \chi(a^2)),$$
$$2\chi(ab)^2 = d(d + \chi(a^2)) \tag{2}$$

が成り立つ．これを (1) に代入すると

$$2d^2 + 3d(d + \chi(a^2)) = 8, \tag{3}$$

(2) の第 1 式より

$$\chi(a^2) = \pm d.$$

(i) $\chi(a^2) = d$ のとき，(3) より $8d^2 = 8$．ゆえに $d = 1$．ゆえに (2) より $\chi(a)^2 = \chi(b)^2 = \chi(ab)^2 = 1$．したがって $\chi(a), \chi(b), \chi(ab)$ はいずれも ± 1 に等しい．しかるに，再び (**v**) を用いると

$$\chi(a)\chi(b) = \chi(ab), \quad \chi(b)\chi(ab) = \chi(a), \quad \chi(ab)\chi(a) = \chi(b) \tag{4}$$

が得られるから，$\chi(a), \chi(b), \chi(ab)$ のうち -1 に等しいものは偶数個 (0 個または 2 個) でなければならない．したがって函数 χ として下表の $\chi_1, \chi_2, \chi_3, \chi_4$ の四つが得られる．

(ii) $\chi(a^2) = -d$ のとき，(3) より $2d^2 = 8$．ゆえに $d = 2$ かつ (2) より $\chi(a) = \chi(b) = \chi(ab) = 0$ を得る．この解を χ_5 とする．

さて，(1), (2), (4) は，D_4 の単純指標の満足すべき必要条件である．しかるにこれらの函数方程式の解として $\chi_1, \cdots, \chi_5$ の五つのみが得られ，かつ単純指標の個数はちょうど 5 個であるから，これらが単純指標のすべてを与える．

	C_1	C_2	C_3	C_4	C_5
χ_1	1	1	1	1	1
χ_2	1	1	1	−1	−1
χ_3	1	1	−1	1	−1
χ_4	1	1	−1	−1	1
χ_5	2	−2	0	0	0

この指標の表は，p. 209 に挙げた 4 元数群の指標の表と全く同じである．しかしこれらの二つの群は同型ではない．一般に p を任意の素数とするとき，位数 p^3 の群で同様の事態のおこることが知られている．

§37 群多元環 $A(G)$ のイデアルとベキ等元

有限群 G の共役類の個数を q とすれば, G にはちょうど q 個の既約表現類があり, その代表系を $\rho_1, \cdots, \rho_q$, ρ_i の次数を d_i とすれば, G の群多元環 $A(G)$ は q 個の行列環の直和 $\mathfrak{M}(d_1, \boldsymbol{C}) \oplus \cdots \oplus \mathfrak{M}(d_q, \boldsymbol{C})$ に同型になることを定理19で示した. 本節ではこのことを用い, G の表現空間としての $A(G)$ の構造を調べてみよう.

$A(G)$ の任意の元を f とすれば, $S = A(G) \cdot f$ は明らかに $A(G)$ の部分空間であって, しかも

$$S \ni x,\ A(G) \ni a \Rightarrow ax \in S \tag{37.1}$$

が成り立つ.

一般に多元環 R の部分空間 S に対し,

$$S \ni x,\ R \ni a \Rightarrow ax \in S \tag{37.2}$$

が成り立つとき, S は R の**左イデアル**であるといい,

$$S \ni x,\ R \ni a \Rightarrow xa \in S \tag{37.3}$$

が成り立つとき S は R の**右イデアル**であるという. また

$$S \ni x,\ R \ni a \Rightarrow ax, xa \in S \tag{37.4}$$

が成り立つとき S は R の**両側イデアル**であるという. (37.1) は, $A(G)f$ が $A(G)$ の左イデアルであることを示している.

例 1　$f \in A(G)$ とすれば, $fA(G)$ は $A(G)$ の右イデアルである. また, 上述の $\mathfrak{M}(d_1, \boldsymbol{C}) \oplus \cdots \oplus \mathfrak{M}(d_q, \boldsymbol{C})$ から $A(G)$ への同型対応において, $\mathfrak{M}(d_i, \boldsymbol{C})$ の $A(G)$ の中への像を $A^{(i)}$ とすれば, $A^{(i)}$ は $A(G)$ の両側イデアルである.

解　$fA(G)$ が $A(G)$ の右イデアルであることは明らかであろう. また, $A^{(i)}$ が $A(G)$ の両側イデアルであることを証明するには, $\mathfrak{M}(d_i, \boldsymbol{C})$ が $\mathfrak{M}(d_1, \boldsymbol{C}) \oplus \cdots \oplus \mathfrak{M}(d_q, \boldsymbol{C})$ の両側イデアルであることを示せばよいが, それは行列の加法・乗法の定義から容易にわかる.

例 2　S が R の両側イデアルであるとき, $R \ni a, b$ に対して

$$a-b \in S \Leftrightarrow a \equiv b \pmod{S}$$

と定義すれば, この‘合同関係’は同値関係となり,

$$a \equiv b,\ a' \equiv b' \pmod{S} \Rightarrow a \pm a' \equiv b \pm b',\ aa' \equiv bb' \pmod{S}.$$

ゆえに a, a' の $\bmod S$ の‘合同類’$(a)_S$, $(a')_S$ の間に

$$(a)_S \pm (a')_S = (a \pm a')_S, \quad (a)_S (a')_S = (aa')_S$$

によって和·差·積を導入することができる．このようにしてRと準同型な多元環$R \bmod S$が得られる．この意味で多元環における両側イデアルは，群における正規部分群に対応するものである．

§29に述べたように，$A(G)$はGの正則表現の表現空間となるが，$A(G)$の左イデアルは，Gの左正則表現の表現空間としての$A(G)$の不変部分空間に他ならない．したがって$A(G)$の左イデアルSはまたGの表現空間となる．$G \ni a$, $S \ni f$とするとき，$\rho(a)f = af \in S$とすれば，ρはSを表現空間とするGの左正則表現となる．

$\{0\}$でない両側イデアルが，それ自身および$\{0\}$のほかに両側イデアルを含まないとき，これを**最小両側イデアル**という．同様に，$\{0\}$でない左イデアルがそれ自身および$\{0\}$のほかに左イデアルを含まないとき，これを**最小左イデアル**という．$A(G)$の最小左イデアルは表現空間として見れば，既約な不変部分空間に他ならないから，**既約な左イデアル**ともいう．既約でない左イデアルを**可約な左イデアル**という．右イデアルについても同様である．以下§41まで，表現はすべて左正則表現およびその部分表現ばかりを考える．

定理5 (p. 162) により，Gの任意の表現空間Vが他の表現空間V'を含むとき，$V = V' \oplus V''$となるようなGの表現空間V''がある．今$V = A(G)$とすれば，$A(G)$の任意の左イデアルS_1に対して，$A(G)$の左イデアルS_2が存在し

$$A(G) = S_1 \oplus S_2 \tag{37.5}$$

となる．$A(G)$は単位元eを有するから，それを(37.5)に従って分解して$e = \varepsilon_1 + \varepsilon_2$, $\varepsilon_i \in S_i$とすれば，$A(G)$の任意の元fに対して

$$f = f \cdot e = f\varepsilon_1 + f\varepsilon_2$$

となる．しかるにS_iは左イデアル$\ni \varepsilon_1$であるから，$f\varepsilon_i \in S_i$．ゆえに$f\varepsilon_i$は，fを(37.5)に従って分解するときのS_i成分と一致する．特に$f = \varepsilon_1$とすれば，

$$\varepsilon_1 = \varepsilon_1\varepsilon_1 + \varepsilon_1\varepsilon_2$$

となるが，分解の一意性により$\varepsilon_1{}^2 = \varepsilon_1$, $\varepsilon_1\varepsilon_2 = 0$．同様に$\varepsilon_2{}^2 = \varepsilon_2$, $\varepsilon_2\varepsilon_1 = 0$．一般に環の元で2乗しても変らないものを**ベキ等元**という．また環の二つの元

x, y の積 xy および yx がともに 0 となるとき, x, y は**直交**するという. $\varepsilon_1, \varepsilon_2$ は互に直交するベキ等元である. また, $f\in S_1$ ならば $f\varepsilon_1=f$, $f\varepsilon_2=0$. 逆に $f\varepsilon_1=f$ ならば明らかに $f\in S_1$ である.——以上によって次の命題が得られる.

命題 20 $A(G)$ の任意の左イデアル S はベキ等元 ε を有し, $S=A(G)\varepsilon$ の形に書かれる.

例 3 0 はベキ等元である. 互に直交するいくつかのベキ等元の和はまたベキ等元である.

例 4 行列の多元環 $\mathfrak{M}(r, \boldsymbol{C})$ ($\boldsymbol{C}$ の代りに任意の体 F でもよい) において, E_{ii} (第 (i, i) 元素のみ 1 で他はすべて 0 の行列) はベキ等元である. $i\neq j$ ならば E_{ii} と E_{jj} は互に直交するベキ等元である. したがって δ_i を 1 または 0 の値をとる i の函数とするとき, $\delta_1E_{11}+\delta_2E_{22}+\cdots+\delta_rE_{rr}$ もまたベキ等元である.

例 5 $A(G)$ の任意の左イデアルは既約な左イデアルの直和に分解される.

解 定理5によって明らかである.

今 ε_0 を $A(G)$ のベキ等元とし, 左イデアル $S_0=A(G)\varepsilon_0$ がいくつかの左イデアル $S_1, \cdots, S_r$ の直和に分解されたとしよう:

$$S_0=S_1\oplus\cdots\oplus S_r. \tag{37.6}$$

ε_0 を (37.6) によって分解するとき

$$\varepsilon_0=\varepsilon_1+\cdots+\varepsilon_r \tag{37.7}$$

となったとすれば, ε_i が S_i のベキ等元となり, $i\neq j$ ならば $\varepsilon_i, \varepsilon_j$ は直交することは, 上と全く同様に示される.

逆にベキ等元 ε_0 がこのように直交するベキ等元の r 個の和 ($r\geqq 2$) $\varepsilon_1+\cdots+\varepsilon_r$ となるならば, 明らかに $A(G)\varepsilon_0=A(G)\varepsilon_1\oplus\cdots\oplus A(G)\varepsilon_r$ となり, $A(G)\varepsilon_i=S_i$ は $A(G)$ の左イデアルとなる. ゆえにもし $A(G)\varepsilon_0$ が既約なイデアルならば, ε_0 を (37.7) の形に分解することはできない. (37.7) のように直交するベキ等元の和に分解されるベキ等元を**可約**といい, 0 でないベキ等元がこのように分解できないとき, それを**既約**という. この定義から次の命題は明らかである.

命題 21 ε_0 が既約なベキ等元ならば, $A(G)\varepsilon_0$ は G の既約な表現空間となり, ε_0 が可約なベキ等元ならば $A(G)\varepsilon_0$ は G の可約な表現空間となる.

p. 214 に述べたこととこの命題とによって，G の既約な表現空間を求める問題は，$A(G)$ の既約なベキ等元を求める問題に帰せられる．ε_0 が既約なベキ等元のとき，$A(G)\varepsilon_0$ を表現空間とする既約な表現 ρ_0 を‘ベキ等元 ε_0 によって得られる表現’と呼び，逆に既約表現 ρ_0 の表現空間となる $A(G)$ のイデアルのベキ等元 ε_0 を‘表現 ρ_0 から得られるベキ等元’とよぶことにしよう．また，二つの既約なベキ等元 $\varepsilon_1, \varepsilon_2$ から得られる表現 ρ_1, ρ_2 が同値のとき，ベキ等元 $\varepsilon_1, \varepsilon_2$ は**同値**であるといい，$\varepsilon_1 \sim \varepsilon_2$ で表わす．

命題 22　$\varepsilon_i\ (i=1,2)$ を $A(G)$ の二つの既約なベキ等元とするとき，$\varepsilon_1 \sim \varepsilon_2$ となるためには $\varepsilon_1 f_1 \varepsilon_2 \neq 0$ となるような $A(G)$ の元 f_1 が存在することが必要十分条件である．

証明　必要なこと．ε_i から得られる表現を ρ_i とし，$\rho_1 \sim \rho_2$，すなわち $A(G)\varepsilon_1$ から $A(G)\varepsilon_2$ への表現空間としての同型写像 φ があるとする．$A(G)$ の任意の元 f, g に対し，$A(G)\varepsilon_i \ni g\varepsilon_i$ に $\rho_i(f)$ を作用させれば明らかに

$$\rho_i(f)g\varepsilon_i = fg\varepsilon_i.$$

$$\begin{array}{ccc} A(G)\varepsilon_1 & \xrightarrow{\rho_1(f)} & A(G)\varepsilon_1 \\ \varphi\downarrow & & \downarrow\varphi \\ A(G)\varepsilon_2 & \xrightarrow[\rho_2(f)]{} & A(G)\varepsilon_2 \end{array}$$

したがって

$$f\varphi(g\varepsilon_1) = \varphi(fg\varepsilon_1) \tag{37.8}$$

となる．今 $\varphi(\varepsilon_1) = f_1$ として (37.8) で $f = g = \varepsilon_1$ とおけば，$\varepsilon_1 f_1 = f_1$ となるが，$\varepsilon_1 \neq 0$ で φ は同型写像であるから $f_1 \neq 0$，また $f_1 \in A(G)\varepsilon_2$ であるから $f_1\varepsilon_2 = f_1$．ゆえに $\varepsilon_1 f_1 \varepsilon_2 = f_1 \neq 0$.

十分なこと．$\varepsilon_1 f_1 \varepsilon_2 = f_2 \neq 0$ とし，$A(G)\varepsilon_1$ の元 $g\varepsilon_1$ に $g\varepsilon_1 f_2$ を対応させる写像を φ とする．$g\varepsilon_1 f_2 = (g\varepsilon_1 f_1)\varepsilon_2 \in A(G)\varepsilon_2$ であるから φ は $A(G)\varepsilon_1$ から $A(G)\varepsilon_2$ への線型写像であって，(1) が満足されることはただちにわかる．したがって φ は $A(G)\varepsilon_1$ から $A(G)\varepsilon_2$ への共変変換 (p. 159) であるから，Schur の補題により $\varphi = 0$ であるか，φ は同型写像であるかのいずれかである．しかるに $\varphi(\varepsilon_1) = f_2 \neq 0$ であるから，$\varphi \neq 0$．ゆえに φ は同型写像となる．

系 1　$a \in G$, $\boldsymbol{C} \ni \lambda \neq 0$ とし，$\varepsilon_2 = \lambda a \varepsilon_1 a^{-1}$ ならば $\varepsilon_1 \sim \varepsilon_2$.

証明　$\varepsilon_1 a^{-1} \varepsilon_2 = \lambda^{-1} a^{-1} \varepsilon_2 \neq 0$ であるから上の命題により明らかである．

(37.8) において $g=\varepsilon_1$ とおけば，$\varphi(f\varepsilon_1)=ff_1=f\varepsilon_1\cdot\varepsilon_1f_1\varepsilon_2$ を得る．このことと命題22証明の後半とから，次の系2が得られる．

系 2 $\varepsilon_1\sim\varepsilon_2$ のとき，$A(G)\varepsilon_1$ から $A(G)\varepsilon_2$ への同型写像 φ は，適当な元 $\varepsilon_1f_1\varepsilon_2\neq 0$, $f\in A(G)$ を用いて，$\varphi(g)=g\varepsilon_1f_1\varepsilon_2$ と表わされる．また逆に $\varepsilon_1\sim\varepsilon_2$ のとき，f を $\varepsilon_1f\varepsilon_2\neq 0$ なる $A(G)$ の元とすれば，$\varphi(g)=g\varepsilon_1f\varepsilon_2$ は，$A(G)\varepsilon_1$ から $A(G)\varepsilon_2$ への同型写像を与える．

命題 23 $\varepsilon_1\sim\varepsilon_2$ で，$A(G)$ の両側イデアル S が ε_1 を含めば，ε_2 をも含む．

証明 $S\ni\varepsilon_1$ で S は左イデアルであるから $S\supset A(G)\varepsilon_1$．$S$ はまた右イデアルでもあるから $S\supset(A(G)\varepsilon_1)\varepsilon_1f\varepsilon_2$．ゆえに前命題の系2により $S\supset A(G)\varepsilon_2$．$A(G)$ は単位元 e をもつから $S\ni\varepsilon_2$． (証終)

定理19の証明のうちには，$\mathfrak{M}(d_i,\boldsymbol{C})$ から $A(G)$ の中への同型写像が与えてある．すなわち第 j 行第 k 列のみに1があり，他の元素がすべて0であるような $\mathfrak{M}(d_i,\boldsymbol{C})$ の元（(d_i,d_i) 型の行列）を $E_{jk}^{(i)}$ とするとき，それに§33の記法で $e_{jk}^{(i)}$ で表わされる $A(G)$ の元を対応させれば，$\mathfrak{M}(d_i,\boldsymbol{C})$ から $A(G)$ の中への（$A^{(i)}$ の上への）同型対応 φ_i が得られる．定理18によって d_i^2 個の元 $\{e_{jk}^{(i)}\}$ $(j=1,\cdots,d_i,k=1,\cdots,d_i)$ は $A^{(i)}$ の基底をなすが，明らかに $\sum_{i=1}^{q}d_i$ 個の $e_{jj}^{(i)}$ は $A(G)$ の既約なベキ等元である．

命題 24 $A(G)e_{jk}^{(i)}$ は $A(G)$ の既約な左イデアルで $\{e_{1k}^{(i)},\cdots,e_{d_ik}^{(i)}\}$ はその基底をなす．

証明 $A(G)e_{jk}^{(i)}$ が $A(G)$ の左イデアルであることは明らかである．$\{e_{1k}^{(i)},\cdots,e_{d_ik}^{(i)}\}$ がその基底となることをまず示そう．$e_{\mu k}^{(i)}=e_{\mu j}^{(i)}e_{jk}^{(i)}\in A(G)e_{jk}^{(i)}$ $(\mu=1,\cdots,d_i)$，また，$\{e_{1k}^{(i)},\cdots,e_{d_ik}^{(i)}\}$ は明らかに1次独立である．$A(G)e_{jk}^{(i)}$ がこれらによって生成されることは，次式からわかる．$A(G)e_{jk}^{(i)}\ni f\cdot e_{jk}^{(i)}$，$f=\sum_{l=1}^{q}\sum_{\mu=1}^{d_l}\sum_{\nu=1}^{d_l}\lambda_{\mu\nu}^{(l)}e_{\mu\nu}^{(l)}$ とすれば，

$$f\cdot e_{jk}^{(i)}=\sum_{\mu=1}^{d_i}\sum_{\nu=1}^{d_i}\lambda_{\mu\nu}^{(i)}e_{\mu\nu}^{(i)}e_{jk}^{(i)}=\sum_{\mu=1}^{d_i}\sum_{\nu=1}^{d_i}\lambda_{\mu\nu}^{(i)}\delta_{\nu j}e_{\mu k}^{(i)}=\sum_{\mu=1}^{d_i}\lambda_{\mu j}^{(i)}e_{\mu k}^{(i)}.$$

さらに，$A(G)e_{jk}^{(i)}$ に含まれる $\{0\}$ でない左イデアル S をとり，$S\ni f\cdot e_{jk}^{(i)}=\sum_{\mu=1}^{d_i}\alpha_\mu e_{\mu k}^{(i)}\neq 0$ とすれば $\alpha_1,\alpha_2,\cdots,\alpha_{d_i}$ のうちに0でないもの α_l があり，$e_{\mu k}^{(i)}=$

$\dfrac{1}{\alpha_l}e^{(i)}_{\mu l}\cdot f\in S$ $(\mu=1,\cdots,d_i)$. したがって $S=A(G)e^{(i)}_{jk}$. ゆえに $A(G)e^{(i)}_{jk}$ は既約である. (証終)

この命題によって $A(G)e^{(i)}_{jk}=A(G)e^{(i)}_{j'k}$. これを $A^{(i)}_{\cdot k}$ と記すことにすれば, $A^{(i)}=A^{(i)}_{\cdot 1}\oplus\cdots\oplus A^{(i)}_{\cdot d_i}$ である.

系 $A^{(i)}$ は d_i 個の既約な d_i 次元の左イデアルの直和になる.

$A^{(i)}$ を既約な左イデアルの直和に分解するしかたは一意的とはいえないが, どんな分解においても, d_i 個の d_i 次元左イデアルの直和となる (定理6′).

例 6 $e^{(i)}_{kk}\sim e^{(i)}_{k'k'}$. したがって $A^{(i)}_{\cdot k}\sim A^{(i)}_{\cdot k'}$.

解 $e^{(i)}_{kk}e^{(i)}_{kk'}e^{(i)}_{k'k'}=e^{(i)}_{kk'}\neq 0$ であるから, 命題22によって $e^{(i)}_{kk}\sim e^{(i)}_{k'k'}$.

例 7 $i\neq i'$ ならば $e^{(i)}_{kk}\nsim e^{(i')}_{k'k'}$. したがって $A^{(i)}_{\cdot k}\nsim A^{(i')}_{\cdot k'}$.

解 $A(G)\ni f=\sum_{i=1}^{q}\sum_{\mu,\nu=1}^{d_i}\lambda_{\mu\nu}e^{(i)}_{\mu\nu}$ とすれば, $e^{(i)}_{kk}fe^{(i')}_{k'k'}=\left(\sum_{\nu=1}^{d_i}\lambda_{k\nu}e^{(i)}_{k\nu}\right)e^{(i')}_{k'k'}=0$. したがって命題22によって $e^{(i)}_{kk}\nsim e^{(i')}_{k'k'}$.

例 8 $e^{(i)}=\sum_{k=1}^{d_i}e^{(i)}_{kk}$ とおけば $e^{(1)},\cdots,e^{(q)}$ は $A(G)$ の直交するベキ等元で, $e=e^{(1)}+\cdots+e^{(q)}$, また $A^{(i)}\ni f\Leftrightarrow f=fe^{(i)}\Leftrightarrow f=e^{(i)}f\Leftrightarrow f=e^{(i)}fe^{(i)}$, したがって $A^{(i)}=A(G)e^{(i)}=e^{(i)}A(G)=e^{(i)}A(G)e^{(i)}$.

解 後半は $e^{(i)}_{jk}e^{(i')}_{j'k'}=\delta_{ii'}\delta_{kj'}e^{(i)}_{jk'}$ を用いて容易にわかる.

命題 25 $A^{(i)}$, $i=1,\cdots,q$ は $A(G)$ の最小両側イデアルである. $A(G)$ の最小両側イデアルはこれら q 個の $A^{(i)}$ の他にない.

証明 前半, $A^{(i)}$ に含まれる $\{0\}$ でない任意の両側イデアルを S とすれば, S は 0 でない元 $f=\sum_{j,k=1}^{d_i}\lambda_{jk}e^{(i)}_{jk}$ を含む. 今 $\lambda_{\mu\nu}\neq 0$ とする. S は両側イデアルであるから, $S\ni\dfrac{1}{\lambda_{\mu\nu}}e^{(i)}_{l\mu}fe^{(i)}_{\nu p}=\dfrac{1}{\lambda_{\mu\nu}}\lambda_{\mu\nu}e^{(i)}_{lp}=e^{(i)}_{lp}$. $(l,p=1,\cdots,d_i)$

後半を証明するのに $A(G)$ の任意の最小両側イデアルを S とし, $S\cdot A^{(i)}$ の有限個の元の和として表わされる $A(G)$ の元全体の集合を $[S\cdot A^{(i)}]$ で表わせば, 明らかに $[S\cdot A^{(i)}]$ はまた $A(G)$ の両側イデアルである. しかも明らかに $[S\cdot A^{(i)}]\subset A^{(i)}$ であるから, $A^{(i)}$ の最小性によって, $[S\cdot A^{(i)}]=\{0\}$ または $A^{(i)}$. 一方, $A(G)$ は単位元 e を含むから

$$S=S\cdot A(G)=S(A^{(1)}\oplus\cdots\oplus A^{(q)})\subset S\cdot A^{(1)}\oplus\cdots\oplus S\cdot A^{(q)}$$
$$\subset[S\cdot A^{(1)}]+\cdots+[S\cdot A^{(q)}].$$

ゆえに $[S\cdot A^{(i)}]$, $i=1,\cdots,q$ のうちの少くとも一つは $\{0\}$ でない. そのような一つの i に対して $[S\cdot A^{(i)}]=A^{(i)}$. 一方, 明らかに $[S\cdot A^{(i)}]\subset S$. ゆえに $A^{(i)}\subset S$ で, $A^{(i)}$, S はともに最小両側イデアルであるから $A^{(i)}=S$. (証終)

命題24系, 例8および命題25によって次の定理および系が得られる.

定理 29 群多元環 $A(G)$ には, G の共役類の数 q に等しい個数の最小両側イデアル $A^{(i)}$ $(i=1,\cdots,q)$ があり, それらは互に直交し, かつ $A(G)=A^{(1)}\oplus\cdots\oplus A^{(q)}$ となる. 各最小両側イデアル $A^{(i)}$ は d_i 個の互に同値な d_i 次元の既約な左イデアルの直和に分解される.

系 $A(G)$ の任意の両側イデアル S は, $A^{(i)}$, $i=1,2,\cdots,q$ のうちのいくつかの直和となる.

証明 $A^{(i)}$ は最小両側イデアルであるから $S\cap A^{(i)}=A^{(i)}$ となるか $=\{0\}$ となるかのいずれかである. 今(必要があれば順序を変えて) $i=1,2,\cdots,p$ に対しては $S\cap A^{(i)}=A^{(i)}$ (すなわち $S\supset A^{(i)}$), $j=p+1,\cdots,q$ に対しては $S\cap A^{(j)}=\{0\}$ とし, $S=A^{(1)}\oplus\cdots\oplus A^{(p)}$ となることを示そう. 定理によって $A(G)=A^{(1)}\oplus\cdots\oplus A^{(q)}$ であるから, S の任意の元 x は $x=x_1+\cdots+x_q$, $x_i\in A^{(i)}$ の形に分解されるが, このとき $x_j=0$, $j=p+1,\cdots,q$ であることをいえばよい. 例8の記法を用い $A^{(j)}$ のベキ等元を $e^{(j)}$ と書けば $x_j=xe^{(j)}$ であるが, S, $A^{(j)}$ は両側イデアルであるから $xe^{(j)}\in S\cap A^{(j)}=\{0\}$. ゆえに $x_j=xe^{(j)}=0$.

注意 $A(G)$ を G の左正則表現の表現空間と考えれば, $A(G)$ の d_i 次元の既約な左イデアルは, G の d_i 次の一つの既約表現の表現空間に外ならない.

§38 YOUNGの図形. 台と盤

今後断わらない限り, $G=\mathfrak{S}_n=\mathfrak{S}(\{1,2,\cdots,n\})$ とする. p. 177 に述べたように, G の共役類の数 q_n は, 不定方程式

$$n=m_1+m_2+\cdots+m_r,\quad m_1\geqq m_2\geqq\cdots\geqq m_r>0,\quad 1\leqq r\leqq n \tag{38.1}$$

の整数解の個数に等しい. かつ (38.1) の一つの整数解に対応する G の共役類の代表としては, G の置換

$$(1,2,\cdots,m_1)(m_1+1,\cdots,m_1+m_2)\cdots(m_1+\cdots+m_{r-1}+1,\cdots,m_1+\cdots+m_r)$$

をとることができる. この共役類(あるいは, 自然数 n の分割)に対して,

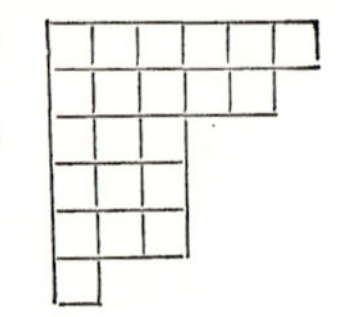

右図のような，第1行に m_1 個，第2行に m_2 個，……，第 r 行に m_r 個の‘目’をもつ‘**n 次の台**’を対応させる．n 次の台は q_n 個できるわけである．

例 1　3次の台は次の3個である．

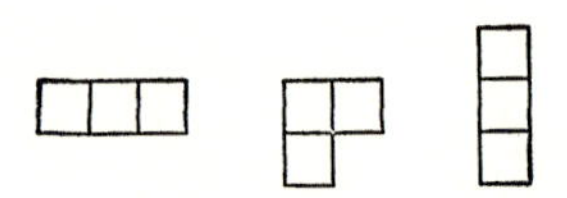

一つの n 次の台のおのおのの目に $1, 2, \cdots, n$ の数字を一つずつ並べたものを **YOUNG の図形**とよぶが，われわれは簡単にそれを n 次の**盤**とよぶことにしよう．（以下しばらく，n は固定されたものとし，台や盤が‘n 次の’ものであることをいちいち断わらない．）一つの台から $n!$ 個の盤が生ずる．また，台の‘目’を指示する必要のある際は，図のような‘座標’(i, j) で示すことにする．

(1, 1)	(1, 2)	(1, 3)	…
(2, 1)	(2, 2)	(2, 3)	…
(3, 1)	(3, 2)	(3, 3)	…
(4, 1)	(4, 2)	(4, 3)	…
⋮	⋮	⋮	

いま一つの台 D から生ずる $n!$ 個の盤の集合を $\mathfrak{B}(D)$ で表わす．$\mathfrak{B}(D)$ の元 B に G の元 $x = \begin{pmatrix} 1 & 2 & \cdots & n \\ \nu_1 & \nu_2 & \cdots & \nu_n \end{pmatrix}$ を施せば，$\mathfrak{B}(D)$ の今一つの元 B' が得られる．これを $xB = B'$ で表わそう．

B に x を‘施す’とは次の意味である．たとえば

$$B = \begin{array}{|c|c|}\hline 3 & 2 \\ \hline 1 & \\ \cline{1-1} \end{array}, \quad x = (1\,2\,3) \quad \text{ならば} \quad xB = \begin{array}{|c|c|}\hline 1 & 3 \\ \hline 2 & \\ \cline{1-1} \end{array}$$

一般に B, B' の (i, j) の目の数字をそれぞれ $B(i, j), B'(i, j)$ で表わすことにすれば，

$$xB = B' \Longleftrightarrow \forall_{(i,j)}, \qquad xB(i, j) = B'(i, j).$$

このときむろん $(xy)B = x(yB)$，$eB = B$，$xB = B' \Longleftrightarrow B = x^{-1}B'$．また，同じ台の上の二つの盤 B, B' をとれば，明らかに $B' = xB$ となるような $x \in G$ がある．

命題 26　$xB = B \Longleftrightarrow x = e$.

証明　$xB = B$ は n 個のすべての (i, j) に対して $xB(i, j) = B(i, j)$ を意

味するが，これは，$x=\begin{pmatrix}B(i,j)\\B(i,j)\end{pmatrix}=e$ を意味する．

系 $xB=yB \Leftrightarrow x=y$.

一つの盤 B に対して，G の元のうち，B の各行の元をその行の中だけで動かすものを B の**水平置換**，B の各列の元をその列の中だけで動かすものを B の**垂直置換**という．水平置換の全体，垂直置換の全体は，それぞれ明らかに G の部分群を作る．それをそれぞれ $\mathfrak{H}(B), \mathfrak{K}(B)$ で表わそう．明らかに

$$\mathfrak{H}(B)\cap\mathfrak{K}(B)=\{e\}$$

である．$\mathfrak{H}(B)$ の位数は $m_1!\,m_2!\cdots m_r!$ である．

命題 27 $G\ni x=hk=h'k'$，または $x=kh=k'h'$，$h,h'\in\mathfrak{H}(B)$，$k,k'\in\mathfrak{K}(B)$ ならば $h=h'$, $k=k'$.

証明 $x=hk=h'k'$ ならば $h'^{-1}h=k'k^{-1}\in\mathfrak{H}(B)\cap\mathfrak{K}(B)$. ゆえに $h'^{-1}h=k'k^{-1}=e$. すなわち $h=h'$, $k=k'$. $x=kh=k'h'$ の場合も同様である．

（証終）

G の各元 x は，§29 の f_x の意味で $A(G)$ の元と考えることができる．そこで一つの盤 B が与えられたとき，B によって次の三つの $A(G)$ の元を定義する．

$$H_B=\sum_{h\in\mathfrak{H}(B)}h,\quad K_B=\sum_{k\in\mathfrak{K}(B)}(\operatorname{sgn}k)k,\quad c_B=H_BK_B=\sum_{\substack{h\in\mathfrak{H}(B)\\k\in\mathfrak{K}(B)}}(\operatorname{sgn}k)hk. \tag{38.2}$$

ただし $\operatorname{sgn}k$ は，k が偶置換ならば 1，k が奇置換ならば -1 と定められた $k\in G$ の函数である．B が与えられていて誤解を生ずるおそれがないときは，H_B, K_B, c_B をそれぞれ単に H, K, c とも書く．これらは $A(G)$ の元であるから G の元 x の（複素数値）函数である．たとえば $c=c(x)$ は次のような函数である．

命題 27 により，$G\ni x$ が $x=hk$ ($h\in\mathfrak{H}(B), k\in\mathfrak{K}(B)$) の形に書かれるとき，この書き方は一意的である．x がこの形に書かれれば，(38.2) によって $c(x)=\operatorname{sgn}k$. x がこの形に書かれなければ $c(x)=0$ となる．すなわち

$$c(x)=\begin{cases}\operatorname{sgn}k, & x=hk,\\ 0, & x\neq hk.\end{cases} \tag{38.3}$$

$c=c_B$ を B によって定まる **YOUNG の対称子** (YOUNG symmetrizer) という．Alfred YOUNG が 1901 年の Proc. London Math. Soc. に出した論文で導入

したものである．後に示すように，c のある定数倍 $\dfrac{1}{\alpha}c$（α は自然数）が $A(G)$ の既約ベキ等元となる．また $A(G)$ の任意の既約ベキ等元は $\dfrac{1}{\alpha}c_B$ の形で与えられるのである．（YOUNG がそれを示したのであるが，FROBENIUS の 1900 年の論文でもすでに同じことが示されていた．）

例 2　$n=3$, $B=\begin{array}{|c|c|}\hline 1 & 2 \\ \hline 3 & \\ \cline{1-1}\end{array}$ のとき，$\mathfrak{H}(B)=\{1,(1,2)\}$, $\mathfrak{K}(B)=\{1,(1,3)\}$, $H=1+(1,2)$, $K=1-(1,3)$, $c=1+(1,2)-(1,3)-(1\,3\,2)$.

命題 28　$B'=xB$ のとき $\mathfrak{H}(B)=\mathfrak{H}$, $\mathfrak{H}(B')=\mathfrak{H}'$, $\mathfrak{K}(B)=\mathfrak{K}$, $\mathfrak{K}(B')=\mathfrak{K}'$, $H_B=H$, $H_{B'}=H'$, $K_B=K$, $K_{B'}=K'$, $c_B=c$, $c_{B'}=c'$ と書けば，

(1)　$x\mathfrak{H}x^{-1}=\mathfrak{H}'$,　　$x\mathfrak{K}x^{-1}=\mathfrak{K}'$,

(2)　$xHx^{-1}=H'$,　　$xKx^{-1}=K'$,　　$xcx^{-1}=c'$.

$$\begin{array}{ccc} B & \xrightarrow{x} & xB \\ {\scriptstyle y}\downarrow & & \downarrow{\scriptstyle y'} \\ yB & \xrightarrow[x]{} & xyB \end{array}$$

証明　一般に $x,y\in G$ に対して $xyx^{-1}=y'$ とおけば $xy=y'x$. いま $h\in\mathfrak{H}$ とすれば，$hB(i,j)=B(i,j')$. したがって $xhB(i,j)=xB(i,j')$ となるが，$xh=h'x$ とおけば $h'xB(i,j)=xB(i,j')$. すなわち $h'\in\mathfrak{H}'$. ゆえに $x\mathfrak{H}x^{-1}\subset\mathfrak{H}'$. 同様に $x^{-1}\mathfrak{H}'x\subset\mathfrak{H}$. したがって $x\mathfrak{H}x^{-1}=\mathfrak{H}'$. $\mathfrak{K}$ についても同様であるから (1) が得られる．(2) はそれからただちにわかる．

例 3　$B=\begin{array}{|c|c|}\hline 1 & 2 \\ \hline 3 & \\ \cline{1-1}\end{array}$, $B'=(1\,2\,3)B=\begin{array}{|c|c|}\hline 2 & 3 \\ \hline 1 & \\ \cline{1-1}\end{array}$ のとき $H=1+(1,2)$, $K=1-(1,3)$,

$(1\,2\,3)H(1\,2\,3)^{-1}=(1\,2\,3)(1+(1,2))(1\,3\,2)=1+(2,3)=H'$.

$(1\,2\,3)K(1\,2\,3)^{-1}=(1\,2\,3)(1-(1,3))(1\,3\,2)=1-(1,2)=K'$.

命題 29　盤 hkB は B の数字をまず水平に動かして hB を作り，次に盤 hB の数字を垂直に動かして得られる．

証明　$hk=hkh^{-1}h$ で，かつ $hkh^{-1}\in\mathfrak{K}(hB)$ であるからよい．

注意　h は $\mathfrak{H}(kB)$ の元であるとは，限らないから，hkB は，B の数字をまず垂直に動かし，得られた盤の数字を水平に動かして得られるとはいえない．

命題 30　$x\in G$ に対して．$x=hk$, $h\in\mathfrak{H}(B)$, $k\in\mathfrak{K}(B)$ と書けるための必要十分条件は，B で同じ行にある二つの数字が xB で同じ列にはないことである．

証明 必要なこと．$x=hk$ と書けるならば，xB は，B の数字をまず水平に動かし，次に垂直に動かして得られる．したがって B で同じ行にある二つの数字は xB で異なる列に行く．

十分なこと．$B'=xB$ とおけば，各対 (i,j) に対して $B(i,j)=B'(l,p)$ となるような $l=l(i,j)$，$p=p(i,j)$ が一意的に定まり，$j_1\neq j_2$ ならば $p(i,j_1)\neq p(i,j_2)$ である．したがって B の各数字 $B(i,j)$ を目 $(i,p(i,j))$ に移すことができ，この置換は水平置換である．それを h とおけば，hB と B' では同じ数字が必ず同じ列にあるから，$\mathfrak{K}(hB)\ni k'$ によって $k'(hB)=B'$ とすることができる．すなわち $x=k'h$．そこで $k=h^{-1}k'h$ とおけば，命題 28 により $k\in\mathfrak{K}(h^{-1}hB)=\mathfrak{K}(B)$．したがって $x=k'h=hkh^{-1}h=hk$，$h\in\mathfrak{H}(B)$，$k\in\mathfrak{K}(B)$ となる． (証終)

二つの盤 B, B' において，‘B で同じ行にある二つの数字が B' では同じ列にない’ことを，今後簡単のため $B\succ B'$ または $B'\prec B$ で表わすことにしよう．そうすれば命題 30 は，‘$x=hk,\ h\in\mathfrak{H}(B), k\in\mathfrak{K}(B) \Leftrightarrow B\succ xB$’と表わされる．$B\succ B'$ の否定，すなわち‘適当な 2 数字をとると，それらが B では同じ行にあり，B' では同じ列にある’ことは，$B\not\succ B'$ または $B'\not\prec B$ で表わす．$B=B'$ ならば $B\succ B'$ である．$B\succ B'$ でしかも $B\neq B'$ であることを $B\gg B'$ で表わす．

命題 31．$xB=B'$ とし，$B\not\succ B'$ ならば，適当な互換 h, k が存在して $hx=xk$，$h\in\mathfrak{H}(B)$，$k\in\mathfrak{K}(B)$ となる．

証明 盤 B では同じ行に属し，盤 B' では同じ列に属している二つの数字を μ，ν とし，$h=(\mu,\nu)$（μ と ν を入れかえる互換）とおけば，明らかに $h\in\mathfrak{H}(B)$，$h\in\mathfrak{K}(xB)$．いま $k=x^{-1}hx$ とおけば k も互換で，$k\in\mathfrak{K}(x^{-1}xB)=\mathfrak{K}(B)$，$hx=xk$ となる．

系 $G\ni x$ が $x=hk$，$h\in\mathfrak{H}(B)$，$k\in\mathfrak{K}(B)$ の形に書けないときは，適当な互換 h', k' が存在して，$h'x=xk'$，$h'\in\mathfrak{H}(B)$，$k'\in\mathfrak{K}(B)$ となる．

命題 32 (1) $hH=Hh=H$．(2) $kK=Kk=(\mathrm{sgn}\,k)K$．(3) 任意の $h\in\mathfrak{H}$，$k\in\mathfrak{K}$ に対し，$hck=(\mathrm{sgn}\,k)c$．

証明 (1) $\mathfrak{H}$ は有限群であるから $h\mathfrak{H}=\mathfrak{H}h=\mathfrak{H}$．これから明らかである．

(2) $kK=\sum_{k'\in\mathfrak{K}}(\mathrm{sgn}\,k')kk'=(\mathrm{sgn}\,k)\sum_{k\in\mathfrak{K}}(\mathrm{sgn}\,kk')\,kk'=(\mathrm{sgn}\,k)K.$

同様に $\quad Kk=(\mathrm{sgn}\,k)K.$

(3) $hck=hHKk=(\mathrm{sgn}\,k)HK=(\mathrm{sgn}\,k)c.$

命題 33 $f\in A(G)$ が, 任意の $h\in\mathfrak{H}(B)$, $k\in\mathfrak{K}(B)$ に対して $hfk=(\mathrm{sgn}\,k)f$ を満足するならば, $\lambda\in\boldsymbol{C}$ が存在して $f=\lambda c$ となる.

証明 任意の $x\in G$ に対して

$$f(x)=\begin{cases}\lambda(\mathrm{sgn}\,k), & x=hk,\\ 0, & x\neq hk\end{cases}$$

となることを示せばよい. 仮定により, 任意の $h\in\mathfrak{H}(B), k\in\mathfrak{K}(B), y\in G$ に対して

$$(\mathrm{sgn}\,k)f(y)=(h^{-1}fk^{-1})(y)=f(hyk)$$

となる. $f(e)=\lambda$ とおけば, $x=hk$ ならこれから $f(x)=\lambda(\mathrm{sgn}\,k)$ となる. また, $x\neq hk$ ならば命題 31 系によって $h'x=xk'$, $\mathrm{sgn}\,k'=-1$ となるから, $f(x)=f(h'^{-1}xk')=(\mathrm{sgn}\,k')f(x)=-f(x)$. ゆえに $f(x)=0$.

命題 34 任意の $f\in A(G)$ に対して $cfc=\mu c$ となる $\mu\in\boldsymbol{C}$ が存在する.

証明 任意の $h\in\mathfrak{H}(B)$, $k\in\mathfrak{K}(B)$ に対して $h(cfc)k=hHKfHKk=(\mathrm{sgn}\,k)HKfHK=(\mathrm{sgn}\,k)cfc$. ゆえに前命題により $cfc=\mu c$. $\mu\in\boldsymbol{C}$.

系 $c^2=\alpha c$ となる $\alpha\in\boldsymbol{Z}$ が存在する.

証明 $\alpha\in\boldsymbol{C}$ として上の式が成り立つことは命題 34 により明らかである. $c=\sum_{x=hk}(\mathrm{sgn}\,k)x$ の形に書けるから, c^2 における x の係数は $\sum(\mathrm{sgn}\,k)(\mathrm{sgn}\,k')$ の形の数で $\in\boldsymbol{Z}$. c における x の係数は ±1 であるから, $c^2=\alpha c$ なる α は $\in\boldsymbol{Z}$ である.

命題 35 $A(G)c$ は $A(G)$ の左イデアルとなる. その次元を d とすれば, $\alpha d=n!$ ($n!$ は G の位数).

証明 $A(G)c$ が $A(G)$ の左イデアルであることは明らかである.

次に, $\tau: A(G)\to A(G)c$ を $\tau(f)=fc, f\in A(G)$ によって定義すれば, $\tau\in\mathfrak{L}(A(G))$. 今 $A(G)$ の基底 $\{a_1,\cdots,a_{n!}\}$ として, $a_i\in A(G)c, 1\leqq i\leqq d$ であ

るものをとり, この基底によって τ を行列で表現すれば,

$$\tau(fc) = fc^2 = \alpha fc$$

であるから,

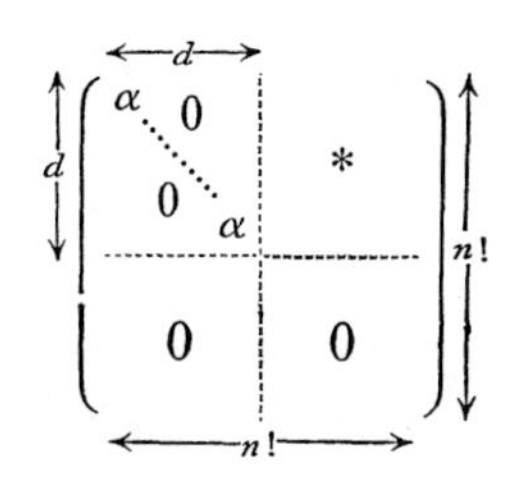

の形となる. よって τ の Spur は, $S(\tau) = \alpha d$.

一方, $A(G)$ の基底として G の元をとることができ, この基底によって τ を行列で表現すれば, その対角線元素は $A(G) \ni xc$ の x における値 $(xc)(x)$ となる. それは

$$(xc)(x) = \sum_y x(xy^{-1})c(y) = c(e) = 1$$

によって1に等しい. ゆえに $S(\tau) = n!$

したがって $$\alpha d = n!$$

系 α は自然数で, $n!$ の約数である.

命題 36 $\varepsilon = \dfrac{1}{\alpha} c = \dfrac{d}{n!} c$ とすれば, ε は $A(G)$ の既約ベキ等元である.

証明 $\varepsilon^2 = \dfrac{1}{\alpha^2} c^2 = \dfrac{\alpha}{\alpha^2} c = \dfrac{1}{\alpha} c = \varepsilon.$

また, $\varepsilon = \varepsilon_1 + \varepsilon_2$, ${\varepsilon_1}^2 = \varepsilon_1$, ${\varepsilon_2}^2 = \varepsilon_2$, $\varepsilon_1\varepsilon_2 = \varepsilon_2\varepsilon_1 = 0$ とすれば, $\varepsilon\varepsilon_1\varepsilon = (\varepsilon_1 + \varepsilon_2)\varepsilon_1(\varepsilon_1 + \varepsilon_2) = \varepsilon_1$. しかるに命題34によってこれは $\mu'\varepsilon(\mu' \in \boldsymbol{C})$ に等しい. ゆえに $\varepsilon_1 = \mu'\varepsilon$. したがって ${\varepsilon_1}^2 = \mu'^2\varepsilon$. ${\varepsilon_1}^2 = \varepsilon_1$ であるから $\mu' = 1$ または 0. それは $\varepsilon = \varepsilon_1$ または $\varepsilon = \varepsilon_2$ を意味する. (証終)

このようにして, 一つの盤 B から $A(G)$ の一つの既約ベキ等元 ε が得られ, したがって $A(G)\varepsilon$ を表現空間とする G の一つの既約表現が得られる. ところが後の定理30で述べるように, 同じ台に属する盤から得られる既約表現は互に同値であり, 異なる台に属する盤から得られる既約表現は同値でない. 台の数は G の共役類の数と同じく q 個あるから, 上のようにして q 個の互に同値で

ない既約表現が全部得られることになる．それを以下順次証明しよう．

命題 37　同じ台に属する二つの盤 B, B' から上のようにして得られる既約ベキ等元は互に同値である．

証明　B, B' が同じ台に属すれば，$B' = xB$ なる $x \in G$ が存在する．そうすれば命題 28 によって $c' = xcx^{-1}$．ゆえに $\varepsilon' = \frac{\alpha}{\alpha'} x\varepsilon x^{-1}$．したがって命題 22 系 1 (p. 216) により ε と ε' は同値である．　（証終）

次に，異なる台から得られるベキ等元を考えるために，台の集合 $\{D\}$ の中に次のような順序を与える．D, D' を定める不変系をそれぞれ $(m_1, m_2, \cdots, m_r)$，$(m_1', m_2', \cdots, m_{r'}')$ とするとき，$m_1 = m_1'$，$\cdots$，$m_\nu = m_\nu'$，$m_{\nu+1} > m_{\nu+1}'$ ならば $D > D'$ と定める．$D > D'$ または $D = D'$ であることを $D \geqq D'$ と表わせば，$\geqq$ によって $\{D\}$ は全順序集合 (p. 144) になる．

命題 38　盤 B, B' がそれぞれ台 D, D' に属し，$D > D'$ ならば，$B \not\succ B'$ である．

証明　仮に，$B \succ B'$ とすると B の第 1 行にある m_1 個の数字はすべて B' の異なる列にあるから，B' の列の数は m_1 以上である．ゆえに $m_1' \geqq m_1$．一方 $D > D'$ であるから $m_1 \geqq m_1'$．ゆえに $m_1 = m_1'$．そこで今 B' に適当な垂直置換 k を施して，B の第 1 行の m_1 個の数字が kB' の第 1 行にくるようにすることができる．そのとき B の同一行にある数字はすべて kB' の異なる列にある．そして $m_1 = m_1'$ であるから，今度は B と kB' の第 2 行を比較すると，同様にして，$m_2 = m_2'$．以下同様にして，$m_i = m_i'$，$i = 1, 2, \cdots, r$ となり $D > D'$ に反する．

命題 39　$B \not\succ B'$ ならば $HK' = K'H = 0$，$\varepsilon'\varepsilon = 0$.

証明　$h = (\mu, \nu) \in \mathfrak{H}(B) \cap \mathfrak{K}(B')$ となる数字 μ, ν がある．ゆえに命題 32 によって $HK' = HhK' = (\operatorname{sgn} h)HK' = -HK'$．ゆえに $HK' = 0$．同様に $K'H = 0$．したがって

$$\varepsilon'\varepsilon = \frac{1}{\alpha\alpha'} H'K'HK = 0.$$

注意　$\varepsilon\varepsilon' = 0$ とは限らない．

命題 40　$D > D'$ ならば，台 D, D' に属する任意の盤を B, B' とし，$\varepsilon = \varepsilon_B$，$\varepsilon' = \varepsilon_{B'}$ とすれば，任意の $f \in A(G)$ に対して

$$\varepsilon' f \varepsilon = 0.$$

証明 任意の $x \in G$ に対し, $xB \in \mathfrak{B}(D)$, $B' \in \mathfrak{B}(D')$ で, $D > D'$ であるから, 命題38, 39により $\varepsilon' \varepsilon_{xB} = 0$. しかるに $\varepsilon_{xB} = x\varepsilon x^{-1}$. ゆえに $\varepsilon' x \varepsilon x^{-1} = 0$. x を右から掛けて $\varepsilon' x \varepsilon = 0$. これがすべての $x \in G$ について成り立つ. したがって

$$\varepsilon' f \varepsilon = \sum_{x \in G} f(x) \varepsilon' x \varepsilon = 0. \qquad \text{(証終)}$$

この命題と命題22により, B, B' から得られる既約表現は同値でない.

以上を総合すれば YOUNG の図形を利用して $G = \mathfrak{S}_n$ の既約表現を全部求める問題の解決を与える次の定理が得られる.

定理 30 G を n 次の対称群とし, B, B' を n 次の盤とする.

(1) B の YOUNG の対称子を c とすれば, $A(G)c$ が G の既約表現の表現空間となる.

(2) このようにして盤 B, 盤 B' から得られた G の既約表現が同値であるための必要十分条件は, B と B' が同じ台に属することである.

(3) G の任意の既約表現は, ある盤 B から (1) のようにして得られた既約表現と同値である.

例 4

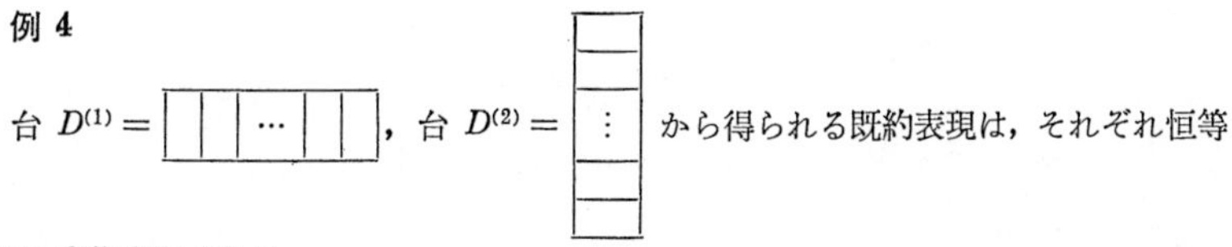

台 $D^{(1)} =$ [図], 台 $D^{(2)} =$ [図] から得られる既約表現は, それぞれ恒等表現, 交代表現である.

解 $D^{(1)}$ に属する任意の盤 B_1 をとると, $\mathfrak{H}(B_1) = G$, $\mathfrak{K}(B_1) = \{e\}$. ゆえに $c_1 = c_{B_1} = \sum_{x \in G} x$. したがって任意の $x \in G$ に対し $xc_1 = c_1 x = c_1$. したがって $x\varepsilon_1 = \varepsilon_1 x = \varepsilon_1$. したがってまた任意の $f \in A(G)$ に対しても $f\varepsilon_1 = \varepsilon_1 f$. ゆえに $A(G)\varepsilon_1$ の任意の元は, $f\varepsilon_1 = f\varepsilon_1 \cdot \varepsilon_1 = \varepsilon_1 f \varepsilon_1 = \mu\varepsilon_1$ $(\mu \in \boldsymbol{C})$ と表わされる (命題34による). したがってこの台から得られる既約表現を ρ_1 とすれば, 任意の $a \in G$, 任意の $\mu\varepsilon_1 \in A(G)\varepsilon_1$ に対して $\rho_1(a)(\mu\varepsilon_1) = \mu a \varepsilon_1 = \mu\varepsilon_1$ であるから, ρ_1 は恒等表現である.

次に, $D^{(2)}$ に属する任意の盤 B_2 に対しては, $\mathfrak{H}(B_2) = \{e\}$, $\mathfrak{K}(B_2) = G$. したがって $c_2 = c_{B_2} = \sum_{x \in G} (\operatorname{sgn} x) x$. したがって上と同様に, 任意の $x \in G$ に対して $x\varepsilon_2 = \varepsilon_2 x = (\operatorname{sgn} x)\varepsilon_2$, で, 任意の $f\varepsilon_2 \in A(G)\varepsilon_2$ は, $\mu'\varepsilon_2$ $(\mu' \in \boldsymbol{C})$ と表わされる. したがって $D^{(2)}$ から得られる既約表現を ρ_2 とすれば, 任意の $a \in G$, 任意の $\mu'\varepsilon_2 \in A(G)\varepsilon_2$ に対して

$$\rho_2(a)(\mu'\varepsilon_2)=\mu' a\varepsilon_2=(\mathrm{sgn}\,a)\mu'\varepsilon_2$$

となるから，ρ_2 は交代表現である．

例 5 $\mathfrak{S}_3$ の既約表現．

解 3次の台は例1の三つで，そのうち第1と第3の台からはそれぞれ恒等表現，交代表現が得られる．第2の台から得られる既約表現を求めるために，例2の盤(右図)をとろう．ここで

1	2
3	

$$c=1+(1,2)-(1,3)-(1\,3\,2).$$

計算により $c^2=3c$．ゆえにこの表現 ρ は $\dfrac{3!}{3}=2$ 次元の表現である．$A(G)c$ の基底として，1次独立な任意の二つの元をとればよいから，c と

$$f=(1\,3)c=-1+(1,3)-(2,3)+(1\,2\,3)$$

をとる．この基底によって ρ は次のように行列で表現される．

$$e\longleftrightarrow\begin{pmatrix}1&0\\0&1\end{pmatrix},\qquad(1,2)\longleftrightarrow\begin{pmatrix}1&-1\\0&-1\end{pmatrix},\qquad(1,3)\longleftrightarrow\begin{pmatrix}0&1\\1&0\end{pmatrix},$$

$$(2,3)\longleftrightarrow\begin{pmatrix}-1&0\\-1&1\end{pmatrix},\qquad(1\,2\,3)\longleftrightarrow\begin{pmatrix}0&-1\\1&-1\end{pmatrix},\qquad(1\,3\,2)\longleftrightarrow\begin{pmatrix}-1&1\\-1&0\end{pmatrix}.$$

注意 この表現 ρ は p. 167 で与えた表現 ρ_2 と同値なはずである．そのことは，ρ_2 を行列

$$\begin{pmatrix}0&\dfrac{2}{\sqrt{3}}\\-1&\dfrac{1}{\sqrt{3}}\end{pmatrix}$$

で変換すれば上記の ρ が得られることによって直接にも示される．

§39 標準盤

前節の定理30により，$G=\mathfrak{S}_n$ の既約表現を求めるには，まず n 個の数字をのせる台 $D_1,\cdots,D_q$ を作り，おのおのの台に属する盤 $B_i,\ i=1,\cdots,q$ を任意にとり，各 B_i の YOUNG の対称子 $c_{B_i},\ i=1,\cdots,q$ を作る．そうすれば $A(G)c_{B_i}$ が既約表現の表現空間となるから，計算によって既約表現の行列をも作ることができる．――これで対称群の既約表現を求める問題は理論的には解決されたわけであるが，われわれは c_{B_i} から得られる表現をも少し具体的に書き下したい．ことにその表現の次数 d_i を D_i の形からただちに知りたい．本節と次の節で，この問題に対する YOUNG の方法を紹介する．

YOUNG はそのため，おのおのの台に対して**標準盤** (standard tableau) を次

のように定義した．それは

$$\begin{cases} i<i' \Rightarrow B(i,k)<B(i',k), \\ k<k' \Rightarrow B(i,k)<B(i,k') \end{cases}$$

なる条件を満足する盤である．

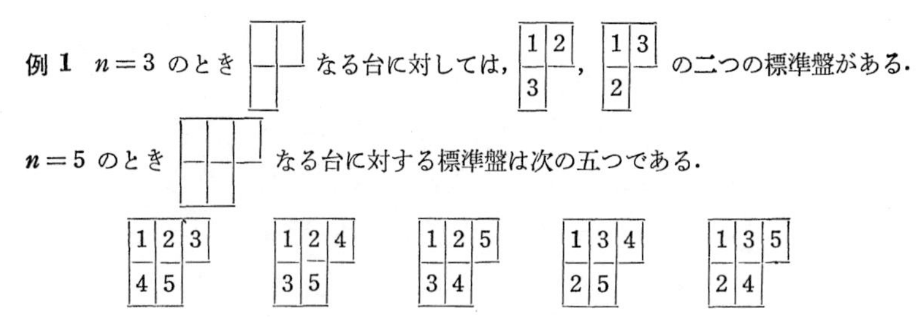

例 1　$n=3$ のとき（図）なる台に対しては，（図），（図）の二つの標準盤がある．

$n=5$ のとき（図）なる台に対する標準盤は次の五つである．

おのおのの台 D_i に対していくつかの標準盤ができるが，D_i に対して作られる標準盤の総数が次節に示すように，$c_B(B\in\mathfrak{B}(D_i))$ から得られる既約表現の次数 d_i に等しいのである．

n の分割

$$n=m_1+m_2+\cdots+m_r,\ m_1\geqq m_2\geqq\cdots\geqq m_r>0$$

に対応する台を以下 $D(m_1,\cdots,m_r)$ で表わすこととする．$D(m_1,\cdots,m_r)$ は r 個の行をもち，第 i 行に m_i 個の数字がのっているものである．台 $D(m_1,\cdots,m_r)$ に対してできる標準盤の総数を $d(m_1,\cdots,m_r)$ で表わす．これに対して次の命題が成り立つ．

命題 41

$$\sum_{\substack{m_1+\cdots+m_r=n \\ m_1\geqq\cdots\geqq m_r>0 \\ r=1,2,\cdots,n}}(d(m_1,\cdots,m_r))^2=n! \tag{39.1}$$

この証明のため，いくつかの補題を必要とするが，まず次の記法を導入する．

$n=\sum_{i=1}^{r}m_i$ 次の台 $D(m_1,\cdots,m_r)$ をしばらく固定し，これを D で表わし，また $d(m_1,\cdots,m_r)$ を d と略記する．もし $m_{s-1}>m_s$ ならば D の第 s 行の右端にいま一つの目を添加した $(n+1)$ 次の台 $D(m_1,\cdots,m_{s-1},m_s+1,m_{s+1},\cdots,m_r)$ が得られる．この台を $D^{(s)}$ で表わし，$D^{(s)}$ の上の標準盤の数を $d^{(s)}$ で表わす．もし $m_{s-1}=m_s$ ならば $D^{(s)}$ は存在しない．そのときは $d^{(s)}=0$ とおく．な

お $D^{(r+1)}=D(m_1,\cdots,m_r,1)$ とし，その上の標準盤の数を $d^{(r+1)}$ とする．また同じ D において，$m_t>m_{t+1}$ ならば D の第 t 行の右端の一つの目をとり除いて $(n-1)$ 次の台 $D(m_1,\cdots,m_{t-1},m_t-1,m_{t+1},\cdots,m_r)$ が得られる．この台を $D_{(t)}$ で表わし，$D_{(t)}$ 上の標準盤の数を $d_{(t)}$ とする．もし $m_t=m_{t+1}$ ならば $D_{(t)}$ は存在しない．そのときは $d_{(t)}=0$ とする．なおまた $m_r>1$ ならば $D_{(r)}=D(m_1,\cdots,m_{r-1},m_r-1)$，$m_r=1$ ならば $D_{(r)}=D(m_1,\cdots,m_{r-1})$ とする．$m_{p-1}>m_p>m_{p+1}$ のとき明らかに $(d_{(p)})^{(p)}=(d^{(p)})_{(p)}=d$．特に $(d_{(r)})^{(r)}=(d^{(r+1)})_{(r+1)}=d$．一般に $d^{(s)}\neq 0$, $d_{(t)}\neq 0$ ならば $(d^{(s)})_{(t)}=(d_{(t)})^{(s)}$ であるからこれを単に $d_{(t)}^{(s)}$ と書く．$d^{(s)}=0$ または $d_{(t)}=0$ のときは $d_{(t)}^{(s)}=0$ とする．

補題 1　台 $D=D(m_1,\cdots,m_r)$ の上の任意の標準盤 B において，数字 n は必ずある行の右端にあり，n のある行を第 t 行とすれば，$m_t>m_{t+1}$ である．

証明　標準盤の定義から明らかである．

補題 2　n が第 t 行にある標準盤の数は $d_{(t)}$ に等しい．

証明　n が第 t 行にある標準盤が存在するときは，補題1により n は第 t 行の右端にあって，$m_t>m_{t+1}$ である．したがってこの標準盤の数字 n の目をとり除けば，D_t の上の標準盤が得られる．逆に，D_t の上の一つの標準盤に対して第 t 行の右端に目を一つ添加してそれに n と記せば，n が第 t 行にある D の標準盤が得られる．したがってこの場合には補題2が成り立つ．これ以外の場合，すなわち $m_t=m_{t+1}$ の場合には，n が第 t 行にある標準盤は存在せず，しかも定義によって $d_{(t)}=0$ である．ゆえにこの場合にも補題2が成り立つ．

補題 3

$$d=\sum_{t=1}^{r}d_{(t)}. \tag{39.2}$$

証明　補題2により明らかである．

例 2　補題3を用いて，任意の台に対する標準盤の数を計算することができる．たとえば，例1の二つの台について計算すれば，

$$d(2,1)=d(1,1)+d(2)=d(1)+d(1)=1+1=2.$$

$$d(3,2)=d(2,2)+d(3,1)=2d(2,1)+d(3)=2d(2,1)+d(1)=2\times2+1=5.$$

補題 4
$$(n+1)d=\sum_{s=1}^{r+1}d^{(s)}. \tag{39.3}$$

証明　$n=1$ ならば,

$$D=\square,\ D^{(1)}=\square\square,\ D^{(2)}=\begin{matrix}\square\\\square\end{matrix}$$

したがって $d=d^{(1)}=d^{(2)}=1$ であるから (*39.3*) が成り立つ．そこで帰納法により, $(n-1)$ 次の台について (*39.3*) が成り立つと仮定し, n 次の台について (*39.3*) を示せばよい.

帰納法の仮定により,

$$nd_{(t)}=\sum_{s=1}^{r+1}d_{(t)}^{(s)} \tag{1}$$

が $t=1,\cdots,r$ について成り立つ．また, $D^{(s)}$, $s=1,\cdots,r$ について補題 3 を用いれば

$$d^{(s)}=\sum_{t=1}^{r}d_{(t)}^{(s)}. \tag{2}$$

$D^{(r+1)}$ については行数が $r+1$ であるから

$$d^{(r+1)}=\sum_{t=1}^{r}d_{(t)}^{(r+1)}+(d^{(r+1)})_{(r+1)}=\sum_{t=1}^{r}d_{(t)}^{(r+1)}+d. \tag{3}$$

(*1*), (*2*), (*3*) を用いて (*39.3*) の右辺を計算すれば,

$$\sum_{s=1}^{r+1}d^{(s)}=\sum_{s=1}^{r}\sum_{t=1}^{r}d_{(t)}^{(s)}+\sum_{t=1}^{r}d_{(t)}^{(r+1)}+d=\sum_{t=1}^{r}\sum_{s=1}^{r+1}d_{(t)}^{(s)}+d=n\sum_{t=1}^{r}d_{(t)}+d=(n+1)d.$$

命題 41 の証明　n に関する帰納法で証明する．$n=1$ のときは明らかであるから n について命題が成り立つとして, $n+1$ について証明すればよい.

n 次の台に一連番号をつけて $D_1,\cdots,D_q$ とし, D_i 上の標準盤の数を d_i とする．そうすれば (*39.1*) は

$$\sum_{i=1}^{q}d_i{}^2=n! \tag{4}$$

で表わされる．$(n+1)$ 次の台は $\bar{D}_1,\cdots,\bar{D}_{\bar{q}}$ とし, $\bar{D}_j$ 上の標準盤の数を $\bar{d}_j$ とする．今 (*4*) を仮定して

$$\sum_{j=1}^{\bar{q}}\bar{d}_j{}^2=(n+1)! \tag{5}$$

を示せばよい．D_i の一つの行の右端に一つの目を添加して $\bar{D}_j$ になったとき，$D_i, \bar{D}_j$ は‘一つの目だけの差をもつ’ということにし，仮に記号 $i \sim j$ で表わすことにしよう．そこで $i \sim j$ となるような i, j の組 (i, j) の全体について積 $d_i \bar{d}_j$ を作り，それらの和を s とする．

$$s = \sum_{i \sim j} d_i \bar{d}_j.$$

この s の意味は二様に考えられる．まず i を定めて $i \sim j$ なる j についての $d_i \bar{d}_j$ の和 s_i を作れば，

$$s = s_1 + \cdots + s_q \tag{6}$$

とも考えられ，またまず j を定めて $i \sim j$ なる i についての $d_i \bar{d}_j$ の和 $\bar{s}_j$ を作れば

$$s = \bar{s}_1 + \cdots + \bar{s}_{\bar{q}} \tag{7}$$

とも考えられる．(6) のように考えれば，(39.3) を用いて

$$s_i = \bar{d}_j \sum_{i \sim j} d_i = (n+1) d_i^2$$

となるから (4) によって $s = (n+1)! =$ (5) の右辺 となる．(7) のように考えれば (39.2) を用いて

$$\bar{s}_j = \bar{d}_j \sum_{i \sim j} d_i = \bar{d}_j^2.$$

ゆえに $s =$ (5) の左辺 となる．これで (5) が証せられた．

§40　標準盤の数と対称群の既約表現の次数

本節では次の定理を証明する．

定理 31　n 次の対称群 $\mathfrak{S}_n$ において，台 D 上の任意の盤 B に対応する YOUNG の対称子 c_B から得られる表現 ρ_B の次数は，D の上の標準盤の数 d_D に等しい．

前節で，

$$\sum_D d_D^2 = n! \tag{40.1}$$

であることを示した．このことを用いれば，上の定理 31 の証明は，次の命題に帰せられる．

命題 42　台 D 上の盤 $B_1, \cdots, B_{n!}$ から得られる YOUNG の対称子を $c_1, \cdots, c_{n!}$ とすれば，$A_D = A(G)c_1 + \cdots + A(G)c_{n!}$ は $A(G)$ の最小両側イデアルで，特に

$B_1, \cdots, B_d$ を標準盤とすれば，$A(G)c_1 + \cdots + A(G)c_d = A(G)c_1 \oplus \cdots \oplus A(G)c_d$ となる．

実際，この命題が証明されれば，定理29により A_D はどれか一つの $A^{(i)}$ に一致し，したがって d_i 次元の既約な左イデアル d_i 個の直和になる．この d_i が ρ_B の次数にほかならない．一方 $A_D \supset A(G)c_1 \oplus \cdots \oplus A(G)c_d$ は d 個の既約左イデアルの直和であるから，定理6′により $d_D \leqq d_i$．これが各台（したがって各 i）について成り立つ．q 個の d_i の間には，定理17系1によって

$$\sum_{i=1}^{q} d_i^2 = n!$$

という関係がある．これと(40.1)とから，$d_D = d_i$ でなければならない．

したがってまたさらに，次の系が得られる．

系　$A_D, c_1, \cdots, c_d$ は命題42の通りとすれば

$$A_D = A(G)c_1 \oplus \cdots \oplus A(G)c_d.$$

この命題の証明のために D の上の標準盤に辞書式に順序をつけて $B_1 < B_2 < \cdots < B_d$ とする．

辞書式とは次の意味である．B, B' を D の上の二つの盤として，

$$B(1,1),\ B(1,2),\ \cdots, B(1,m_1),\ B(2,1),\ \cdots, B(r, m_r),$$
$$B'(1,1), B'(1,2), \cdots, B'(1,m_1), B'(2,1), \cdots, B'(r,m_r)$$

なる順序に並べられた n 個の数字の列を比べる．$B \neq B'$ ならば，どこかに $B(i,k) \neq B'(i,k)$ なる (i,k) が現われる．上の順序で見るとき最初に現れる異なる数字 $B(i,k), B'(i,k)$ において $B(i,k) < B'(i,k)$ となっているならば，$B < B'$ とするのである．

例　台 $D = D(3,2)$ 上の標準盤において

$$\begin{array}{|c|c|c|}\hline 1&2&3\\ \hline 4&5\\ \cline{1-2}\end{array} < \begin{array}{|c|c|c|}\hline 1&2&4\\ \hline 3&5\\ \cline{1-2}\end{array} < \begin{array}{|c|c|c|}\hline 1&2&5\\ \hline 3&4\\ \cline{1-2}\end{array} < \begin{array}{|c|c|c|}\hline 1&3&4\\ \hline 2&5\\ \cline{1-2}\end{array} < \begin{array}{|c|c|c|}\hline 1&3&5\\ \hline 2&4\\ \cline{1-2}\end{array}$$

このとき次の補題が成り立つ．

補題　D の上の二つの標準盤 B, B' において $B \gg B'$ ならば $B > B'$ である．

証明　$B < B'$ ならば $B \not\gg B'$ であることを示せばよい．(i,k) に上のように順序をつけ，$B(i,k) < B'(i,k)$ となる最初の (i,k) をとる．この目より‘上左’にある目（図の太いわくの中の目）においては，B と B' の数字は同じになってい

るとするのである．ここで $i \neq 1$，すなわち (i,k) は左端にはあり得ない．標準盤においては，左端の数字は，それより前にある数字で定まるからである．また $B(i,k)$ は B' においては (i,k) より右下（図の点線のわくの中）にはあり得ない．$B'(i,k)$ がすでに $B(i,k)$ より大きいからである．ゆえに $B(i,k)=B'(l,j)$ とすれば，$i<l,\ j<k$．このとき (i,j) なる目は (i,k) の‘上左’にあるから $B(i,j)=B'(i,j)$．ゆえに $B(i,j), B(i,k)$ なる2数字は，B においては同じ行にあり，B' においては $B'(i,j), B'(l,j)$ となって同じ列にくる．

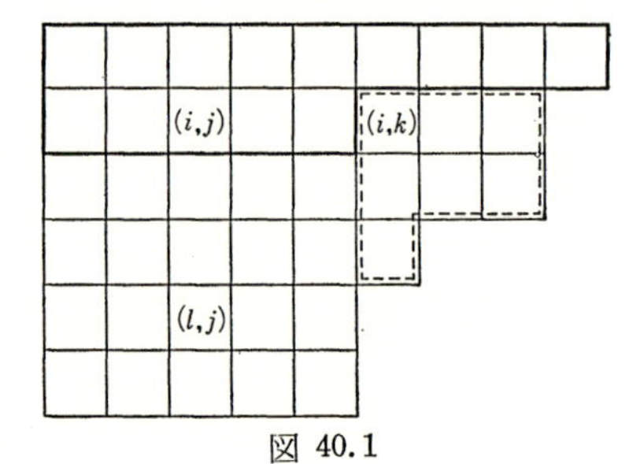

図 40.1

系　$B<B'$ ならば $c_{B'}c_B=0$．

証明　上の補題と命題39とによる．

命題42の証明　A_D は明らかに $A(G)$ の左イデアルであるが，さらに右イデアルともなることを示そう．それには $a\in G$ とするとき，a を $A(G)$ の基底の元 f_a と考えていつも $A_Da=A_D$ となることをいえばよい．命題28によって $a^{-1}c_ia=c_{\nu_i}$ すなわち $c_ia=ac_{\nu_i}$ となるような $\{1,2,\cdots,n!\}$ の順列 $\{\nu_1,\nu_2,\cdots,\nu_{n!}\}$ があるから，$(x_1c_1+\cdots+x_{n!}c_{n!})a=x_1ac_{\nu_1}+\cdots+x_{n!}ac_{\nu_{n!}}\in A_D$．ゆえに A_D は両側イデアルである．

A_D は c_1 を含む両側イデアルであるが，c_1 を含む最小両側イデアルを A_0 とすれば，$c_1,\cdots,c_{n!}$ は互に同値なベキ等元のスカラー倍であるから，命題23により $A_0\ni c_2,\cdots,c_{n!}$，ゆえに $A_0\supset A_D$，したがって $A_0=A_D$．ゆえに A_D は $A(G)$ の最小両側イデアルである．

後半を証明するには，$x_1c_1+\cdots+x_dc_d=0\,(x_i\in A(G))\Rightarrow x_1c_1=\cdots=x_dc_d=0$ をいえばよい．今標準盤 $B_1,\cdots,B_d$ は，$B_1<\cdots<B_d$ なる順序に番号をつけたものとし，$x_1c_1+\cdots+x_dc_d=0$ とすれば，右から c_1 を掛けて $x_1c_1{}^2=0$，ゆえに $x_1c_1=0$．したがって，$x_2c_2+\cdots+x_dc_d=0$．右から c_2 を掛ければ $x_2c_2=0$ が得られる．以下同様にして $x_1c_1=x_2c_2=\cdots=x_dc_d=0$ となる．

注意　台 D の上の標準盤の数 d_D (すなわち D の上の盤 B に対応する既約表現 ρ_B の次数) に対しては, 次の explicit な公式が知られている.

$$d_D = n!\frac{\prod_{i<j}(l_i-l_j)}{l_1!\,l_2!\cdots l_r!}.$$

ただし $D=D(m_1, m_2, \cdots, m_r)$, $l_i = m_i+r-i$ とする.

n があまり大きくないとき, d_D を実際に計算するには, この公式によるよりも, 前節例2のように前節の補題3による方が便利である.

なお ρ_B の指標を explicit に与える公式 (SCHUR) や, その指標を計算する前節の補題3に相当する方法 (MURNAGHAN) も知られているが, その紹介もここでは省略することとする.

§41　対称群の既約表現の行列

この節では YOUNG に従って, 対称群の既約表現の行列を実際に計算する方法を述べよう.

前節と同じように D 上の標準盤を辞書式に並べて $B_1<B_2<\cdots<B_d$ とし, B_i の対称子を c_i とする. (D は以下一定のものを考え, 'D の上の' ということをいちいち断らない.) また二つの盤 B, B' について §38 の記法の $\mathfrak{H}_B, \mathfrak{H}_{B'}$ をそれぞれ $\mathfrak{H}, \mathfrak{H}'$, それらの元をそれぞれ, h, h', $H_B, H_{B'}$ をそれぞれ H, H' と書き, $\mathfrak{K}$, K, k についても同様の記法を用いることにしよう. (B, B' の代りに B_i, B_j となっているときは, それに対応して H_i, H_j, K_i, K_j などと書く.) また二つの番号 $i, j\,(1 \leqq i, j \leqq d)$ について, $B_i \succ B_j$ であることを $i \succ j$, $B_i \gg B_j$ であることを $i \gg j$ と書く. 前節補題により, $i \succ j$ ならば $i \geqq j$, $i \gg j$ ならば $i > j$ である. また命題39により, $i \not\succ j$ ならば $H_iK_j = K_jH_i = 0$, $c_jc_i = 0$ である.

命題 43　二つの盤 B, B' について $B \succ B'$ ならば $\mathfrak{H}$ の元 h で $K'h = hK$ となるものが存在する.

証明　$B \succ B'$ であるから, 命題30により, $xB = B'$ で定まる $x \in G$ は $x = hk$, $h \in \mathfrak{H}$, $k \in \mathfrak{K}$ の形に書かれる. 命題28によって

$$K' = xKx^{-1} = hkKk^{-1}h^{-1} = hKh^{-1}.$$

ゆえに

$$K'h = hK$$

となる.　(証終)

以下, 順序づけられた標準盤$B_1<\cdots<B_d$を考える. $J=\{1,2,\cdots,d\}\ni i$に対して$i\ll j$なる$j\in J$をとればもちろん$i<j$で, かつ命題43により, $K_ih_j=h_jK_j$なる$h_j\in\mathfrak{H}_j$がある. このh_jをh_{ij}で表わそう. 命題43の証明中にはh_{ij}の求め方も与えてある. すなわち$a_{ij}B_j=B_i$なる$a_{ij}\in G$をとり, $a_{ij}=h_{ij}k_{ij}$, $h_{ij}\in\mathfrak{H}_j$, $k_{ij}\in\mathfrak{K}_j$によって与えられる. 命題27により, h_{ij}は, iと$j(i\ll j)$とによって一意的に与えられる. $i=j$または$i\not\ll j$のときは$h_{ij}=0\ (\in A(G))$とする. このh_{ij}を用いて$u_d, u_{d-1}, \cdots, u_1\in A(G)$を順次

$$
\begin{aligned}
&u_d=e,\\
&u_{d-1}=e-h_{d-1,d},\\
&u_{d-2}=e-h_{d-2,d-1}u_{d-1}-h_{d-2,d},\\
&\qquad\cdots\cdots\cdots\cdots\cdots\cdots,\\
&u_1=e-h_{1,2}u_2-h_{1,3}u_3-\cdots-h_{1,d-1}u_{d-1}-h_{1,d}
\end{aligned}
$$

(eはGの単位元)によって定義し,

$$K_i'=K_iu_i\quad(i=1,\cdots,d)$$

とおく. このK_i'について次の命題が成り立つ.

命題 44 (1) $K_i'=K_i-\sum_{j=1}^{d}h_{ij}K_j'$.

(2) $i\neq j$ならば$K_i'H_j=0$, $i,j=1,\cdots,d$.

(3) $K_i'H_i=K_iH_i$.

証明 (1)はK_i', h_{ij}の定義から明らかである.

(2), (3)は, iについての上からの帰納法によって証明する. $i=d$ならば$K_i'=K_i$. ゆえに(3)は明らかに成り立つ. また$B_j<B_d$であるから, 命題39により(2)も明らかである. そこで, $i<p\leqq d$なるすべての自然数pに対して

$$
\begin{cases}
j\neq p\ \text{ならば}\ K_p'H_j=0,\ j=1,\cdots,d,\\
K_p'H_p=K_pH_p
\end{cases}
$$

が成り立つことを仮定して(2), (3)を証明しよう.

(1)によって $$K_i'H_j=K_iH_j-\sum_{p=1}^{d}h_{ip}K_p'H_j.$$

ここでjに関して場合を次の三つに分ける.

(i) $i \not< j$ ならば, 命題39により $K_iH_j=0$. $p=i$ または $p \not> i$ なる p に対しては定義により $h_{ip}=0$. $p \gg i$ なる p に対しては $i<p \leqq d$, $p \neq j$ であるから帰納法の仮定により $K_p'H_j=0$. ゆえに $K_i'H_j=0$ となる.

(ii) $i \ll j$ ならば, $p \gg i$, $p \neq j$ なる p に対しては上と同様に $K_p'H_j=0$. $p=i$ または $p \not> i$ なる p に対しては $h_{ip}=0$ であるから, $K_i'H_j=K_iH_j-h_{ij}K_j'H_j$. ここで帰納法の仮定の第2式を用いれば, $K_i'H_j=K_iH_j-h_{ij}K_jH_j=K_iH_j-K_ih_{ij}H_j=K_iH_j-K_iH_j=0$.

(i) と (ii) によって (2) が証明された.

(iii) $i=j$ のとき, (2) を用いて $K_i'H_i=K_iH_i-h_{ii}K_i'H_i=K_iH_i$. よって (3) が証明された.

命題 45 $c_j'=H_jK_j'=c_ju_j$ とおき, 命題34系, 35と同様に $\alpha=\dfrac{n!}{d}$ とおけば, $c_j'c_j=\alpha c_j \neq 0$, $c_j'c_j'=\alpha c_j'$. また $i \neq j$ ならば $c_i'c_j'=0$.

証明 $c_j'c_j=H_jK_j'H_jK_j$. 前命題(3)により $K_j'H_j=K_jH_j$ であるから $c_j'c_j=c_jc_j=\alpha c_j \neq 0$, $c_j'c_j'=c_j'c_ju_j=\alpha c_ju_j=\alpha c_j'$. また, $c_i'c_j'=H_iK_i'H_jK_j'=0$. $(i \neq j)$

系 $\dfrac{1}{\alpha}c_j'$ は $\dfrac{1}{\alpha}c_j$ と同値な $A(G)$ の既約ベキ等元である.

命題 46 p. 236 のように B_j を B_i に移す G の元を $a_{ij}(a_{ij}B_j=B_i)$ とし, $\dfrac{1}{\alpha}a_{ij}c_j'=e_{ij}$ とおけば, $e_{ij}e_{kl}=\delta_{jk}e_{il}$.

証明 命題28により, $a_{ij}H_j=H_ia_{ij}$, $a_{ij}K_j=K_ia_{ij}$. ゆえに

$$e_{ij}e_{kl}=\frac{1}{\alpha^2}a_{ij}H_jK_j'a_{kl}H_lK_l'=\frac{1}{\alpha^2}a_{ij}H_jK_j'H_ka_{kl}K_l'.$$

しかるに命題44(2)により, $j \neq k$ ならば $K_j'H_k=0$. ゆえに $j \neq k$ ならば $e_{ij}e_{kl}=0$. また, $j=k$ ならば $K_j'H_k=K_j'H_j=K_jH_j$. ゆえに $a_{ij}a_{jl}=a_{il}$ を用いて次のように証明される.

$$\begin{aligned} e_{ij}e_{jl} &= \frac{1}{\alpha^2}a_{ij}H_jK_jH_ja_{jl}K_l'=\frac{1}{\alpha^2}a_{ij}a_{jl}H_lK_lH_lK_l' \\ &= \frac{1}{\alpha^2}a_{il}H_lK_l'H_lK_l'=\frac{1}{\alpha^2}a_{il}c_l'c_l'=\frac{1}{\alpha^2}a_{il}\alpha c_l'=\frac{1}{\alpha}a_{il}c_l'=e_{il}. \end{aligned}$$

命題 47 $e_{11}, e_{12}, \cdots, e_{dd}$ は c_i または c_i' を含む $A(G)$ の最小両側イデアル

$A(G)c_1+\cdots+A(G)c_d=A_D$ の基底となり，$\sum_{i=1}^{d}e_{ii}=e_D$ は A_D の単位元となる．

証明　$e_{ij}=\dfrac{1}{\alpha}a_{ij}c_j'\in A(G)c_j'=A(G)c_ju_j\subset A_D$ であるから e_{ij} はすべて A_D に含まれる．$\dim A_D=d^2$，しかるに d^2 個の元 $e_{11},e_{12},\cdots,e_{dd}$ は1次独立であることが次のように示される．実際，$\sum_{i,j=1}^{d}\alpha_{ij}e_{ij}=0$, $\alpha_{ij}\in \boldsymbol{C}$ とすれば，両辺に左から e_{ii}，右から e_{jj} を乗じ，$\alpha_{ij}e_{ij}=0$ を得る．$e_{ij}e_{ji}=e_{ii}=\dfrac{1}{\alpha}c_i'\neq 0$ であるから $e_{ij}\neq 0$．ゆえに $\alpha_{ij}=0$．したがって e_{ij} は A_D の基底となり，A_D の任意の元は $\sum_{i,j=1}^{d}\alpha_{ij}e_{ij}$ の形に一意的に表わされる．その元に $\mathfrak{M}(d,\boldsymbol{C})$ の元 (α_{ij}) を対応させる写像を φ とすれば，前命題からただちにわかるように φ は A_D から $\mathfrak{M}(d,\boldsymbol{C})$ への多元環としての同型写像となる．明らかに $\varphi(e_D)=E_d$ となるから，e_D は A_D の単位元となる．　(証終)

上の命題中の同型写像 φ を用い，G の d 次の行列表現を次のようにして作ることができる．すなわち $a\in G$ を $A(G)$ の元と考えれば，$ae_D\in A_D$ で $\varphi(ae_D)\in\mathfrak{M}(d,\boldsymbol{C})$, $\varphi(abe_D)=\varphi(ae_Dbe_D)=\varphi(ae_D)\varphi(be_D)$ であるから，$a\to\varphi(ae_D)$ が G の表現を与えるのである．$\varphi(ae_D)=(\alpha_{ij})$ とすれば，§37 例4と同じように第 i 行第 j 列だけに1があって他の元素がすべて0である行列を E_{ij} で表わすとき，$\varphi(e_{ij})=E_{ij}$, $E_{ii}\cdot(\alpha_{ij})\cdot E_{jj}=\alpha_{ij}E_{ij}$ であるから

$$e_{ii}ae_{jj}=\alpha_{ij}e_{ij}. \tag{41.1}$$

e_{ij} の定義 $e_{ij}=\dfrac{1}{\alpha}a_{ij}c_j'$ を (41.1) に代入すれば，($a_{ii}=e$ を用いて)

$$\frac{1}{\alpha}c_i'ac_j'=\alpha_{ij}a_{ij}c_j'. \tag{41.2}$$

この左辺を変形し，右辺と比較して α_{ij} を求めることができるのであるが，その求め方を分りやすく述べるために次の用語を導入する．

p. 236 のように $J\ni\{1,2,\cdots,d\}\ni i$ に対して，$i\ll i'$, $i'\ll i''$, $\cdots$ なる条件を満足する $\{i,i+1,\cdots,d\}$ の部分数列 $\{i,i',i'',\cdots\}$ を **i 認容数列**ということにする．i 認容数列はもちろん $(d-i+1)$ 個以下の数より成り，i 認容数列の個数は有限である．その個数を s_i で表わすことにしよう．i 認容数列の各々に対し $h_{ii'}h_{i'i''}\cdots$ なる G の元を作り，それをその**認容数列に対応する元**とよぶことにしよう．

($h_{ii'}$ などは p. 236 の定義および命題 43 の証明によって, $a_{ii'}B_{i'}=B_i$, $a_{ii'}=h_{ii'}\cdot k_{ii'}$, $h_{ii'}\in\mathfrak{H}_{i'}$, $k_{ii'}\in\mathfrak{K}_{i'}$ などによって与えられる.) これらの i 認容数列に対応する元に番号をつけて $r_i^{(1)},\cdots,r_i^{(\nu)},\cdots,r_i^{(s_i)}$ とする. また $r_i^{(\nu)}$ を作る‘因数’の数 (=(ν 番目の i 認容数列の長さ)-1) が偶数であるか奇数であるかによって $\varepsilon_i^{(\nu)}=1$ または -1 とおく. なお $\varepsilon_i^{(0)}=1$, $r_i^{(0)}=e$ とおくことにする.

補題 p. 236 に定義された u_i に対し次の公式が成り立つ.

$$u_i=\sum_{\nu=0}^{s_i}\varepsilon_i^{(\nu)}r_i^{(\nu)}. \tag{41.3}$$

証明 $i=d$ ならば (41.3) は両辺とも e, $i=d-1$ ならば定義により両辺とも $e-h_{d-1,d}$. 一般には $d-i$ に関する帰納法により容易にわかる. (証終)

(41.2) の左辺を変形するために, $(r_i^{(\nu)}a)^{-1}B_i=B_i^{(\nu)}$, $c_{B_i(\nu)}=c_i^{(\nu)}$ とおく. そうすれば命題 28 により $c_ir_i^{(\nu)}a=r_i^{(\nu)}ac_i^{(\nu)}$ となるから

$$c_i'ac_j'=c_iu_iac_j'=c_i\left(\sum_{\nu=0}^{s_i}\varepsilon_i^{(\nu)}r_i^{(\nu)}\right)ac_j'=\sum_{\nu=0}^{s_i}\varepsilon_i^{(\nu)}c_ir_i^{(\nu)}ac_j'=\sum_{\nu=0}^{s_i}\varepsilon_i^{(\nu)}r_i^{(\nu)}ac_i^{(\nu)}c_j'. \tag{41.4}$$

この右辺の項においてもし $B_j\not\gg B_i^{(\nu)}$ ならば $c_i^{(\nu)}c_j'=c_i^{(\nu)}c_ju_j=0$. また $B_j\gg B_i^{(\nu)}$ ならば $a_{ij}^{(\nu)}B_j=B_i^{(\nu)}$, $a_{ij}^{(\nu)}=h_{ij}^{(\nu)}k_{ij}^{(\nu)}$, $h_{ij}^{(\nu)}\in\mathfrak{H}_j$, $k_{ij}^{(\nu)}\in\mathfrak{K}_j$ とおけば,

$$r_i^{(\nu)}ac_i^{(\nu)}c_j'=r_i^{(\nu)}ac_i^{(\nu)}c_ju_j=r_i^{(\nu)}aa_{ij}^{(\nu)}c_j(a_{ij}^{(\nu)})^{-1}c_ju_j$$

であるが,

$$c_j(a_{ij}^{(\nu)})^{-1}c_j=c_j(h_{ij}^{(\nu)}k_{ij}^{(\nu)})^{-1}c_j=(\mathrm{sgn}\,k_{ij}^{(\nu)})c_j^2=\alpha(\mathrm{sgn}\,k_{ij}^{(\nu)})c_j.$$

また, $r_i^{(\nu)}aa_{ij}^{(\nu)}B_j=r_i^{(\nu)}aB_i^{(\nu)}=B_i$ であるから, $r_i^{(\nu)}aa_{ij}^{(\nu)}=a_{ij}$ とおくことができる. ゆえに

$$r_i^{(\nu)}ac_i^{(\nu)}c_j'=\alpha(\mathrm{sgn}\,k_{ij}^{(\nu)})a_{ij}c_ju_j=\alpha(\mathrm{sgn}\,k_{ij}^{(\nu)})a_{ij}c_j'.$$

また, $B_j=B_i^{(\nu)}$ ならば $r_i^{(\nu)}aB_j=B_i$ であるから $r_i^{(\nu)}a=a_{ij}$, $c_i^{(\nu)}c_j'=c_jc_j'=\alpha c_j'$. したがって $r_i^{(\nu)}ac_i^{(\nu)}c_j'=\alpha a_{ij}c_j'$.

そこで, $B_j\not\gg B_i^{(\nu)}$ ならば $\varepsilon_{ij}^{(\nu)}=0$, $B_j=B_i^{(\nu)}$ ならば $\varepsilon_{ij}^{(\nu)}=1$, $B_j\gg B_i^{(\nu)}$ ならば $\varepsilon_{ij}^{(\nu)}=\mathrm{sgn}\,k_{ij}^{(\nu)}$ とおくことにすれば (41.4) から

$$\frac{1}{\alpha}c_i'ac_j'=\left(\sum_{\nu=0}^{s_i}\varepsilon_i^{(\nu)}\varepsilon_{ij}^{(\nu)}\right)a_{ij}c_j'$$

が得られる．ゆえに (41.2) から

$$\alpha_{ij}=\sum_{\nu=0}^{s_i}\varepsilon_i^{(\nu)}\varepsilon_{ij}^{(\nu)}. \tag{41.5}$$

これが α_{ij} を求める公式である．——以上をまとめて次の定理を得る．

定理 32　n 次の対称群 $\mathfrak{S}_n$ において，台 D に対応する既約表現 ρ_D に属する一つの表現行列で $a\in G$ に対応するものを次のようにして求めることができる．D の上の標準盤を辞書式の順序に並べ，$B_1<B_2<\cdots<B_d$ とする．d が ρ_D の次数である．$J=\{1,2,\cdots,d\}$ の各元 i に対して i 認容数列を作り，その個数を s_i $(\geqq 0)$ とする．各 i 認容数列に対応する G の元を $r_i^{(\nu)}$, $\nu=1,\cdots,s_i$ とし，$r_i^{(0)}=e$ とする．また ν 番目の i 認容数列の長さが奇数であるか偶数であるかにしたがって $\varepsilon_i^{(\nu)}=+1$ または -1 とおき，$\varepsilon_i^{(0)}=1$ とする．$\nu=0,1,\cdots,s_i$ に対し，$(r_i^{(\nu)}a)^{-1}B_i=B_i^{(\nu)}$ とし，$B_i^{(\nu)}\not\ll B_j$ ならば $\varepsilon_{ij}^{(\nu)}=0$, $B_i^{(\nu)}=B_j$ ならば $\varepsilon_{ij}^{(\nu)}=1$, $B_i^{(\nu)}\ll B_j$ ならば $a_{ij}^{(\nu)}B_j=B_i^{(\nu)}$, $a_{ij}^{(\nu)}=h_{ij}^{(\nu)}k_{ij}^{(\nu)}$, $h_{ij}^{(\nu)}\in\mathfrak{H}_j$, $k_{ij}^{(\nu)}\in\mathfrak{K}_j$, $\operatorname{sgn}k_{ij}^{(\nu)}=\varepsilon_{ij}^{(\nu)}$ とおく．このように $\varepsilon_i^{(\nu)},\varepsilon_{ij}^{(\nu)}$ を定義するとき，(41.5) によって与えられる α_{ij} の行列 (α_{ij}) が a に対応する ρ_D の表現行列となる．

系　$\mathfrak{S}_n$ の各既約表現類は，すべての元素が有理整数から成る行列表現を含む．

証明　定理 32 によって作った表現行列で，$\varepsilon_i^{(\nu)}$ のとる値は ±1, $\varepsilon_{ij}^{(\nu)}$ のとる値は 0 または ±1 であるから $\alpha_{ij}\in\boldsymbol{Z}$.

例 1　$n=3$, $D=D(2,1)$ とすれば，

$$B_1=\begin{array}{|c|c|}\hline 1&2\\\hline 3\\\cline{1-1}\end{array},\quad B_2=\begin{array}{|c|c|}\hline 1&3\\\hline 2\\\cline{1-1}\end{array},\quad d=2$$

となる．このとき $1\not\ll 2$ であるから $s_1=0$. s_2 はむろん 0 である．したがってこの場合は (41.5) の右辺にはただ一つの項しかなく，$\varepsilon_i^{(0)}=1$, $r_i^{(0)}=e$ であるから

$$\alpha_{ij}=\varepsilon_{ij}^{(0)},\quad a^{-1}B_i=B_i^{(0)}$$

となる．今 $a=(1\,2)$ に対する表現行列を求めてみよう．そのときは

$$B_1^{(0)}=(1\,2)B_1=\begin{array}{|c|c|}\hline 2&1\\\hline 3\\\cline{1-1}\end{array},\quad B_2^{(0)}=(1\,2)B_2=\begin{array}{|c|c|}\hline 2&3\\\hline 1\\\cline{1-1}\end{array}$$

$B_1^{(0)}\ll B_1$　　　$(1\,2)B_1=B_1^{(0)}$,　$(1\,2)\in\mathfrak{H}_1$,　$e\in\mathfrak{K}_1$

$B_1^{(0)} \ll B_2 \quad (1\,3)(1\,2)B_2 = B_1^{(0)}, \quad (1\,3) \in \mathfrak{H}_2, \quad (1\,2) \in \mathfrak{K}_2$

$B_2^{(0)} \not\ll B_1$

$B_2^{(0)} \ll B_2 \qquad (1\,2)B_2 = B_2^{(0)}, \qquad (1\,2) \in \mathfrak{K}_2$

	B_1	B_2
$B_1^{(0)}$	1	-1
$B_2^{(0)}$	0	-1

となるから，$\alpha_{ij} = \varepsilon_{ij}^{(0)}$ の値は上の表のようになる．

ゆえに $(1\,2) \to \begin{pmatrix} 1 & -1 \\ 0 & -1 \end{pmatrix}$，同様に $(1\,3) \to \begin{pmatrix} -1 & 0 \\ -1 & 1 \end{pmatrix}$ が得られ，$\mathfrak{S}_3$ は $(1\,2), (1\,3)$ で生成されるから，これから行列の乗法で $\mathfrak{S}_3$ の各元に対応する行列が求められる．（この表現における行列の元素はいずれも 0 または ± 1 である．）

例 2　$n=5$, $D=D(3,2)$ とすれば §40, 例1により

$$B_1 = \begin{array}{|c|c|c|}\hline 1&2&3\\ \hline 4&5\\ \cline{1-2}\end{array}, \quad B_2 = \begin{array}{|c|c|c|}\hline 1&2&4\\ \hline 3&5\\ \cline{1-2}\end{array}, \quad B_3 = \begin{array}{|c|c|c|}\hline 1&2&5\\ \hline 3&4\\ \cline{1-2}\end{array}, \quad B_4 = \begin{array}{|c|c|c|}\hline 1&3&4\\ \hline 2&5\\ \cline{1-2}\end{array}, \quad B_5 = \begin{array}{|c|c|c|}\hline 1&3&5\\ \hline 2&4\\ \cline{1-2}\end{array},$$

$d_5 = 5$

となる．この場合は $1 \ll 5$ であるから $\{1,5\}$ なる1認容数列が得られるが，その他の場合は $i<j \Rightarrow i \not\ll j$ となって $i \geqq 2$ に対しては i 認容数列は存在せず，1 認容数列も $\{1,5\}$ しかない．すなわち $s_1=1$, $s_2=s_3=s_4=s_5=0$. $a_{15}=(2\,4\,5\,3)=(2\,4)(3\,5)(3\,4)=(2\,5)(2\,4)(3\,5)$, $r_1^{(1)}=h_{15}=(2\,4)(3\,5)$, $(k_{15}=(3\,4))$, $\varepsilon_1^{(1)}=-1$ となる．そこで $a=(1,2)$ に対する表現行列を求めてみよう．

$$\begin{cases} \alpha_{1j} = \varepsilon_{1j}^{(0)} - \varepsilon_{1j}^{(1)}, \\ i \geqq 2 \text{ に対しては} \quad \alpha_{ij} = \varepsilon_{ij}^{(0)}, \end{cases} \tag{1}$$

$$(r_i^{(0)}a)^{-1}B_i = (1\,2)B_i = B_i^{(0)},$$

したがって

$$B_1^{(0)} = \begin{array}{|c|c|c|}\hline 2&1&3\\ \hline 4&5\\ \cline{1-2}\end{array}, \quad B_2^{(0)} = \begin{array}{|c|c|c|}\hline 2&1&4\\ \hline 3&5\\ \cline{1-2}\end{array}, \quad B_3^{(0)} = \begin{array}{|c|c|c|}\hline 2&1&5\\ \hline 3&4\\ \cline{1-2}\end{array}, \quad B_4^{(0)} = \begin{array}{|c|c|c|}\hline 2&3&4\\ \hline 1&5\\ \cline{1-2}\end{array},$$

$$B_5^{(0)} = \begin{array}{|c|c|c|}\hline 2&3&5\\ \hline 1&4\\ \cline{1-2}\end{array} \quad \text{また} \quad (r_1^{(1)}a)^{-1}B_i = (1\,2)(3\,5)(2\,4)B_1 = \begin{array}{|c|c|c|}\hline 2&4&5\\ \hline 1&3\\ \cline{1-2}\end{array} = B_1^{(1)}.$$

	B_1	B_2	B_3	B_4	B_5
$B_1^{(0)}, B_1^{(1)}$	1, 0	0, 0	0, 0	-1, 0	0, 1
$B_2^{(0)}$	0	1	0	-1	0
$B_3^{(0)}$	0	0	1	0	-1
$B_4^{(0)}$	0	0	0	-1	0
$B_5^{(0)}$	0	0	0	0	-1

これから前例と同様にして，次表から求める行列が得られる．

たとえば $B^{(0)}{}_1 \ll B_1$, $(1\,2)B_1 = B_1^{(0)}$, $(1\,2) \in \mathfrak{H}_1$, ゆえに $\varepsilon_{11}^{(0)} = 1$; $B_1^{(1)} \not\ll B_1$ であるから $\varepsilon_{11}^{(1)} = 0$. それで左上の位置には 1, 0 を記入した．(*1*) によって

$$(1\,2) \to \begin{pmatrix} 1 & 0 & 0 & -1 & -1 \\ 0 & 1 & 0 & -1 & 0 \\ 0 & 0 & 1 & 0 & -1 \\ 0 & 0 & 0 & -1 & 0 \\ 0 & 0 & 0 & 0 & -1 \end{pmatrix}$$

を得る．同様に

$$(1\,2\,3\,4\,5) \to \begin{pmatrix} -1 & -1 & 1 & 1 & 0 \\ -1 & 0 & 0 & 0 & 1 \\ 0 & -1 & 0 & 0 & 0 \\ -1 & 0 & 0 & 1 & 0 \\ 0 & -1 & 0 & 1 & 0 \end{pmatrix}.$$

$\mathfrak{S}_5$ は $(1\,2)$, $(1\,2\,3\,4\,5)$ で生成されるから，他の元に対応する行列も上の二つから掛け合わせて得られる．

§42　WEYL の相互律

上の 4 節 (§38～§41) では，$G = \mathfrak{S}_n$ としたが，この節では G を一般の有限群とし，G の群多元環 $A(G)$ を A と略記することとする．また G の一つの表現 (既約でなくてもよい) ρ が与えられているものとし，ρ の表現空間を V とする．

§26 で，$\mathfrak{L}(V)$ の任意の部分集合を $\mathfrak{L}(V)$ 集合と名づけ，$\mathfrak{L}(V)$ 集合 S に対して

$$\{\tau;\ \tau \in \mathfrak{L}(V),\quad \forall \sigma \in S,\ \sigma\tau = \tau\sigma\}$$

なる $\mathfrak{L}(V)$ 集合を S' と記し，S' が $\boldsymbol{C}$ の上の多元環であることを示した．S' を $\mathfrak{C}(S)$ とも記し，S の**交換子多元環**とよぶことにしよう．$\rho(G) = \{\rho(x); x \in G\}$ は一つの $\mathfrak{L}(V)$ 集合であるが，今 $\mathfrak{C}(\rho(G)) = Z$ とおく．Z の元はもちろん $\mathfrak{L}(V)$ の元であるから，$Z \ni \zeta$, $V \ni u$ に対して $\zeta(u) \in V$ となる．V の部分空間 W が，Z の任意の元 ζ に対して $\zeta(W) \subset W$ を満足するとき，W は **Z に対して不変** (または **Z-不変**) であるという．

H. WEYL は‘群論と量子力学’(1928 初版) の最後の章で，量子力学における

‘対称問題’に関連して対称群と回転群の表現の関係を論じたが, 再版(1931)では, 上の考察で $G=\mathfrak{S}_n$ とした場合の $A=A(G)=A(\mathfrak{S}_n)$ の左イデアルと, Z に対して不変な V の部分空間との間に‘相互律’(後の定理33)が成り立つことを代数的に証明し, 初版の理論を簡単化した. 次にそれを紹介しよう.

まず V の双対空間(§10)を $\hat{V}$ とし, $V\ni u$, $\hat{V}\ni\varphi$ に対して $[u,\varphi]\in A$ を次の式で定義する.

$$[u,\varphi](x)=\varphi(\rho(x)u)=(\rho(x)u,\varphi),\quad x\in G. \tag{42.1}$$

(第3辺の内積は§10, p. 44の意味である.) そうすれば次の命題が成り立つ.

命題 48　$[u,\varphi]$ は, u,φ について双1次的である. すなわち, $\lambda\in\boldsymbol{C}$, $u,v\in V$, $\varphi,\psi\in\hat{V}$ に対し

$$[u+v,\varphi]=[u,\varphi]+[v,\varphi],\quad [\lambda u,\varphi]=\lambda[u,\varphi],$$

$$[u,\varphi+\psi]=[u,\varphi]+[u,\psi],\quad [u,\lambda\varphi]=\lambda[u,\varphi].$$

証明　定義(42.1)から明らかである.

命題 49　$[u,\varphi]=[v,\varphi]$ がすべての $\varphi\in\hat{V}$ について成り立てば $u=v$.

証明　前命題により $[u,\varphi]-[v,\varphi]=[u-v,\varphi]$ であるから, $(\forall\varphi\in\hat{V},\ [u,\varphi]=0)\Rightarrow u=0$ を証明すればよい. $\forall\varphi\in\hat{V}$, $[u,\varphi](e)=\varphi(\rho(e)u)=\varphi(u)=0$ であるから $u=0$.　(証終)

次に§29例5に述べたように, ρ の定義域を G から A へ——$\rho\left(\sum_{x\in G}\lambda_x f_x\right)=\sum_{x\in G}\lambda_x\rho(x)$ によって——拡張し, 拡張された A から $\mathfrak{L}(V)$ への写像をやはり ρ と記す. また $f\in A$ に対し $\hat{f}\in A$ を

$$\hat{f}(x)=f(x^{-1}),\quad x\in G$$

によって定義する.

例 1　$\widehat{fg}=\hat{g}\hat{f}$, $\hat{\hat{f}}=f$.

解　定義から明らかである.

例 2　p. 221に定義した H,K,c に対して, $\hat{H}=H$, $\hat{K}=K$, $\hat{c}=KH$ が成り立つ.

解　$H(x)=\begin{cases}1 & (x\in\mathfrak{H}),\\ 0 & (x\notin\mathfrak{H}).\end{cases}$　$\hat{H}(x)=H(x^{-1})=\begin{cases}1 & (x^{-1}\in\mathfrak{H}),\\ 0 & (x^{-1}\notin\mathfrak{H}).\end{cases}$

$\mathfrak{H}$ は群を作るから $x\in\mathfrak{H} \Leftrightarrow x^{-1}\in\mathfrak{H}$. ゆえに $H=\hat{H}$. 同様に $K=\hat{K}$. したがって $\hat{\mathfrak{C}}=(\widehat{HK})=\hat{K}\hat{H}=KH$.

命題 50 $f\in A$ に対し $f[u,\varphi]=[u,{}^t(\rho(\hat{f}))\varphi]$. (${}^t(\rho(\hat{f}))$ は $\rho(\hat{f})$ の転置写像を表わす.)

証明 §29 の A における積の定義により

$$\begin{aligned}(f[u,\varphi])(x) &= \sum_{y\in G} f(y^{-1})([u,\varphi](yx)) = \sum_{y\in G} f(y^{-1})(\rho(yx)u,\varphi)\\ &= \sum_{y\in G} f(y^{-1})(\rho(y)\rho(x)u,\varphi) = \left(\sum_{y\in G} f(y^{-1})\rho(y)\rho(x)u,\varphi\right)\\ &= (\rho(\hat{f})\rho(x)u,\varphi) = (\rho(x)u,{}^t(\rho(\hat{f}))\varphi).\end{aligned}$$

命題 51 $f\in A$ に対し $[u,\varphi]f=[\rho(\hat{f})u,\varphi]$

証明
$$\begin{aligned}([u,\varphi]f)(x) &= \sum_{y\in G}[u,\varphi](xy)f(y^{-1}) = \sum_{y\in G} f(y^{-1})(\rho(x)\rho(y)u,\varphi)\\ &= \sum_{y\in G} f(y^{-1})(\rho(y)u,{}^t(\rho(x))\varphi) = (\rho(\hat{f})u,{}^t(\rho(x))\varphi)\\ &= (\rho(x)\rho(\hat{f})u,\varphi).\end{aligned}$$
(証終)

テンソル積 $V\otimes\hat{V}\ni u\otimes\varphi$ に対して, $v\in V$ を $\varphi(v)u=(v,\varphi)u\in V$ に写像する $\mathfrak{L}(V)$ の元を対応させれば, $V\otimes\hat{V}$ から $\mathfrak{L}(V)$ の上へのベクトル空間としての同型写像が得られることが容易にわかる. この対応により $V\otimes\hat{V}$ と $\mathfrak{L}(V)$ を同一視することとすれば,次の命題が成り立つ.

命題 52 $\tau\in GL(V)$, $u\in V$, $\varphi\in\hat{V}$ に対し

$$\tau\circ(u\otimes\varphi)=(\tau u)\otimes\varphi.$$

証明 任意の $v\in V$ に対し,

$$(\tau\circ(u\otimes\varphi))(v)=\tau((v,\varphi)u)=(v,\varphi)\tau u=((\tau u)\otimes\varphi)(v).$$

命題 53 $\tau=\sum_{x\in G}(\rho(x)u\otimes\varphi)\circ\rho(x^{-1})\in Z.$

証明 任意の $y\in G$ に対して

$$\rho(y)\tau\rho(y^{-1})=\sum_{x\in G}(\rho(yx)u\otimes\varphi)\rho(x^{-1}y^{-1})=\sum_{z\in G}(\rho(z)u\otimes\varphi)\rho(z^{-1})=\tau.$$
(証終)

以下 A の左イデアル全体の集合を $\mathfrak{M}$, $\mathfrak{M}$ の元を一般に M, Z に対して不変な部分空間全体の集合を $\mathfrak{W}$, $\mathfrak{W}$ の元を一般に W で表わすこととし, WEYL に従って次の記法を導入する.

$$^{\#}M=\{u;\ \forall\varphi\in\hat{V},[u,\varphi]\in M\},\tag{42.2}$$

$$^{\natural}W=\{f;\ f=\sum_{i=1}^{m}[u_i, \varphi_i], u_i \in W, \varphi_i \in \hat{V}\} \quad (m=1,2,\cdots) \qquad (42.3)$$

ここに u, f はむろんそれぞれ V, A の元とする.

命題 54 (i) $^{\#}M \in \mathfrak{W}$. (ii) $^{\natural}W \in \mathfrak{M}$.

(iii) $M \supset M' \Rightarrow {}^{\#}M \supset {}^{\#}M'$.

(iv) $W \supset W' \Rightarrow {}^{\natural}W \supset {}^{\natural}W'$ 特に $^{\natural}V \supset {}^{\natural}W$.

証明 (i) 任意の $\zeta \in Z, u \in {}^{\#}M$ をとるとき, $\zeta(u) \in {}^{\#}M$, すなわち $\forall \varphi \in \hat{V}$, $[\zeta(u), \varphi] \in M$ を示せばよい.

$$[\zeta(u), \varphi](x)=\varphi(\rho(x)\circ\zeta(u))=\varphi(\zeta\circ\rho(x)(u))={}^{t}\zeta\varphi(\rho(x)(u))$$
$$=[u, {}^{t}\zeta\varphi](x)$$

であるから $[\zeta(u), \varphi]=[u, {}^{t}\zeta\varphi]$. $u \in {}^{\#}M$ であるから, これは $\in M$ である.

(ii) $^{\natural}W$ が A の部分空間となることは明らかである. さらに, 任意の $x \in G$, $^{\natural}W \ni f=\sum_{i=1}^{m}[u_i, \varphi_i]$ $(u_i \in W)$ に対して

$$(xf)(y)=f(x^{-1}y)=\sum_{i=1}^{m}(\rho(x^{-1}y)u_i, \varphi_i)=\sum_{i=1}^{m}(\rho(y)u_i, {}^{t}\rho(x^{-1})\varphi_i)$$
$$=\sum_{i=1}^{m}[u_i, {}^{t}\rho(x^{-1})\varphi_i](y)$$

であるから $xf=\sum_{i=1}^{m}[u_i, {}^{t}\rho(x^{-1})\varphi_i] \in {}^{\natural}W$. ゆえに $^{\natural}W \in \mathfrak{M}$.

(iii), (iv) は定義から明らかである. (証終)

一般に ($\boldsymbol{C}$ の上の) ベクトル空間 V の部分集合 M があるとき, M によって生成される V の部分空間 $[M]$ を M の**線型閉包** (linear envelope, lineare Hülle) ともいう. M からいま一つのベクトル空間 V' の中への写像 f が条件: $\sum_{i=1}^{k}\lambda_i x_i=0 \Rightarrow \sum_{i=1}^{k}\lambda_i f(x_i)=0$ $(\lambda_i \in \boldsymbol{C},\ x_i \in M,\ k=1,2,\cdots)$ を満足すれば, $\tilde{f}(\sum_{i=1}^{r}\mu_i x_i)=\sum_{i=1}^{r}\mu_i f(x_i)$ $(\mu_i \in \boldsymbol{C},\ x_i \in M,\ r=1,2,\cdots)$ とおくことにより, $\tilde{f} \in \mathfrak{L}([M], V')$ となることが容易にわかる. $\tilde{f}$ を f の**線型な拡張**といい, 通常同じ文字 f で表わす. 明らかに $f([M])=[f(M)]$.

例 3 $\mathfrak{L}(V)$ は $GL(V)$ の線型閉包である.

例 4 $A=A(G)$ は G の線型閉包で, p. 171, 例 5 で定義された ρ は, それに応じた線型な拡張である.

一般に S を一つの代数系 (群, 多元環など. ただし多元環を考えるときは, 基

礎体は $\boldsymbol{C}$ としておく), V を ($\boldsymbol{C}$ の上の) ベクトル空間とし, ρ を S から $\mathfrak{L}(V)$ の中への準同型写像とする. このとき ρ を V における S の**表現**といい, V をその**表現空間**という. S の部合集合 S_0 とその表現 ρ_0 が与えられているとき, S が S_0 の線型閉包となっていれば, ρ_0 の線型な拡張として S の表現 ρ が得られる.

S の二つの表現を ρ_1, ρ_2 とし, それらの表現空間をそれぞれ V_1, V_2 とするとき, V_1 から V_2 へのベクトル空間としての同型写像 Φ があって

$$\forall x \ni S,\ \ \rho_2(x)\circ\Phi = \Phi\circ\rho_1(x)$$

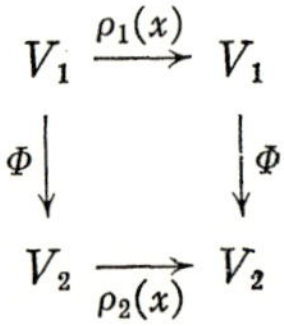

$$\begin{array}{ccc} V_1 & \xrightarrow{\rho_1(x)} & V_1 \\ \Phi\big\downarrow & & \big\downarrow\Phi \\ V_2 & \xrightarrow[\rho_2(x)]{} & V_2 \end{array}$$

となるとき, (群の表現の場合と同様に) ρ_1 と ρ_2 とは**同値**であるといい, V_1 と V_2 は **S の表現空間として同型**であるといって, $\rho_1 \sim \rho_2$, $V_1 \sim V_2$ と書き表わす. 不変部分空間の概念も群の表現の場合と同様に定義される. すなわち, 代数系 S の表現 ρ の表現空間 V の部分空間 W が, $\mathfrak{L}(V)$ 集合 $\rho(S)$ の不変部分空間 (p. 158) となっているとき, W を V の **S-不変部分空間**とよぶのである.

例 5　S が $\mathfrak{L}(V)$ 集合で一つの代数系をなすものとする. このとき $\rho(x) = x$, $x \in S$ なる表現 ρ は S の同型表現を与える. これを S の自然な表現という.

例 6　S は例5と同じとし, V の S-不変部分空間 W_1, W_2 をとれば, $\rho_i(x) = x|W_i$ なる表現 ρ_i $(i = 1, 2)$ が得られるが, $\rho_1 \sim \rho_2$ あるいは $W_1 \sim W_2$ なるためには, 次の条件が必要十分である: ' $\forall x \in S$, $\forall u \in W_1$, $x\circ\Phi(u) = \Phi\circ x(u)$ なる W_1 から W_2 へのベクトル空間としての同型写像 Φ が存在する'.

$\mathfrak{M}$ の元のうち, ${}^{\natural}V$ に含まれるもの全体の集合を $\mathfrak{M}_0$ とすれば, 命題54(iv) から ${}^{\natural}W \in \mathfrak{M}_0$ となる. $\mathfrak{M}$ の元 (したがってもちろん $\mathfrak{M}_0$ の元) はいずれも G の左正則表現の表現空間であるから, A のその線型な拡張の表現の表現空間ともなる. また $\mathfrak{W} \ni W$ は Z-不変部分空間であるから, W を表現空間として $\rho(\xi) = \xi|W$, $\xi \in Z$ なる多元環 Z の表現が得られる.

WEYL の相互律は, 表現空間の集合としての $\mathfrak{W}, \mathfrak{M}_0$ の間に $\sharp, \natural$ によって, 表現空間としての同型関係を保存する1対1の対応がつけられることを示す. すなわち次の定理が成り立つのである.

定理 33 (WEYL)　A を有限群 G の群多元環, ρ を G の表現, V を ρ の表現空間, Z を $\rho(G)$ $(\subset GL(V))$ の交換子多元環とする. A の左イデアルの集合を $\mathfrak{M}$,

V の Z-不変な部分空間の集合を $\mathfrak{W}$ とする. $u\in V$, $\varphi\in\hat{V}$ に対し, $[u,\varphi]\in A$ を (42.1) によって定義し, $\mathfrak{M}\ni M$, $\mathfrak{W}\ni W$ に対し, ${}^{\sharp}M$, ${}^{\natural}W$ を (42.2), (42.3) によって定義する. また $\mathfrak{M}$ の元のうち ${}^{\natural}V$ に含まれるものの集合を $\mathfrak{M}_0$ とすれば, $\mathfrak{M}_0\ni M, M'$, $\mathfrak{W}\ni W, W'$ に対し,

(i) ${}^{\natural\sharp}M=M.$ (ii) ${}^{\sharp\natural}W=W.$

(iii) ${}^{\sharp}(M\oplus M')={}^{\sharp}M\oplus{}^{\sharp}M'$, ${}^{\natural}(W\oplus W')={}^{\natural}W\oplus{}^{\natural}W'$.

(iv) $M\sim M' \Leftrightarrow {}^{\sharp}M\sim{}^{\sharp}M'$, $W\sim W' \Leftrightarrow {}^{\natural}W\sim{}^{\natural}W'$.

この定理の証明には, 上記の諸命題が本質的に用いられるが, なお次の三つの補題を準備しよう. 初めに§37命題20により, $\mathfrak{M}$ の元 M は, A の適当なベキ等元 ε により $A\varepsilon$ の形に書かれることに注意する.

補題 1 $\mathfrak{M}$ の任意の元 M を $M=A\varepsilon$ (ε はベキ等元) と書けば,

$$ {}^{\sharp}M=\rho(\hat{\varepsilon})V. $$

証明 次の関係からわかる.

$$
\begin{aligned}
u\in{}^{\sharp}M &\Leftrightarrow \forall\varphi\in\hat{V},\quad [u,\varphi]\in M\\
&\Leftrightarrow \forall\varphi\in\hat{V},\quad [u,\varphi]\varepsilon=[u,\varphi] \quad (\text{p. 215 第2〜3行による})\\
&\Leftrightarrow \forall\varphi,\quad [\rho(\hat{\varepsilon})u,\varphi]=[u,\varphi] \quad (\text{命題51による})\\
&\Leftrightarrow \rho(\hat{\varepsilon})u=u \quad (\text{命題49による})\\
&\Leftrightarrow u\in\rho(\hat{\varepsilon})V. \quad (\Leftarrow \text{は } u=\rho(\hat{\varepsilon})v\Rightarrow\rho(\hat{\varepsilon})u=u \text{ による.})
\end{aligned}
$$

補題 2 ${}^{\natural\sharp}M\subset M.$ ${}^{\sharp\natural}W\supset W.$

証明 定義から明らかである.

補題 3 ${}^{\natural}V$ は両側イデアルである.

証明 ${}^{\natural}V$ はもちろん左イデアルである. これがさらに右イデアルでもあることを示すには, 任意の $f\in A$ に対して ${}^{\natural}V\cdot f\subset{}^{\natural}V$ をいえばよい. ${}^{\natural}V\ni g=\sum_{i=1}^{m}[u_i,\varphi_i]$, $u_i\in V$ とすれば, $gf=\sum_{i=1}^{m}[u_i,\varphi_i]f=\sum_{i=1}^{m}[\rho(\hat{f})u_i,\varphi_i]$. ここでもちろん $\rho(\hat{f})u_i\in V$. ゆえに $gf\in{}^{\natural}V$ である.

定理33の証明 (i) ベキ等元 ε を用いて $M=A\varepsilon$ と書けば, $M\subset{}^{\natural}V$ であるから $M\ni f$ は,

$$ f=f\varepsilon=\sum_{i=1}^{m}[u_i,\varphi_i]\varepsilon=\sum_{i=1}^{m}[\rho(\hat{\varepsilon})u_i,\varphi_i], \qquad u_i\in V $$

と書ける．補題1により $\rho(\hat{\varepsilon})u_i \in \rho(\hat{\varepsilon})V = {}^{\sharp}M$. ゆえに $f \in {}^{\natural\sharp}M$. したがって $M \subset {}^{\natural\sharp}M$. これと補題2とから $M = {}^{\natural\sharp}M$ が得られる．

(ii) ベキ等元 ε を用いて ${}^{\natural}W = A\varepsilon$ と書けば，補題1により ${}^{\sharp\natural}W = \rho(\hat{\varepsilon})V$. ここで，

$$\rho(\hat{\varepsilon}) = \sum_{x \in G} \hat{\varepsilon}(x^{-1})\rho(x^{-1}) = \sum_{x \in G} \varepsilon(x)\rho(x^{-1}).$$

また，$\varepsilon \in {}^{\natural}W$ であるから

$$\varepsilon(x) = \sum_{i=1}^{m} [u_i, \varphi_i](x) = \sum_{i=1}^{m} (\rho(x)u_i, \varphi_i), \qquad u_i \in W$$

となる．ゆえに（補題1の証明の最終行を用い）

$$\begin{aligned} {}^{\sharp\natural}W \ni v = \rho(\hat{\varepsilon})v &= \sum_{i=1}^{m} \sum_{x \in G} (\rho(x)u_i, \varphi_i)\rho(x^{-1})v \\ &= \sum_{i=1}^{m} \sum_{x \in G} (\rho(x^{-1})v \otimes \varphi_i)\rho(x)u_i. \end{aligned}$$

しかるに命題53により $\sum_{x \in G} (\rho(x^{-1})v \otimes \varphi_i)\rho(x) \in Z$. これと $u_i \in W$ とから $\sum_{x \in G} (\rho(x^{-1})v \otimes \varphi_i)\rho(x)u_i \in W$. したがって $v \in W$. ゆえに ${}^{\sharp\natural}W \subset W$. これと補題2とから ${}^{\sharp\natural}W = W$ となる．

(iii) $M, M' \subset M \oplus M'$ であるから ${}^{\sharp}M, {}^{\sharp}M' \subset {}^{\sharp}(M \oplus M')$. ゆえに ${}^{\sharp}M \oplus {}^{\sharp}M' \subset {}^{\sharp}(M \oplus M')$. 次に，${}^{\sharp}M, {}^{\sharp}M' \subset {}^{\sharp}M \oplus {}^{\sharp}M'$ であるから，$M, M' \subset {}^{\natural}({}^{\sharp}M \oplus {}^{\sharp}M')$. ゆえに $M \oplus M' \subset {}^{\natural}({}^{\sharp}M \oplus {}^{\sharp}M')$. したがって ${}^{\sharp}(M \oplus M') \subset {}^{\sharp}M \oplus {}^{\sharp}M'$. ゆえに ${}^{\sharp}(M \oplus M') = {}^{\sharp}M \oplus {}^{\sharp}M'$. 同様に ${}^{\natural}(W \oplus W') = {}^{\natural}W \oplus {}^{\natural}W'$.

(iv) を証明するには，$M \sim M' \Rightarrow {}^{\sharp}M \sim {}^{\sharp}M'$, $W \sim W' \Rightarrow {}^{\natural}W \sim {}^{\natural}W'$ の二つを示せばよい．

$M \sim M'$ とする．命題22系2により，M と M' の間の同型対応は適当な $f_0, f_0' \in A$ を用いて

$$f' = ff_0, \quad f = f'f_0' \qquad (f \in M,\ f' \in M')$$

によって得られ，すべての $f \in M$ に対して $f = ff_0f_0'$ である．今 $u \in {}^{\sharp}M$ とすれば，$\forall \varphi \in \hat{V}, [u, \varphi] \in M$. したがって $\forall \varphi, [\rho(\hat{f_0})u, \varphi] = [u, \varphi]f_0 \in M'$. ゆえに $\rho(\hat{f_0})u \in {}^{\sharp}M'$. そこで，$u$ に $\rho(\hat{f_0})u$ を対応させる写像を Φ: ${}^{\sharp}M \to {}^{\sharp}M'$ とすると，Φ が ${}^{\sharp}M$ から ${}^{\sharp}M'$ への同型写像を与えることを示そう．Φ と同様に Ψ:

${}^{\#}M' \to {}^{\#}M$ が, $\Psi(u') = \rho(\hat{f_0}')u'$ $(u' \in {}^{\#}M')$ によって定義され,

$$\forall \varphi,\ [\Psi\Phi(u), \varphi] = [\rho(\hat{f_0}')\rho(\hat{f_0})u, \varphi] = [\rho(\widehat{f_0 f_0'})u, \varphi] = [u, \varphi]f_0 f_0' = [u, \varphi].$$

ゆえに命題49により $\Psi\Phi(u) = u$. 同様に $\Phi\Psi(u') = u'$. ゆえに p. 27, 例10により, Φ, Ψ は全単射で互に逆写像である. かつ明らかに Φ は線型写像で, また任意の $\zeta \in Z$ に対して $\zeta\Phi = \Phi\zeta$ となるから, Φ は, ${}^{\#}M$ から ${}^{\#}M'$ への表現空間としての同型写像を与える. ゆえに ${}^{\#}M \sim {}^{\#}M'$.

次に, $W \sim W'$ とする. すなわち W から W' への同型対応 Φ があって, 任意の $\zeta \in Z$ に対して $\zeta\Phi = \Phi\zeta$ であるとする. そのとき ${}^{\natural}W \ni f = \sum_{i=1}^{m}[u_i, \varphi_i]$ $(u_i \in W,\ \varphi_i \in \hat{V})$ に対して $g = \sum_{i=1}^{m}[\Phi(u_i), \varphi_i]$ とすれば明らかに $g \in {}^{\natural}W'$ であるが, f に g を対応させることによって ${}^{\natural}W$ と ${}^{\natural}W'$ との間の表現空間としての同型対応が得られることを次に示そう.

まず, f の表わし方の如何にかかわらず g が f に対して一意的に定まることを示そう. それには, $f = 0 \Rightarrow g = 0$ をいえばよい. $u \in V$ とし, $\tau_i(u) = \sum_{x \in G}(\rho(x)u \otimes \varphi_i)\rho(x^{-1})$ とおけば,

$$\rho(\hat{f})u = \sum_{x \in G} f(x^{-1})\rho(x)u = \sum_{x \in G}\sum_{i=1}^{m}(\rho(x^{-1})u_i, \varphi_i)\rho(x)u$$

$$= \sum_{i=1}^{m}\sum_{x \in G}(\rho(x)u \otimes \varphi_i)\rho(x^{-1})u_i = \sum_{i=1}^{m}\tau_i(u)u_i$$

となる. $\Phi(u_i) = v_i$ とおけば, 同様に

$$\rho(\hat{g})u = \sum_{i=1}^{m}\tau_i(u)v_i$$

となる. 命題53により $\tau_i(u) \in Z$ であるから

$$\rho(\hat{g})u = \sum_{i=1}^{m}\tau_i(u)\Phi(u_i) = \sum_{i=1}^{m}\Phi\tau_i(u)u_i = \Phi(\rho(\hat{f})u).$$

したがって
$$\begin{aligned} f = 0 &\Rightarrow \forall u \in V,\ \rho(\hat{f})u = 0 \\ &\Rightarrow \forall u \in V,\ \rho(\hat{g})u = 0 \\ &\Rightarrow \forall u \in V,\ \forall \varphi \in \hat{V},\ [\rho(\hat{g})u, \varphi] = [u, \varphi]g = 0. \end{aligned}$$

${}^{\natural}V$ の元は $\sum_{i=1}^{m}[u_i, \varphi_i]$, $u_i \in V$, $\varphi_i \in \hat{V}$ の形で表わされるから, $f = 0$ ならば ${}^{\natural}V \cdot g = 0$. 補題3により ${}^{\natural}V \ni \varepsilon$, $\forall h \in {}^{\natural}V$, $\varepsilon h = h$ となるベキ等元 ε がある.

したがって $g=\varepsilon g=0$.

以上によって定義された $^\natural W$ から $^\natural W'$ への写像を Φ' とすれば，前半と同様の考察によって Φ' は全単射であることがわかる．また，Φ' は明らかに線型写像で，任意の $x\in G,\ f\in {}^\natural W$ に対して

$$\Phi' x(f)=\Phi' x\left(\sum_{i=1}^{m}[u_i,\varphi_i]\right)=\sum_{i=1}^{m}\Phi'(x[u_i,\varphi_i])\quad (u_i\in W,\ \varphi_i\in \hat{V})$$

$$=\sum_{i=1}^{m}\Phi'([u_i,{}^t\rho(x^{-1})\varphi_i])\qquad (\text{命題 }50)$$

$$=\sum_{i=1}^{m}[v_i,{}^t\rho(x^{-1})\varphi_i]=x\sum_{i=1}^{m}[v_i,\varphi_i]=x\Phi'(f)\quad (v_i=\Phi(u_i)\in W')$$

となる．したがって $^\natural W\sim{}^\natural W'$.

系 $M\in\mathfrak{M}_0,\ W\in\mathfrak{W}$ をそれぞれ $G, Z=\mathfrak{C}(\rho(G))$ の表現空間と考えるとき，M が既約ならば $^\# M$ も既約である．また，W が既約ならば $^\natural W$ も既約である．

§43 一般線型変換群のテンソル表現

m を固定された自然数，V を $\boldsymbol{C}$ の上の m 次元のベクトル空間とし，V の一般線型変換群を $\mathfrak{G}=GL(V)$ とする．$\mathfrak{G}$ はもちろん無限群である．今までこの章では主として有限群の表現ばかりを扱って来たが，この最後の節では無限群 $\mathfrak{G}$ の表現を考える．

$\mathfrak{G}$ はそれ自身 $\mathfrak{G}$ の表現と考えられる．それが $\mathfrak{G}$ の‘自然な表現’であった(§25, 例3)．この自然な表現を σ で表わそう．n 個の σ のテンソル積 $\underbrace{\sigma\otimes\cdots\otimes\sigma}_{n\text{ 個}}=\sigma^n$ は，m^n 次元のベクトル空間 $\underbrace{V\otimes\cdots\otimes V}_{n\text{ 個}}=V^n$ を表現空間とする $\mathfrak{G}$ の表現となる．σ^n を $\mathfrak{G}$ の **n 階のテンソル表現**という．(なお，p. 245 により，σ^n は，$\mathfrak{G}=GL(V)$ の線型閉包 $\mathfrak{L}(V)$ においても定義される．したがって $\sigma^n(\mathfrak{L}(V))$ も意味をもつ.) §25, 例6で注意したように σ は $\mathfrak{G}$ の既約表現であるが，σ^n はもちろん一般に既約ではなく，($\mathfrak{G}$ は有限群でないから) 有限群の表現論の出発点となった定理8系もここでは使えない．しかし前節の定理33を応用することによって，テンソル表現 σ^n は実は完全可約となり，しかもその既約表現への直和分解は n 次の対称群 $G=\mathfrak{S}_n$ の表現論を用いて求められるのである．簡単のため，以下 V の一つの基底 $\{u_1,\cdots,u_m\}$ をとって固定し，これから p. 118 の方

法で V^n の基底 $\{u^{(1)}, \cdots, u^{(m^n)}\}$ $(u^{(1)} = \underbrace{u_1 \otimes \cdots \otimes u_1}_{n \text{個}},\ u^{(2)} = \underbrace{u_1 \otimes \cdots \otimes u_1}_{(n-1)\text{個}} \otimes u_2,$ $\cdots, u^{(m^n)} = \underbrace{u_m \otimes \cdots \otimes u_m}_{n \text{個}})$ を構成して論ずる.

まず $G = \mathfrak{S}_n \ni x$ に対して $\rho(x) \in GL(V^n)$ を次のように定義する.

$$\left.\begin{array}{l} V^n \text{の基底}\ u^{(i)} = u_{j_1} \otimes \cdots \otimes u_{j_n}\ \text{に対しては}\ \rho(x)u^{(i)} = u_{j_{x(1)}} \otimes \cdots \otimes u_{j_{x(n)}}, \\ V^n \text{の一般の元}\ v = \sum_{i=1}^{m^n} \lambda^{(i)} u^{(i)}\ \text{に対しては}\ \rho(x)v = \sum_{i=1}^{m^n} \lambda^{(i)} \rho(x) u^{(i)}. \end{array}\right\} \tag{43.1}$$

そうすれば, ρ は明らかに V^n を表現空間とする G の表現となる.

例 1 $m = 4$, $n = 3$ とし, $x = (1\,3\,2)$ とすれば, $\rho(x)(u_1 \otimes u_4 \otimes u_2) = u_2 \otimes u_1 \otimes u_4$.

一般に, $\mathfrak{S}_n \ni x = \begin{pmatrix} 1 & 2 & \cdots & n \\ \nu_1 & \nu_2 & \cdots & \nu_n \end{pmatrix}$ とすれば,

$$\rho(x)(u_{j_1} \otimes \cdots \otimes u_{j_n}) = u_{j_{\nu_1}} \otimes \cdots \otimes u_{j_{\nu_n}}.$$

例 2 $\rho(x)u^{(i)} = u^{(i')}$ となるとすれば, x は自然数 i $(1 \leqq i \leqq m^n)$ の函数で i に対する‘値’が i' であると考えることができる. この函数関係を

$$i' = x[i]$$

で表わすことにしよう. すなわち

$$\rho(x)u^{(i)} = u^{x[i]}.$$

また

$$x = \begin{pmatrix} 1 & 2 & \cdots & n \\ \nu_1 & \nu_2 & \cdots & \nu_n \end{pmatrix} \quad \text{のとき} \quad x(\mu) = \nu_\mu$$

とおけば, $x(\mu)$ は自然数 μ $(1 \leqq \mu \leqq n)$ に対して定義された――$x[i]$ とは全く別の――函数となる. この函数 $x(\mu)$ はすでに (43.1) でも用いた. これらの記法 $x[i]$, $x(\mu)$ は以下でもしばしば用いられる.

上のように定義された V^n を表現空間とする G の表現 ρ と $\mathfrak{G}$ のテンソル表現 σ^n との関係について次の重要な命題が成り立つ.

命題 55 ρ を上に定義された G の表現とし, $\rho(G)$ の交換子多元環 $\mathfrak{C}(\rho(G))$ を $Z(\subset GL(V^n))$ とするとき, V^n の部分空間 W が Z-不変であることと, W が $\sigma^n(\mathfrak{G})$-不変であることとは同じことである.

今この命題を承認すれば, 前節の G, ρ をそれぞれ上に定義したものとするとき, 前節の $\mathfrak{W}$ を $\mathfrak{G}$ の表現 σ^n の表現空間の部分表現空間の全体と考えることができる.

$$\begin{array}{ccc} \mathfrak{G} = GL(V) & \xrightarrow{\sigma^n} & V^n \supset W \in \mathfrak{W} \\ & \overset{\rho}{\nearrow} & \sharp \uparrow \downarrow \natural \quad \sharp \uparrow \downarrow \natural \\ G = \mathfrak{S}_n & \xrightarrow[\text{正則表現}]{} & A \supset^{\natural} V^n \supset M \in \mathfrak{M}_0 \end{array}$$

そうすれば，定理33 (Weyl の相互律) によって $\mathfrak{G}$ の表現空間 W と ${}^{\natural}V^n$ に含まれる $A=A(G)$ の左イデアル M との間に1対1の対応が成り立ち，$\mathfrak{G}$ の既約な表現空間は，${}^{\natural}V^n$ に含まれる既約な左イデアル $M=Ac$ から ${}^{\#}M=\rho(\hat{c})V$ を作る操作によってすべて得られることとなる．また，$W_1, W_2\in\mathfrak{W}$ が同値な表現空間であるかどうかはそれらに対応する $A(G)$ の左イデアル ${}^{\natural}W_1, {}^{\natural}W_2$ が同値であるかどうかによって定まる．さらに有限群 G の表現は完全可約で

$${}^{\natural}V^n=M_1\oplus\cdots\oplus M_k \qquad (M_i,\ i=1,\cdots,k \text{ は } A(G) \text{ の既約な左イデアル})$$

の形に直和分解されるから，それに対応して σ^n の表現空間も

$$V^n={}^{\#}M_1\oplus\cdots\oplus{}^{\#}M_k$$

と既約な表現空間の直和に分解される．したがって σ^n は完全可約であることがわかる．また ${}^{\#}M_i$ の V^n における重複度は明らかに M_i の ${}^{\natural}V^n$ における重複度と一致する．$G=\mathfrak{S}_n$ の表現については §38～§41 で詳しいことが知られているから，それを利用することによって σ^n についての同種の問題が解決されるのである．これらの結果は後に定理34としてまとめて述べる．なお，$A(G)$ の既約な左イデアルが ${}^{\natural}V^n$ に含まれるかどうかを判別する問題が新たに生ずるが，これも $G=\mathfrak{S}^n$ の台を用いて簡単に解決されるのである．このことも定理34の中に述べ，証明もそこで与えることにする．

次に，命題55および定理34を証明するために必要な概念や補題を二，三準備しておこう．

G の部分群 H に対して，$V^n\ni v$ で，$\forall x\in H,\ \rho(x)v=v$ となるものを n 階の，H に関する**対称テンソル**，$V^n\ni w$ で，$\forall x\in H,\ \rho(x)w=(\mathrm{sgn}\,x)w$ となるものを n 階の，H に関する**反対称テンソル**という．$H=G$ のときは‘G に関する’という語を省略する．

n 階の対称テンソルの全体 S^n，反対称テンソルの全体 S'^n は明らかにそれぞれ V^n の部分ベクトル空間をなす．

例 3 $m=2,\ n=2$ のとき，$V^n=V^2$ の基底は $u^{(1)}=u_1\otimes u_1,\ u^{(2)}=u_1\otimes u_2,\ u^{(3)}=u_2\otimes u_1,\ u^{(4)}=u_2\otimes u_2$ の4個の元から成るが，これらのうち $u^{(1)}, u^{(4)}\in S^2$．また $\rho(1\,2)u^{(2)}=u^{(3)}$ であるから $u^{(i)}$ の独立性により $\sum_{i=1}^{4}\lambda^{(i)}u^{(i)}\in S^2\Leftrightarrow\lambda^{(2)}=\lambda^{(3)}$．したがって $u^{(1)}$,

$u^{(2)}+u^{(3)}, u^{(4)}$ なる3個の元が S^2 の基底をなす．一般に V^n の基底 $u^{(i)}=u_{j_1}\otimes\cdots\otimes u_{j_n}$ に対して $\sum_{x\in G}\rho(x)u^{(i)}=S(u^{(i)})$ とおけば，$j_1,\cdots,j_n$ のうちに1が $\mu_1^{(i)}$ 個，…，m が $\mu_m^{(i)}$ 個 $(\mu_1^{(i)}+\cdots+\mu_m^{(i)}=n)$ あるとするとき，$S(u^{(i)})=S(u^{(i')}) \Leftrightarrow \mu_1^{(i)}=\mu_1^{(i')},\cdots,\mu_m^{(i)}=\mu_m^{(i')}$ で，全体として $\binom{n+m-1}{n}$ 個の $S(u^{(i)})$ ができ，それらが S^n の基底をなすことが容易にわかる．したがって $\dim S^n=\binom{n+m-1}{n}$.

例 4 $m=2, n=2$ のとき，上と同じ記法を用いれば，$S'^n=S'^2$ の基底は $u^{(2)}-u^{(3)}$, $\dim S'^2=1$．一般に V^n の元 $v=\sum\lambda^{(i)}u^{(i)}=\sum\lambda_{j_1\cdots j_n}u_{j_1}\otimes\cdots\otimes u_{j_n}\in S'^n$ とすれば，たとえば $j_1=j_2$ ならば $\rho(1\,2)v=\lambda_{j_1j_2\cdots j_n}u_{j_2}\otimes u_{j_1}\otimes\cdots\otimes u_{j_n}+\cdots=\lambda_{j_1j_2\cdots j_n}u_{j_1}\otimes u_{j_2}\otimes\cdots\otimes u_{j_n}+\cdots=-v=-\lambda_{j_1j_2\cdots j_m}u_{j_1}\otimes\cdots\otimes u_{j_n}+\cdots$，したがって $\lambda_{j_1j_2\cdots j_n}=0$．同様に例3の記法で $\mu_1^{(i)},\cdots,\mu_m^{(i)}$ のうち一つでも >1 なるものがあれば $\lambda^{(i)}=0$．特に $m<n$ ならば $S'^n=0$．$m=n$ ならば，$\dim S'^n=1$ で S'^n の基底は次の元で与えられる：$\sum_{x\in G}(\operatorname{sgn}x)\rho(x)(u_1\otimes\cdots\otimes u_n)$．$m>n$ ならば，$\dim S'^n=\binom{m}{n}$ で，S'^n の基底は $\{j_1,\cdots,j_n\}\subset\{1,2,\cdots,m\}$ とするとき $\sum_{x\in G}(\operatorname{sgn}x)\rho(x)(u_{j_1}\otimes\cdots\otimes u_{j_n})$ で与えられる．

補題 1 $V\ni u$ とするとき $\underbrace{u\otimes\cdots\otimes u}_{n\text{個}}\in S^n$．また S^n は $\{u\otimes\cdots\otimes u; u\in V\}$ の線型閉包 $S_0{}^n$ と一致する．

証明 前半および $S^n\supset S_0{}^n$ は明らかである．$S^n\subset S_0{}^n$ を示すために，V^n の双対空間 $\hat{V}^n$ を考え，$\hat{V}^n$ の元で $S^n, S_0{}^n$ と直交するものの全体（p. 45 の意味で，$S^n, S_0{}^n$ の零化空間）をそれぞれ $T^n, T_0{}^n$ で表わす．そのとき $T^n\supset T_0{}^n$，すなわち $\hat{V}^n\ni\varphi$ に対し（$\forall u\in V, \varphi(u\otimes\cdots\otimes u)=0 \Rightarrow \forall v\in S^n, \varphi(v)=0$ がいえればよい．例3に示したように S^n の基底として $S(u^{(i)})$ をとることができるから，$\forall v\in S^n\ \ \varphi(v)=0 \Leftrightarrow \forall i\ \ \varphi(S(u^{(i)}))=0$．今 $u=\sum_{j=1}^{m}\lambda_ju_j$ とすれば $u\otimes\cdots\otimes u=\sum\lambda_{j_1}\lambda_{j_2}\cdots\lambda_{j_n}u_{j_1}\otimes\cdots\otimes u_{j_n}$．したがって $\forall u\in V, \varphi(u\otimes\cdots\otimes u)=0$ ならば $\sum\lambda_{j_1}\lambda_{j_2}\cdots\lambda_{j_n}\varphi(u_{j_1}\otimes\cdots\otimes u_{j_n})=0$ が，$\forall\lambda_j\in\boldsymbol{C}$ に対して成り立つこととなる．ここで j_ν は $\{1,2,\cdots,m\}$ を独立に動き $\sum$ は m^n 個の項にわたるが，$u^{(i)}=u_{j_1}\otimes\cdots\otimes u_{j_n}, u^{(i')}=u_{j_1'}\otimes\cdots\otimes u_{j_n'}$ において例3の記法で $\mu_1^{(i)}=\mu_1^{(i')}=\mu_1$, $\cdots,\mu_m^{(i)}=\mu_m^{(i')}=\mu_m$ ならば $\lambda_{j_1}\lambda_{j_2}\cdots\lambda_{j_n}=\lambda_{j_1'}\lambda_{j_2'}\cdots\lambda_{j_n'}=\lambda_1^{\mu_1}\lambda_2^{\mu_2}\cdots\lambda_m^{\mu_m}$ となり，上の m^n 個の項の和は $\binom{m+n-1}{n}$ 項の和

$$\sum_{\mu_1+\cdots+\mu_m=n}\lambda_1^{\mu_1}\cdots\lambda_m^{\mu_m}\varphi(S(\underbrace{u_1\otimes\cdots\otimes u_1}_{\mu_1\text{個}}\otimes\cdots\otimes\underbrace{u_m\otimes\cdots\otimes u_m}_{\mu_m\text{個}}))$$

にまとめられる．この最後の式がすべての $\lambda_j \in \boldsymbol{C},\ j=1,\cdots,m$ に対して0ならば，明らかに $\forall i\ \varphi(S(u^{(i)}))=0$.

補題 2　$G=\mathfrak{S}_n$ の盤 B の垂直置換のなす群を $\mathfrak{K}$, B の Young の対称子を c とすれば，$\rho(\hat{c})V^n$ の元は $\mathfrak{K}$ に関する反対称テンソルである．

証明　p. 243例2により $\hat{c}=KH$. ゆえに $k\in\mathfrak{K},\ v\in V^n$ とすれば，$\rho(k)\rho(\hat{c})v$ $=\rho(kKH)v=(\operatorname{sgn}k)\rho(KH)v=(\operatorname{sgn}k)\rho(\hat{c})v$. したがって $\rho(\hat{c})v$ は $\mathfrak{K}$ に関する反対称テンソルである．　（証終）

$\mathfrak{L}(V^n)$ の元は，上に固定した基底に対して m^n 次元の正方行列 $(\alpha^{(i)}_{(l)})=(\alpha^{j_1\cdots j_n}_{k_1\cdots k_n})$ で表わされる．$\alpha^{(i)}_{(l)}$ はその第 i 行第 l 列の元素を示し，V^n の基底の i 番目，l 番目の元がそれぞれ $u_{j_1}\otimes\cdots\otimes u_{j_n},\ u_{k_1}\otimes\cdots\otimes u_{k_n}$ であるとき $\alpha^{(i)}_{(l)}$ をまた $\alpha^{j_1\cdots j_n}_{k_1\cdots k_n}$ とも書くのである．以下 $\mathfrak{L}(V^n)$ の元の行列表現を考えるときは常にはじめに固定した基底に関するものを考えるから，そのことをいちいち断わらない．また，その行列表現と $\mathfrak{L}(V^n)$ の元自身とを同一視して，$\mathfrak{L}(V^n)\ni v=(\alpha^{(i)}_{(l)})$ というように書く．

例 5　$G\ni x$ とするとき，$\rho(x)$ を表わす行列は，第 $x[i]$ 行第 i 列 $(i=1,\cdots,m^n)$ に1があり，他の元素はすべて0の行列である．すなわち $\rho(x)=\sum_{i=1}^{m^n}E_{x[i],i}$.

上に V^n を表現空間とする G の表現 $\rho(x)$ を作ったが，それから $\mathfrak{L}(V^n)$ を表現空間とする G の表現 $\tilde{\rho}(x)$ が次のように定義される．すなわち $\rho(x)$ は V^n の基底 $u^{(i)}$ に対して $\rho(x)u^{(i)}=u^{(x[i])}$ で定義され，V^n の一般の元に対してはその線型な拡張とされた．$\mathfrak{L}(V^n)$ は m^{2n} 個の基底 $E_{i,l}$ を有し，$\mathfrak{L}(V^n)$ の一般の元 $(\alpha^{(i)}_{(l)})$ (m^n 次の行列) は $\sum\alpha^{(i)}_{(l)}E_{i,l}$ と書かれる．そこで $\tilde{\rho}$ は $E_{i,l}$ に対して

$$\tilde{\rho}(x)E_{i,l}=E_{x[i],x[l]}$$

と定義し，一般の元に対してはその線型な拡張とするのである．それが G の表現を与えることは明らかである．

$\mathfrak{L}(V^n)$ の元 $(\alpha^{(i)}_{(l)})$ で $\forall x\in G,\ \rho(x)(\alpha^{(i)}_{(l)})=(\alpha^{(i)}_{(l)})$ となるもの，すなわち

$$\forall x\in G,\quad \forall i,l\quad \alpha^{(i)}_{(l)}=\alpha^{(x[i])}_{(x[l])}$$

となるものは**双対称**であるという．$\mathfrak{L}(V^n)$ の元のうち双対称なものの全体を

$\tilde{S}^n$ で表わすことにすれば補題1によって次の補題が得られる.

補題 3　$\tilde{S}^n$ は $\sigma^n(\mathfrak{G})$ $(\subset GL(V^n))$ の線型閉包と一致する.

証明　補題1において, V を $\mathfrak{L}(V)$ $(\cong V\otimes\hat{V})$ でおきかえれば, $(\mathfrak{L}(V^n)\cong(\mathfrak{L}(V))^n$ に注意して) $\tilde{S}^n=[\sigma^n(\mathfrak{L}(V))]$ が得られる. この右辺は, p. 245 下方により

$$[\sigma^n([\mathfrak{G}])]=[[\sigma^n(\mathfrak{G})]]=[\sigma^n(\mathfrak{G})].$$

補題 4　$\tilde{S}^n$ は Z すなわち $\mathfrak{C}(\rho(G))$ と一致する.

証明　一般に $GL(V^n)\ni v=(\alpha_{(l)}^{(i)})$ とすれば, 例3により

$$\rho(x)\cdot(\alpha_{(l)}^{(i)})=(\alpha_{(l)}^{(x^{-1}[i])}),\quad (\alpha_{(l)}^{(i)})\cdot\rho(x)=(\alpha_{(x[l])}^{(i)})$$

となる. しかるに $\alpha_{(l)}^{(x^{-1}[i])}=\alpha_{(x[l])}^{(i)}\Leftrightarrow\alpha_{(l)}^{(i)}=\alpha_{(l)}^{(x^{-1}[x[i]])}=\alpha_{(x[l])}^{(x[i])}$, したがって, $v\in Z\Leftrightarrow v\in\tilde{S}^n$. ゆえに $\tilde{S}^n=Z$.　(証終)

補題3, 4により ($\tilde{S}^n$ を媒介として) $Z=[\sigma^n(\mathfrak{G})]$ となるから, これで命題55が証せられた. ——以上を準備として, $\mathfrak{G}$ の表現 σ^n に関するわれわれの目標であった定理34を述べることができる.

定理 34　(1)　V を, $\boldsymbol{C}$ を基礎体とする m 次元ベクトル空間とし, $\mathfrak{G}=GL(V)$ の自然な表現を σ とするとき, V^n を表現空間とする $\mathfrak{G}$ の表現 σ^n は完全可約である.

(2)　V^n を表現空間とする n 次の対称群 $G=\mathfrak{S}_n$ の表現 ρ を *(43. 1)* によって定義すれば, σ^n の既約部分表現の表現空間の全体は, 行数が m 以下の G の盤 B に対応する Young の対称子を c_B とするとき, $\rho(\hat{c}_B)V^n$ の全体と一致する.

(3)　$\rho(\hat{c}_{B_1})V^n\sim\rho(\hat{c}_{B_2})V^n$ であるためには, 盤 B_1, B_2 が同じ台に属することが必要十分である.

(4)　台 D に ((3) の意味で) 対応する既約表現の重複度は, 台 D に属する標準盤の個数 d_D に等しい.

証明　(1) は p. 252 に述べた.

(2) では, B の行数を r とすれば, $r>m$ のときは $\rho(\hat{c}_B)V^n=\{0\}$, $r\leqq m$ のときは $\rho(\hat{c}_B)V^n\neq\{0\}$ となることだけを示せばよい.

補題2により $\rho(\hat{c}_B)V^n$ の元は $\mathfrak{R}(B)$ に関する反対称テンソルである. したが

ってまた B の第1列の元の垂直置換全体に関する反対称テンソルである．第1列の垂直置換全体は r 次の対称群をなし，$r>m$ ならば，例4により反対称テンソルは0だけである．

$r\leqq m$ ならば，B の属する台を $D(m_1, \cdots, m_r)$ とするとき，$V^n \ni v = \underbrace{u_1\otimes\cdots\otimes u_1}_{m_1\text{個}}\otimes\underbrace{u_2\otimes\cdots\otimes u_2}_{m_2\text{個}}\otimes\cdots\otimes\underbrace{u_r\otimes\cdots\otimes u_r}_{m_r\text{個}}$ とすれば，$\rho(\hat{c}_B)V^n \ni \rho(\hat{c}_B)v \neq 0$．実際，$\rho(\hat{c}_B)v = \rho(K_B)\rho(H_B)v = [\mathfrak{H}(B):1]\rho(K_B)v$ で，$\rho(K_B)v = \sum_{k\in\mathfrak{K}(B)}(\operatorname{sgn} k)\rho(k)v \neq 0$.

(3) は定理30と定理33とから明らかである．

(4)　前節補題1によって $\natural V^n$ は両側イデアルであるから，A の最小両側イデアルの直和に一意的に分解される．

$$\natural V^n = A^{(1)}\oplus\cdots\oplus A^{(q)}.$$

$A^{(i)}$ $(i=1, \cdots, q)$ はそれに対応する台 $D^{(i)}$ に属する標準盤の数に等しい既約左イデアルの直和に分解される．このことと定理33 (Weyl の相互律) とから (4) は明らかである．　　　　　　　　　　　　　　　　　　　　　　（証終）

注意 1　上では，$A(G)$ の左イデアルのみを考察してきたが，右イデアルを考察しても上と同様の結果が得られる．そのときは，定理34に対応する定理において，$\hat{c}_B$ の代りに c_B を用いればよい．

注意 2　台 $D=D(m_1, \cdots, m_r)$ に対応する $\mathfrak{G}$ の既約表現の次数 $\bar{d}_D$ については，次の公式が知られている (Weyl)．$r<m$ のときは $m_{r+1}=\cdots=m_m=0$ とおき，$l_i=m_i+m-i$ $(i=1, 2, \cdots, m)$，$\Delta(x_1, \cdots, x_m)=\prod_{i<j}(x_i-x_j)$ とするとき

$$\bar{d}_D = \frac{\Delta(l_1, l_2, \cdots, l_m)}{\Delta(m-1, m-2, \cdots, 0)}.$$

索　　引

ア

イ

ウ

エ

カ

キ

ク

ケ

コ

サ

シ

ス

セ

ソ

タ

■岩波オンデマンドブックス■

応用数学者のための 代数学

1960年 8月20日 第1刷発行
1977年 3月30日 第12刷発行
2017年10月11日 オンデマンド版発行

著 者 彌永昌吉 杉浦光夫

発行者 岡本 厚

発行所 株式会社 岩波書店
〒101-8002 東京都千代田区一ツ橋 2-5-5
電話案内 03-5210-4000
http://www.iwanami.co.jp/

印刷／製本・法令印刷

ISBN 978-4-00-730678-5 Printed in Japan